LEÇONS

SUR

LA CHALEUR ANIMALE

SUR LES EFFETS DE LA CHALEUR

ET SUR LA FIÈVRE

TRAVAUX DU MÊME AUTEUR

Recherches expérimentales sur les fonctions du nerf spinal ou accessoire de Willis (*Mémoires présentés par divers savants étrangers à l'Académie des sciences*. Paris, 1851, t. XI).

Nouvelle fonction du foie, considéré comme organe producteur de matières sucrées chez l'homme et chez les animaux. Paris, 1853, in-4° de 94 pages.

Mémoire sur le pancréas et sur le rôle du suc pancréatique dans les phénomènes digestifs, particulièrement dans la digestion des matières grasses. Paris, 1856, in-4° de 190 pages, avec 9 planches en partie coloriées.

Leçons de physiologie expérimentale appliquée à la médecine, faites au Collége de France. Paris, 1854-1855, 2 vol. in-8°, avec figures. 14 fr.

Leçons sur les effets des substances toxiques et médicamenteuses. Paris, 1857, 1 vol. in-8°, avec figures. 7 fr.

Leçons sur la physiologie et la pathologie du système nerveux. Paris, 1858, 2 vol. in-8°, avec figures. 14 fr.

Leçons sur les propriétés physiologiques et les altérations pathologiques des liquides de l'organisme. 2 vol. in-8°, avec 22 figures. 14 fr.

Introduction à l'étude de la médecine expérimentale. Paris, 1865, in-8°, 400 pages. 7 fr.

Leçons de pathologie expérimentale. Paris, 1871, 1 vol. in-8° de 600 pages. 7 fr.

Leçons sur les anesthésiques et sur l'asphyxie. Paris, 1875, 1 vol. in-8° de 600 pages, avec figures. 7 fr.

Principes de médecine expérimentale, ou de l'expérimentation appliquée à la physiologie, à la pathologie et à la thérapeutique. 2 vol. grand in-8°, avec figures. (*Sous presse.*)

PARIS. — IMPRIMERIE DE E. MARTINET, RUE MIGNON, 2

COURS DE MÉDECINE

DU COLLÉGE DE FRANCE

LEÇONS

SUR

LA CHALEUR ANIMALE

SUR LES

EFFETS DE LA CHALEUR

ET SUR LA FIÈVRE

PAR

M. CLAUDE BERNARD

Membre de l'Institut de France et de l'Académie de médecine,
Professeur de médecine au Collége de France,
Professeur de physiologie générale au Muséum d'histoire naturelle, etc.

AVEC FIGURES INTERCALÉES DANS LE TEXTE

PARIS

LIBRAIRIE J.-B. BAILLIÈRE ET FILS

19, RUE HAUTEFEUILLE, 19

Londres	Madrid
BAILLIÈRE, TINDALL AND COX.	C. BAILLY-BAILLIÈRE.

1876

AVANT-PROPOS

Ce volume renferme une série de leçons professées en 1871-1872, et consacrées à l'étude de la chaleur animale et des effets de la chaleur extérieure sur l'organisme vivant. Nous y avons ajouté un certain nombre de leçons sur la fièvre, c'est-à-dire, sur les modifications pathologiques de la calorification, ainsi que sur les moyens thérapeutiques indiqués pour combattre ces phénomènes anormaux.

De cette étude, entreprise au triple point de vue de la physiologie proprement dite, de la pathologie et de la thérapeutique, doit ressortir, d'une part, l'idée d'un lien indissoluble entre ces trois branches de la science médicale, et d'autre part, ce fait essentiel sur lequel j'ai bien souvent insisté, que dans tous les phénomènes physiologiques et pathologiques de la vie, dans toutes les actions thérapeutiques, c'est toujours à un agent d'ordre purement physique que nous aboutissons comme terme de nos analyses, et comme condition nécessaire de toutes les manifestations vitales, de quelque ordre qu'elles soient. C'est seulement de cette manière qu'il nous est possible de relier, par un déterminisme rigoureux, les faits physiologiques, pathologiques et thérapeutiques.

La chaleur est une condition essentielle à la manifestation des phénomènes de la vie. Cette chaleur peut avoir sa source dans l'intérieur même de l'organisme, chez l'homme et chez les animaux à sang chaud, ce qui nous explique comment leur activité vitale reste libre et indépendante jusqu'à un certain point des variations climatériques extérieures.

S'il est prouvé que la fonction calorifique des animaux met en jeu dans l'organisme des phénomènes de combustion ou de transformations dynamiques, de nature purement physico-chimiques, il n'est pas moins vrai que ces phénomènes nous offrent des procédés spéciaux, et une modalité physiologique propre, dans laquelle le système nerveux joue un rôle prépondérant. C'est précisément dans les désordres qu'éprouvent les mécanismes nerveux producteurs et régulateurs de la calorification animale, que nous trouvons l'explication de la fièvre et des divers troubles calorifiques de l'organisme.

Toutefois la fonction de la calorification animale n'acquiert son importance physiologique et pathologique que par l'agent physique, chaleur ; car, ainsi que nous l'avons déjà dit, la vie à l'état normal, comme à l'état pathologique, est toujours subordonnée à des conditions d'ordre purement physique. Ce sont des considérations de ce genre qui m'ont amené dans des leçons récentes (1) à repousser formellement, en physiologie, toutes les explications tirées de propriétés ou de conditions vitales particulières, et à admettre cette proposition générale, que les conditions de manifestations de la vie sont purement physico-chimiques et ne diffèrent pas sous ce rapport des conditions de tous les autres phénomènes de la nature.

Les déviations fonctionnelles qui constituent les divers états pathologiques peuvent être considérées au même point de vue, et nous pouvons dire que toute maladie n'est au fond que le résultat d'une altération ou d'une modification en plus ou en moins d'une condition physique, qu'il s'agit de ramener à son état normal. Cela est vrai pour la chaleur, et c'est pourquoi les conséquences morbides de la calorification animale exagérée sont exactement comparables aux effets que nous produisons expérimentalement sur l'organisme par l'application d'un excès de chaleur extérieure. Nous sommes ainsi conduits à préciser le rôle de l'intervention thérapeutique en la dirigeant uniquement contre la condition physique d'où dérivent tous les troubles morbides.

Telles sont les idées principales qu'on trouvera déve-

(1) *Cours de physiologie générale au Muséum*. Juillet 1875.

loppées dans ce livre. M. Mathias Duval, professeur agrégé à la Faculté de médecine de Paris, qui suit assidûment les travaux du laboratoire de médecine du Collége de France, a bien voulu pour ce volume, comme pour le précédent, coordonner ces leçons, publiées déjà en grande partie dans la *Revue des cours scientifiques*, par les soins d'un de mes aides, M. Dastre, et y introduire nos recherches nouvelles, ainsi que les résultats des travaux les plus récents entrepris sur le même sujet.

Paris, 16 août 1875.

CLAUDE BERNARD.

LEÇONS

SUR

LA CHALEUR ANIMALE

PREMIÈRE LEÇON

SOMMAIRE : La médecine expérimentale et la médecine d'observation. — Importance de la physiologie. — Éléments anatomiques. — Leur vie dans le milieu intérieur. — La médecine antique considérait le milieu extérieur ; la médecine moderne doit envisager le milieu intérieur. — Étude de la constitution physico-chimique de ce milieu intérieur. — Sa température ; calorification animale. — *Chaleur animale*. — Animaux à sang chaud ; animaux à sang froid. — Les animaux produisent de la chaleur. — Plan de l'étude de la chaleur animale.

Messieurs,

Avant d'aborder l'objet particulier de ce cours, il me paraît utile d'arrêter un moment votre attention sur quelques considérations générales qui mettront en relief l'enchaînement de nos diverses études et la connexion du sujet de cette année avec ceux qui nous ont déjà occupés. Ces considérations que nous abrégerons ne seront donc pas hors de propos, car elles dominent nos recherches et en expliquent l'unité.

Le caractère distinctif que présentent nos recherches physiologiques et médicales résulte de la conception générale que nous nous faisons de la science de la vie ; le lien qui les rattache réside dans la nature du but que nous poursuivons et dans la méthode que nous employons pour l'atteindre.

La médecine, ainsi que toute science, peut être envisagée par ceux qui la cultivent à deux points de vue : ou bien on se contente d'observer les phénomènes, d'en constater les lois, ou bien on se propose de les expliquer et d'en dévoiler le mécanisme à l'aide d'expériences. Il y a donc une médecine d'observation, et, si vous me permettez le mot, une médecine d'explication expérimentale. C'est cette dernière que nous revendiquons comme le domaine de cette chaire.

La médecine d'observation décrit les phénomènes des maladies, constate leurs variétés, leur enchaînement naturel ou accidentel ; elle classe ces phénomènes dans leur ensemble, et forme des groupes, des types, espèces morbides ou maladies déterminées par des caractères fixes.

Autre est le rôle de la médecine expérimentale : celle-ci poursuit le mécanisme caché des phénomènes morbides. Elle cherche à en pénétrer les causes : non, sans doute, les causes premières, car les causes premières sont en dehors de notre portée ; mais les causes prochaines, c'est-à-dire les conditions qui déterminent le phénomène morbide. Et le jour où ces conditions sont connues, où le déterminisme du phénomène est fixé, nous nous arrêtons satisfaits ; le but est atteint. Car devenant maîtres de ces conditions, nous serons maîtres du phénomène lui-même, et nous pourrons le reproduire à notre volonté ou le faire cesser à notre gré.

La médecine d'observation a son véritable théâtre

dans l'hôpital. Elle a eu pour fondateur Hippocrate, surnommé le père de la médecine. Elle a été la première en date, car il a fallu observer les maladies avant de chercher à les expliquer ; il a fallu aussi soulager d'abord les malades avant de disserter sur leurs souffrances ; ce qui fait qu'il y a eu des médecins avant qu'il y ait des physiologistes ou des anatomistes. En un mot, là, comme partout, il y a eu des praticiens avant les théoriciens. Toutefois, il faut reconnaître que la médecine professionnelle ou pratique, née de la simple observation et de la nécessité, comme dit Baglivi, ne peut être fondée que sur l'empirisme ; c'est le premier degré de la médecine, mais ce n'est pas encore la science entière.

La médecine expérimentale a existé en germe dans tous les temps ; on pourrait lui donner Galien pour fondateur ; elle a son théâtre dans un laboratoire.

Ainsi, d'une part observer des phénomènes pour les prévoir, d'autre part les expliquer pour les maîtriser, voilà deux préoccupations bien différentes. Mais cette différence est en somme plus apparente que profonde. Si les deux points de vue ne se confondent pas, ils se complètent, et leur réunion constitue la médecine scientifique.

En effet, pour parcourir le champ entier de la médecine, le médecin devra d'abord observer les malades à l'hôpital, puis entrer après dans le laboratoire, et chercher l'explication expérimentale de ce qu'il a vu : après s'être montré observateur il devra se faire expérimentateur. Une bonne école de médecine ne saurait être séparée de l'hôpital ; car c'est autour du malade que toutes les études médicales doivent rester groupées. Mais la science médicale est si vaste, et les phénomènes morbides si complexes, qu'il est très-difficile qu'un seul homme puisse les embrasser sous toutes leurs faces. Sans perdre de vue l'ensemble de la science, il faut donc se partager son domaine, pour mieux le cultiver. C'est pourquoi nous supposerons connues les notions qu'on acquiert à l'hôpital, par l'observation des maladies, et nous aurons ici uniquement en vue l'explication expérimentale des phénomènes morbides.

Mais la médecine expérimentale ne peut pas expliquer les phénomènes de la maladie sans expliquer en même temps ceux de la santé. Comme science, la médecine n'est pas autre chose, au fond, que la physiologie. On a voulu distinguer quelquefois deux espèces de physiologie, la physiologie normale et la physiologie pathologique. Mais c'est là une distinction inutile, car les phénomènes de l'organisme malade, leur mode de production, leur mécanisme, sont soumis aux mêmes lois fixes qui se manifestent dans l'organisme sain.

Il n'y a donc, en réalité, qu'une physiologie, et son étude expérimentale forme la base de la médecine expérimentale.

Aujourd'hui tout le monde est d'accord pour reconnaître que la physiologie est le pivot scientifique de la médecine. C'est la tendance actuelle, c'est la voie du progrès ; notre rôle au Collége de France est d'indiquer cette voie et de la suivre.

Le but de la physiologie expérimentale étant, ainsi que nous venons de le dire, d'expliquer les phénomènes vitaux et d'en déterminer les conditions afin de pouvoir les maîtriser, on comprend que pour obtenir ce résultat il ne suffise pas de connaître la physiologie descriptive, de donner l'énumération des diverses fonctions et des organes qui concourent à leur accomplissement.

Sans doute, les fonctions normales, et les maladies, qui ne sont elles-mêmes que des espèces de fonctions morbides, doivent d'abord être décrites et localisées. Mais l'explication n'est pas là. Il faut, pour la trouver, descendre plus profondément. Il faut pénétrer jusqu'aux conditions élémentaires des phénomènes vitaux, il faut arriver jusqu'aux éléments organiques.

Les fonctions physiologiques ou morbides sont des résultantes d'un petit nombre d'actions élémentaires qui s'ajoutent et se combinent, comme les corps vivants eux-mêmes sont des agrégats d'éléments qui se superposent et s'associent dans la formation des organes.

Ces éléments organiques des corps vivants ne sont pas caractérisés comme les éléments chimiques par la nature de leur substance. Ce sont de véritables organismes élémentaires, existant pour leur propre compte, ayant leurs propriétés spéciales, possédant leur autonomie, ayant leur façon de vivre et leur façon de mourir. Ces éléments sont associés et harmonisés pour un résultat commun, qui est la vie de l'organisme total, comme des milliers de rouages qui concourraient au fonctionnement d'un mécanisme des plus complexes.

La conception de Descartes domine la physiologie moderne. « Les êtres vivants sont des mécanismes. » La cause immédiate des phénomènes de la vie ne doit pas être poursuivie dans un principe ou dans une force vitale quelconque. Il ne faut pas la chercher dans la *psyché* de Pythagore, dans l'*âme physiologique* d'Hippocrate, dans le *pneuma* d'Athénée, dans l'*archée* de Paracelse, dans l'*anima* de Stahl, dans le *principe vital* de Barthez. Ce sont là autant d'êtres imaginaires et insaisissables. Elle réside dans les propriétés vitales de Bichat, c'est-à-dire dans les propriétés histologiques de la matière vivante des éléments organiques : nous ne pouvons pas la poursuivre plus loin. Cela du reste est suffisant pour l'explication scientifique. Connaître les éléments et leurs propriétés suffira, ainsi que nous le verrons, pour nous rendre maîtres des phénomènes de la vie. Mais ensuite, pénétrant de plus en plus intimement dans l'analyse de ces phénomènes et jusque dans les éléments anatomiques eux-mêmes, nous chercherons à ramener les actes dits *vitaux* à des actes physiques et chimiques.

En résumé, la physiologie cherche, par l'analyse expérimentale, à pénétrer jusqu'aux éléments anatomiques. Pour atteindre ce but, elle doit faire l'étude des tissus à l'aide de l'histologie, et elle demande à la physique et à la chimie de lui révéler et de lui expliquer les propriétés de ces éléments. Comme conclusion nous ajouterons : pas de médecine scientifique sans physiologie ; pas de physiologie sans les secours de l'expérimentation elle-même, de l'histologie, de la physique et de la chimie.

Mais ces éléments histologiques, qui sont les agents de la vie, ne sont pas abandonnés nus dans le monde extérieur. Ils sont placés dans un milieu intérieur qui les enveloppe et les sépare du dehors, et qui réagit immédiatement sur eux; en sorte qu'on ne saurait les comprendre et connaître leurs conditions d'existence sans étudier ce milieu dont ils sont les habitants.

Il ne serait pas exact de dire que nous vivons dans le monde extérieur. En réalité, je ne saurais trop le répéter, nous n'avons pas de contact direct avec lui, nous n'y vivons pas. Notre existence ne s'accomplit pas dans l'air, pas plus que celle du poisson ne s'accomplit dans l'eau ou celle du ver dans le sable. L'atmosphère, les eaux, la terre, sont bien les milieux où se meuvent les animaux, mais le milieu cosmique reste sans contact et sans rapports immédiats avec nos éléments doués de vie. La vérité est que nous vivons dans notre sang, dans notre milieu intérieur.

Qu'est-ce que ce milieu intérieur? c'est un milieu liquide : c'est l'ensemble des liquides interstitiels, la partie fluide du sang et non pas tout le sang, car il y a dans le sang des éléments dont il faut faire abstraction. C'est le plasma sanguin, la lymphe coagulable. Mais ce milieu liquide contient en dissolution des gaz et une foule de substances essentielles à la vie des éléments organiques.

Ainsi, outre des éléments histologiques, la physiologie devra porter ses investigations sur le milieu intérieur, déterminer sa composition, l'envisager en lui-même et dans ses rapports avec la vie des éléments. Alors, mais alors seulement, l'examen sera complet.

Il importe d'autant plus de bien connaître le milieu intérieur organique que nous ne pourrons jamais agir sur l'être vivant que par son intermédiaire. Qu'il nous soit permis de rappeler ici un exemple, qui légitimera les considérations précédentes sur l'autonomie des éléments, tout en vous montrant cependant leur dépendance et leur subordination dans le mécanisme vital. Nous empoisonnons une grenouille avec une substance active, le curare, par exemple. Nous introduisons le poison sous la peau de l'animal : il circule dans le milieu liquide intérieur, et bientôt il s'est distribué dans toutes les parties du corps. Dans les points où le curare parvient, il se met en relation avec tous les éléments qui baignent dans le plasma. Or, de tous ces éléments, il n'en affecte primitivement qu'un seul. Il attaque l'extrémité seule des nerfs moteurs. Et, par ce fait que ce seul élément sera atteint, et que l'animal aura perdu un seul des éléments de la vie, il sera condamné à mourir. C'est qu'en effet le mécanisme vital sera détraqué, et que les désordres iront s'accumulant comme dans une machine dont on a brisé une partie essentielle, si petite soit-elle. Les nerfs moteurs ne fonctionnant plus, la respiration s'arrêtera, et par contre-coup le liquide sanguin sera atteint dans sa constitution, parce que ces gaz ne se renouvelleront plus ; et ce liquide altéré compromettra à son tour la vie des autres éléments qu'il baigne. Mais, vient-on à remédier à cet accident consécutif en entretenant la respiration artificielle, le poison s'élimine, le milieu intérieur se purifie et l'organisme revient à l''état normal.

La médecine expérimentale doit avoir pour objet, dans l'étude du milieu intérieur, de connaître exactement toutes les conditions de chaleur, d'humidité, d'alcalinité, d'acidité, etc., qu'il présente et qui ont la plus grande influence sur l'activité des propriétés des éléments organiques, et par suite sur les manifestations de la vie. La médecine antique tenait compte du milieu extérieur et faisait jouer un grand rôle au froid, au chaud, au sec, à l'humidité. Nous devons, dans la médecine moderne, transporter le même point de vue dans le milieu intérieur et y pénétrer à l'aide de l'expérimentation, afin de remonter au mécanisme intérieur des phénomènes physiologiques et pathologiques.

Pour fonder la médecine expérimentale telle que nous la concevons, le milieu intérieur doit être examiné successivement dans toutes ses propriétés physico-chimiques, propriétés qui ne sont pas empruntées simplement au monde extérieur, mais qui sont chacune en rapport avec des fonctions spéciales qui les créent et les entretiennent. Le milieu intérieur doit être humide, et s'il descend au-dessous d'un certain degré de liquidité, la vie s'arrête. Ceci se conçoit, car l'eau est la condition des actions chimiques, et les actions chimiqnes sont, à leur tour, indispensables à l'accomplissement des phénomènes élémentaires de la vie. De même, si la chaleur descend au-dessous d'un certain degré, la vie est impossible, elle se ralentit et s'engourdit ; si la composition physico-chimique du milieu intérieur est modifiée, la vie s'altère, se trouble, etc.

Le programme de nos études de médecine expérimentale sera donc la connaissance de la constitution physico-chimique du milieu intérieur. C'est cet examen que nous allons commencer par une de ses conditions essentielles, sa *température* qui se rattache elle-même à une fonction des plus importantes, la calorification ou la *chaleur animale*.

Nous poursuivrons successivement toutes les propriétés physico-chimiques du milieu intérieur en étudiant dans l'organisme leurs causes, leur mécanisme, ainsi que les modifications normales ou pathologiques qu'ils peuvent présenter.

Le premier fait qui nous frappe dans l'étude de la *chaleur animale*, c'est qu'elle est une condition vitale nécessaire du milieu intérieur, un attribut important du plasma sanguin dans lequel baignent tous les éléments anatomiques.

Les êtres vivants ont la faculté de produire de la chaleur. Ils ne sont pas entièrement abandonnés aux influences du dehors, comme les minéraux, dont la température suit les alternatives de la température extérieure. Par cela seul qu'ils vivent ils possèdent en eux une source de calorique qui leur permet de réagir sur le milieu ambiant et de lui résister. La chaleur animale se manifeste précisément par cette action réciproque, par ce conflit entre le foyer intérieur et la température extérieure. Quant à la nature de cette chaleur, elle n'a rien de particulier à l'être vivant, elle n'a rien de spécial ou d'extra-physique. On admet, en outre, que la production de la chaleur dans les animaux se rattache aux mêmes causes que la production du calorique en général, c'est-à-dire aux procédés ordinaires de combustion chimique.

Sans doute, il n'y a rien dans ces idées que de très légitime; car je suis de ceux qui pensent que, dans les êtres vivants, les lois de la physique et de la chimie générales ne sauraient être violées; il n'y a pas, en un mot, deux physiques et deux chimies, l'une pour les corps bruts, l'autre propre aux êtres vivants. Mais cependant je reconnais que, dans les phénomènes de la vie, il y a souvent des mécanismes particuliers et tout à fait spéciaux à la machine vivante. Je pense qu'il en est ainsi pour la calorification, et nous examinerons par la suite si la théorie des combustions est vraiment satisfaisante en tant que théorie générale et exclusive de la calorification animale.

J'ai bien souvent, et chaque fois que l'occasion s'en est présentée, signalé les cas dans lesquels je trouvais cette théorie insuffisante. Il y a vingt ans, j'ai montré qu'après la section du sympathique la calorification est augmentée localement en même temps que la circulation est considérablement accélérée. Pourtant, dans ce cas, la combustion ne devient pas plus intense dans le sang. C'est même le contraire qui a lieu, et dans cette expérience il serait bien difficile de dire à première vue si l'activité circulatoire est la cause ou la conséquence de la production de chaleur. Cette dernière opinion paraît plus probable quand on considère que les phénomènes de combustion dans le sang augmentent avec l'accroissement de la température, mais ici, comme dans beaucoup d'autres cas, l'apparence a pu nous tromper et nous faire prendre l'effet pour la cause. Je ne fais d'ailleurs que signaler des questions que nous examinerons plus tard avec beaucoup de soin et qui feront l'objet principal de notre étude. Car c'est le système nerveux qui se montre toujours le régulateur des phénomènes de la vie de quelque nature qu'ils soient, et le rôle de ce système doit attirer tout particulièrement l'attention du physiologiste et du médecin.

Donc, si la nature physique de la chaleur animale n'est

pas à discuter, nous reconnaissons que son mécanisme présente encore beaucoup d'obscurité et doit être recherché avec soin par le physiologiste. Dans l'animal, cette production de calorique, envisagée dans son mécanisme, dans sa quantité, est soumise à des règles fixes, à des lois. Elle est plus grande ou plus petite suivant les conditions extérieures, et elle est produite de façon que la température de l'animal soit toujours comprise entre des limites plus ou moins étroites, plus ou moins étendues, mais déterminées; et si ces limites viennent à être franchies, l'existence est compromise ou anéantie. En un mot, la production de chaleur est réglée pour un résultat déterminé. Il y a des conditions organiques qui réalisent ce but; il y a, en un mot, une fonction physiologique de calorification.

Nous aurons d'abord à constater pour chaque animal les limites dans lesquelles se maintient sa température, et en second lieu à expliquer par quel mécanisme, durant la vie, cette température se trouve maintenue.

Une première distinction se présente ici; on a depuis longtemps, sous le rapport de la calorification, séparé les animaux en deux classes : les animaux à sang chaud et les animaux à sang froid. Il vaudrait mieux dire animaux à température constante, animaux à température variable. La température animale se manifeste, avons-nous dit, par l'influence réciproque entre le foyer interne et le milieu extérieur. Mais, dans ce conflit, la prépondérance peut rester à l'un ou l'autre des deux antagonistes. Chez les animaux à température constante, l'influence dominante appartient à la chaleur interne. Les températures extrêmes de l'été, les froids excessifs de l'hiver n'entraînent que des modifications presque insignifiantes : la production du calorique se proportionne aux variations extérieures, de manière que le niveau reste sensiblement constant. L'animal se trouve dans une indépendance relative vis-à-vis du monde ambiant.

Les animaux à sang froid, au contraire, résistent peu aux conditions extérieures : ils y obéissent presque complétement. L'exercice de leurs fonctions se trouve ainsi placé dans la sujétion du monde ambiant ; lorsque la température s'abaisse au dehors, ils se refroidissent, leurs fonctions se ralentissent, et sont suspendues, l'animal est plongé dans l'engourdissement. Quand, au contraire, la température extérieure s'élève, les phénomènes vitaux se réveillent et augmentent d'intensité. De telle façon que, chez ces animaux comme chez les végétaux, les fonctions vitales suivent les oscillations climatériques.

Les ouvrages de physiologie contiennent des tables qui font connaître les variations de température chez les animaux. Ces tables ne sauraient avoir grande importance. Les moyennes de la statistique ont moins de valeur en physiologie qu'ailleurs, à cause de la variété des conditions des êtres vivants. A chaque condition nouvelle correspond une expression nouvelle, et la statistique, qui additionne et traite arithmétiquement ces nombres sans tenir compte des conditions, ne peut fournir que des résultats sans grande signification.

Parmi les animaux à sang chaud, les oiseaux ont la température la plus élevée. Le maximum est de 44 ou 45 degrés dans les conditions physiologiques ; on l'observe rarement au-dessous de 40 degrés. Les variations normales compatibles avec l'état ordinaire de santé et d'activité sont donc comprises à peu près entre 40 et 45 degrés.

Chez les mammifères, la température oscille entre 35 et 40 degrés.

Mais ces deux limites, l'inférieure et la supérieure, ne sont pas également infranchissables. La limite supérieure ne saurait être dépassée sans des perturbations profondes : la mort ne tarderait pas à arriver. Au contraire, la température peut s'abaisser beaucoup tout en restant compatible avec la vie. Elle peut descendre chez les animaux refroidis jusqu'à 20 degrés au-dessous de la moyenne physiologique. Les mammifères hibernants, qui dans l'été ont la température des animaux à sang chaud, se refroidissent beaucoup pendant leur sommeil hibernal. On a observé des marmottes engourdies dont la température n'était que de quelques degrés au-dessus de zéro. Moi-même, j'ai pu constater sur un de ces animaux plongé dans l'engourdissement une température de 3 degrés seulement au-dessus de zéro. Il est bien entendu qu'il ne s'agit pas ici de la température prise à la surface du corps, mais de la température prise dans le rectum que l'on considère comme voisine de celle du cœur.

Chez les animaux à sang froid, reptiles, poissons, invertébrés, la température est toujours très-voisine de celle du milieu extérieur. Chez les reptiles et les poissons, elle est généralement supérieure à celle du milieu ambiant d'une quantité qui varie entre quelques dixièmes de degré et 5 degrés. Chez les articulés, la différence est un peu plus considérable. En réalité, il est impossible de rien dire de général sur ce sujet. Il faut tenir compte des conditions. Tranquilles, au repos, des insectes étaient en équilibre avec la température extérieure, tandis qu'après un vol plus ou moins prolongé ils atteignaient une température de 10 degrés supérieure à celle de l'air environnant. Ainsi la température d'un de ces animaux peut être supérieure à la température ambiante, elle peut être égale, ou même inférieure, par suite de certaines circonstances d'évaporation ou de refroidissement, ou du temps nécessaire à l'établissement de l'équilibre quand la température extérieure varie brusquement. Une grenouille, par exemple, prise dans un temps froid et placée dans un appartement chauffé, n'atteint que très-lentement le degré de chaleur du nouveau milieu qui l'environne.

En résumé, on admet que tous les animaux font de la chaleur, quoique avec une intensité fort variable; et si la fonction de calorification est générale, elle offre une activité bien différente dans l'échelle des êtres vivants. Considérée dans l'organisme, la chaleur est à la fois une résultante et un principe d'action. Nous l'étudierons au point de vue physiologique, dans les circonstances spéciales et et dans le lieu de sa production, surtout dans ses rapports avec le système nerveux qui en est le régulateur et peut-être un agent essentiel. L'influence du système nerveux sur la calorification est aujourd'hui un sujet à l'ordre du jour et l'objet des expériences d'un grand nombre de physiologistes ou de médecins.

Pour vous rendre compte de l'importance de ces recherches, il me suffira de vous rappeler la haute portée de l'étude de la calorification au point de vue pathologique, dans ses oscillations extra-normales. Nous serons ainsi conduits à examiner les importantes questions de la fièvre et de l'inflammation, que nous regardons comme des déviations des phénomènes physiologiques de calorification. Enfin, nous chercherons à tirer de ces recherches des déductions thérapeutiques, qui permettront d'agir par certains procédés sur les phénomènes de calorification chez l'individu vivant.

DEUXIÈME LEÇON

SOMMAIRE : Histoire de l'étude de la chaleur animale. — Hypothèses vitalistes. — Hypothèses chimiques. — Hypothèses des iatro-mécaniciens. — Révolution accomplie par Lavoisier. — La combustion. — La chaleur animale provient-elle d'une combustion directe? — Objections physiologiques.

MESSIEURS,

Nous avons vu que l'homme et les êtres animés en général produisent de la chaleur ; ce fait a été dès la plus haute antiquité apprécié à sa juste importance. S'il y avait un reproche à faire aux anciens, ce serait d'avoir exagéré plutôt qu'amoindri cette importance, car, dès l'origine, ils ont confondu dans leur langage la chaleur avec le principe vital, et le froid avec la cause de la mort.

Mais l'homme ne se contente pas d'observer ; il veut expliquer ce qu'il voit. Or, lorsqu'il s'est agi de passer du fait à l'explication de la chaleur vitale, de remonter du fait à ses causes, les opinions les plus diverses se sont donné carrière. Il serait inutile de faire ici l'histoire détaillée de ces opinions, et de les suivre pas à pas à travers la série des temps. Nous devons nous contenter d'en donner une vue générale et philosophique.

Comme toutes les questions scientifiques, celle de la chaleur animale a traversé deux phases : 1° la *phase des hypothèses*, 2° la *phase des expériences*. L'homme precède toujours de même ; lorsque ses sens lui ont permis de constater certains phénomènes, son esprit s'en fait une idée et bâtit d'abord une hypothèse sur leur cause. Mais l'esprit scientifique ne saurait se contenter de cette hypothèse ou de cette interprétation prématurée ; il faut en donner une démonstration immédiate à l'aide d'expériences ou l'attendre du temps quand les moyens de la produire n'existent pas encore.

Les hypothèses sur l'origine de la chaleur animale remontent au berceau de la médecine. Les premières sont des hypothèses vitalistes. La chaleur animale fut d'abord attribuée à une cause innée : la vie entretenait selon les anciens l'existence d'un foyer de chaleur indispensable à sa continuation. C'est dans le cœur que ce foyer se trouvait placé, et il faisait, suivant Platon, bouillonner le sang ; pour Aristote, il avait son siége dans le ventricule droit du cœur ; pour Galien, dans le ventricule gauche. Ces idées régnèrent dans la science pendant des siècles ; et, aussi longtemps que les idées galéniques dominèrent la médecine, on répéta que le cœur était le foyer de la chaleur vitale. Faut-il voir une relation entre ces idées physiologiques et les fictions poétiques ou les légendes figurées qui nous montrent encore des cœurs enflammés, recélant en eux toute la chaleur des passions ?

Bien plus tard, vers l'époque de la renaissance, lorsque le galénisme tomba, l'esprit de libre examen s'introduisit peu à peu dans la science. On ne se contenta plus de jurer sur la parole du maître, et d'autres interprétations se produisirent. Ce furent les hypothèses chimiques qui d'abord apparurent. Les chimiâtres du temps, frappés des dégagements de chaleur qui accompagnent l'action des corps les uns sur les autres, attribuèrent les phénomènes de calorification animale à des actions de même nature que les actions chimiques. Van Helmont admit le mélange opéré dans le cœur du soufre et du sel volatil du sang ; l'anatomiste français Dubois, plus connu sous son nom latinisé de Sylvius (1), regardait la chaleur de l'organisme comme engendrée par le mélange et l'effervescence des humeurs, par la rencontre du sang et du chyle. Beaucoup d'autres hommes éminents du temps partagèrent ces opinions plus ou moins modifiées, et furent ainsi les précurseurs des théories chimiques modernes.

Les iatro-mécaniciens produisirent aussi leurs explications. Pour ceux-ci, parmi lesquels nous citerons J. del Papa, Martine, Hales, Boerhaave et peut-être Haller (2), la chaleur provenait des mouvements qui s'accomplissent continuellement dans l'organisme : mouvements musculaires, mouvements circulatoires ; ceux-ci s'accompagnant de frottements, ces frottements pouvant à leur tour devenir une source suffisante d'élévation de température.

Mais ce n'étaient encore là que de pures hypothèses. C'est au siècle dernier seulement que la question est entrée dans la voie de l'expérimentation et a quitté la voie périlleuse des hypothèses. Non pas que je veuille dire par là que les hypothèses doivent être rejetées de la science. La science s'en sert au contraire comme d'un instrument

(1) Sylvius, *Dissert. méd.*, t. X, p. 48.
(2) Haller, *Elementa physiologiæ*, t. II, p. 307.

de recherche, comme d'un moyen de parvenir à la vérité. Ce qui est illégitime, c'est l'hypothèse stérile, qui ne cherche pas sa sanction dans l'expérience, qui croit se suffire à elle-même; mais non celle qui se fait investigatrice, promotrice de vérifications, provocatrice de recherches et d'expérimentations, et qui n'est, suivant l'expression de Bacon, «*qu'une idée anticipée*».

Boerhaave tenta, un des premiers, de donner à la théorie de la chaleur animale une sanction expérimentale. Pensant que la chaleur animale provenait du conflit des humeurs et croyant, à l'exemple d'Aristote et de Galien, que l'air de la respiration n'avait d'autre rôle que de rafraîchir le sang trop échauffé, il s'adressa à Fahrenheit pour vérifier expérimentalement quelques conséquences de cette manière de voir.

Si la question de la chaleur animale est entrée si tard dans sa véritable voie expérimentale, c'est que les physiologistes n'avaient pas à leur disposition les instruments thermométiques nécessaires aux expériences. La physiologie n'étant que la physique des êtres vivants, il fallut attendre les progrès de la physique générale. Le siècle dernier a amené avec lui ces progrès et fourni aux physiologistes les moyens d'aborder plus utilement le problème qui nous occupe.

On a vu, depuis lors, la science poursuivre la vérification expérimentale des trois points de vue sous lesquels la question avait été dejà envisagée. L'explication vitaliste, l'explication mécanique et l'explication chimique de nouveau proposées pour rendre compte de la chaleur animale ont été cette fois soumises au critérium de l'expérience. Brodie et Chaussat ont cherché à rattacher la production de la chaleur à une influence vitale (1); Hunter (2), croyant également que la chaleur avait sa source dans une force spéciale à l'être vivant, admettait que « la cause inconnue de cette chaleur vitale est la même que celle qui maintient la vie dans tout l'organismes ». Seulement, tandis que Hunter plaçait dans l'estomac le siége de cette force, Brodie et Chaussat l'attribuaient à l'ensemble du système nerveux. Mais peu à peu ces idées vitalistes, de même que d'autres idées ou théories mécaniques qu'il n'est pas nécessaire de mentionner ici, n'étant pas sanctionnées par l'expérience, ont perdu du terrain et ont fait place aux idées chimiques. Priestley (3), Crawford (4), Lavoisier (5) virent l'analogie qui existe entre la combustion et la respiration, et ils soutinrent que cette dernière fonction est la source de la chaleur animale. Aujourd'hui la théorie chimique de Lavoisier est la seule qui soit restée debout, et c'est autour d'elle que se groupent toutes les expériences et tous les efforts des physiologistes et des chimistes. C'est pourquoi nous allons indiquer à grands traits les données générales de cette théorie, et voir dans quelle

(1) Chaussat, *De l'influence du système nerveux sur la chaleur animale*. Diss. inaug., Paris, 1820.

(2) Hunter, *Œuvres complètes*. Traduction française de Richelot, t. IV, p. 208.

(3) Priestley, *Expériences et observations sur différentes espèces d'air*. Trad. par Gibelin. Paris, 1777.

(4) Crawford, *Journal de Physiologie*, 1782, t. XV.

(5) Lavoisier, *Expériences sur la respiration des animaux et sur les changements qui arrivent à l'air en passant par leurs poumons*. (*Mém. Acad. des sciences*, 1777.)

mesure elle explique les faits physiologiques actuellement connus.

Lavoisier, en 1777, montra par des expériences célèbres les relations étroites qui existent entre les phénomènes de la respiration et ceux d'une combustion véritable. La respiration est pour lui une combustion vive ou lente, dans laquelle la substance même de l'animal, le sang, fournit le combustible, carbone et hydrogène, tandis que l'atmosphère fournit l'élément comburant, l'oxygène.

Et d'abord, quel est le siége précis de cette combustion respiratoire ?

Lavoisier, sans s'être expliqué d'une façon catégorique sur ce point, a néanmoins incliné vers l'opinion que ce pourrait être le poumon. Cette opinion a d'abord régné exclusivement, mais plus tard l'observation des faits et les expériences ne la justifièrent pas, et l'on peut dire qu'elle est aujourd'hui renversée. Lagrange lui a porté le premier coup, en avançant que, si la théorie était vraie et si toute la chaleur du corps se produisait dans le poumon, l'organe ne pourrait pas résister à une telle élévation de température, qu'il serait désorganisé et détruit (1). Spallanzani

(1) Cependant M. Berthelot, dans une note récente à l'Académie des sciences, tout en se rangeant aux conclusions de Lagrange, ne peut admettre le raisonnement sur lequel elles sont fondées : « Toute la chaleur dégagée, dit M. Berthelot, par la transformation de l'oxygène inspiré en acide carbonique, fût-elle développée au sein des poumons, n'en élèverait la température que d'une faible fraction de degré, incapable d'en produire la destruction. C'est ce qu'il est facile d'établir. D'après les recherches de MM. Andral et Gavarret, la quantité moyenne de carbone exhalée par un homme, sous forme d'acide carbonique, est comprise entre 10 et 12 gr. environ par heure, soit 0gr,167 à 0gr,200 par minute. En admettant que les matières qui ont fourni cet acide carbo-

avait d'ailleurs montré que la respiration se fait par la peau et fournit de l'acide carbonique indépendamment du poumon. Williams Edwards, en plongeant une grenouille dans l'hydrogène, recueillit, après quelque temps d'immersion, de l'acide carbonique, qui ne provenait évidemment pas de la combustion pulmonaire, puisque la respiration ne s'opérait plus au sein de ce gaz. Enfin, Magnus, ayant extrait les gaz du sang, annonça que l'oxygène et l'acide carbonique existaient dans le sang et ce dernier gaz en plus forte proportion dans le sang veineux. Ce n'était donc pas dans le poumon que se formait l'acide carbonique qui est expulsé par lui. On admit dès lors que le poumon était seulement le lieu de l'échange des gaz et que la combustion s'accomplissait, non pas

nique aient dégagé à peu près la même quantité de chaleur que du carbone pur, ce qui n'est pas très-éloigné de la vérité, cette chaleur serait capable d'élever de 1 degré par minute la température de 1kgr,300 à 1kgr,600 d'eau. En admettant seize inspirations par minute, chacune d'elles produirait donc, en moyenne, une quantité de chaleur capable d'élever de 1 degré 100 gr. d'eau, au moins. Cette quantité de chaleur répartie entre toute la masse des poumons, qu'on peut évaluer à 2 kgr. ou 2kgr,500 environ, ne saurait en élever la température que d'une très-petite fraction de degré (un vingtième à un vingt-cinquième de degré) par chaque inspiration. La circulation incessante du sang, dans les vaisseaux pulmonaires, sang dont le poids ne paraît pas éloigné de 300 à 400 gr. entre deux inspirations, jointe à l'influence du contact des parties voisines, absorberait d'ailleurs à mesure la chaleur produite, de façon à empêcher ses effets de s'accumuler. »

« Il résulte de ce calcul, conclut M. Berthelot, que l'action de l'oxygène sur les principes combustibles de l'organisme, même si elle se produisait tout entière dans les poumons, — ce qui n'est pas le cas, — ne donnerait lieu qu'à des effets difficiles à constater, loin de détruire l'organe qui servirait de siége à cette combustion. Les conclusions de Lagrange n'en étaient pas moins conformes à la vérité, quoique fondées sur des prémisses inexactes. Mais ce n'est pas la seule fois dans l'histoire des sciences qu'un argument sans valeur est devenu l'origine de découvertes importantes. »

exclusivement dans cet organe, mais dans les capillaires généraux, dans l'organisme tout entier.

Telle est la conclusion à laquelle était arrivé Magnus dans son travail sur les gaz du sang publié en 1842 (1). Permettez-moi, à ce propos, de vous rapporter un fait qui se rattache à ce laboratoire et qui vous montrera combien, à cette époque, les idées étaient encore peu avancées sur ces questions. A son apparition, le travail de Magnus fut critiqué par un chimiste considérable, par Gay-Lussac. Si la combustion, ainsi que le disait Magnus, se faisait dans les capillaires généraux, le sang artériel devait renfermer tout l'oxygène et le sang veineux ne devait plus en contenir qu'une très-faible quantité, ce gaz ayant été brûlé dans les tissus et ne pouvant être restitué que dans le poumon. Loin de là, les analyses de Magnus décelaient dans le sang veineux une quantité d'oxygène et d'acide carbonique presque égale à celle que l'on trouvait dans le sang artériel : il y avait seulement, d'après les calculs de Magnus, un léger excès dans le rapport de l'acide carbonique pour le sang veineux. Mais Gay-Lussac, reprenant les chiffres mêmes des expériences de Magnus et les groupant autrement pour en tirer des moyennes, trouva, contrairement à Magnus, que c'était le sang artériel qui renfermait plus d'acide carbonique que le sang veineux. C'est à l'Académie des sciences que Gay-Lussac présenta sa critique des analyses de Magnus. Magendie, qui était présent à la séance, donna

(1) Magnus, *Ueber die ein Blute enthaltenen gaze : sauerstoff, Stickstoff und Kohlensaüre* (*Poggendorff's Annalen*, 1837. — Trad. in *Ann. des sc. nat. zool.*, 2e série, t. VIII, p. 79. 1837).

lui-même une analyse du sang d'où il résultait que c'était le sang artériel et non le sang veineux qui avait fourni le plus d'acide carbonique. Gay-Lussac, de concert avec Magendie, résolurent d'entreprendre de nouvelles expériences sur l'analyse des gaz du sang.

J'étais, à cette époque, préparateur de Magendie; les expériences furent installées ici même au Collége de France, sous la direction de Magendie et de Gay-Lussac. Des circonstances diverses empêchèrent ces expériences d'être poursuivies. Néanmoins, elles amenèrent un fait nouveau alors et important, que je dois signaler. Du sang privé d'oxygène et d'acide carbonique, à l'aide d'un courant d'hydrogène longtemps prolongé, ayant été abandonné pendant vingt-quatre heures à lui-même, se trouva chargé d'une quantité notable d'acide carbonique formé dans l'intervalle, au sein d'une atmosphère d'hydrogène; ce qui démontrait bien que la formation de l'acide carbonique dans le sang ne pouvait être dans ce cas le résultat d'une combustion directe.

Sans doute, on a lieu de s'étonner aujourd'hui des objections de Gay-Lussac et de Magendie. Mais c'est que ces conclusions étaient attaquables, car les analyses de Magnus étaient loin d'être probantes et irréprochables. Agissant sur le sang à l'aide du vide, il le laissait séjourner dans les appareils trop longtemps, ce qui permettait aux actions chimiques d'avoir lieu et ce qui amenait nécessairement une identification entre les deux sangs d'autant plus complète que l'expérience durait plus longtemps.

Maintenant, les questions d'analyses des gaz du sang

sont devenues simples, susceptibles d'une grande exactitude. Les vues de Magnus, qui ne sont au fond que celles de Lagrange, de William Edwards, etc., ont été établies sinon par ses expériences, au moins par celles de ses successeurs, et aujourd'hui il est prouvé d'une manière indubitable que la proportion d'oxygène et d'acide carbonique est fort différente dans les sangs artériel et veineux chez l'animal vivant, et que c'est le sang veineux qui renferme le plus d'acide carbonique, c'est-à-dire qui est le plus brûlé. C'est dans le système capillaire général que se fait la combustion du sang, parce que c'est là qu'il se charge d'acide carbonique.

Mais, même avec cette modification importante de la théorie respiratoire de Lavoisier, devons-nous admettre que la combustion est directe dans l'organisme, et pouvons-nous conclure que, dans les capillaires généraux, par exemple, l'oxygène amené par le sang artériel brûle directement le carbone et l'hydrogène du sang ou des tissus pour donner naissance à de l'acide carbonique et à de l'eau, en même temps que se produit l'élévation de température qui serait la conséquence de cette combustion directe ?

Personne aujourd'hui ne saurait nier que des phénomènes de combustion chimique se passent dans l'organisme. Cependant les chimistes les plus éminents ne sont pas d'accord sur la définition précise et la nature de ces combustions.

Je vous l'ai déjà dit dans plusieurs circonstances, et je l'ai répété au commencement de ces leçons, je suis de ceux qui pensent que les lois physico-chimiques ne sauraient être violées dans l'organisme vivant; mais d'un autre côté, je crois avoir démontré que si les lois chimiques sont immuables, les procédés chimiques sont variables et peuvent offrir des particularités telles qu'ils deviennent, dans certains cas, des procédés physiologiques tout à fait spéciaux.

Pour formuler par anticipation mon opinion sur la question importante qui nous occupe, je dirai que, tout en reconnaissant en principe que la chaleur animale résulte nécessairement des actions chimiques de l'organisme, je n'admets pas comme prouvé qu'elle s'engendre par un procédé de combustion directe, comme l'ont avancé certains chimistes.

On avait cru, à l'époque des premières déterminations volumétriques, que l'oxygène absorbé dans la respiration était intégralement transformé en acide carbonique. Plus tard, des recherches plus précises ayant prouvé que tout l'oxygène n'était pas représenté dans l'acide carbonique, on supposa que le surplus servait à brûler l'hydrogène et à former de l'eau. Mais c'est là, comme le font observer MM. Regnault et Reiset, une hypothèse bien gratuite. Elle n'a d'autre raison d'être que d'expliquer un déficit, lui-même hypothétique (1).

En admettant cette combustion directe du carbone et de l'hydrogène, Dulong et Despretz arrivèrent, il est vrai, à trouver une correspondance quantitative complète entre la chaleur ainsi produite et la chaleur animale, et à considérer, par suite, cette action chimique simple comme

(1) Regnault et Reiset, *Recherches sur la respiration des animaux des diverses classes* (*Annales de chimie et de physique*. 3ᵉ série, t. XXVI, 1849.)

la source véritable de la calorification. La vérification ainsi obtenue ne suffit pas toutefois à faire adopter les prémisses et à légitimer complétement le point de départ. MM. Regnault et Reiset ne voient dans cet accord qu'une coïncidence fortuite, insuffisante pour entraîner la conviction.

Vous voyez, Messieurs, ainsi que je vous le disais, que tous les chimistes ne sont pas d'accord sur la formule qu'il convient de donner à la théorie de la combustion dans la production de la chaleur animale. MM. Regnault et Reiset ont bien fait ressortir toute la complexité d'un pareil phénomène. Non-seulement il faudrait tenir compte, dans cette question, des accroissements de température dus aux oxydations ou combustions, aux fermentations, mais il faudrait faire intervenir encore les variations de température qui peuvent résulter des changements d'état des corps dans l'organisme, soit qu'ils passent de l'état solide à l'état liquide ou de l'état liquide à l'état gazeux, etc.

M. Chevreul ne pense pas non plus que les travaux de Dulong et Despretz aient résolu la question chimique de la chaleur animale.

Quant à moi, Messieurs, il ne m'appartient pas d'émettre une opinion dans la question chimique des combustions organiques; je ne puis qu'abriter mes doutes derrière les grands noms que j'ai précédemment cités. Toutefois je crois devoir vous signaler en terminant quelques objections physiologiques à la combustion directe, objections sur lesquelles j'aurai d'ailleurs occasion plus tard de revenir avec beaucoup de détail.

Je rappellerai une première difficulté qui m'a été suggérée par mes expériences sur la section du grand sympathique dont je vous ai déjà entretenus en vous disant que l'observation directe montrait que l'augmentation de température locale coïncide avec une diminution des phénomènes de combustion dans le sang de la région. J'ajoutais qu'il y avait même là un phénomène initial de calorification, dont la vascularisation des parties ne devait être que la conséquence. — Depuis mes premières expériences, d'autres expérimentateurs ont observé les mêmes faits.

J'ai montré un autre exemple du même genre, si l'on expérimente sur la glande sous-maxillaire et si l'on provoque la sécrétion en excitant la corde du tympan : la circulation devient alors plus active et la température du sang plus élevée. Et, cependant, la formation d'acide carbonique dans le sang veineux de la glande est à ce moment réduite à son minimum.

Il est vrai qu'à côté de ces faits, qui sont encore à expliquer et qui paraissent contradictoires avec la théorie de la combustion directe, il en est d'autres qui seraient en harmonie parfaite avec elle. Le sang veineux sortant d'un muscle en contraction, par exemple, ne contient presque plus d'oxygène, il est noir ; la combustion ici plus complète paraîtrait rendre compte de l'élévation de température dans l'organe et du travail mécanique développé. Mais comment être satisfait de l'explication de la production de chaleur dans les muscles par la combustion du sang, tandis que dans les glandes le même phénomène se produit dans des conditions tout opposées ?

En résumé, la théorie de Lavoisier n'est pas précisée dans une formule définitive (1). La théorie de la combustion directe laisse des faits inexpliqués, des objections non résolues et beaucoup de lacunes. Prise dans son sens général, elle est incontestablement vraie. Elle est inattaquable lorsqu'elle prétend que la respiration et la calorification sont des faits physico-chimiques soumis aux lois ordinaires de la physique et de la chimie générales ; mais elle prête le flanc aux objections les plus graves si on veut lui faire dire que ces actions n'ont rien de spécial dans leurs procédés et sont aussi simples dans un animal que dans un foyer ordinaire.

Pour résoudre un problème d'une aussi grande complexité, il faudrait attaquer le phénomène élémentairement d'abord dans le sang, puis dans chaque organe et chaque tissu successivement. Mais ce sont là des

(1) Il faut remarquer que Lavoisier ne s'est pas toujours formellement expliqué sur le siége de la combustion respiratoire. Il est vrai qu'il parle d'abord « d'une combustion à la fois fort lente, mais d'ailleurs parfaitement comparable à celle du charbon ; « *elle se fait*, dit-il, *dans l'intérieur des pou-* » *mons, sans dégager de lumière sensible*, parce que la matière du feu, devenue » libre, est aussitôt absorbée par l'humidité de ces organes ; la chaleur déve- » loppée dans cette combustion se communique au sang qui traverse les pou- » mons et se répand dans tout le système animal. » (*Mémoire sur la chaleur*, par MM. Lavoisier et de Laplace, 1780. — *Œuvres de Lavoisier*, t. II, p. 331, 1862). — Mais Lavoisier dit aussi (*Œuvres*, 1862, p. 180) : « On » peut conclure qu'il arrive de deux choses l'une, par l'effet de la respiration, » ou la portion d'air éminemment respirable contenue dans l'air de l'atmos- » phère est convertie en acide crayeux aériforme en passant par le poumon, » *ou bien il se fait un échange dans le viscère*. D'une part l'air éminemment » respirable est absorbé, et de l'autre le poumon restitue à la place une » portion d'acide crayeux aériforme presque égale en volume. La première de » ces deux opinions a pour elle une expérience que j'ai communiquée à » l'Académie... Mais, d'un autre côté, de fortes analogies semblent militer » en faveur de la seconde opinion. »

questions de la plus grande difficulté qui exigent des expériences physiques et chimiques d'une grande délicatesse exécutées dans des conditions physiologiques très-bien déterminées. — Je dirai qu'ici la physiologie doit primer la chimie en ce sens que si les explications chimico-physiques sont les seules qui conviennent aux phénomènes de la chaleur animale, elles ne sauraient être données qu'après la connaissance préalable des conditions physiologiques exactes, dans lesquelles ces phénomènes s'accomplissent. C'est cette dernière partie du problème qui nous incombe et que nous nous efforcerons d'élucider dans le cours des leçons qui vont suivre.

TROISIÈME LEÇON

SOMMAIRE : Température du sang. — Sang artériel et veineux ; différences de température. — Revue des recherches faites sur la différence de température de ces deux sangs. — Auteurs qui ont trouvé le sang artériel plus chaud que le veineux ; tableau. — Auteurs qui ont trouvé le sang veineux plus chaud que l'artériel ; tableau. — Expériences récentes. — Nécessité de nouvelles recherches.

Messieurs,

Nous avons exposé succinctement l'historique des opinions ou des hypothèses émises sur les causes de la chaleur animale, et nous avons vu que l'opinion qui avait prévalu est celle de la combustion chimique considérée comme cause de la calorification. Mais je vous ai montré de plus que cette question, suivant l'évolution scientifique naturelle, tendait par ses progrès à passer de la région des hypothèses dans le domaine de l'expérimentation, où nous avons maintenant à la poursuivre.

Je pourrais, à ce sujet, me borner à vous donner l'état actuel de la science et à vous signaler d'une manière abrégée les résultats obtenus par les expérimentateurs nos devanciers. Cela pourrait suffire, sans doute, pour un autre enseignement que le nôtre. Mais ici notre rôle est surtout de vous initier à la méthode expérimentale d'investigation dans la médecine. C'est pourquoi il ne sera pas sans intérêt de rapporter tous les efforts de ceux qui nous ont précédés dans la même étude, et de faire connaître les difficultés qu'ils ont rencontrées, les causes d'erreur dans lesquelles ils sont tombés, et de voir par quels échelons nous avons été amenés au point où nous en sommes. En suivant l'ordre historique de ce problème, nous sentirons mieux l'importance de l'expérimentation et nous verrons les progrès s'accomplir dans la connaissance de la vérité à mesure que des perfectionnements s'introduiront dans les procédés d'expérimentation. C'est dans l'expérimentation, en effet, que nous devons toujours trouver le seul *criterium* sur lequel nous puissions fonder nos théories.

La température du sang a dû attirer tout d'abord l'attention des expérimentateurs. Ce liquide sans cesse en mouvement a pour effet nécessaire de distribuer la chaleur dans le corps vivant. Mais le sang n'est pas un liquide unique, homogène, partout de même composition, présentant partout les mêmes qualités physiques. Il faut par conséquent le considérer à part dans les différents départements organiques.

La première distinction qui se présente sous ce rapport est celle des artères et des veines.

Le sang artériel est-il plus chaud que le sang veineux, ou le sang veineux plus chaud que le sang artériel? Telle est la question qui depuis longtemps divise les physiologistes.

Les expériences sur la chaleur animale que nous aurons à exposer ne remontent pas fort loin: elles datent d'un siècle environ. Leurs résultats contradictoires fournissent une division naturelle à notre examen. Dans les unes on a trouvé le sang artériel plus chaud que le sang veineux; dans les autres, au contraire, on a trouvé le sang veineux plus chaud que le sang artériel.

De là deux groupes de recherches rapprochées par leur objet, mais opposées par leurs conclusions.

Les expérimentateurs qui ont soutenu que la température artérielle est supérieure à la température veineuse sont pour la plupart postérieurs à l'époque de Lavoisier. La théorie de la combustion pulmonaire, qui avait cours à ce moment et d'après laquelle le sang artériel devait bénéficier de toute la chaleur produite dans la formation de l'acide carbonique, n'est sans doute pas restée sans influence sur la tendance de ces travaux. Les observateurs devaient être évidemment préoccupés de confirmer la théorie régnante, et de trouver des résultats concordants avec elle.

Le premier auteur que nous ayons à signaler dans cette revue historique est Haller (1). Il relate des expériences qu'il n'a pas faites lui-même, mais qui sont dues à deux observateurs qu'il cite, Schewenke, qui aurait vu la température du sang artériel supérieure à celle du sang veineux, et Martine, qui aurait trouvé égalité entre la chaleur des deux sangs artériel et veineux. La mention est, du reste, tout à fait insuffisante; elle n'indique ni les animaux, ni les vaisseaux où l'on a pris la température, ni le procédé opératoire.

En 1788, Crawford (2) fit des expériences sur la tempé-

(1) Haller, *Elementa physiologiæ*. 1760.

(2) Crawford, *Experiments and observations on animal heat, etc.* London, 1779. — New *édition*, London, 1788.

rature du sang de la veine jugulaire et de l'artère carotide. Il opérait sur un mouton, mais la façon d'expérimenter était tout à fait grossière, car, après avoir mis à nu le vaisseau, il le piquait et plaçait la boule du thermomètre dans le courant du sang qui s'échappait de la blessure. Le vaisseau au contact de l'atmosphère se refroidissait, le sang lui-même perdait de sa chaleur, sa quantité diminuait dans le vaisseau, et toutes ces causes d'erreur devaient entacher le résultat final. Les chiffres trouvés ramenés en degrés centigrades furent, pour l'artère, 38°,8, et pour la veine 37°,5 : soit donc 1°,3 à l'avantage du sang artériel.

Vint ensuite Krimer (1823). Il opérait sur l'homme, et profitait pour cela de l'opération de l'artériotomie, autrefois plus fréquemment pratiquée qu'aujourd'hui. Il compara ainsi le sang qui s'écoulait de l'artère temporale avec celui de la veine jugulaire ou de la veine brachiale. Il employait d'ailleurs le même procédé défectueux que Crawford et plaçait la boule de son thermomètre dans le jet de la saignée des vaisseaux. Il trouva, dans trois expériences concordantes, un excès de neuf dixièmes de degré centigrade dans la température du sang artériel.

Quelques années après (1824), Scudamore (1) reprenait des expériences semblables, en suivant les mêmes errements que ses prédécesseurs. Le thermomètre était encore placé dans le jet de sang : c'était sur la veine jugulaire et sur l'artère carotide d'un mouton qu'il

(1) Scudamore, *An Essay on the Blood*. London, 1824.

expérimentait d'une part, et sur l'artère temporale et sur la veine brachiale de l'homme d'autre part. Le résultat dans un cas fut un excès de 1°,1 pour le sang artériel : dans l'autre il fut seulement de six dixièmes de degré.

Saissy, en 1808 (1), exécuta un grand nombre de déterminations sur des animaux différents de ceux auxquels on s'était adressé jusqu'alors. Il fit ses expériences sur des hérissons, des marmottes et des chauves-souris ; mais, au lieu de prendre la température du sang des vaisseaux, il la chercha dans le cœur droit et le cœur gauche. Il ouvrit la poitrine de l'animal ; le cœur battait encore ; il incisait le ventricule gauche et notait le degré marqué par le thermomètre. Il opérait de la même façon pour le cœur droit. Seulement, comme le ventricule droit s'était vidé à son tour pendant la première partie de l'opération, il fallait faire cette seconde détermination sur un second animal. En somme, on comparait le ventricule artériel d'un sujet au ventricule veineux d'un autre, et cela dans les conditions où les variations de la température dues à la mutilation et les autres causes nombreuses de refroidissement entraînaient des erreurs forcées. Le résultat de ces expériences fut une différence de cinq dixièmes de degré à l'avantage du sang artériel.

Vers la même époque (1815), J. Davy (2) exécuta des recherches dans de meilleures conditions expérimen-

(1) Saissy, *Recherches expérimentales, anatomiques et chimiques sur les animaux hibernants*. Paris, 1808.

(2) Davy, *Ueber die Temperatur verschiedener Theile des thierischen Körpers* (*Philosophic. Transactions*. Lond. 1814.) — Voy. aussi : Davy, *Observations sur la température animale* (*Annales de chimie et de physique*, 2e série, t. XII, 1832).

tales. Il introduisait le thermomètre dans les vaisseaux; cette pratique constituait un progrès notable. Les animaux en observation furent des agneaux, des brebis et des bœufs. Les vaisseaux comparés étaient l'artère carotide et la veine jugulaire. Le sang artériel dans ces essais fut trouvé plus chaud de cinq dixièmes de degré dans un cas, de neuf dixièmes dans l'autre. Davy fit encore d'autres expériences sur le sang du cœur chez des agneaux de quatre mois dont il ouvrait la poitrine aussitôt après la mort. Dans ces expériences il observa à l'avantage du cœur gauche une différence de trois à six dixièmes de degré centigrade.

Plus près de nous (1843), Nasse (1) soumit à ses investigations des mammifères et des oiseaux. Ses observations furent divisées en deux séries. Dans une série, répétant les expériences précédentes de J. Davy sur des mammifères, il ouvrit la poitrine aussitôt après la mort et introduisit le thermomètre par une incision pratiquée aux parois des ventricules, et il trouva une différence de température à l'avantage du cœur gauche. Il est évident que l'ouverture de la poitrine avait arrêté la circulation en amenant une cause de refroidissement direct du sang et que les ventricules devaient se vider par l'incision pratiquée à leurs parois. Ces expériences, comme celles de Saissy, de Davy, sont donc toutes défectueuses par les mêmes motifs. Dans une autre série d'expériences, Nasse opéra sur des oiseaux et compara le cœur gauche, dont

(1) F. Nasse, *Versüche über den Antheil des Herzens an der Warmeerzeugung* (*Rheinisch und Westphal. Correpondenzblatt*, 1843. — *Id. id.* 1844, nos 16 et 17. — *Id. id.* 1845.)

il faisait écouler le sang, au cloaque dans lequel il plaçait un autre thermomètre. Il trouva le cloaque plus chaud de un degré et demi ; résultat bizarre et sans relation saisissable avec le but de ses précédentes expériences. Le seul perfectionnement à signaler ici dans les expériences, au milieu de toutes les autres causes d'infériorité, c'est que les conditions de la circulation étaient moins troublées que précédemment, car, par suite de leur mode particulier de respiration, les oiseaux résistent mieux que les mammifères à la mutilation qui résulte de l'ouverture du thorax.

Enfin, les expériences de MM. Becquerel et Breschet apportèrent en 1837 (1) un grand progrès dans la question et un grand perfectionnement sur leurs devanciers. Ils employèrent pour la première fois les aiguilles thermo-électriques au lieu du thermomètre. La comparaison de leurs observations porta sur l'aorte et la veine cave, sur l'artère crurale et la veine crurale, sur la carotide et la veine crurale, sur l'artère crurale et la jugulaire du chien. Les températures ont été déterminées seulement par différences dans certains cas ; dans d'autres on a déterminé les températures absolues et trouvé toujours un excès de température en faveur du sang artériel. Il ne faut pas omettre de dire que dans leurs expériences sur les gros vaisseaux MM. Becquerel et Breschet ont agi sur des animaux récemment morts dont la poitrine était ouverte et qu'ils ont été exposés aux mêmes causes d'erreur que nous avons reprochées aux autres expérimentateurs.

(1) Becquerel et Breschet, *Mémoires sur la chaleur animale.* (*Annales des sc. nat. zoologie*, 2e série, t. III et IV.)

Tous les auteurs que nous avons précédemment cités forment un groupe des plus anciens expérimentateurs, qui tous furent d'un accord unanime pour admettre la température du sang artériel supérieure à celle du sang veineux.

Ces expériences, par leurs imperfections mêmes, constituent un premier essai, une première étape dans les recherches de la chaleur animale; nous pouvons les résumer dans un tableau de manière à les embrasser d'un seul coup d'œil. (Tableau A, page ci-contre).

L'ensemble des travaux que nous avons cités précédemment semblait avoir établi que le sang artériel est plus chaud que le sang veineux, et que la théorie de Lavoisier, qui considérait le poumon comme le foyer de la chaleur animale, devait être adoptée. Il y avait cependant eu des exceptions et quelques expériences dans lesquelles on avait vu que le sang veineux du cœur droit était plus chaud que le cœur gauche, ou bien que les deux sangs étaient à la même température.

C'est ainsi qu'on trouve cité Coleman, Astley Cooper, Autenrieth, comme ayant trouvé le sang du cœur droit plus chaud que celui du cœur gauche. En 1819, Mayer, opérant sur des chevaux, constatait bien, à la vérité, que le sang de la veine jugulaire était bien moins chaud que celui de l'artère carotide ; mais en sacrifiant l'animal et ouvrant rapidement la poitrine, il ne trouvait plus de différence entre le cœur droit et le cœur gauche, d'où il conclut à l'égalité de température.

De nos jours, c'est dans le centre circulatoire que le problème s'est concentré ; c'est là qu'il présentait les

Tableau A. — *Auteurs qui ont trouvé le sang artériel plus chaud que le sang veineux.*

AUTEURS.	SANG artériel.	SANG veineux.	DIFFÉRENCE EN FAVEUR du sang artériel	ANIMAUX.	VAISSEAUX EXPÉRIMENTÉS	PROCÉDÉS D'EXPÉRIMENTATION.
Haller (1760).	37,2	36,1	1,1°	?	?	? Citation : Schwenke.
Crawford (1778).	38,8	37,5	1,3	Mouton.	Artère carotide, veine jugulaire.	Thermomètre dans le sang recueilli.
Krimer (1823).	38,18	37,20	0,98	Homme.	Artère temporale, veine jugulaire	Thermomètre dans le jet du sang.
	37,5	36,6	0,9	Femme.	Artère temporale, veine jugulaire	Id. Id.
	37,2	36,3	0,9	Homme.	Artère et veine brachiales, amputation du bras.	Id. Id.
Scudamore (1826).	37,7	36,6	1,1	Mouton.	Artère carotide, veine jugulaire.	Id. Id.
	36,1	35,5	0,6	Homme.	Artère temporale, veine du bras.	Id. Id.
Saissy (1808).	38,5	38,0	0,5	Marmotte.	Cœur gauche, cœur droit.	Incision des cavités du cœur. 2 thermomètres comparés simultanément.
	36,5	36,0	0,5	Hérisson.	Id.	Id. Id.
	38,0	37,5	0,5	Écureuil.	Id.	Expériences sur 2 animaux comparés.
	31,4	31,0	0,4	Chauve-souris.	Id.	Id. Id.
J. Davy (1815).	40.0	39,1	0,9	Agneau.	Artère carotide, veine jugulaire.	Thermomètre F. plongé dans la veine. Thermomètre F. dans le jet du sang artériel.
	40,5	40,0	0,5	Id.	Id.	
	40,5	40,0	0,5	Id.	Id.	

						Gros intestin	
	40,5	39,7	0,8	Id.	Id.		
	40,5	40,0	0,5	Id.	Id.		
	40,2	39,7	0,5	Brebis.	Id.		
	40,0	39,1	0,9	Id.	Id.		
	40,0	39,4	0,6	Id.	Id.		
	38,6	37,7	0,9	Bœuf.	Id.		
	38,3	38,3	0,0	Id.			
Nasse (1843). 1re série d'expériences.	41,1	40,8	0,3	Agneau.	Cœur gauche. cœur droit.	40,0	Animaux récemment morts; poitrine ouverte; ventricules incisés
	41,1	40,5	0,6	Id.	Id.	40,5	
	41,1	40,8	0,3	Id.	Id.	40,5	
				Poules.	Comparaison du cœur gauche avec le cloaque. Ce dernier plus chaud.		Poitrine ouverte, cœur incisé; conclusion indirecte que le sang artériel est plus chaud que les veines.
2e série d'expériences.	42,80	41,25	1,55	?	Cœur gauche, cœur droit.		Animal récemment mort.
	41,80	40,60	1,20	?	Id.		Poitrine ouverte, cœur incisé (procédé de Davy).
	42,50	41,25	1,25	?	Id.		
Becquerel et Breschet (1837).	....	....	0,84	Chien.	Aorte sortant du cœur, veine cave inférieure entrant dans le cœur.		Aiguilles thermo-électriques; poitrine ouverte, animal récemment mort.
	....	....	1,12	Id.	Artère crurale, veine crurale.		Id. Id.
	....	....	0,84	Id.	Id. Id.		Id. Id.
	....	....	0,84	Id.	Carotide et veine crurale.		Id. Id.
	38,90	38,0	0,90	Id.	Artère crurale, veine jugulaire.		Id. Id.
	....	....	0,15	Id.	Carotide, artère crurale.		Id. Id.
	....	....	...	Id.	Veine jugulaire, 0°,30 plus chaud que la veine crurale.		Id. Id.

plus grandes difficultés, et c'est en vue de les résoudre que tous les expérimentateurs modernes ont cherché à perfectionner les procédés d'expérimentation.

Collard de Martigny et Malgaigne (1832) (1) trouvaient le cœur gauche moins chaud de 1° que le cœur droit, sur un chien qu'on venait de sacrifier et dont la poitrine était en partie ouverte.

Berger, en 1833, observait une température de 40°,90 dans le sang artériel du cœur gauche et une température supérieure, 41°,4, dans le cœur droit.

En 1844, Magendie, comme président d'une commission d'hygiène chevaline près le ministère de la guerre, avait à sa disposition un grand nombre de chevaux morveux qui, étant destinés à être abattus, étaient utilisés pour la physiologie. Nous fîmes ensemble, à cette époque, des expériences sur la température du sang dans les cavités du cœur. Voici comment j'opérais. — L'animal étant debout et vivant, je mettais à nu l'artère carotide et la veine jugulaire, et, par l'une et l'autre voie, j'introduisais un long thermomètre jusque dans le cœur. Dans ces expériences, le cœur droit se montra toujours plus chaud que le cœur gauche. Quand l'animal était à jeun la différence paraissait plus faible, elle devenait plus grande lorsque le cheval était en pleine digestion et surtout quand il venait de fournir une longue course qui avait élevé la chaleur générale du corps.

En 1849, je communiquai à la Société de biologie mes

(1) Collard de Martigny, *De l'influence de la circulation générale et pulmonaire sur la chaleur du sang et de celle de ce fluide sur la chaleur animale* (*Journal complémentaire des sciences médicales*, 1832, t. XLIII.)

expériences qui montrèrent que le sang veineux qui sort du foie par les veines sus-hépatiques est plus chaud que le sang de l'aorte ventrale et que celui de la veine porte.

En 1859, Hering (1) eut l'occasion d'opérer sur le cœur mis à nu en dehors de la poitrine dans un cas singulier d'ectopie du cœur chez un veau, et il profita de la facilité que lui offrait cette monstruosité pour l'expérimentation. Il introduisit des tubes dans l'un et l'autre ventricule; il se proposait de constater la pression développée par la contraction des ventricules. Il nota incidemment, pour la température du sang qui s'échappait du ventricule gauche, 38°,77, et pour celle du ventricule droit, 39°,30.

En 1854, parut un travail important sur la question qui nous occupe, c'est celui de G. Liebig (2), le fils du célèbre chimiste.

M. Liebig nous apprend qu'il conçut l'idée de son sujet sous l'inspiration des idées de Magnus. En effet, par les analyses du sang, Magnus démontrant que les combustions se passent dans le système capillaire général, l'excès de température du sang veineux devait en être le corollaire. M. Liebig exécuta ses expériences sous la direction du physiologiste Bischoff, à Giessen.

M. Liebig fait d'abord une critique très-complète des expériences anciennes, et signale leurs vices et leur insuffisance. Il insiste sur ce fait qu'il faut opérer sur

(1) Hering, *Archiv für physiol. Heilk.* 1850.

(2) G. Liebig, *Ueber die Temperaturunterschiede des venosen und arteriellen Blutes*. Giessen, 1853.

des animaux vivants et non sur des animaux morts. En ouvrant la poitrine de l'animal, on s'expose à toutes sortes de causes d'erreur, ce qui fait que les résultats des observations sont discordants. Même en laissant la poitrine fermée, si l'animal a cessé de vivre, il s'établit une stagnation du sang qui change la distribution du calorique.

M. Liebig montre qu'il ne faut pas chercher des résultats uniformes pour tout le système veineux. Il y a lieu de distinguer des territoires veineux qui se comportent différemment. Le sang des veines profondes est généralement plus chaud que le sang artériel, et le sang des veines superficielles plus froid.

Il explique la divergence des résultats obtenus par les observateurs qui ouvraient la poitrine de l'animal, et plongeaient un thermomètre dans chaque ventricule. Le cœur gauche est plus épais et mieux protégé contre le refroidissement. Ce fait se démontre directement sur un cœur séparé de l'animal.

Enfin, M. Liebig a signalé les rapports qui existent entre les mouvements de la respiration et la température du sang du cœur droit ; nous y reviendrons plus tard.

La différence trouvée par M. Liebig entre la température du sang veineux et celle du sang artériel dans les cavités du cœur est à l'avantage du premier ; mais elle se réduit à très-peu de chose : elle varie entre 2 centièmes et 4 centièmes de degré ; elle atteint rarement 1 dixième de degré.

L'ensemble du travail de M. Liebig peut d'ailleurs se résumer dans ces deux propositions :

1° Dans le cœur, le sang veineux est plus chaud que le sang artériel.

2° Le sang se refroidit en traversant le poumon.

Les propositions qui précèdent sont, sans doute, établies avec soin et sur une base expérimentale solide ; toutefois je ferai remarquer que les recherches modernes sur la température du sang sont elles-mêmes inspirées par des vues opposées à celles de Lavoisier sur le siége des combustions ; ce qui prouve que, même en expérimentant, nous ne pouvons jamais nous soustraire complétement aux idées théoriques, qui sont, malgré nous, nos idées directrices dans la recherche de la vérité. Seulement, il faut ne pas leur donner trop de puissance et les soumettre toujours au contrôle rigoureux des faits.

Après Liebig, Fick, en 1855, reprit la question, trouva les mêmes résultats et arriva aux mêmes conclusions.

C'est vers la même époque, et sans connaître les travaux de Liebig et de Fick, que j'expérimentais de mon côté sur la même question, poursuivant mes expériences de 1844 et 1849. Je publiai en 1857 (1) un travail qui vint confirmer le sens général des recherches

(1) Cl. Bernard, *Recherches sur l'influence que la section du grand sympathique exerce sur la chaleur animale* (*Compt. rend. de l'Académie des sciences*, 1852, et *Ann. sc. nat. zool.*, 4e série, 1854, t. Ier.) — *Leçons de physiologie expérimentale appliquée à la médecine*. Paris, 1855, t. I, p. 198. — *Recherches expérimentales sur la température animale* (*Compt. rend. de l'Acad. des sciences*, 1856, t. XLIII.) — *Leçons sur les propriétés des liquides de l'organisme*. Paris, 1859, t. I, p. 50 et suiv.

Id. Id. *Expériences sur les manifestations chimiques diverses des substances introduites dans l'organisme*. (*Arch. gén. de méd.*, 4e série, t. XVI, p. 62, 219 ; 1848.)

précédentes. Pour donner plus d'exactitude à mes expériences, j'avais prié M. Walferdin de vouloir bien s'associer à moi et me prêter le secours de sa grande compétence dans les questions de thermométrie. Les expériences furent faites dans mon laboratoire sur des chiens, et dans les abattoirs sur des moutons. Dans ces deux séries d'expériences, d'une part sur les chiens, d'autre part sur les moutons, le sang du cœur droit fut toujours trouvé plus chaud que le sang du cœur gauche. J'opérais sur des animaux vivants et non anesthésiés. Le thermomètre était introduit successivement par la veine jugulaire et par la carotide jusque dans les ventricules du cœur, et d'une manière alternative, comme nous le dirons plus tard. Je me borne, pour le moment, à vous signaler les résultats généraux de mes expériences.

Nous avons trouvé, en moyenne, une différence de 1 ou 2 dixièmes de degré à l'avantage du sang du cœur droit.

Ainsi, vous voyez que, par une suite d'efforts successifs, les procédés d'expérimentation se sont perfectionnés, les principales causes d'erreur ont été signalées et écartées. Ces dernières expériences doivent être nécessairement considérées comme les plus parfaites. Elles forment une seconde étape dans la question, et nous pouvons retracer dans un second tableau l'ensemble de leurs résultats qui montrent que le sang veineux est plus chaud que le sang artériel. (Tableau B, page ci-contre.)

Après cet ensemble d'expériences qui se prêtaient un mutuel appui et qui aboutissaient à la même conclusion, la question paraissait jugée définitivement. Pendant dix ans aucun travail contradictoire ne se produisit, et l'on put croire que la théorie de la combustion périphérique sortait triomphante de l'épreuve.

Cependant des contradicteurs nouveaux surgirent encore. En 1867, M. G. Colin (1), professeur à l'École vétérinaire d'Alfort, vint combattre en partie les expériences que nous avons rapportées précédemment. Il répéta ses essais sur un grand nombre d'animaux : chevaux, taureaux, béliers, chiens, que l'École d'Alfort met facilement à sa disposition. Le résultat ne fut pas trouvé identique chez tous les animaux : la température en excès se présentait tantôt pour le cœur droit, tantôt pour le cœur gauche. Sur 80 animaux qui servirent à 102 observations thermométriques doubles, 50 fois le cœur gauche fut trouvé plus chaud, 31 fois il fut trouvé plus froid, et 21 fois il y eut égalité de température dans les deux cœurs. Les excès de température varièrent de 4 dixièmes à 7 dixièmes de degré.

Il est clair qu'on ne peut s'arrêter là. Il faut tenir compte des faits présentés par M. Colin, mais on ne saurait pour cela leur attribuer une valeur négative absolue ; seulement il faut les dépouiller de la forme empirique que leur a donnée leur auteur. Pour leur rendre leur signification, il y aura, comme nous le verrons plus tard, à les ramener à des conditions expérimentales rigoureusement déterminées. Pour le moment, je me bornerai

(1) G. Colin, *Expériences sur la chaleur animale et spécialement sur la température du sang veineux comparée à celle du sang artériel dans le cœur, etc...* (*Compt. rend. de l'Acad. des sciences*, 23 octobre 1865, et *Ann. des sciences naturelles, Zoologie*, 5e série, t. VII, 1867), et *Traité de physiologie comparée*, 2e édition, Paris, 1874, t. II, p. 216.

TABLEAU B. — *Auteurs qui ont trouvé le sang veineux plus chaud que le sang artériel.*

NOM DES AUTEURS.	SANG artériel.	SANG veineux.	DIFFÉRENCE en faveur du sang veineux.	ANIMAUX.	VAISSEAUX EXPÉRIMENTÉS.	PROCÉDÉS D'EXPÉRIMENTATION.
Berger (1833).	40°,90	41°,40	0,50	Mouton.	Cœur droit plus chaud que le cœur gauche.	Procédé non indiqué.
Collard de Martigny et Malgaigne (1832).	»	»	»	Chien.	Cœur droit plus chaud que le cœur gauche.	Animal récemment mort; poitrine en partie ouverte.
Magendie et Claude Bernard (1844).	»	»	»	Cheval.	Cœur droit plus chaud que le cœur gauche.	Animal vivant et debout, circulation non interrompue.
Cl. Bernard (1849).	»	»	»	Chien.	Sang de la veine cave au niveau du foie plus chaud que le sang de l'aorte.	Animal vivant; thermomètre introduit par le ventre.
Héring (1850).	38,77	39,30	0,53	Veau atteint d'ectopie du cœur.	Cœur droit plus chaud que le cœur gauche.	Incision des ventricules du cœur.

G. Liebig (1854).	36,32	36,35	0,03	Chien.	Cœur droit plus chaud que le cœur gauche.	Animaux vivants ; circulation non interrompue ; thermomètre introduit par le cou.
Cl. Bernard (1857).	38,0	38,2	0,02	Chien.	Cœur droit plus chaud que le cœur gauche.	Animaux vivants ; circulation non interrompue ; thermomètre introduit par les vaisseaux du cou.
1re série.	39,3	39,5	0,02	Id.	Id.	
	39,1	39,2	0,01	Id.	Id.	
	38,6	38,8	0,02	Id.	Id.	
	38,5	38,7	0,02	Id.	Id.	
	38,6	38,8	0,02	Id.	Id.	
	39,1	39,2	0,01	Id.	Id.	
	38,7	38,9	0,02	Id.	Id.	
	38,8	38,9	0,01	Id.	Id.	
	39,2	39,4	0,02	Id.	Id.	
	40,12	40,37	0,25	Mouton.	Cœur droit plus chaud que le cœur gauche.	Animaux vivants ; circulation non interrompue ; thermomètre introduit par les vaisseaux du cou.
2e série.	39,92	40,32	0,10	Id.	Id.	
	39,58	39,60	0,01	Id.	Id.	
	40,24	40,39	0,28	Id.	Id.	
	39,58	39,87	0,08	Id.	Id.	
	40,09	40,48		Id.	Id.	

à vous signaler les résultats bruts en disant que M. Colin a opéré sur des animaux vivants et mis en usage le procédé opératoire qui consiste à introduire les instruments thermométriques par la veine jugulaire et par l'artère carotide. J'ajouterai toutefois que M. Colin tire de ses expériences divergentes la conclusion générale et absolue que le sang s'échauffe en traversant le poumon.

En 1869, M. Lombard (1), aux États-Unis, publia un travail dans lequel il eut également pour objet de prouver que le sang ne se refroidit pas en traversant le poumon. Mais le principe de sa méthode opératoire est loin d'être à l'abri de la critique. Si le sang, dit M. Lombard, se refroidit ordinairement dans le poumon quand on fera respirer de l'air chaud et humide, il devra s'échauffer ; dans tous les cas, il ne se refroidira plus ; et s'il ne se refroidit plus comme précédemment, s'il ne perd plus de calorique, la température du sang artériel devra présenter un surcroît d'échauffement.

Pour s'assurer de ce fait, M. Lombard, à l'aide d'un appareil thermo-électrique fort délicat, prend la température de la peau au-dessus de l'artère radiale quand on respire de l'air froid ordinaire, puis quand on respire de l'air chaud humide ; et comme il obtient un résultat négatif et n'observe pas de changement dans la température de l'artère radiale, M. Lombard en conclut que le sang ne se réchauffe pas en traversant le poumon. M. Lombard cherche ensuite à appuyer son opinion sur des calculs plus ou moins hypothétiques inutiles à rapporter ici.

(1) Voy. *Archives de Physiologie*, 1871.

La conclusion, on le voit, n'est pas prochaine et n'est pas établie sur des expériences physiologiques directes. Par conséquent elle ne saurait contredire les résultats expérimentalement établis.

M. Jacobson, en 1870, a publié de nouvelles études sur la chaleur animale. Il a trouvé que la température la plus élevée appartenait tantôt à un ventricule, tantôt à l'autre, mais que le plus souvent il y avait égalité entre la température des deux ventricules. M. Jacobson introduisait sur des lapins l'instrument dans le cœur, non par les vaisseaux, mais par l'extérieur, directement à travers les parois de la poitrine, convenablement dénudées, pour apercevoir battre la pointe du cœur; il introduisait alors l'aiguille thermo-électrique dans l'une ou l'autre cavité. Or, nous considérons comme très-difficile de pouvoir expérimenter rigoureusement par un tel procédé.

En 1871, M. Heidenhain et un de ses élèves, M. Körner, ont voulu reprendre à fond la question de la température comparée du sang dans le ventricule gauche et dans le ventricule droit. Un travail considérable et des expériences nouvelles en grand nombre viennent d'être publiées sur ce sujet, et elles confirment de la façon la plus complète notre conclusion, que le sang du cœur droit est plus chaud que le sang du ventricule gauche.

Sur quatre-vingt-quinze expériences, ces expérimentateurs ont constamment trouvé le cœur droit plus chaud que le cœur gauche, sauf un cas d'égalité.

Le tableau ci-contre (tableau C, p. 52), extrait de la thèse de M. Körner, donne l'ensemble des résultats obtenus. Les expériences ont été faites sur des chiens vivants,

TABLEAU C. — *Expériences de MM. Heidenhain et Körner* (1871).

MESURES THERMOMÉTRIQUES.			MESURES THERMO-ÉLECTRIQUES.	
Cœur droit.	Cœur gauche.	Différences.	Différence à l'avantage du cœur droit.	
37,32.....	37,19	+ 0,13	+ 0,18	+ 0,22
	37,10	+ 0,22	+ 0,16	+ 0,08
37,30.....	37,01	+ 0,29	+ 0,13	+ 0,05
38,41.....	38,31	+ 0,10	+ 0,10	+ 0,22
	38,29	+ 0,12	+ 0,11	+ 0,26
38,22.....	38,12	+ 0,10	+ 0,14	+ 0,09
37,51.....	37,31	+ 0,20	+ 0,14	+ 0,13
38,42.....	38,42	= 0,00	+ 0,21	+ 0,14
38,82.....	38,80	+ 0,02	+ 0,06	+ 0,21
38,51.....	38,32	+ 0,19	+ 0,02	+ 0,24
38,55.....	.. ..	+ 0,28	+ 0,27	+ 0,28
38,50.....	38,44	+ 0,06	+ 0,15	+ 0,27
38,72.....	38,69	+ 0,03	+ 0,17	+ 0,25
38,60.....	38,51	+ 0,09	+ 0,13	+ 0,20
38,61.....	38,21	+ 0,40	+ 0,09	+ 0,27
38,15.....	37,83	+ 0,32	+ 0,06	+ 0,30
39,13.....	39,05	+ 0,08	+ 0,06	+ 0,22
39,21.....	39,13	+ 0,08	+ 0,13	+ 0,60
38,63.....	38,56	+ 0,07	+ 0,08	+ 0,06
38,65.....	.. ..	+ 0,09	+ 0,08	+ 0,02
39,78.....	39,64	+ 0,14	+ 0,07	+ 0,28
39,91.....	39,68	+ 0,23	+ 0,06	+ 0,19
38,75.....	38,54	+ 0,21	+ 0,11	+ 0,18
39,58.....	39,43	+ 0,15	+ 0,11	+ 0,33
39,58.....	39,39	+ 0,19	+ 0,13	+ 0,25
37,90.....	37,74	+ 0,16	+ 0,22	+ 0,45
37,75.....	37,62	+ 0,13	+ 0,20	+ 0,17
38,85.....	38,75	+ 0,10	+ 0,19	+ 0,02
38,88.....	.. ..	+ 0,13	+ 0,24	+ 0,54
39,98.....	38,81	+ 0,17	+ 0,19	+ 0,31
37,04.....	37,02	+ 0,02	+ 0,17	
38,53.....	38,36	+ 0,17		
38,09.....	37,79	+ 0,30		

la circulation étant libre et la cavité thoracique intacte. Les animaux ont été opérés directement ou préalablement soumis à l'influence du curare. Les mesures calorifiques ont été prises tantôt avec le thermomètre, tantôt avec des appareils thermo-électriques d'une grande délicatesse. Les instruments, thermomètres ou aiguilles thermo-électriques, étaient introduits dans le cœur par la veine jugulaire et par l'artère carotide.

Les mesures thermométriques et thermo-électriques du sang dans les deux cœurs par MM. Heidenhain et Körner peuvent se résumer de la manière suivante :

Dans un cas, la différence a atteint 6 dixièmes de degré. — Dans deux autres, elle a varié de 5 à 6 dixièmes. Dans trois cas, elle a été de 5 dixièmes. Dans cinq cas, de 3 à 4 dixièmes; dans vingt-sept cas, de 2 à 3 dixièmes; dans trente-six, de 1 à 2 dixièmes; dans vingt et un cas, d'un dixième et moins. Une seule fois il y a eu égalité.

Enfin tout récemment, en 1872, Riegel (de Wurtzbourg) vient contredire les expériences de Heidenhain, en s'appuyant sur les mêmes résultats et les mêmes arguments que M. Jacobson. Dans douze expériences, qu'il ne décrit pas, M. Riegel est arrivé, dit-il, à trouver une fois seulement la température égale dans les deux ventricules. Ordinairement celle du cœur gauche était plus élevée que celle du cœur droit. Deux fois la chaleur du côté droit était un peu plus élevée que du côté gauche de 0,06 à 0,18 de degré. M. Riegel s'est servi d'aiguilles thermo-électriques, et bien qu'il ne décrive pas son procédé opératoire, il est probable qu'il s'est servi de celui de M. Jacobson, dont il adopte d'ailleurs toutes les conclusions.

Tels sont dans leur ensemble les travaux parus jusqu'à ce jour sur le sujet qui nous occupe, et vous voyez que malgré leur nombre et les perfectionnements apportés à l'expérimentation, la question ne semble pas encore être fixée.

Je terminerai par une réflexion que fait naître en mon esprit cette longue suite d'expériences, ayant uniquement pour but de constater un fait qui est encore à l'étude. Je vous disais, en commençant une des leçons précédentes, qu'il y a dans la recherche physiologique, comme dans toute question de science, deux phases successives : la phase d'observation ou de constatation, et la phase de l'explication.

Vous voyez que la question de la chaleur du sang artériel et veineux, qu'on pourrait croire entrée dans la période explicative, n'a cependant pas encore traversé la période d'observation, puisqu'il y a toujours de nouvelles recherches à faire pour arriver à fixer le déterminisme du phénomène. C'est à quoi nous nous efforcerons, dans les leçons qui vont suivre, en retenant le problème sur ce terrain autant que cela sera nécessaire; car le raisonnement le plus simple nous indique qu'avant de chercher à expliquer un phénomène, il faut, tout d'abord, bien le constater et l'observer dans toutes ses conditions de manifestation.

QUATRIÈME LEÇON

SOMMAIRE : Conditions des expériences physiologiques à entreprendre. — Moyens de contention qui peuvent être employés dans les expériences sur la chaleur animale. — De l'influence du curare sur la calorification; périodes successives de l'action de ce poison; importance de l'étude de ces périodes. — Nerfs dilatateurs. — Anesthésiques; leurs inconvénients dans l'étude de la chaleur animale. — Opium. — Le curare doit avoir la préférence. — Appareils destinés à mesurer la chaleur; thermomètres métastatiqnes; appareils thermo-électriques. — Manœuvres opératoires. — Différents points de l'organisme où devra être étudiée la température.

MESSIEURS,

Vous avez vu par l'exposé historique rapide qui a été fait devant vous que la question de la température comparative du sang artériel et veineux s'est peu à peu engagée dans la voie expérimentale, en tâtonnant d'abord par des essais plus ou moins grossiers, mais qui se sont successivement perfectionnés et se perfectionnent encore. Aujourd'hui cette question, après plus d'un siècle d'expérimentation, ne semble pas résolue; c'est néanmoins toujours dans la même voie que nous devons la poursuivre, en tâchant de lui faire faire de nouveaux progrès et en essayant de dissiper par la critique expérimentale quelques-unes des obscurités qui l'entourent encore.

C'est donc à une étude essentiellement expérimentale que nous avons dû nous livrer, car nous n'avons pas d'autre manière, ainsi que nous l'avons souvent répété, d'avancer dans la connaissance des phénomènes de la vie ; il faut absolument que nous descendions dans l'organisme vivant, et que nous cherchions, à l'aide de l'expérimentation, à saisir les conditions intimes des phénomènes qui s'y passent.

Je n'ai pas ici à entreprendre la justification des expériences en physiologie ; cela n'est plus nécessaire. Cependant je vous demande la permission de vous rappeler quelques considérations qui ne seront peut-être pas déplacées.

Les expériences physiologiques se pratiquent sur des animaux qui ne sont plus dans l'état normal au moment où on les expérimente. Des circonstances préparatoires spéciales, ou simplement les circonstances de la mutilation, peuvent modifier et troubler les conditions habituelles de la vie.

Certains médecins ont encore attaqué l'application de la méthode expérimentale à la physiologie et à la médecine pour d'autres raisons. Ils ont contesté que les expériences sur le chien, le lapin, la grenouille, puissent conduire à quelque conséquence applicable à l'homme vivant, et ils ont cru que pour cela il faudrait expérimenter sur l'homme lui-même. Nous aurons à nous expliquer sur ce point dans le cours de nos recherches. Je veux seulement établir ici que lors même qu'on expérimenterait sur l'homme, on ne serait pas à l'abri des perturbations physiologiques et des causes d'erreur qu'elles pourraient entraîner. Dans l'antiquité, Érasistrate, petit-fils d'Aristote, a fait des expériences sur l'homme. Celse, qui les rapporte, rejette leurs conclusions, prétendant que les troubles amenés par la mutilation, la douleur, les circonstances diverses de l'expérience, entachaient tous les résultats et les frappait de nullité.

Il y a certainement des perturbations introduites par l'expérience dans l'organisme ; mais nous devons en tenir compte et nous le pouvons. Il nous faudra restituer aux conditions dans lesquelles nous plaçons l'animal la part d'anomalies qui leur revient, et nous supprimerons la douleur chez les animaux comme chez l'homme, à la fois par un sentiment d'humanité et aussi pour éloigner les causes d'erreur amenées par les souffrances. Mais les anesthésiques que nous mettons en usage ont eux-mêmes des effets sur l'organisme capables d'apporter des modifications physiologiques et de nouvelles causes d'erreur dans les résultats de nos expériences. En particulier, dans l'étude de la chaleur animale, ces inconvénients peuvent se présenter ; c'est pourquoi je crois utile de vous entretenir tout d'abord des moyens anesthésiques ou contentifs que nous mettrons en usage dans nos expériences.

Ces moyens sont au nombre de trois :

Le curare ;

Le chloroforme ;

L'opium et ses alcaloïdes.

Emploi du curare. — Nous avons montré ailleurs (1) que le curare agit sur le système nerveux, et ne fait que supprimer l'action des nerfs moteurs : il laisse la sensibi-

(1) Voy. *Leçons sur les substances toxiques et médicamenteuses*, Paris, 1857. — *Note sur les effets physiologiques de la curarine* (*Compt. rend. Acad. des sciences*, 1865, t. LX.) — *Leçons sur les anesthésiques*, Paris, 1875.

lité intacte. Ces effets, que l'on constate si nettement chez la grenouille, sont absolument les mêmes chez les mammifères ; de sorte que les animaux mis sous l'influence du curare ne sont pas anesthésiés, ils sont seulement maintenus ; le curare n'est pas un agent anesthésique, c'est un moyen *contentif*. C'est ainsi que depuis longtemps j'ai caractérisé le mode d'action de cette substance dans les vivisections.

Sans nous étendre sur les usages physiologiques du curare, il nous suffira de rappeler que nous pouvons employer cet agent comme moyen contentif des animaux pendant les expériences physiologiques.

Cependant, sachant que dans la curarisation, les nerfs de sensibilité persistent, tandis que les nerfs de mouvement volontaire sont paralysés, il s'agira de déterminer quels effets cette modification physiologique pourra apporter dans nos expériences sur la chaleur animale.

Le curare agit-il sur la calorification, influence-t-il cette fonction en l'élevant ou en l'abaissant, ou bien ses effets sont-ils nuls? Autrefois, j'ai dit que le curare augmente un peu la calorification chez les animaux (1). D'autres expérimentateurs plus récents ont tiré des mêmes expériences une conclusion contraire; c'est ainsi que M. Riegel contredit mon opinion en concluant que chez les animaux curarisés, la température s'abaisse considérablement. Je vous ai souvent répété que la critique expérimentale ne peut être valable qu'autant qu'on ramène les expériences aux mêmes conditions d'observation. Ici les expériences

(1) Voy. *Leçons de physiologie expérimentale appliquée à la médecine*. Paris, 1855, t. I, p. 198.

sont les mêmes sans doute, mais l'observation n'a pas été portée sur les mêmes phénomènes de la curarisation. J'ai observé les animaux seulement pendant l'empoisonnement curarique, et alors la température du corps s'élève toujours, surtout dans les parties périphériques du corps. Chez un lapin par exemple, au moment où il tombe paralysé par le curare, les extrémités et les oreilles deviennent manifestement plus chaudes, comme dans le cas où il y a paralysie des nerfs vaso-moteurs. M. Riegel, au contraire, a observé des animaux curarisés, et il a vu que la température du corps s'abaisse chez eux pendant qu'on les fait vivre longtemps au moyen de la respiration artificielle. Cela est très-vrai, mais alors je dis que l'abaissement de la température est dû non à l'effet du curare, mais à l'immobilité de l'animal dont les muscles paralysés ne peuvent plus concourir à l'entretien de la chaleur animale.

On pourrait peut-être aussi attribuer une part du refroidissement à la dilatation des vaisseaux périphériques, à la respiration artificielle elle-même; mais elle est minime, car chez les animaux qu'on curarise incomplétement, de manière à rendre inutile la respiration artificielle, on voit la température du corps d'abord un peu plus élevée, s'abaisser successivement et peu à peu pendant tout le temps que l'animal paralysé a son système musculaire dans l'inactivité. Dès que la paralysie cesse par l'élimination du poison, tous les mouvements se réveillent et reprennent leur activité primitive en même temps que la température du corps revient à son degré normal.

Nous reviendrons d'ailleurs ultérieurement avec détail

sur tous ces phénomènes; je veux seulement rappeler ici une conclusion que je remettrai sous vos yeux en temps et lieu, à savoir que le curare augmente primitivement la chaleur du corps, l'activité de la circulation, les sécrétions des glandes et de la lymphe, la rapidité de l'élimination. Il y a, en réalité, exagération dans les métamorphoses organiques et production du diabète, etc.

Tous ces effets primitifs manifestés par l'influence du poison ne s'opposent pas à l'étude de la chaleur animale, au contraire. Ajoutons encore que le curare, en conservant intacte la sensibilité et en laissant persister pendant très-longtemps les propriétés des nerfs involontaires, tandis qu'il paralyse rapidement les nerfs musculaires volontaires, peut permettre d'étudier certaines questions délicates qui se rapportent à l'influence des différents ordres de nerfs sur la chaleur animale. Je me bornerai à ces indications, que nous développerons à mesure que nous entrerons plus tard dans l'objet spécial de nos études. Les expériences que j'ai publiées autrefois ont toutes été faites sur des animaux qui n'avaient été soumis ni au curare ni aux autres agents anesthésiques. J'ai l'intention d'en faire usage dans nos recherches nouvelles ; nous aurons, par conséquent, à discuter devant vous, et en face des résultats obtenus, la valeur de ces différentes méthodes.

Nous devons cependant insister sur ce fait, que l'influence exercée par le curare sur la température animale est très-diverse selon les périodes de l'action de ce poison. Quand on observe un animal au moment où survient l'empoisonnement par le curare, on voit que tous les nerfs moteurs ne sont pas paralysés à la fois. D'abord, ce sont les nerfs des membres postérieurs, puis ceux des membres antérieurs, du larynx, de la face, et ce sont les nerfs respiratoires qui persistent les derniers. Il en résulte que si l'on gradue convenablement la dose du curare, on peut ne paralyser qu'incomplétement l'animal et lui conserver encore la faculté de la respiration. C'est ce que vous voyez chez ce lapin qui a reçu seulement 2 milligrammes de curare ; il est paralysé de ses quatre membres, mais il respire encore et il éliminera le poison sans qu'on ait besoin d'avoir recours à la respiration artificielle.

Mais ces périodes successives dans l'empoisonnement des nerfs des muscles des membres et du tronc, s'observent également sur les divers ordres de nerfs vaso-moteurs. Nos recherches anciennes de même que les plus récentes nous portent à penser qu'il y a des vaso-moteurs dilatateurs et des vaso-moteurs constricteurs : de plus, l'action du curare sur chacun de ces ordres de nerfs commence par une excitation à laquelle succède la paralysie. Or nos expériences nous ont démontré, ainsi que nous le rapporterons plus loin avec tous les détails nécessaires, que le curare agit d'abord sur les vaso-moteurs en excitant les fibres dilatatrices, d'où hypérémie et augmentation de la chaleur. Cette hypérémie est une hypérémie active et n'est pas due à une simple paralysie des constricteurs, car en ce moment ces derniers nerfs peuvent parfaitement entrer en action sous l'influence des excitants portés directement sur eux. Mais bientôt les nerfs dilatateurs sont paralysés, et il en résulte un resserrement des vaisseaux et un refroidissement sensible ; puis cette anémie et ce refroidissement augmentent considérablement lorsque, dans une troisième phase de son action, le curare excite les nerfs constricteurs. C'est alors que le refroidissement est à son maximum ; tel est, pensons-nous, le mécanisme de l'algidité cholérique. Enfin, ce refroidissement diminue, et fait même place à un nouvel échauffement, lorsque les nerfs constricteurs sont paralysés à leur tour et laissent se produire une hypérémie entièrement passive.

Vous voyez combien il est important de préciser les conditions des opérations, et même les phases distinctes d'une expérience dans laquelle on étudie un phénomène particulier. Vous voyez que l'usage du curare ne sera légitime dans nos recherches que tant que nous saurons tenir compte de ces circonstances et de ces phases spéciales.

Anesthésiques. — Passons maintenant à l'usage des anesthésiques. Nous nous sommes assez étendu dans une série de leçons précédentes (1), sur la théorie générale des anesthésiques, et notamment du chloroforme, pour qu'il soit inutile d'en parler ici autrement qu'au point de vue spécial de la chaleur animale. Je vous rappellerai donc seulement, pour mettre en parallèle le chloroforme avec le curare, que quand nous faisons absorber du chloroforme ou du curare à un animal, dans l'un et l'autre cas, la substance absorbée circule avec le sang ; mais le chloroforme va réagir sur l'extrémité centrale des nerfs sensitifs, tandis que le curare porte son action sur les extrémités périphériques des nerfs moteurs. D'où il

(1) Voy. *Leçons sur les anesthésiques et l'asphyxie.* Paris, 1875, 1re partie.

résulte que le curare supprime les nerfs moteurs et laisse persister les nerfs sensitifs, tandis que c'est l'inverse pour le chloroforme. Voici, en effet, une grenouille complétement anesthésiée par une immersion dans l'eau chloroformée; elle ne manifeste aucune sensibilité quand nous la pinçons, ni même lorsqu'après avoir découvert le nerf sciatique et l'avoir coupé, nous excitons directement son bout central avec un courant électrique; mais, si nous excitons le bout périphérique, nous voyons des convulsions énergiques éclater dans les muscles de la jambe. Ce qui prouve évidemment que les nerfs moteurs n'ont pas perdu leurs propriétés.

Un animal sous l'influence du chloroforme pourrait donc se mouvoir, mais sa sensibilité et sa conscience ayant disparu, sa volonté ne réagit plus sur les nerfs moteurs intacts. Un animal sous l'influence du curare, au contraire, ne peut plus se mouvoir, parce que les nerfs moteurs ne peuvent plus réagir sur les muscles quoique la sensibilité, la volonté et la conscience sont conservées. Les observations chez l'homme confirment ce que je viens de dire. Un malade chloroformé ne s'est pas aperçu et ne se souvient plus de l'opération qu'il a subie, tandis qu'un malade curarisé se souvient de tout ce qui s'est passé autour de lui et des souffrances qu'il a endurées.

Si maintenant nous voulons discuter l'emploi du chloroforme au point de vue de nos expériences sur la chaleur, nous devons distinguer deux périodes dans l'anesthésie chloroformique : 1° la période d'excitation; 2° la période de résolution. Dans la première période d'excitation, comme du reste, dans toute agitation violente, il y a un peu d'élévation de température, par réaction sur la circulation; dans la période de résolution, au contraire, il y a abaissement assez rapide de la température, ce qui tient non-seulement à l'immobilité, mais paraît lié aussi à l'influence du chloroforme sur le système nerveux sensitif. Il serait sans doute possible de tenir compte dans les expériences de ces modifications thermiques produites par le chloroforme. Cependant cette substance est d'un emploi moins commode pour le sujet particulier de notre étude que le curare. C'est pourquoi nous n'insisterons pas davantage, renvoyant d'ailleurs le surplus des détails aux expériences ultérieures, dans lesquelles nous pourrons faire usage de l'anesthésie par le chloroforme.

Opium. — Il nous resterait actuellement à parler de l'emploi de l'opium et de ses alcaloïdes; mais nous n'insisterons pas sur ce sujet : d'abord parce que nous l'avons longuement traité précédemment (1); ensuite parce que, ainsi que je vous le dirai, ces substances ne sont pas recommandables dans les recherches qui ont pour objet la chaleur animale.

Je me bornerai donc à vous rappeler que l'opium n'est ni un moyen contentif comme le curare, ni un anesthésique comme le chloroforme; c'est un stupéfiant.

Son action est complexe comme sa composition même. Il contient des substances dont l'énergie et le mode d'action diffèrent. La morphine, dont l'action hypnotique est très-puissante, est moins toxique que l'opium ; la thébaïne,

(1) Voy. *Leçons sur les anesthésiques et sur l'asphyxie*. Paris, 1875. 1re partie, p. 102 et suiv.

au contraire, dont l'action hypnotique est nulle, agit à la façon de la strychine et est très-toxique. De plus, le problème physiologique se complique ici d'un problème chimique. J'ai expérimenté autrefois des échantillons de narcéine que j'avais trouvés solubles dans l'acide acétique et possédant une action hypnotique très-grande. J'ai eu depuis d'autres échantillons de narcéine, provenant des meilleurs chimistes, qui se sont montrés presque complétement insolubles et ne possédant conséquemment qu'une action très-faible; c'est ainsi que s'expliquent certaines divergences dans les expériences, et c'est ce qui m'a fait renoncer à l'emploi de la narcéine.

L'administration de l'opium ou de la morphine ellemême présente certains inconvénients. Ces substances provoquent chez les chiens des vomissements, surtout lorsqu'elles sont introduites par l'estomac. Quand on injecte l'opium sous la peau, il agit de même et produit souvent une défécation diarrhéique instantanée.

Je ne veux pas revenir ici sur l'étude approfondie de l'action physiologique de l'opium et de ses alcaloïdes. Je me bornerai à dire que l'opium et la morphine sont des substances qui exercent à la fois une action générale et une action locale; qu'elles diminuent ou abolissent le mouvement et la sensibilité, et présentent une action en apparence très-complexe. Le système nerveux tombe dans un état de paresse et de prostration. Mais l'action de la morphine ne paraît pas se borner à un seul élément; les systèmes musculaires et glandulaires sont influencés, les excitations sont lentes à se manifester, les sécrétions sont diminuées ou abolies. Le système capillaire sanguin est atteint : il y a une rougeur particulière de la membrane muqueuse buccale et du réseau cutané qui se manifeste chez les chiens engourdis par l'opium et la morphine, etc. En un mot, l'opium est un agent qui modifie profondément l'organisme et qui est de nature à apporter des troubles et des causes d'erreur dans les phénomènes physiologiques qu'on voudrait observer. La température du corps, considérablement abaissée, subit des modifications durables et complexes, ce qui nous fait écarter l'usage de la morphine dans l'étude physiologique de la chaleur animale.

Nous voyons donc qu'en définitive, pour le problème spécial que nous poursuivons, nous devons préférer le curare à tous les autres agents, et cela pour deux raisons : en dehors du système nerveux musculaire volontaire qu'il atteint primitivement, le curare ne paraît pas troubler les conditions générales de la vie, si ce n'est par une exagération de quelques phénomènes dont nous essayerons de tenir compte. Il permet le retour facile et rapide de l'animal à la santé, preuve qu'il n'altère pas profondément l'organisme.

D'ailleurs les expériences de MM. Heidenhain et Körner ont été pratiquées en grande partie sur des chiens curarisés, et les résultats qu'ils ont obtenus n'ont pas différé des premiers que nous avons obtenus sur des animaux non curarisés ; ce qui prouverait, comme je vous le disais, que ce moyen contentif n'apporte pas dans les fonctions organiques de perturbations notables.

Après avoir indiqué les conditions particulières de contention dans lesquelles nous placerons l'animal en expérience, il nous reste maintenant à vous parler des instruments thermométriques que nous emploierons dans nos recherches.

Ces instruments sont ceux qui, en général, servent à la détermination des températures. Ce sont les thermomètres et les appareils thermo-élctriques. Il n'y a pas lieu d'en exposer ici la théorie ou l'usage, et de refaire un chapitre de physique à propos de nos recherches. Il suffira seulement d'indiquer les qualités particulières que le physiologiste doit en exiger.

Ces instruments doivent être délicats. Les variations que les physiologistes ont à constater sont souvent fort minimes et n'acquièrent leur puissance d'effet que lorsqu'elles sont multipliées par la durée.

Dans nos anciennes expériences, nous nous sommes servis du thermomètre métastatique à échelle arbitraire de M. Walferdin. Nous ne le décrirons pas ici, ayant déjà donné précédemment, dans nos leçons de 1869, tous les détails nécessaires sur le mode de graduation et l'usage de cet instrument. (1)

Pour les recherches physiologiques qui oscillent en général entre une température de 33 à 45 degrés, on peut encore avoir de très-bons thermomètres à échelle fixe et fractionnée, c'est-à-dire ne comprenant que 10 à 15 degrés de parcours, entre 30 et 45 degrés par exemple. Ce sont des thermomètres de cette nature qu'on emploie

(1) Voy. *Cours de médecine du Collége de France. Leçons sur les propriétés physiologiques et les altérations pathologiques des liquides de l'organisme.* T. I, 1859, p. 67 et suiv.

Voy. aussi : Walferdin, *Bulletin de la Société géologique*, T. II, p. 83.

ordinairement dans les hôpitaux. Nous en ferons également usage, en les rapportant à un thermomètre étalon, en cas de déplacement du zéro. Il est également très-utile, pour certaines recherches physiologiques, d'avoir deux thermomètres bien comparables qui puissent marcher ensemble. Tous ces thermomètres nous sont fournis par M. Fastré, dont le nom est bien connu parmi les constructeurs.

Becquerel et Breschet, (1) les premiers, ont employé les appareils thermo-électriques, dont l'usage s'est généralisé depuis. Dans ces appareils, l'élévation de température est traduite et mesurée par la déviation de l'aiguille d'un galvanomètre. Le courant qui dévie l'aiguille provient de l'échauffement d'une soudure métallique. Imaginons deux fils minces, l'un de fer, l'autre de cuivre, soudés à une extrémité, et pouvant être accolés l'un à l'autre de façon que, réunis, ils aient encore la forme d'une aiguille, d'une tige, ou d'une sonde, suivant les besoins. L'extrémité des fils opposée à la soudure se continuera avec le fil d'un galvanomètre, à gros diamètre et à petit nombre de tours. A l'autre bout du circuit galvanométrique, est disposée une soudure métallique semblable à la première. Si l'on vient à échauffer inégalement les deux soudures terminales, il se développera un courant : la déviation du galvanomètre mesurera l'intensité de ce courant. L'échauffement lui-même se calculera d'après cette déviation : les déviations inférieures à 20 degrés sont proportionnelles aux élévations de températures : pour les

(1) Becquerel et Breschet, *Mémoires sur la chaleur animale* (*Annales des sciences naturelles*, *Zoologie*, 2e série, t. III et IV).

déviations supérieures une graduation empirique ferait connaître les températures correspondantes : mais le cas ne se présente pas ordinairement.

Le degré de sensibilité de ces instruments est considérable. Ils ont permis à Becquerel et à Helmholtz (1) d'apprécier directement le centième de degré.

La sensibilité des indications peut encore être augmentée par l'emploi de moyens amplificateurs. On fixera au fil qui soutient l'aiguille galvanométrique un petit miroir, recevant les rayons d'une source lumineuse; l'image réfléchie traduira par des déplacements considérablement amplifiés les moindres oscillations de l'aiguille. — Ces déplacements seront appréciés sur une échelle divisée, placée à distance du galvanomètre (voy. fig. 1).

Quant au procédé opératoire physiologique, il est ainsi rendu très-facile. On peut, sans provoquer de grands désordres ou des mutilations exagérées, faire pénétrer l'aiguille thermo-électrique dans tous les organes les plus délicats. Les aiguilles ou les sondes thermo-électriques pourront s'introduire facilement dans les tissus, dans les vaisseaux, dans le cœur, et en faire connaître la température exacte.

Nous verrons qu'il est important, lorsqu'on veut rechercher la température du sang dans les vaisseaux ou dans le cœur, d'éviter le contact des parois. Il faut autant que

(1) Helmholtz, *Ueber die Würmeentwickelung bei der Muskelaction* (*J. Muller's Archiv für anat. und Physiol.* 1848).

Becquerel, *Traité expérimental de l'électricité et du magnétisme.* 1836, t. IV, p. 9.

Lombard, *Archives de physiologie normale et pathologique.* T. I, p. 198.

possible que la soudure métallique plonge dans le liquide et ne soit en communication qu'avec lui seul. En touchant les parois du cœur, on trouble ses mouvements, on détermine une accélération de ses battements qui n'est pas sans influence sur la température qu'il s'agit d'apprécier. Cette réaction du cœur au contact des corps étrangers, que j'ai déjà signalée autrefois dans mes expériences, s'explique par l'existence des nerfs sensitifs de cet organe.

Pour éviter l'action perturbatrice que nous signalons ici, on peut avoir recours à divers procédés. Liebig (1) terminait son thermomètre par une cage, un treillis, qui maintenaient la cuvette à distance des parois cardiaques ou vasculaires. M. Colin (d'Alfort) employait une disposition à peu près analogue. MM. Heidenhain et Körner se bornaient à chercher, par la position des aiguilles, à éviter le contact des soudures terminales avec les parois cardiaques. Après divers essais et tâtonnements pour réaliser des aiguilles thermométriques dont les soudures fussent convenablement protégées, nous avons prié M. Rhumkorf de nous construire des aiguilles thermo-électriques renfermées dans une sonde de gomme élastique capable de remplacer le vernis isolant et d'empêcher la production des courants hydro-électriques. Cette sonde est ce qu'on appelle une bougie, c'est-à-dire qu'elle est terminée par un bout plein, mousse et arrondi, et qu'elle n'offre aucune ouverture latérale. Nous avons reconnu de plus qu'il faut que les fils qui portent la soudure n'atteignent pas jusqu'au fond de la sonde pour ne pas la perforer, ainsi que

(1) Liebig, *Ueber die Temperatur unterschiede der venosen und arteriellenblutes*. Giessen, 1853.

cela nous est arrivé d'abord, lorsqu'elles n'avaient pas cette disposition.

Nos sondes thermo-électriques seront donc ainsi réduites à deux sondes souples de gomme élastique (voy. fig. 2), destinées à pénétrer dans le cœur ou dans les diverses parties du système circulatoire sur lequel nous allons porter nos investigations. Mais elles peuvent prendre, pour pénétrer dans les tissus et les divers organes, une multitude d'autres formes que nous ferons connaître successivement à mesure que les expériences se présenteront.

Les instruments thermo-électriques ont sur les instruments thermométriques des avantages qui tiennent, en grande partie, à la possibilité de donner aux fils qui portent les soudures des formes variées permettant de les faire pénétrer à de grandes profondeurs. Mais, d'un autre côté, on est exposé dans l'emploi des appareils thermo-électriques à un grand nombre de causes d'erreurs très-connues, et que nous n'avons pas à indiquer ici, nous bornant à dire qu'il faut se tenir en garde contre elles et redoubler de soins dans les expériences. Un des grands inconvénients, c'est que l'appareil thermo-électrique ne donne que des différences et non la température réelle. Il est vrai qu'on pourrait y remédier en plaçant une aiguille dans un milieu dont la température connue serait constante et voisine de celle qu'on veut observer. Mais rien n'est plus difficile que d'obtenir un appareil à température absolument constante, et il vaudrait encore mieux, dans ce cas, adopter un point de repère fixe, en introduisant par exemple une des aiguilles dans le rectum où se trouverait placé en même temps un thermomètre qui indiquerait sa température. Mais tout cela rend les expériences, en réalité, plus compliquées au lieu de les simplifier (1).

Il ne me reste plus maintenant qu'à vous montrer l'appareil thermo-électrique, dont nous allons faire usage devant vous et que, pour cela, nous avons fait installer ici dans l'amphithéâtre.

Dans la figure 1, le galvanomètre B est placé sur une borne A de pierre, que nous avons fait sceller dans le sol, parce qu'il est avant tout indispensable que l'aiguille du galvanomètre n'oscille pas sous l'influence des trépidations environnantes. Au-dessus de la cage de verre qui recouvre le galvanomètre, se trouve un prisme P, qui a pour objet de réfléchir les déviations de l'aiguille aimantée qu'on peut lire à distance à l'aide d'une lunette, sans craindre d'influencer le galvanomètre. D'une autre part, nous avons ici un appareil amplificateur des déviations galvanométriques. Vous voyez un petit miroir G, qui est fixé au fil de suspension de l'aiguille aimantée et qui tourne avec elle. Ce petit miroir reçoit et réfléchit à sa surface les rayons lumineux provenant d'une source lumineuse émanant de la lampe SS'. Ces rayons lumineux viennent former une image brillante L sur une échelle R divisée en millimètres. On conçoit facilement que le point lumineux L, en parcourant les degrés de l'échelle, traduira avec une grande amplification les moindres oscillations de l'aiguille du galvanomètre.

(1) Voyez une tentative récente d'application des appareils thermo-électriques aux études cliniques : Alf. Dujardin, *De la thermographie médicale*. Paris, 1874.

Tel est succinctement l'appareil galvanométrique. Maintenant, il faut le mettre en rapport avec les sondes thermo-

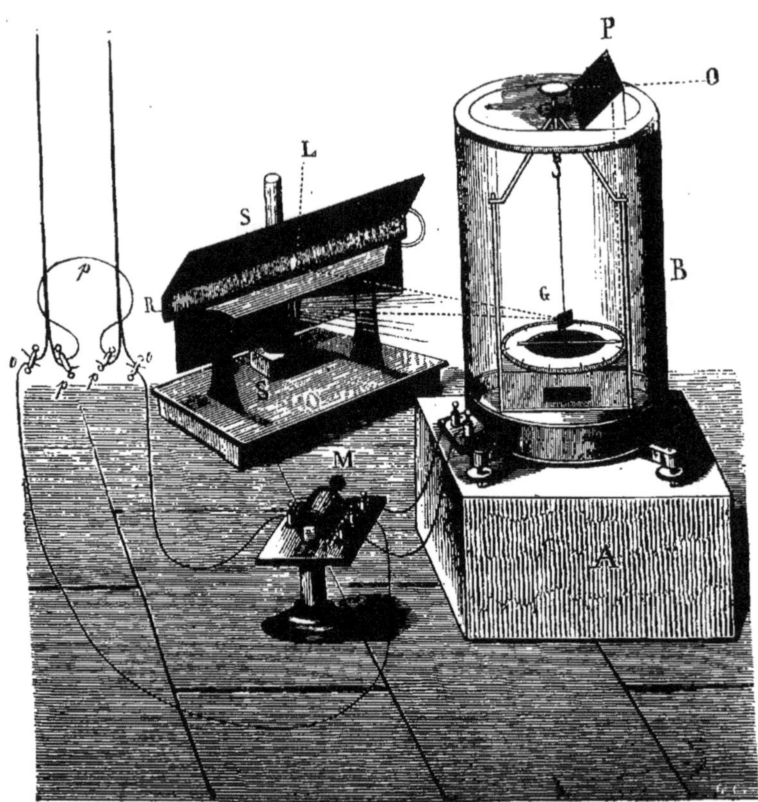

FIG. 1. — Appareil thermo-électrique pour la mesure des températures dans l'organisme.

électriques dont nous ferons usage pour déterminer la température du sang. Nous vous avons dit que nous plaçons nos fils métalliques, cuivre et fer, réunis par une soudure, dans une sonde de gomme élastique imperforée à son extrémité (fig. 2); de sorte que le sang ne pourra y pénétrer et que la température extérieure devra se transmettre à la soudure au travers des parois de la sonde.

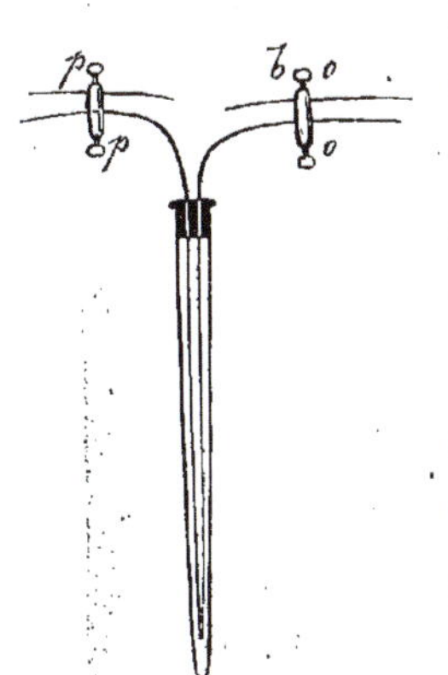

FIG. 2. — Sonde thermométrique.

p, b, borne.
o, fil de cuivre.
p, fil de fer.

Nous avons constaté que cela ne diminue pas beaucoup la sensibilité de l'aiguille thermo-électrique, ainsi qu'on aurait pu le craindre. Vous voyez dans la figure une de ces aiguilles thermo-électriques renfermée dans la sonde de gomme élastique. On a fait une coupe des parois de la sonde, de sorte qu'on voit intérieurement le fil métallique *p* et le fil métallique *o* réunis à leur extrémité par une soudure terminale qui ne descend pas jusqu'au fond de son tube protecteur. A l'extérieur, les deux fils *p* et *o* sont réunis à l'aide d'une borne (*pp*, d'une part, *b*, *o*, *o*, d'autre part) à d'autres fils métalliques de même nature, destinés à faire communiquer l'aiguille thermo-électrique avec l'appareil galvanométrique.

L'appareil thermo-électrique (voy. fig. 1) se compose donc de deux aiguilles accouplées, dont les deux fils de fer *p p* sont réunis par un fil également de fer *p*. Le courant qui se développe dans la soudure de l'aiguille la plus chaude, sera conduit au galvanomètre par les fils de cuivre *oo*. Mais sur le trajet de ces fils se trouve placé un commutateur M destiné à interrompre le courant, afin d'éviter les oscillations galvanométriques pendant le déplacement des aiguilles ou toute autre manœuvre. Le commutateur permet de n'ouvrir le courant qu'au moment même de l'observation et de le suspendre à volonté; il permet en outre de vérifier l'exactitude du résultat par le renversement du courant. En un mot, c'est un moyen indispensable pour assurer la précision des expériences.

Nous lisons sur le galvanomètre, à l'aide de la lunette, les indications thermométriques que nous trouvons amplifiées en L sur l'échelle R. Il s'agira ensuite de reconnaître par le sens de la déviation quelle est l'aiguille la plus chaude. Comme il y a des renversements d'images par le prisme, il conviendra de marquer d'avance la sonde qui correspond à la déviation à gauche ou à droite, afin de ne jamais avoir d'hésitation dans la lecture des indications.

Je n'insiste pas davantage aujourd'hui sur les divers détails qui trouveront mieux leur place à propos des expériences auxquelles ils se rapportent spécialement.

Tel est l'appareil que nous emploierons ici sous vos yeux, il est très-sensible et nous donnera des indications certaines pour la plupart des cas. Cependant pour les expériences très-délicates, nous pourrons nous servir de l'appareil de Weber, que M. Rumkorff a bien voulu mettre à notre disposition, et que nous avons installé dans une pièce particulière de notre laboratoire.

Maintenant, après tous les préliminaires que nous vous avons exposés, le terrain de l'expérimentation se trouvant préparé, nous n'avons plus qu'à préciser le sens et la direction de nos premières recherches.

Le but que nous poursuivons, vous le savez, c'est la connaissance de la source ou du foyer de la chaleur animale : mais nous devons commencer par étudier sa distribution. Notre premier soin sera donc d'établir la *topographie* de la température animale. Cette étude préliminaire présente déjà de grandes difficultés.

Les anciens physiologistes faisaient rayonner la chaleur animale d'un foyer unique. Il s'agissait pour eux de trouver ce foyer; ils le poursuivaient partout, voulant le saisir tantôt dans l'estomac, tantôt dans le cœur, dans le ventricule droit, dans le ventricule gauche, tantôt dans le poumon.

Mais aujourd'hui nous savons, par le progrès de la science, que la chaleur, pas plus que la vie elle-même, n'est concentrée en un seul point. Elle est partout et nulle part exclusivement; c'est un ensemble d'actions isolées, c'est une somme de faits élémentaires. Chacun d'eux appelle l'attention : leur connaissance doit précéder et permettre celle de l'ensemble.

Nous étudierons successivement la température des différentes parties qui constituent l'organisme, la température des tissus, la température des liquides. La température du sang nous occupera tout d'abord.

CINQUIÈME LEÇON

SOMMAIRE : Expériences ; cathétérisme du cœur droit, dans le but de déterminer la température du sang veineux. — Cathétérisme du cœur gauche ; difficultés opératoires. — Emploi du galvanomètre ; lecture de la différence de température. — Résultats numériques. — Difficultés intercurrentes ; accidents. — Nouvelles expériences. — Résultats : *la température du sang dans le ventricule droit est supérieure à celle du ventricule gauche.* — Objections faites au procédé opératoire ; réfutation. — Nouvelles expériences dans les différentes conditions physiologiques que peut présenter l'animal. — Résultats identiques. — Influence de la température de l'air inspiré ; tableau. — Rôle du poumon dans la modification de la chaleur animale. — La température des animaux à sang chaud n'est pas absolument fixe.

MESSIEURS,

Le moment est venu de vous rendre témoins des expériences sur la chaleur animale. Nous commencerons, ainsi que vous le savez déjà, par la détermination de la température du sang veineux et du sang artériel, dans les cavités droite et gauche du cœur. C'est sur les résultats de cette expérience qu'on a cru pouvoir fonder les arguments principaux de la théorie chimique de la chaleur animale ; et comme ces résultats ont été contradictoires, il importe avant tout de les bien établir expérimentalement si nous voulons qu'ils servent de base solide à nos raisonnements et à notre critique.

Nous fixerons d'abord le manuel opératoire, en pratiquant l'expérience devant vous.

Nous avons ici un animal vivant couché dans une gouttière à expérience; il est immobile, curarisé; la respiration artificielle est entretenue comme vous l'avez déjà vu faire. Les poils ont été tondus dans la région du cou. Une incision nous permet d'arriver facilement sur la veine jugulaire droite. C'est par cette voie que nous ferons le cathétérisme du cœur droit. Pour cela, nous donnons à notre sonde une légère courbure, à concavité antérieure, et par des pressions exercées sans violence nous la pousserons dans le vaisseau. Nous ne tardons pas à éprouver une légère résistance. Les essais antérieurs ont appris qu'au moment où cette résistance se produit, l'extrémité de la sonde est arrivée dans l'oreillette. C'est un point de repère pour l'opération. Il faut alors exécuter une légère rotation en dedans et à gauche en retirant un peu l'instrument; en poussant de nouveau, on pénètre alors dans le ventricule droit. Le but est atteint.

Le second temps consistera à introduire la deuxième sonde dans le cœur gauche. Nous découvrons la carotide du chien, et, après l'avoir isolée, nous y faisons pénétrer la sonde en tirant légèrement en haut afin d'effacer la courbure qui existe entre sa direction et celle de l'aorte.

Ici la pénétration de l'aiguille jusque dans le ventricule gauche ne se fait pas toujours facilement. La plupart du temps, les valvules sigmoïdes s'opposent au passage; le bout de la sonde vient se loger dans le nid de pigeon formé par l'une d'elles, et on ne peut arriver dans le ventricule qu'en la déchirant ou en la perforant.

C'est qu'en effet les valvules sigmoïdes ne s'ouvrent pas largement au moment de la systole du cœur. Les anatomistes ont émis des idées tout à fait fausses sur le jeu de ces valvules; c'est ainsi que cela a presque constamment lieu lorsqu'on veut déduire la fonction de la structure anatomique de l'organe, et ceci prouve qu'il faut toujours s'en référer à l'expérience. Vous trouverez en effet dans tous les ouvrages d'anatomie que les valvules sigmoïdes, au moment de la systole, sont largement ouvertes et viennent s'accoler aux parois de l'aorte de manière même à pouvoir obturer l'orifice des artères coronaires. Les anatomistes ont même donné pour rôle au tubercule d'Arantius, situé sur le bord libre des valvules, d'empêcher un accolement trop parfait en ménageant un espace où le sang puisse s'insinuer pour rabattre les valvules. Tout cela n'existe que dans l'imagination des anatomistes et la physiologie expérimentale montre que les choses se passent autrement. En effet, sur un animal, les conditions ne sont pas les mêmes que dans un cœur et une aorte vides qu'on tient dans les mains. Dans l'animal les valvules aortiques sont mises en mouvement par l'influence de deux pressions opposées et et simultanées. La pression artérielle qui existe dans l'aorte tend sans cesse à tenir les valvules sigmoïdes rabattues et fermées. Au moment de la systole ventriculaire qui est intermittente, l'impulsion cardiaque étant supérieure à la pression artérielle soulève ces valvules pour faire passer le sang dans l'aorte. Mais alors les valvules sigmoïdes toujours soumises à la pression artérielle qui tend à les abaisser, ne peuvent être que soulevées à demi, et le sang chassé du ventricule ne sort que par un simple écartement des bords libres des valvules seulement entr'ouvertes, mais non largement écartées et renversées contre les parois artérielles.

Il résulte de ce qui précède que pour faire pénétrer la sonde thermo-électrique dans la cavité du ventricule gauche, il faut tomber juste en cherchant à passer dans l'écartement que les valvules laissent entre elles au moment de la systole. Cela n'est pas facile, et l'on s'engage le plus souvent dans les culs-de-sac valvulaires latéraux. Si l'on force le passage par une pression trop énergique, il arrive qu'on déchire la valvule, qu'on pénètre quelquefois dans le tissu du cœur ou même qu'on perfore ses parois.

A la vérité, quand on rencontre trop de difficultés, on peut se contenter d'arriver jusqu'à l'obstacle valvulaire, sans poursuivre plus loin. La température du sang à l'origine de l'aorte ne diffère probablement pas sensiblement de la température dans le ventricule, de sorte que l'on peut mesurer celle-ci par celle-là. Du reste, il est facile de sentir si l'on a pénétré dans le ventricule ou si l'on s'est arrêté à son entrée dans une valvule sigmoïde. Dans ce dernier cas, on voit bien la sonde se mouvoir à chaque contraction du cœur; mais si on la prend entre deux doigts, on ne sent qu'un choc unique et l'on juge d'ailleurs que l'extrémité de la sonde arcboute contre un obstacle et n'est pas libre. Dans le premier cas, au contraire, on sent au toucher que la contraction est transmise plus énergiquement, mais en même temps on aperçoit très-distinctement deux chocs : le premier coïncidant avec la systole et produit sans doute par la paroi du cœur qui vient, au moment de la contraction, frapper et repousser l'extrémité de la sonde, et le second correspondant à la diastole et dû probablement au choc de fermeture des valvules sigmoïdes.

Dans notre expérience, le hasard nous a favorisé et nous avons pu pénétrer jusque dans le ventricule gauche; l'autre sonde est dans le ventricule droit; vous voyez les extrémités libres de chacune de ces sondes marquer par des mouvements isochrones les contractions des ventricules. Il faut fixer les sondes par une ligature sur les vaisseaux de manière à empêcher l'hémorrhagie et afin aussi d'empêcher la sortie des sondes qui tendent sans cesse à être chassées du cœur par la contraction des ventricules. Mais, avant de fixer les sondes, il faut avoir soin de les retirer suffisamment, afin que le cœur ne vienne pas violemment en frapper la pointe à chaque systole. Sans cela la pointe de la seconde contusionnerait la paroi du cœur qui arriverait bientôt à se perforer elle-même et à produire des hémorrhagies dans le péricarde. Ce point est très-important à bien observer pour ne pas commettre des erreurs dans l'appréciation des températures, car la paroi du cœur en contraction est plus chaude que le sang qu'elle renferme; nous reviendrons plus tard sur ces questions. J'ajouterai seulement qu'en général il faut éviter le séjour trop prolongé des sondes dans les cavités du cœur, parce que leur déplacement alors presque inévitable amène à la longue des accidents.

Souvent, quand on n'en a pas l'habitude, la manœuvre est assez difficile pour pénétrer dans les ventricules du cœur, sur un animal ainsi couché sur le dos dans la gouttière à expérience. Cela tient à ce que le cœur du chien, n'étant pas maintenu par le péricarde, qui lui-même n'est pas fixé au centre phrénique du diaphragme, s'incline en sens divers suivant la position de l'animal ; il faut alors soulever le thorax du chien en laissant la tête pendante. J'ai trouvé aussi que l'introduction des sondes est toujours beaucoup plus facile lorsque le chien est sur les pattes ou qu'il est couché sur le ventre au lieu d'être placé sur le dos. Le cœur pend alors par son propre poids dans sa position naturelle, ce qui permet l'introduction plus facile des sondes. Toutefois, il y a encore plusieurs obstacles qu'il faut éviter. Ainsi, il arrive que le bout de la sonde vient s'engager dans les ouvertures de la veine azygos ou de la veine mammaire interne. Ce dernier inconvénient a lieu particulièrement si l'on expérimente sur des chiennes qui allaitent ou qui ont allaité depuis peu. Autrefois, dans mes expériences sur les chevaux, j'opérais toujours lorsque l'animal était debout, et de cette façon le thermomètre pénétrait plus facilement dans le cœur que lorsque l'animal était renversé et couché à terre.

Maintenant que nous avons pénétré dans les cavités du cœur, nous allons mettre nos aiguilles thermométriques en communication avec le galvanomètre afin de mesurer la température des deux cœurs. Vous voyez que les fils de fer des deux sondes sont réunis par un circuit intermédiaire également en fer. Les fils de cuivre communiquent avec les tiges d'un commutateur, et de là vont se rendre au galvanomètre. Nous sommes maîtres, grâce à cette disposition, d'arrêter le courant et de le lancer dans l'appareil au moment convenable, lorsque l'animal est bien préparé.

Il faut s'entourer de toutes les précautions possibles ; je vous rappelle à ce sujet ce que je vous ai déjà dit ; vous voyez que le galvanomètre est disposé sur une borne de pierre très-solide, ce qui le soustrait aux trémulations du sol.

Tout étant disposé, nous allons ouvrir le courant et faire la lecture des déviations de l'aiguille. Cette lecture peut se faire de deux manières : dans les deux cas, il faut se garder d'approcher du galvanomètre, pour éviter toute influence perturbatrice sur l'aiguille.

Au-dessus de la cage du galvanomètre (fig. 1, p. 73), vous voyez un prisme à réflexion totale qui redresse l'image de l'aiguille et du cadran qu'elle parcourt, et l'on va lire, au moyen d'une lunette placée à distance, la position de la pointe à chaque instant. On constate qu'il y a déviation de l'aiguille du galvanomètre à droite, ce qui, d'après la disposition et la réglementation des aiguilles déterminées d'avance, indique que la soudure de l'aiguille droite est dans un milieu plus chaud que celle du côté gauche. On attend un instant pour que l'oscillation de l'aiguille soit arrêtée à un point fixe, et on lit une déviation de 3 degrés de galvanomètre à droite ; ce qui signifie, en d'autres termes, qu'il y a entre les deux cœurs une différence de température à l'avantage du cœur droit. Maintenant quelle est la valeur thermométrique de cette déviation ? Nous avons vérifié par des essais préalables qu'une déviation de 17 degrés du galvanomètre répond à 1 degré du thermomètre centigrade, par conséquent un degré galvanométrique vaut $\frac{1}{17}$ de degré thermométrique, et comme nous avons 3 degrés de déviation, cela correspond à une valeur de 0°,174, c'est-à-dire à une différence de un à deux dixièmes de degré au profit du sang du ventricule droit. Pour lire les fractions des degrés du galvanomètre, nous avons, comme vous le savez, un miroir attaché au fil suspenseur ; les déplacements de l'aiguille entraînent avec eux les déplacements d'un trait lumineux reflété par le miroir, et les amplifient en même temps. C'est sur cette échelle que nous lisons les déplacements du point lumineux ; il ne reste plus qu'à déterminer les constantes de l'appareil. Je répète que dans l'appareil que vous avez sous les yeux, pour un degré thermométrique de différence entre les deux soudures, la déviation est de 17 degrés galvanométriques, le déplacement d'une division correspondant à $\frac{1}{17}$ de degré, approximation déjà notable. Avec le miroir, la déviation du trait lumineux est de 437mm,5 pour un degré thermométrique. Une déviation de un millimètre, sur l'échelle que parcourt l'image, nous trahit donc une variation de la température de $\frac{1}{437}$ de degré ; sensibilité extrême.

Vous voyez que l'expérience a très-bien réussi, tout va à merveille. Notre animal est complétement immobile, la respiration artificielle se fait très-régulièrement, produisant vingt respirations par minute, le pouls est régulier, la circulation s'exécute bien. Nous allons renverser le courant à l'aide du commutateur, afin de vérifier la stabilité de notre zéro, et nous voyons en effet que nous obtenons à gauche la même déviation. Mais voilà qu'en vous parlant, je viens d'accrocher avec la main le fil de fer qui relie les deux sondes, et j'arrache en partie la sonde droite, qui par un mouvement en sens inverse s'est trouvée refoulée avec violence dans le cœur. Un trouble se manifeste aussitôt dans les indications galvanométriques. Nous interrompons le courant à l'aide du commutateur pour remettre les choses en place. L'aiguille droite me paraît cependant toujours dans le cœur, quoiqu'elle me semble moins libre et comme engagée dans le tissu de l'organe.

Au moment où l'expérience marchait à souhait, vous avez vu un accident se produire. Tout à coup, tout s'est trouvé troublé. L'aiguille du galvanomètre est revenue au zéro et elle y reste ; quoique nous rétablissions le courant, les deux sondes thermo-électriques manifestent une identité de température qu'elles ne manifestaient pas avant l'accident. Mais je m'aperçois que le cœur est arrêté ; cependant la respiration artificielle se continue bien. Qu'est-ce qui a donc pu produire cet arrêt subit du cœur ?

C'est la première fois que je constate un accident de ce genre, et je ne le regrette pas, car il va nous fournir des enseignements importants. Vous vous rendrez compte ainsi des difficultés des expériences physiologiques et des soins extrêmes qu'il faut y apporter. L'autopsie que nous pratiquerons immédiatement sous vos yeux va nous expliquer ce qui s'est passé.

La sonde de gauche est bien dans le ventricule. Celle de droite a bien pénétré par la jugulaire, la veine cave supérieure, l'oreillette, le ventricule droit, mais nous la trouvons recourbée à son extrémité. Cette extrémité infléchie en dedans, sous l'influence de quelque mouvement trop brusque, a traversé la cloison interventriculaire gauche. Elle a pénétré dans le ventricule gauche. En sorte que nos deux soudures baignent finalement dans le même ventricule : le galvanomètre avait donc raison de nous signaler l'identité de température.

Comment cette simple piqûre ou perforation de la paroi interventriculaire a-t-elle pu déterminer un arrêt subit des contractions du cœur, quand nous savons que dans d'autres cas des blessures bien plus considérables n'empêchent pas les battements cardiaques de continuer ? Cela dépend-il de la partie de l'organe qui a été lésée ? Nous savons qu'il y a dans le cœur des points de plus grande importance qui sont comme le centre des mouvements cardiaques. En faisant une ligature par exemple au niveau du sillon auriculo-ventriculaire, le cœur s'arrête brusquement dans une sorte de sidération. Or, la sonde a traversé la paroi interventriculaire tout à fait en haut. On admet qu'il existe dans ce point un centre ganglionnaire et que c'est sa destruction qui détermine l'arrêt subit des contractions de l'organe. Déjà Brachet (de Lyon), en 1837, a émis cette opinion et a prétendu avoir enlevé chez des chiens le ganglion cardiaque et avoir vu cesser instantanément les battements du cœur (1). Dans tous les cas, le fait qui vient de se passer sous nos yeux est un fait connu. Je dois ajouter que le cœur s'est arrêté en diastole ; vous voyez en effet qu'il est rempli de sang.

Cet accident nous déterminera à employer des sondes plus souples et à extrémité moins rigide. D'une autre part, vous venez d'être témoins d'un des mille obstacles

(1) J. L. Brachet, *Recherches expérimentales sur les fonctions du système nerveux ganglionnaire*. Paris, 1837, p. 165.

imprévus qu'on peut rencontrer dans des recherches de ce genre. Ici nous avons arraché notre sonde par inadvertance; dans un autre cas, nous aurions pu — ainsi que cela m'est arrivé quelquefois — casser notre thermomètre par un faux mouvement. Il est bon d'être prévenu de toutes ces mésaventures qu'on ne rencontre pas dans les expériences, lorsqu'on les lit dans les livres, mais qui se présentent fréquemment dans la pratique. On ne peut les prévenir qu'à force de soins, d'attention et de patience. Il ne faut jamais se lasser de perfectionner et de répéter les expériences jusqu'à ce qu'on ait obtenu un résultat net et précis.

Nous allons donc répéter cette expérience fondamentale : vous voyez ici un autre chien couché dans la gouttière à vivisection et maintenu par l'action du curare. Les respirations artificielles sont au nombre de vingt à vingt-quatre par minute; le cœur marche bien, la circulation capillaire est même exagérée. L'animal est en digestion, et cette fonction n'est aucunement arrêtée par le curare; au contraire, les sécrétions deviennent plus actives. La salive s'écoule en abondance de la gueule de l'animal, toutes les autres sécrétions sont dans le même cas. Vous voyez les deux aiguilles thermo-électriques plongées dans les cavités du cœur et mises en communication avec le galvanomètre.

Si maintenant nous lisons les indications galvanométriques, nous constatons une déviation indiquant un excès de température en faveur du cœur droit. La déviation à droite est cette fois de 4 degrés, ce qui équivaut à un excès de température d'un peu plus de deux dixièmes de degré

(0°232) pour le sang veineux dans le ventricule droit. Notre expérience est ici aussi bien faite que possible ; tout est dans l'ordre, et nous avons comme résultat ce fait, déjà tant de fois constaté, que *la température du sang dans le ventricule droit est supérieure à celle du ventricule gauche*. Vous savez cependant que ce résultat a encore été contesté dans ces derniers temps par quelques expérimentateurs. Nous devons à cause de cela discuter d'une manière approfondie notre expérience et voir en quoi elle pourrait être défectueuse. Nous chercherons en même temps à déterminer les conditions particulières de chaque expérience en rapport avec les résultats divers qu'elle fournit ; nous nous efforcerons ainsi d'expliquer les contradictions des auteurs en faisant ressortir l'erreur au moyen d'une expérimentation sévère. Il faut en finir avec ces expériences contradictoires qu'on ne cesse d'opposer les unes aux autres. Lorsque la critique des expériences peut être faite, il ne s'agit plus de se retrancher dans des résultats exclusifs, en donnant raison à un expérimentateur et tort à l'autre ; il faut découvrir la loi des phénomènes observés et montrer que cette loi contient tous les cas sous des conditions différentes.

Quelles seraient donc les objections que l'on pourrait adresser à notre manière d'expérimenter telle que vous l'avez vue ? — D'abord nous soumettons les animaux à un agent contentif qui est le curare. L'influence de cet agent peut-elle donner lieu à des causes d'erreur dans les résultats de l'expérience ? Nous vous avons déjà édifiés à ce sujet en vous disant que toutes nos anciennes expériences ont été pratiquées sur des animaux non curarisés, et que leurs résultats ont été identiques avec ceux de nos nouvelles expériences et avec ceux obtenus par MM. Heidenhain et Körner qui ont agi plus tard sur des animaux curarisés. D'ailleurs, les expérimentateurs que je viens de citer ont opéré eux-mêmes, tantôt sur des chiens curarisés, tantôt sur des chiens non curarisés, et ils n'ont pas vu pour cela les résultats de l'expérience changer de sens. Néanmoins, nous avons voulu faire une contre-épreuve directe sur le chien que vous voyez ici curarisé et respirant maintenant artificiellement. Nous avons d'abord introduit les deux aiguilles dans le cœur chez l'animal avant de lui injecter le curare, et nous avons trouvé une déviation de 2 degrés du galvanomètre en faveur du ventricule droit. Alors nous avons injecté 3 centigrammes de curare sous la peau, et après 15 ou 20 minutes l'animal a commencé à éprouver les effets de l'empoisonnement, pendant que les aiguilles thermo-électriques étaient toujours dans le cœur. Nous avons observé avec soin ce qui se passait en ce moment et nous avons vu que les phénomènes n'ont pas changé de sens; la déviation de l'aiguille du galvanomètre restait toujours de 2 à 3 degrés à droite. Quand les mouvements respiratoires de l'animal se sont arrêtés, nous avons introduit la canule dans la trachée pour pratiquer la respiration artificielle, et alors nous avons vu une modification se produire; la différence de température entre les deux ventricules s'est un peu exagérée, mais sans changer de sens. Au lieu de 2 à 3 degrés de déviation, nous avons observé 4 degrés à droite d'une manière à peu près fixe et constante. A quoi tient cette exagération du phénomène dans le même sens? Est-ce à l'action du curare, est-ce à l'action de la respiration artificielle? Nous verrons plus tard à l'expliquer, mais le fait a été bien net aujourd'hui et nous l'avons observé une autre fois dans une expérience que nous avions préalablement faite. De sorte que nous devons conclure que le curare ne modifie pas le sens des phénomènes calorifiques au début de son action. D'un autre côté, nous avons opéré un animal lorsqu'il était déjà depuis trois heures sous l'influence du curare et de la respiration artificielle; le chien s'était refroidi de 3 degrés centigrades dans le rectum depuis le début de l'expérience. C'est alors que nous avons introduit les aiguilles thermo-électriques dans le cœur, et nous avons trouvé une différence toujours dans le sens habituel que je dirai normal. Nous avions une déviation de 1 degré du galvanomètre à droite; il semblait donc y avoir tendance à l'égalité, mais cependant elle n'existait pas encore et c'était toujours la température du sang veineux qui prédominait.

De tout ce qui précède nous pouvons donc conclure que le curare n'introduit pas de causes d'erreurs appréciables dans l'observation des phénomènes calorifiques dans le cœur; s'il exagère un peu les phénomènes au début, il ne les dénature pas. Il peut aussi amener un refroidissement général par la durée de l'expérience; mais cela ne change pas non plus le sens du rapport qui existe entre la température du ventricule droit et celle du ventricule gauche.

S'il n'y a pas d'objections sérieuses à faire aux conditions physiologiques dans lesquelles nous plaçons l'animal soumis à l'expérience, peut-on en faire un manuel opératoire que nous employons. Il faut en effet toujours produire une mutilation quand on fait une expérience de vivisection. Or il s'agit de savoir si la mutilation que nous sommes obligés de pratiquer pour pénétrer dans le cœur est capable d'amener des causes d'erreur dans l'observation; c'est là un point toujours important à discuter dans les expériences.

M. Jacobson, dans le travail dont je vous ai déjà entretenus, a critiqué le procédé opératoire qui consiste à introduire les instruments thermométriques par les vaisseaux du cou. L'instrument, dit-il (sonde ou thermomètre), qui pénètre par la veine jugulaire externe et par la veine cave supérieure pour arriver jusque dans le ventricule, obstrue ce vaisseau et en gêne la circulation et le fonctionnement. Or on sait, dès longtemps, que le sang apporté par la veine cave supérieure dans le cœur est plus froid que celui qui entre par la veine cave inférieure. En diminuant ou en tarissant la source du sang froid, on fait prédominer artificiellement l'influence du sang de la veine cave inférieure qui est le plus chaud. En un mot, on n'a pas la température du sang total du cœur droit, mais seulement d'une portion de ce sang, de la portion la plus chaude.

Telle est l'objection : elle peut être spécieuse, mais elle n'est pas valable. D'abord, il faudrait démontrer la réalité de l'argument qui est hypothétique et prouver que la ligature ou l'obstruction d'une veine jugulaire externe diminue la quantité du sang froid qui arrive au cœur. Il ne saurait en être ainsi, à raison des nombreuses anastomoses qui existent entre les veines superficielles et profondes du cou. Le sang qui ne peut plus passer par la veine jugulaire droite passe nécessairement par la gauche ou bien par les veines profondes rachidiennes. Et le sang dans ces dernières devra s'en retrouver refroidi de la même manière que le sang l'aurait été dans l'oreillette droite du cœur, ce qui revient donc au même. Mais j'irai plus loin, et je dirai qu'en admettant même que le sang du cœur droit ait été rendu plus chaud, il est clair qu'au bout d'un certain temps le sang plus chaud du cœur droit ayant passé dans le cœur gauche aurait fait bénéficier celui-ci de l'élévation de la température. Dès lors il serait possible de constater un échauffement commun absolu dans les deux cavités du cœur, mais non une différence de température entre elles.

Du reste, Heindenhain et Körner ont répondu à l'objection d'une manière directe. Un thermomètre étant placé dans le cœur droit, on a introduit un tube de verre dans l'autre jugulaire pour l'obstruer, et il n'a pas été constaté d'élévation de température ; ce qui aurait inévitablement eu lieu si l'hypothèse de M. Jacobson eût été fondée.

Nous concluons que le procédé expérimental dont nous faisons usage ne mérite pas de reproches sérieux ; seulement, il faut qu'il soit exécuté avec précision et que les instruments thermométriques parviennent bien dans les ventricules du cœur et ne prennent que la température du sang de ces cavités. C'est là le point délicat de l'expérience. En effet, si la sonde thermo-électrique droite est arrêtée dans l'oreillette, on n'obtient que des indications incertaines, parce que dans cette cavité il existe deux

courants sanguins alternatifs et souvent inégaux, l'un de la veine cave inférieure, plus chaud ; l'autre de la veine cave supérieure, plus froid. Ce n'est que dans le ventricule que, sous l'influence de la contraction, le mélange des sangs se fait exactement : de sorte que c'est dans l'artère pulmonaire qu'il faudrait pouvoir prendre la température du sang du cœur droit pour l'avoir le plus exacte. Il faut, en outre, éviter de toucher les parois du cœur, et à plus forte raison d'entrer dans leur épaisseur. Afin de ne garder aucun scrupule sur les résultats obtenus, il convient en général de ne pas trop prolonger les expériences, et dans tous les cas il est indispensable de faire l'autopsie de l'animal, laissant les sondes en place, afin de vérifier exactement leur position dans les cavités du cœur. Toutes les fois que les sondes étaient convenablement situées dans le ventricule droit et dans le ventricule gauche, nous avons toujours trouvé une différence de température de quelques dixièmes ou de quelques centièmes de degré à l'avantage du cœur droit ; et quand nous avons rencontré des résultats contraires, il y avait toujours des imperfections dans l'expérience qui nous en ont donné la raison. Ainsi, dans un cas, nous avons observé une température très-notablement plus élevée dans le ventricule gauche, et qui s'est montrée très-persistante. En faisant l'autopsie du chien, nous avons constaté qu'une sonde était très-bien placée dans l'intérieur du ventricule droit, mais que dans le ventricule gauche l'autre sonde, poussée très-profondément, s'était trouvée trop solidement fixée par son adhérence aux parois de l'artère carotide, de sorte que les contractions cardiaques

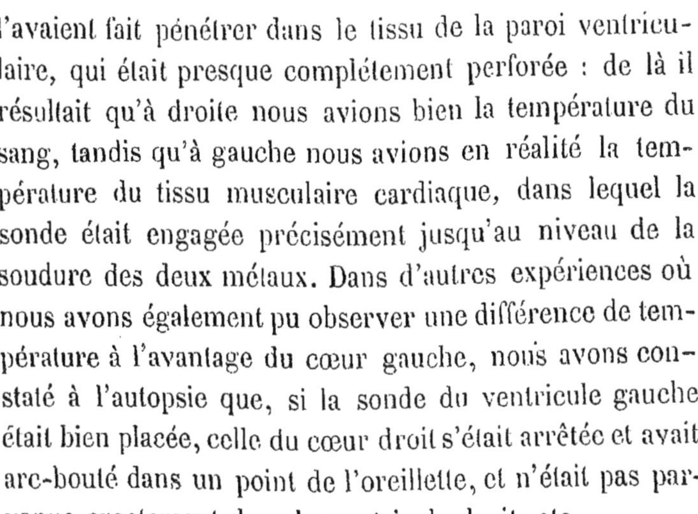

l'avaient fait pénétrer dans le tissu de la paroi ventriculaire, qui était presque complétement perforée : de là il résultait qu'à droite nous avions bien la température du sang, tandis qu'à gauche nous avions en réalité la température du tissu musculaire cardiaque, dans lequel la sonde était engagée précisément jusqu'au niveau de la soudure des deux métaux. Dans d'autres expériences où nous avons également pu observer une différence de température à l'avantage du cœur gauche, nous avons constaté à l'autopsie que, si la sonde du ventricule gauche était bien placée, celle du cœur droit s'était arrêtée et avait arc-bouté dans un point de l'oreillette, et n'était pas parvenue exactement dans le ventricule droit, etc.

Mais, outre les imperfections opératoires, existe-t-il des conditions, soit physiologiques, soit accidentelles ou anormales qui puissent faire changer le rapport de température que nous avons toujours rencontré à l'avantage du cœur droit, dans les expériences irréprochables au point de vue du manuel opératoire? Certainement il y a des circonstances où cela peut arriver ; mais je n'ai observé ces variations que dans des circonstances passagères. Ainsi, en refroidissant brusquement, d'une manière énergique, la surface extérieure du corps, soit par un bain froid, soit autrement, il peut y avoir un refroidissement excessif du sang à la périphérie, ce qui amène une exagération dans la quantité du sang froid du cœur droit. Si l'on réchauffe fortement la surface du corps au lieu de la refroidir, la même chose arrive en sens inverse, c'est-à-dire qu'il y a excès de sang chaud arrivant au cœur droit. Ces brusques changements pourraient bien amener

un changement subit dans le rapport de la température des deux ventricules ; mais bientôt l'équilibre revient, et le rapport normal de l'excès de température du ventricule droit reparaît. Nous avons reproduit ces effets, que le raisonnement indique, en injectant de l'eau chaude ou de l'eau froide dans les veines, pendant que les aiguilles thermo-électriques sont plongées dans le ventricule droit et dans le ventricule gauche. Sur un chien curarisé en expérience, et chez lequel les aiguilles thermométriques du cœur droit indiquaient 3 degrés galvanométriques de déviation à l'avantage du cœur droit, nous avons injecté 80 centimètres cubes d'eau chaude entre 50 et 60 degrés dans la veine crurale droite. Après quelques secondes, la déviation à droite s'est exagérée et est allée jusqu'à 6 degrés. Cette exagération a persisté pendant dix à quinze minutes, puis l'aiguille est revenue lentement à peu près au point où elle était primitivement. Il est facile de comprendre qu'il doit en être ainsi. En effet, le sang surchauffé du cœur droit passe dans le ventricule gauche, dont il doit élever également la température ; mais la cause de la différence de température entre les deux cœurs, quelle que soit sa nature, doit venir de nouveau exercer son influence, qui est étrangère à cet accident.

Au lieu d'injecter de l'eau chaude dans la veine crurale, nous avons, dans une autre expérience, injecté de l'eau froide à 10 degrés. On observa bientôt une égalité de température, puis une déviation de l'aiguille à gauche, qui indiquait un renversement du phénomène primitif et une augmentation de température au bénéfice du cœur gauche ; mais l'égalité persista longtemps, et les choses se rétablirent beaucoup plus lentement que dans le cas où nous avions injecté de l'eau chaude. Nous devons ajouter une circonstance intéressante, bien que prévue : c'est qu'au moment de l'injection de l'eau chaude dans le système vasculaire, nous avons observé une accélération considérable dans les battements du cœur, tandis que ce phénomène ne s'est pas montré pour l'injection de l'eau froide. Cela pourrait expliquer le retour plus rapide du rapport de la température normale dans le premier cas que dans le second.

Nous avons encore expérimenté comparativement sur des animaux en pleine digestion ou sur des animaux à jeun depuis trois, cinq et huit jours. Nous avons constaté, comme on le sait, que chez les animaux en pleine digestion la température est plus élevée que chez les animaux à jeun ; mais le rapport entre la température du cœur droit et celle du cœur gauche ne varie pas pour cela. Toutefois, chez les animaux à jeun, nous avons en général trouvé un excès de température moindre, quoique toujours en faveur du cœur droit. Nous avons échauffé autrefois des animaux en les plaçant dans des étuves, et nous avons vu qu'à mesure que la température s'élève, elle s'égalise à l'intérieur comme à l'extérieur. La différence devient moindre entre les deux cœurs, et peut s'effacer pour rester à l'égalité. Chez les animaux refroidis, la différence de température du sang dans les deux cœurs s'affaiblit aussi, mais cependant nous l'avons toujours observée.

En résumé, de toutes nos expériences, que nous avons variées et répétées, nous concluons que quand l'expérience est bien faite, que rien ne pèche dans le manuel opératoire, et que les animaux sont dans l'état normal, il y a toujours une inégalité dans la température du sang dans les deux ventricules du cœur, et que l'excès de température, qui est de quelques dixièmes ou centièmes de degré, est toujours à l'avantage du cœur droit.

Donc, le sang veineux total dans le cœur est plus chaud que le sang artériel. Ce qui nous indique que c'est particulièrement dans les organes d'où provient le sang veineux que nous devrons plus tard rechercher les sources de la chaleur animale.

Ce que nous venons de dire est relatif aux mammifères sur lesquels ont été pratiquées les expériences, à l'état physiologique ; nous examinerons plus tard ce qui se rapporte aux modifications pathologiques des phénomènes. Nous n'avons pas expérimenté sur les oiseaux ; néanmoins, nous pensons qu'il doit en être de même chez eux.

Devons-nous admettre que les choses se passent de même chez l'homme et chez les animaux ? Évidemment, et nous considérons comme absolument sans fondement et comme hypothétique toute opinion contraire.

Nous regardons maintenant ce fait comme établi : il y a normalement une différence de température au bénéfice du cœur droit.

Le résultat étant acquis, il s'agit maintenant de l'interpréter, car la valeur qu'on lui a attribuée a subi bien des oscillations. Pour nos prédécesseurs, le fait avait une importance capitale ; en lui résidait la solution de tout le problème de la chaleur animale. C'était la pièce maîtresse de l'échafaudage, sur elle reposaient toutes les autres parties; la connaître, c'était éclairer du même coup la question du siége de la combustion respiratoire, du rôle physique et chimique du poumon, du foyer originel de la chaleur. Mais comme il arrive souvent, dans ces questions tant controversées, en approchant de la solution, on la voit perdre de son importance.

D'après les recherches physiologiques récentes, la connexion entre la température du cœur et le rôle du poumon n'est plus apparue comme immédiate et forcée; elle en serait même indépendante. Non-seulement le poumon ne réchaufferait plus le sang, comme l'avançait Lavoisier, mais il ne le rafraîchirait pas non plus, comme le croyait Aristote.

C'est la conclusion à laquelle arrivent Heidenhain et Körner, et ainsi se trouverait déçue l'espérance de ceux qui avaient voulu trouver en ce point la clef de toutes les questions de chaleur animale. Le fait serait sans conséquences éloignées : il vaudrait pour le cœur, il n'entraînerait aucune déduction sur le rôle du poumon. En effet, après avoir confirmé, ainsi que nous le savons déjà, l'opinion que le sang est plus chaud avant le poumon qu'après avoir traversé cet organe, Heidenhain et Körner ont voulu savoir si cet abaissement dans la température du sang artériel provenait d'un refroidissement éprouvé par son contact avec l'air extérieur en traversant le poumon. Dans ce but, ils ont institué une série d'expériences dans lesquelles ils ont fait respirer alternativement de l'air froid ambiant et de l'air chauffé et saturé de vapeur d'eau, afin de savoir si dans ce dernier cas, le sang ne pouvant plus se refroidir en traversant le poumon, il surviendrait une égalité de température entre les deux cœurs.

Voici des résultats empruntés à l'une de ces expériences : il s'agit d'un chien curarisé, respirant artificiellement : il a vingt-quatre respirations par minute : deux thermomètres marchant bien d'accord sont introduits en même temps dans les cavités du cœur. On en fait la lecture toutes les demi-minutes.

On voit, d'après les résultats du tableau qui suit, que, malgré la respiration de l'air chaud, la différence de température entre les deux cœurs n'a pas varié sensiblement : ce qui a conduit Heidenhain et Körner à admettre que le poumon est sans effet appréciable sur la température du sang, que ce fluide ne se refroidit ni ne s'échauffe en le traversant.

Non contents d'avoir réduit à ce point l'importance de cette question considérée autrefois comme de premier ordre, Körner et Heidenhain vont plus loin. Non-seulement, suivant eux, la démonstration du fait observé est stérile, sans conséquences, sans applications, mais ce fait lui-même reconnaîtrait pour cause une particularité sans aucune valeur physiologique. Voici l'interprétation de ces physiologistes : on sait dès longtemps que les organes contenus dans la cavité abdominale, foie, estomac, intestins, présentent une température plus élevée que celle des organes thoraciques, c'est là ce qui avait déterminé certains auteurs à localiser le foyer de la chaleur animale dans le ventre, tantôt dans le foie, tantôt dans l'estomac. Il résulte de là que le thorax, en tant que cavité, présente des parois inégalement chauffées. Les parois supérieures et latérales

TEMPÉRATURE DE L'AIR RESPIRÉ	TEMPÉRATURE DU SANG VEINEUX	TEMPÉRATURE DU SANG ARTÉRIEL	DIFFÉRENCE A L'AVANTAGE DU CŒUR DROIT
Air du laboratoire :	Ventricule droit	Ventric. gauche	
A 17°..............	38°,28	38°,08	+0°,20
—	38,30	38,10	0,20
—	38,30	38,10	0,20
—	38,30	38,10	0,20
—	38,30	38,10	0,20
Air chaud, saturé d'humidité :			
A 36°..............	38,32	38,17	0,15
37,5..............	38,38	38,21	0,17
39	38,40	38,28	0,12
40	38,41	38,21	0,20
41	38,50	38,36	0,14
42	38,50	38,37	0,13
52	38,50	38,39	0,11
Air du laboratoire :			
A 17°..............	38,48	38,32	0,16
—	38,50	38,32	0,18
—	38,50	38,32	0,18
—	38,49	38,31	0,18
—	38,40	38,35	0,15
—	38,40	38,25	0,15
—	38,40	38,20	0,20
—	38,31	38,12	0,19
—	38,30	38,11	0,19
—	38.31	38,19	0,12
—	37,31	38,11	0,20
—	38,31	38,12	0,19
Air chaud, saturé d'humidité :			
A 33°	38,31	38,12	0,19
34,5..............	38,40	38,20	0,20
35	38,40	38,19	0,21
35,5..............	38,38	38,18	0,20
36	38,38	38,18	0,20
36	38,40	38,20	0,20
36	38,41	38,20	0,21
36	38,38	38,20	0,18

sont plus exposées au refroidissement, mais le diaphragme

qui forme la paroi abdominale du thorax possède une température plus élevée que les parois latérales; et le centre phrénique, partie moyenne du diaphragme, en est aussi le point le plus chaud. Or, ajoutent Heidenhain et Körner, le cœur repose sur le centre phrénique, il y touche par le ventricule droit : la chaleur communiquée de proche en proche sera donc plus considérable pour cette cavité que pour le ventricule gauche, et le sang du côté droit devra sa température plus élevée à son voisinage plus intime avec la paroi diaphragmatique abdominale. C'est pour la même raison que le poumon est plus chaud à sa base, qui repose sur le diaphragme, qu'à son sommet. Le poumon présente une température plus froide à mesure qu'on remonte et qu'on s'éloigne de la paroi thoracique abdominale, d'où il résulte que le sang qui le traverse n'est pas en contact avec un tissu homogène et de température égale.

Telle est en substance l'explication de Heidenhain et Körner. Elle attribue, comme vous le voyez, la chaleur plus élevée du sang dans le ventricule droit à une cause de simple voisinage du ventricule droit avec le diaphragme; c'est donc à une condition tout accidentelle qui pourrait ne pas exister chez des animaux d'autre espèce ou d'une autre classe chez lesquels les rapports anatomiques du cœur se trouveraient changés. Aussi Heidenhain et Körner ne concluent-ils que pour le chien sur lequel ont été pratiquées leurs expériences, et admettent-ils que les choses pourraient se présenter autrement dans d'autres espèces animales.

Est-ce là le dernier mot de la science? Devons-nous

nous en tenir à cette explication topographique? Je ne le pense pas. D'abord, des objections tirées des rapports anatomiques du cœur chez le chien peuvent être adressées à l'explication que nous venons d'énoncer. Il est très-difficile de soutenir, en effet, que le ventricule droit seul du cœur du chien soit constamment en rapport avec le centre phrénique du diaphragme. Chez l'homme, où le péricarde est fixé à ce centre, le déplacement du cœur est plus difficile; mais chez le chien, le cœur, entouré de son péricarde libre de toute adhérence diaphragmatique, est pour ainsi dire flottant dans la poitrine. En changeant la position du chien, on modifie les rapports du diaphragme avec le ventricule, sans changer pour cela les relations de température entre le sang du ventricule droit et du ventricule gauche. Et d'ailleurs, si le sang du ventricule droit ne se refroidissait pas en traversant le poumon, on ne voit pas pourquoi l'égalité de température ne s'établirait pas entre les deux cœurs.

En second lieu, l'observation si importante d'Hering, que nous avons rapportée dans une de nos leçons antérieures, achève de ruiner l'explication. Il s'agissait, vous vous en souvenez, d'un cas d'ectopie du cœur, présenté par un animal d'ailleurs normalement constitué, par un jeune veau. Toutes les fonctions s'accomplissaient régulièrement; la santé était bonne, l'animal prenait 8 litres de lait par jour, et avait tous les caractères de la vigueur. Le cœur sortait librement par l'ouverture de la cage thoracique : il n'était nullement en contact avec le diaphragme, ni avec les viscères abdominaux. Il n'y avait pas de péricarde. Si la conductibilité calorifique devait intervenir ici, évidemment c'était au détriment du cœur droit, plus exposé que le cœur gauche à l'influence du refroidissement par sa paroi plus mince. Et pourtant, le sens du phénomène n'avait point changé. L'avantage de la température a encore été pour le ventricule droit. Hering a trouvé 39°,37 pour la cavité droite, et seulement 38°,75 pour la cavité gauche; ce qui constitue une différence de 0,62 à l'avantage du cœur droit. — Cette expérience, je le répète, est irréprochable; l'expérimentateur, en reproduisant des ectopies artificielles du cœur ou en agissant sur de gros oiseaux, serait dans de meilleures conditions possibles d'expérimentation.

Je ne saurais, d'autre part, considérer comme nul le rôle du poumon dans la modification de la chaleur animale. Sans doute, l'inspiration de l'air froid ou chaud ne vient pas directement changer la différence de température qui existe normalement entre le sang dans le cœur droit et le cœur gauche; c'est ce qu'ont démontré les expériences de Heidenhain et Körner. Mais il y a bien des raisons pour que cela ne soit pas possible. L'air froid que chaque inspiration amène dans l'arbre respiratoire ne pénètre jusqu'aux lobules pulmonaires qu'en faible proportion et après s'être déjà réchauffé. La plus grande partie de l'air inspiré reste confinée dans les premières voies respiratoires, dans les fosses nasales, le pharynx des grosses bronches. Et là, au lieu de refroidir ou de réchauffer le sang des veines pulmonaires qui vont au cœur gauche, l'air modifie la température du sang des veines nasales, pharyngiennes, bronchiques, qui vont au cœur droit. La différence de chaleur du ventricule gauche ne peut donc s'expliquer exclusivement par l'influence de l'air inspiré.

Mais n'y a-t-il pas, au contact de l'air et du sang veineux, d'autres phénomènes physico-chimiques? Personne ne conteste au poumon d'être l'organe de l'artérialisation, de l'absorption d'oxygène et d'exhalation d'acide carbonique, d'être le foyer, en un mot, d'un échange de gaz, qui peut évidemment s'accompagner de modifications calorifiques. Il y a plus de vingt ans, j'ai essayé d'étudier les phénomènes calorifiques dont s'accompagne l'artérialisation du sang; mais ces expériences, ainsi que je vous l'ai déjà dit, demandent à être reprises avec les perfectionnements actuels des sciences physiques et chimiques. Nous y reviendrons plus tard.

Pour le moment, je me borne à dire que dans l'état normal, l'expérience montre que dans le poumon il y a une cause de refroidissement pour le sang; on ne saurait le contester. Il paraissait tout naturel d'attribuer cet effet à l'influence réfrigérante de l'air extérieur; mais les expériences de Heidenhain et Körner apprennent que la différence de température entre les deux cœurs persiste malgré la respiration de l'air chaud. Toutefois, il ne serait pas exact de croire que l'air chaud n'échauffe pas le sang. Dans les expériences même de Heidenhain et Körner, que nous avons choisies à dessein parmi celles qui ont été mesurées thermométriquement, on peut voir que si, au moment de la respiration de l'air chaud, la température *relative*, c'est-à-dire la différence de température des deux sangs, n'a pas sensiblement varié, la température *absolue* du sang a monté dans chacun d'eux. Au moment de la respiration de l'air chauffé, le tableau précédent (p. 100) nous fait voir que le sang, après quelques instants, monte de plusieurs dixièmes de degré dans le ventricule gauche et dans le ventricule droit, pour baisser ensuite dans les deux ventricules quand on rétablit la respiration de l'air ordinaire.

La température absolue du sang peut donc s'élever ou s'abaisser sans que pour cela la différence de température relative du sang dans les deux cœurs cesse d'exister. J'ai prouvé, il y a bien longtemps, qu'en faisant respirer de l'air chaud à un animal, on arrive à réchauffer son sang jusqu'au point d'amener la mort. Lorsqu'on applique la chaleur sèche à la surface extérieure du corps, les choses se passent encore de la même manière, et l'animal périt infailliblement lorsque le sang a atteint la température mortelle de 45 degrés. Nous avons vu que les effets de l'injection de l'eau chaude dans les veines agissent à peu près de même. J'ai fait périr des animaux plus ou moins rapidement en leur injectant de l'eau chaude dans les veines ou en leur donnant des bains chauds dont la température était au-dessus de 45 degrés. Dans tous ces cas, les caractères de la mort sont semblables, et les phénomènes de rigidité cadavérique dans le cœur et dans tous les muscles suivent de très-près.

Pour l'abaissement de la température absolue du sang, les choses se passent différemment, suivant les cas. Sur des animaux (chiens, cochons d'Inde, lapins) refroidis brusquement par une cause extérieure, comme l'immersion dans l'eau glacée, étant à jeun, et déjà prédisposés au refroidissement général, nous avons observé un engourdissement et même la mort par abaissement de la température de la masse du sang. Autrefois, en donnant de l'eau froide à boire à des chevaux laissés à jeun depuis plusieurs jours, j'ai vu les animaux prendre de si grande quantité d'eau, qu'il y avait un refroidissement rapide du sang, suivi d'un tremblement général et d'un abaissement total de la température du corps. On conçoit, en effet, que si le sang de la périphérie ou des organes abdominaux qui arrive au cœur est refroidi et que le poumon le refroidisse encore, l'équilibre normal puisse être rompu dans ces cas exceptionnels. Mais dans l'état ordinaire, lorsque la quantité d'air froid qui peut parvenir dans les cellules du poumon, ainsi que nous l'avons dit, n'est que minime, la température absolue du sang varie très-peu.

Les expériences établissent donc clairement que la température des animaux à sang chaud n'est pas absolument fixe comme on pourrait le croire ; elle peut s'abaisser ou s'élever dans certaines limites sous l'influence de causes énergiques de réchauffement ou de refroidissement. Plus tard, lorsque nous nous occuperons de la fièvre et des phénomènes morbides liés à l'exagération ou à la diminution de la chaleur animale, nous aurons à revenir sur ces expériences et à en donner l'explication. Pour le moment, nous nous bornons à constater les faits tels que l'observation les présente, et, de ces faits, nous pouvons conclure dès à présent que dans les conditions ordinaires ou normales, les animaux à sang chaud maintiennent la fixité relative de leur chaleur intérieure, par une prédominance constante et incessante de la température du sang veineux sur le sang artériel dans le cœur.

SIXIÈME LEÇON

SOMMAIRE : Premiers résultats obtenus relativement à la *topographie calorifique* du sang en circulation. — Nouvelles localisations : température du sang artériel dans les divers points de son parcours. — Sang artériel et sang veineux (avant et après les organes). — Veine jugulaire et artère carotide. — *Point nul* ou *indifférent* de la température sanguine. — Cathétérisme de la *veine cave inférieure :* le sang y est plus chaud que dans les artères. — Circulation dans le foie. — Antagonisme entre les deux portions du système veineux (veine cave supérieure et veine cave inférieure) : l'une est une source de refroidissement ; l'autre une source d'échauffement.

MESSIEURS,

Nous avons établi notre point de départ. Le sang oxygéné qui se rend du poumon dans l'aorte, pour circuler dans le système artériel, est un peu moins chaud que le sang qui, du ventricule droit, pénètre dans le poumon par l'artère pulmonaire. C'est là un premier résultat important de topographie calorifique de la circulation du sang.

Il nous faut maintenant poursuivre nos recherches, répéter pour chaque région du système circulatoire ce que nous avons fait pour le centre, apporter de nouveaux matériaux pour le parallèle entre le sang veineux et le sang artériel.

Mais, d'abord, la question est de savoir si le sang artériel est partout semblable à lui-même, identique dans sa température, ou bien s'il varie, au contraire, à ce point de vue, dans les différentes parties de son trajet. Dans cette dernière hypothèse, il faudrait comparer entre elles les différentes portions du sang artériel avant de le comparer en bloc au sang veineux.

Certains physiologistes, parmi lesquels G. Liebig, ont déclaré que la température du sang artériel n'est pas absolument égale dans tout son parcours. Les petites variations observées seraient résumées dans cet énoncé : « Le sang se refroidit un peu à mesure qu'il s'éloigne du cœur. » Legallois a traité la question de l'identité du sang artériel, et il l'a résolue par l'affirmative. La composition chimico-physique, pour lui, ne varie en aucun point de l'arbre artériel.

Nous examinerons plus loin les travaux récents entrepris sur ce sujet et la question des combustions qui pourraient s'accomplir dans le sang artériel lui-même ; mais il n'y a pas d'ailleurs à rechercher une cause qui puisse échauffer le sang artériel, puisque nous savons qu'il se refroidit en s'éloignant du cœur ; c'est ce fait qu'il s'agit d'abord de constater au moyen de l'expérience. Déjà MM. Becquerel et Breschet avaient trouvé le sang de la carotide plus chaud que celui de la crurale ; nous avons rappelé que G. Liebig avait vu que la température du sang artériel est un peu plus élevée dans l'aorte que dans les grosses artères. Nous allons répéter ces expériences devant vous à l'aide de nos aiguilles thermo-électriques. Nous plongeons chez un animal (chien) maintenu par le curare, une sonde dans la crosse de l'aorte, à la sortie du cœur, en l'introduisant par la carotide gauche ; puis nous introduisons, d'autre part, une autre sonde thermo-électrique par l'artère crurale, en la poussant de bas en haut jusqu'au-dessous de l'arcade crurale, à l'entrée de l'abdomen. Après avoir bien disposé les deux sondes, on ouvre le courant, et l'on voit au galvanomètre une déviation indiquant un excès de température très-net en faveur de l'aiguille plongée dans l'aorte. Alors, sans déranger la sonde supérieure, nous poussons l'inférieure, placée dans l'artère crurale droite, d'abord jusqu'au niveau à peu près de la bifurcation de l'aorte. Il y a encore une légère déviation en faveur de cette sonde supérieure, déviation qui disparaît à mesure que nous faisons remonter la sonde inférieure, très-longue, jusque dans l'aorte abdominale. Alors, il y a équilibre de température entre les deux sondes, et même nous trouvons parfois un très-léger excès en faveur de la sonde inférieure, comme si le sang de l'aorte thoracique se réchauffait un peu dans l'aorte abdominale. Quand l'aiguille du galvanomètre est devenue fixe, nous retirons la sonde inférieure, et à mesure que nous descendons nous voyons la déviation se reproduire, indiquant que la température de la sonde supérieure reprend la prédominance ; en arrivant au niveau de l'arcade crurale, nous obtenons sensiblement la même déviation que nous avions primitivement. On réitère plusieurs fois l'expérience avec les mêmes résultats, ce qui démontre que la température du sang artériel diminue légèrement à mesure qu'il s'éloigne du cœur en s'avançant vers l'extrémité du système artériel.

Voici une autre expérience. Nous retirons les deux sondes, puis nous divisons complétement l'artère carotide en travers, de façon à avoir deux bouts : un inférieur, qui communique avec l'aorte ; l'autre supérieur, qui est tourné vers les capillaires. Bien que le sang se dirige dans les artères du centre à la périphérie, il y a cependant écoulement du sang par les deux bouts quand on vient à diviser une artère, parce que les anastomoses larges et nombreuses des artères entre elles permettent à la pression sanguine de se transmettre facilement dans tous les sens. Autrefois, nous avons constaté que la pression sanguine dans le bout supérieur n'est pas énormément inférieure, dans certains cas, à la pression du bout central. Ici nous voulons prendre la température comparative du sang artériel dans le bout supérieur et dans le bout inférieur de l'artère, c'est-à-dire la température du sang qui vient directement du cœur, comparée à celle du sang qui revient indirectement du cœur par les anastomoses. Nous introduisons nos deux sondes, d'un très-petit diamètre relativement à celui des artères, de façon qu'elles baignent dans le sang de toutes parts ; nous faisons la ligature et nous disposons l'expérience, après quoi nous établissons le courant. Aussitôt nous voyons une déviation marquée indiquant une élévation de température très-notable en faveur du sang artériel dans le bout central de l'artère. Il est probable qu'en répétant la même expérience sur les artères des membres, nous trouverions une différence encore plus marquée.

En résumé, nous devons conclure que le sang éprouve une réelle diminution de température en s'éloignant du cœur vers la périphérie : de sorte que les organes abdominaux, par exemple le rein, le foie, les intestins, reçoivent du sang artériel à une température un peu plus élevée que les organes périphériques, tels que la peau et les extrémités des membres. Néanmoins, cela n'empêche pas la proposition émise d'abord par Legallois d'être exacte, à savoir que le sang artériel est sensiblement identique dans tout l'arbre artériel. Il en est tout autrement pour le sang veineux, qui varie au contraire incessamment, et qui n'est semblable à lui-même dans aucun organe, ainsi que nous le verrons bientôt.

Nous venons en effet d'établir que le sang artériel, qui garde une température à peu près la même dans l'aorte, se refroidit sensiblement en arrivant à la périphérie du corps. Examinons maintenant comparativement le sang dans le système veineux, et voyons les modifications de température qu'il nous offre, d'abord dans la portion périphérique et ensuite dans la partie centrale.

Dans l'examen qui va suivre, nous supprimerons en quelque sorte les divers tissus pour nous y arrêter plus tard avec beaucoup de soin. Pour le moment, nous ne considérons que le résultat empirique de la température comparée dans le sang artériel et dans le sang veineux, avant et après les organes, soit dans les veines périphériques et superficielles, soit dans les grosses veines qui sont situées dans les régions profondes des cavités splanchniques.

Dans les veines superficielles ou périphériques, la température s'abaisse. Elle est souvent, de plusieurs degrés, inférieure à celle de l'artère voisine. Becquerel et Breschet ont trouvé un degré de différence entre l'artère carotide et la veine jugulaire ; mais les conditions extérieures ont une influence sur la valeur de la différence.

Un abaissement de température, un froid vif, l'exagèrent; la chaleur naturelle de l'été ou la chaleur artificielle des appartements l'atténuent.

On voit par là nettement le rôle que joue, dans le phénomène, l'action du refroidissement. Dans les régions de la périphérie, les veines sont plus superficielles que les artères, et par conséquent plus exposées à la déperdition. C'est ce qui arrive pour les membres et pour la partie supérieure du corps, tête et cou. La déperdition rencontre d'ailleurs deux circonstances favorables, bien faites pour amplifier son influence : c'est d'une part le ralentissement du cours du sang dans les veines ; de l'autre la plus grande capacité du système veineux. Le sang veineux se trouve ainsi soumis plus longtemps et en plus grande masse à l'action réfrigérante de l'atmosphère.

Nous n'entreprendrons pas de vous donner des indications numériques, relatives aux différences de température que peuvent offrir le sang des artères et le sang des veines dans les parties périphériques du corps. Elles sont en effet trop variables. Il suffit que nous sachions, ainsi que je l'ai dit il y a un instant, que ces différences s'exagèrent avec l'augmentation des causes de refroidissement extérieur, et qu'elles diminuent quand la température du milieu ambiant s'élève et se rapproche plus ou moins de la température de l'organisme. Pendant les grandes chaleurs de l'été, j'ai trouvé quelquefois presque égalité de température entre le sang de la veine jugulaire et le sang de l'artère carotide, de même qu'entre le sang de l'artère crurale et celui de la veine voisine. Pendant l'hiver, au contraire, quand la surface de la tête ou des membres est exposée à un froid rigoureux, il y a parfois 3 ou 4 degrés de différence dans la température à l'avantage du sang artériel.

Ici, dans une expérience que nous avons préparée, nous introduisons une aiguille thermo-électrique très-fine dans l'artère carotide, une autre dans la veine jugulaire externe, et nous obtenons une déviation de 6 degrés du galvanomètre en faveur de l'artère. 1 degré du galvanomètre équivaut environ à 1/20e de degré du thermomètre, de sorte que la différence est environ de un tiers de degré. En introduisant les mêmes aiguilles dans la veine crurale et l'artère du même nom au niveau des plis de l'aine, nous trouvons 5 degrés de déviation (angulaire), ce qui représente une différence d'environ un quart de degré (thermométrique). La température de l'amphithéâtre est de 16 degrés dans le point où nous expérimentons.

On peut donc admettre comme une proposition incontestable et incontestée ce fait général, que dans la périphérie du corps et aux extrémités le sang veineux est constamment plus froid que le sang artériel.

Mais en pénétrant dans les cavités splanchniques, la proposition se renverse. Ce fait a été signalé de nouveau par G. Liebig dans le travail dont nous avons rendu compte précédemment. Je l'avais indiqué moi-même, à propos de mes expériences faites sur le sang veineux du foie (1).

Suivons dans notre expérience le trajet du sang veineux des extrémités inférieures jusqu'au cœur. Nous

(1) Voy. *Leçons sur les propriétés physiologiques et les altérations pathologiques des liquides de l'organisme.* (4e, 5e et 6e leçons.) Paris, 1869.

venons de constater une différence d'environ 1 degré entre la veine crurale et l'artère crurale. Poussons maintenant nos deux sondes thermo-électriques, en remontant dans les gros troncs vasculaires de la cavité abdominale, et nous allons voir, ainsi que je vous l'ai annoncé, les rapports devenir inverses. Nous avons fait construire pour ces recherches des sondes thermo-électriques très-grandes ; elles ont 75 centimètres de long, et nous pouvons, en quelque sorte, traverser l'animal et remonter jusque dans le cœur en suivant d'une part l'aorte, et d'autre part la veine cave inférieure. Nous faisons pénétrer parallèlement les deux sondes ; elles sont parvenues en ce moment à peu près au point de bifurcation de l'aorte et de la veine cave. La différence entre le sang veineux et le sang artériel n'est plus que des 8 dixièmes de ce qu'elle était précédemment. La différence s'atténue de plus en plus en faisant remonter toujours nos deux sondes parallèlement. Immédiatement au-dessus de l'embouchure des veines rénales, la différence n'existe plus, elle est nulle. Il y a, à ce niveau, égalité de température entre le sang de la veine cave et celui de l'aorte. — C'est là ce que l'on pourrait appeler le *point nul* de la température animale.

A partir de ce point l'avantage reste désormais au système veineux. En remontant toujours jusqu'au niveau du foie, au point où les veines hépatiques débouchent dans la veine cave inférieure, le sang présente ici un excès de température de 0,14 (degrés thermométriques) sur le sang artériel.

Dans mes anciennes expériences, j'ai trouvé quelquefois une différence de 1 degré en faveur de la veine cave inférieure au niveau du diaphragme.

Poussons toujours nos sondes, et nous arrivons à l'entrée de l'oreillette du côté droit, et dans la crosse de l'aorte du côté gauche. La différence s'accroît encore, et nous avons 2 dixièmes de degré à l'avantage de la veine cave inférieure au moment où elle s'abouche dans l'oreillette droite.

Ainsi la veine cave inférieure présente un accroissement de température qui s'accentue sans cesse à mesure qu'elle se rapproche du cœur. Mais au delà nous allons observer un fait singulier. La veine cave inférieure, chez le chien, se continue en quelque sorte avec la veine cave supérieure. La paroi de l'oreillette est formée au dehors et en arrière par la paroi des deux veines caves qui se continuent, de sorte qu'il est facile de passer de la veine cave inférieure dans la veine cave supérieure, et *vice versa*. Nous poussons donc notre sonde plus haut, au delà de l'oreillette droite, jusqu'à l'abouchement de la veine cave supérieure. Aussitôt nous voyons les phénomènes se renverser et la veine devenir plus froide que l'artère ; nous pouvons même faire pénétrer notre sonde jusque dans la veine jugulaire, et alors la différence en faveur de l'artère s'accentue encore davantage.

Il est bien évident qu'en traversant l'oreillette droite, on doit rencontrer un nouveau *point nul* d'égalité entre la température du sang artériel et celle du sang veineux, suivant la manière dont on est placé entre les deux courants sanguins de la veine cave supérieure et de la veine cave inférieure. Ce résultat s'observe en effet très-sou-

vent, et c'est pourquoi nous recommandons pour obtenir la température réelle du sang du cœur droit, de pénétrer dans le ventricule où le mélange de tous les sangs veineux se trouve plus intime. Si maintenant nous retirons notre sonde en lui faisant suivre le même chemin qu'elle a parcouru en pénétrant, nous verrons qu'en revenant dans la veine cave inférieure, nous retrouverons au niveau ou un peu au-dessus du diaphragme notre point maximum de température du sang veineux.

L'expérience que nous venons de vous retracer demande une certaine habitude pour ne pas être arrêtée dans les vaisseaux. Ici nous avons pénétré par l'artère et la veine crurales du côté gauche ; il est plus facile de faire croiser les sondes en pénétrant par l'artère crurale droite et par la veine crurale gauche.

En résumé, la veine cave inférieure apporte au cœur droit du sang plus chaud que le sang artériel. Mais cette proposition ne saurait s'appliquer à la veine cave supérieure ; celle-ci, restant étrangère à la cavité abdominale, se comporte comme les veines périphériques, et quand elle s'abouche dans le cœur elle est plus froide que l'artère correspondante. Chez le chien et les divers animaux mammifères, cette différence doit être plus grande que chez l'homme, en raison de la différence du développement relatif de la face et du crâne. Chez l'homme, le crâne est beaucoup plus développé que la face ; la veine cave supérieure reçoit surtout le sang de la veine jugulaire interne qui, venant du cerveau et des parties profondes, est plus chaud. Chez les animaux mammifères, au contraire, la veine cave supérieure reçoit principalement le sang de la veine jugulaire externe qui est plus superficielle et plus froide; la veine jugulaire interne n'est, en quelque sorte, que rudimentaire. Le sang du cerveau et des parties profondes plus chaudes vient par les veines du rachis et s'abouche par la veine azygos au niveau de l'embouchure de la veine cave supérieure dans l'oreillette droite.

L'oreillette droite reçoit donc du sang plus froid provenant de la partie supérieure, et du sang plus chaud provenant de la partie inférieure du tronc. Les deux courants mêlent dans ce point leurs ondes et confondent leurs températures. Nous saisissons ici le conflit des deux éléments opposés, l'élément refroidissant provenant de la périphérie, l'élément réchauffant provenant des viscères. Le sang veineux s'échauffe dans les intestins au lieu de se refroidir, comme dans les membres. Chaque viscère contribue pour sa part à l'élévation de température. Le foie, en particulier, apporte un contingent de chaleur plus considérable, à raison de son volume et de sa situation qui le protégent contre la déperdition de tout calorique.

Lorsque les deux courants de sang, l'un plus froid, l'autre plus chaud, viennent se mélanger au confluent du cœur droit dans l'oreillette, ils présentent certaines oscillations qu'il est bon de connaître, afin de ne pas tomber dans certaines causes d'erreur. En effet, nous le répétons, suivant la situation des instruments thermométriques dans l'oreillette, on peut se trouver au milieu des deux courants de sang de température différente qui la traversent. C'est pourquoi, nous ne saurions trop le répéter, il est toujours indispensable de pénétrer dans le ventricule

droit lui-même pour avoir un mélange bien complet des deux sangs et la température moyenne qui résulte de ce mélange.

Si l'on opère avec soin en suivant exactement la température dans le cœur droit, et dans les gros vaisseaux veineux, on voit souvent les rapports numériques changer un peu d'une expérience à l'autre. G. Liebig a constaté aussi ces oscillations dans la température veineuse ; elles coïncident avec les phases respiratoires.

Le vide inspiratoire agit d'une façon prédominante sur les gros troncs veineux et sur les veines des viscères. — On sait bien aussi qu'il agit sur les veines du cou, et que dans le cas de blessure faite à ces vaisseaux, l'air lui-même peut pénétrer par inspiration à la suite du sang, se mélanger avec lui dans le cœur et provoquer la mort. Mais cet accident n'est pas moins fréquent à la suite de blessure des veines viscérales, des veines du rachis.

En faisant une section du tissu du foie sur un animal vivant, on voit à chaque expiration le sang s'échapper des orifices béants des veines sus-hépatiques divisées, et à chaque inspiration le jet de sang s'arrêter et attirer l'air par une aspiration qui peut l'emporter jusque dans les cavités droites du cœur. De même j'ai observé à la suite de l'ouverture des sinus cérébraux l'entrée de l'air dans les veines, qui arrivait jusqu'au cœur droit en suivant les veines du rachis et la veine azygos (1).

Lorsqu'on observe avec beaucoup de soin les oscilla-

(1) Les obstacles à l'inspiration ou à l'expiration amènent dans le système sus-hépathique, soit une pression négative, soit une pression positive. Normalement, et ces variations ont été exactement mesurées par la méthode gra-

tions de température dans la veine cave supérieure, on voit qu'il y a une élévation de température ordinairement vers la fin de l'expiration qui est à son maximum dans l'intervalle de l'inspiration à l'expiration. Cette oscillation baisse vers la fin de l'inspiration, et a son minimum à la fin de l'inspiration. Ces oscillations, que G. Liebig a trouvées de 0°,07 à 0°,10, ne s'observaient régulièrement que dans l'inspiration et l'expiration régulière; elles deviennent presque imperceptibles si l'animal suspend sa respiration, et elles augmentent avec une respiration rapide, profonde et saccadée. Dans la veine cave abdominale, ces oscillations sont plus difficiles à observer; mais dans la veine iliaque, elles offrent un résultat thermométrique inverse à celui de la veine cave supérieure. Il y a donc des oscillations de température dans le sang veineux dont le maximum est dû à une onde sanguine venant de la veine cave inférieure, et dont le minimum répond à une onde sanguine venant de la veine cave supérieure. J'ai remarqué aussi que la compression des parois abdominales peut exercer une influence sur les oscillations de la température du sang veineux.

Nous ne nous étendrons pas davantage sur ces oscillations de température veineuse, mais nous devions les signaler afin d'être prémunis contre les causes d'erreur qu'elles pourraient entraîner si l'on n'en tenait pas compte.

phique, à chaque inspiration il y a dans la pression du système hépatique un abaissement qui devient énorme lorsqu'il existe un obstacle à l'inspiration : à chaque expiration, il y a une élévation que la gêne à l'expiration rend considérable. (Voy. les traces graphiques, *in* Ch. S. Rosapelli, *Recherches sur les causes et le mécanisme de la circulation du foie*. Paris, 1873.)

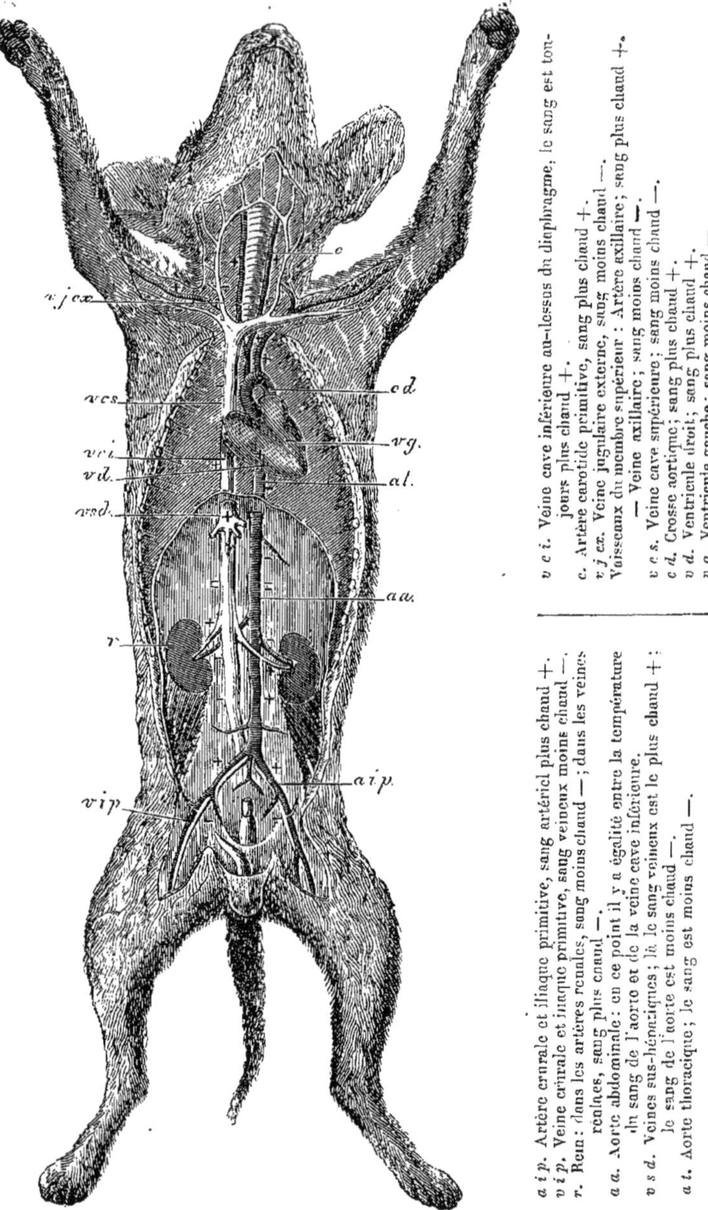

a i p. Artère crurale et iliaque primitive, sang artériel plus chaud +.
v i p. Veine crurale et iliaque primitive, sang veineux moins chaud —.
r. Rein : dans les artères rénales, sang moins chaud — ; dans les veines rénales, sang plus chaud —.
a a. Aorte abdominale : en ce point il y a égalité entre la température du sang de l'aorte et de la veine cave inférieure.
v s d. Veines sus-hépatiques ; là le sang veineux est le plus chaud + ; le sang de l'aorte est moins chaud —.
a t. Aorte thoracique ; le sang est moins chaud —.

v c i. Veine cave inférieure au-dessus du diaphragme, le sang est toujours plus chaud +.
c. Artère carotide primitive, sang plus chaud +.
v j ex. Veine jugulaire externe, sang moins chaud —.
Vaisseaux du membre supérieur : Artère axillaire ; sang plus chaud +. — Veine axillaire ; sang moins chaud —.
v c s. Veine cave supérieure ; sang moins chaud —.
c d. Crosse aortique ; sang plus chaud +.
v d. Ventricule droit ; sang plus chaud +.
v g. Ventricule gauche ; sang moins chaud —.

FIG. 3. — Représentation du système circulatoire du chien.

Nous avons maintenant terminé l'étude topographique de la température du sang ; nous pouvons représenter l'ensemble des phénomènes par un schéma qui nous donnera l'aspect général de la distribution de la chaleur dans le fluide sanguin (fig. 3).

Le point important des études que nous avons faites jusqu'ici, et sur lequel on ne saurait trop s'appesantir, c'est la connaissance de l'antagonisme entre les deux portions du système veineux : l'une étant une source d'échauffement, l'autre une source de refroidissement. Cet antagonisme dans l'état normal est constamment réglé par l'harmonisateur de toutes les fonctions, par le système nerveux, l'agent de la conservation de la chaleur animale, du maintien de l'équilibre indispensable au fonctionnement de l'organisme.

SEPTIÈME LEÇON

SOMMAIRE : Faits acquis relativement à la *topographie de la chaleur animale.* — Considérations générales sur les causes de réchauffement et de refroidissement. — Causes d'équilibre en un point donné. — Influence régulatrice du système nerveux. — Section du sympathique cervical chez le lapin. — L'oxygène disparaît-il dans le sang artériel? — Siége réel des combustions organiques : rôle des éléments anatomiques des tissus. — Influence de l'état d'activité des organes. — Revue des organes sources de chaleur.

MESSIEURS,

Vous n'avez pas oublié le programme que nous nous sommes tracé en commençant nos recherches sur la chaleur animale. Nous avions à examiner successivement plusieurs questions dont l'enchaînement naturel s'impose à l'esprit.

La première était celle de la topographie calorifique. Il était nécessaire de connaître d'abord la distribution de la chaleur, c'est-à-dire la façon dont elle est répartie dans les différents points de l'organisme. Cette première partie du programme est maintenant remplie. La seconde question qui se présente ensuite, c'est de savoir où est engendré cet agent calorifique, dont nous venons de constater l'existence et les variations dans les différents organes. C'est, en un mot, l'étude des sources de la chaleur que nous allons aborder aujourd'hui.

Plus tard, et comme troisième partie, nous aurons à

examiner quelles influences s'exercent sur ces sources de calorification pour en régler et en pondérer l'action. Notre attention s'arrêtera, sinon sur toutes les influences de ce genre, au moins sur quelques-unes ; et, parmi elles, sur la plus importante de toutes, l'influence du système nerveux que nous avons fait connaître dès longtemps.

Enfin une quatrième partie, non moins importante, de nos études, devrait porter sur les troubles morbides de la calorification. Ici se présenteraient toutes les questions relatives à la fièvre, à l'inflammation et à tous les phénomènes pathologiques que nous considérons comme des exagérations ou des modifications anormales survenues dans la fonction calorifique (1). Si nous ne pouvons étudier à fond toutes ces questions, nous pourrons du moins vous donner quelques aperçus sur les principales d'entre elles ; mais il nous faut tout d'abord bien préciser les phénomènes physiologiques dont les états pathologiques ne sont que des modifications.

Toutefois, avant d'entrer directement dans le détail des expériences relatives à la recherche des sources de la chaleur animale, il ne sera pas inutile de vous exposer quelques idées générales sur l'ensemble des causes qui peuvent favoriser le réchauffement ou le refroidissement des tissus dans l'organisme.

Les études faites jusqu'ici ont fixé notre plan et nous permettent de nous orienter dans nos recherches relativement aux sources de la calorification. Nous prévoyons déjà que le foyer de la chaleur n'est pas unique,

(1) Voy. *Leçons sur la fièvre* (*Clinique européenne*, 9 avril 1859), et *Leçons de pathologie expérimentale*. Paris, 1872.

selon l'opinion ancienne, mais que ce foyer est, au contraire, universellement répandu. Sur ce point, les anciens se sont trompés certainement. De plus, nous comprenons pourquoi et comment ils se sont trompés; et il est intéressant de constater que leur erreur était encore plus une erreur de méthode qu'une erreur de fait. Sans doute, ils commettaient une inexactitude de fait en considérant tour à tour le poumon, le cœur, l'estomac, l'abdomen, comme le siége de la température maxima et comme le centre de la calorification; mais quand même ils eussent échappé à cette erreur de fait, ils n'auraient pas évité l'erreur d'interprétation.

C'est qu'en effet les anciens ne possédaient pas, ne pouvaient pas posséder ce principe sur lequel je ne me lasse pas d'appeler votre attention, et qui domine la physiologie moderne : ce principe que les fonctions de l'organisme ont leur explication dans les propriétés des éléments anatomiques, que les actes de la vie sont des sommes d'actions élémentaires, que la véritable physiologie est la physiologie histologique. Ils imaginaient des principes là où nous ne voyons plus que des résultantes. Ils n'auraient point songé que la chaleur animale pouvait être la somme d'une infinité de productions calorifiques nées dans tous les points de l'économie. Ils cherchaient à localiser le point le plus chaud pour l'appeler *foyer,* ne prenant ainsi qu'une acception du mot foyer, qu'une des propriétés qui le caractérisent, à savoir d'être à une température plus haute que les parties qui l'environnent et qu'il échauffe. Nous avons trouvé que le sang qui sort du foie est le sang le plus chaud de tout le corps. Si nous voulions en tirer la conclusion que le foie est le foyer de la calorification, nous tomberions dans la même erreur que les anciens. Mais aujourd'hui, le point de vue de la science a changé. La calorification est à nos yeux une propriété universelle : elle appartient dans des degrés divers, il est vrai, à tous les éléments, à tous les tissus, et dans tous il nous faudra la rechercher.

La chaleur qui se produit en tous lieux dans le corps vivant se perd aussi en tous lieux. Elle se dissipe comme dans les corps inertes, de la surface à la profondeur, par les mêmes causes, par le rayonnement, par la conductibilité, par l'évaporation. Or, la température d'un organe dépend non-seulement de la chaleur qui s'y crée, mais aussi de la chaleur qui s'y perd et est la résultante d'un équilibre entre une production plus ou moins énergique et une déperdition plus ou moins active. Le refroidissement par les causes purement physiques a donc un rôle dans la question de la calorification. De plus, le refroidissement est un agent qui peut être utilisé pour modérer la calorification, et si quelque disposition organique permettait d'exagérer ou d'atténuer son influence, de l'augmenter ici, de la diminuer là, il est clair que cette disposition organique constituerait un régulateur de la calorification. Or, cette disposition existe sous l'influence du système nerveux, comme nous l'allons voir dans un instant. Il en résulte que nous devons reconnaître dans le refroidissement, tel qu'il s'opère, à la surface extérieure de l'animal, un double phénomène : 1° un phénomène purement physique, une déperdition de chaleur obéissant à la loi de Newton, dépendant des températures du milieu et du corps en présence et de leurs caractéristiques physiques ; 2° un phénomène physiologique, un mécanisme vaso-moteur qui vient modifier l'état de l'organe, afin d'exagérer ou de diminuer la prise des agents physiques.

La structure, la nature matérielle, la disposition des organes, créent des conditions physiques qui influencent leur déperdition calorifique. Les tendons, les cartilages, les os, dans lesquels la circulation n'atteint pas une grande activité, doivent engendrer peu de calorique en même temps qu'ils s'échauffent et se refroidissent difficilement. Le volume des parties constitue aussi une condition physique du refroidissement plus ou moins actif : les petits animaux perdent proportionnellement plus de calorique que les grands ; les extrémités des membres, qui offrent relativement peu de masse et présentent au contraire de grandes surfaces au contact de l'atmosphère froide, les oreilles, par exemple, qui, outre leur texture cartilagineuse, ont très-peu d'épaisseur, se refroidissent avec beaucoup plus de rapidité. Les cavités viscérales, au contraire, sont moins exposées à la déperdition que les extrémités et les parties périphériques. La cavité abdominale est protégée contre les influences réfrigérantes extérieures : les organes sont recouverts d'une enveloppe graisseuse, l'épiploon, et la protection est encore plus parfaite pour la région épigastrique, estomac, foie, rate, que pour toute autre. Cette protection plus complète explique l'excès de température constaté dans ces organes.

La température de la bouche exposée à l'air est variable. La température du gros intestin et du rectum, profondément situés, est beaucoup plus fixe ; elle avoisine celle du cœur chez la plupart des mammifères. Chez les oiseaux, un physiologiste que nous avons déjà cité, Nasse, a constaté ce fait bizarre que la température du cloaque était supérieure à celle du cœur ; mais, ainsi que nous l'avons dit, il y avait peut-être des causes d'erreur dans l'appréciation de la température du cœur.

La constance ou la variation de température d'une partie résulte donc d'une sorte d'équilibre entre les acquisitions et les pertes. Or, ces acquisitions et ces pertes sont dans une relation intime avec l'état de la circulation. On le démontre par l'expérience suivante. Si l'on place dans une étuve sèche à 60 ou 80 degrés deux lapins, — l'un vivant, l'autre mort mais encore chaud et venant d'être sacrifié par la section du bulbe rachidien, — on constate que les deux lapins s'échauffent inégalement ; l'animal vivant s'échauffe bien plus rapidement que l'animal mort placé dans les mêmes conditions. Il a bientôt dépassé sa température normale. Cela tient à la circulation qui, chez le lapin vivant, amène sans cesse à la périphérie un liquide sanguin qui vient s'y échauffer, et qui remporte ensuite dans la profondeur la chaleur empruntée au milieu. Chez l'animal sacrifié, l'échauffement ne peut plus se faire que comme dans un corps inerte, c'est-à-dire successivement, de couche en couche, en procédant des parties superficielles vers les parties profondes. Il est donc nécessairement plus lent.

Ce qui arrive dans cette expérience pour l'échauffement de l'animal, se produit normalement dans les circonstances ordinaires pour son refroidissement. Le sang vient sans cesse se refroidir ou se rafraîchir à la surface du corps. Il en résulte que la température générale du corps sera influencée par des refroidissements locaux. Dans une partie exposée au froid, le cours du sang vient-il à se ralentir, en même temps que sa quantité augmente, la déperdition sera plus intense : il y aura là une cause de refroidissement. Mais, grâce à la circulation, l'équilibre calorifique pourra se conserver dans le corps par le déplacement de la masse du sang, qui tantôt disparaîtra des parties trop froides pour se porter dans les parties plus chaudes, et *vice versa*. Il y a donc là un mécanisme d'éliquibration tout disposé.

Mais quel régulateur mettra en jeu et dirigera son action ? Le système nerveux : le système nerveux qui, en agissant sur les phénomènes chimiques calorifiques en même temps que sur le calibre des vaisseaux, accélère ou ralentit le cours du sang dans un organe, augmente ou diminue sa quantité, et règle ainsi le refroidissement local. Quand la température tend à s'accroître dans l'organisme, le système nerveux active la circulation périphérique et porte le sang à la surface du corps ; quand, au contraire, la température pourrait s'abaisser trop, le système nerveux diminue la circulation périphérique et accumule le sang dans les parties profondes où il n'est pas exposé au refroidissement. Si le système nerveux vaso-moteur est lésé ou altéré, ce mécanisme se trouve rompu et les phénomènes calorifiques troublés. C'est ainsi que nous avons pu produire d'après une expérience déjà ancienne, des vrais animaux à sang froid avec des mammifères dont la moelle avait été blessée dans un point spécial.

Sans entrer pour le moment dans cette question qui

nous occupera d'une manière toute spéciale, je veux cependant vous donner tout de suite la preuve expérimentale de ces phénomènes importants. Voici un lapin sur lequel le filet cervical du grand sympathique a été coupé. De quel côté? C'est facile à savoir. Il suffit de toucher les deux oreilles : l'oreille droite est la plus chaude : c'est de ce côté que le nerf a été sectionné. L'oreille du côté sectionné donne 32 degrés, tandis que l'autre ne fournit que 25 degrés.

Supposons maintenant qu'on expose l'animal au froid, à une température externe de 0 degré, par exemple. Sauf les conditions circulatoires que le nerf sympathique vient de modifier, toutes les autres conditions seront les mêmes, pour les deux oreilles : toutes deux se présenteront à égalité devant le milieu réfrigérant. Or, nous constatons, après un certain temps d'exposition au froid, que les deux oreilles se sont refroidies bien inégalement, et que la différence de température entre les deux oreilles est maintenant tout autre. L'oreille du côté sain qui avait une température de 25 degrés n'a plus qu'une température de 12 degrés, tandis que l'oreille du côté sectionné qui avait 32 degrés de température avant le refroidissement, marque encore maintenant 30 degrés. Cela signifie, en d'autres termes, que sous l'influence de la même cause réfrigérante, l'oreille saine s'est refroidie beaucoup plus que l'oreille dont le sympathique a été sectionné et paralysé : ce qui a produit nécessairement un plus grand écart entre la chaleur comparée des deux oreilles. J'ai souvent observé des différences plus grandes encore que celle-ci.

Quelle explication donner de ce phénomène? Elle est facile. Dans l'oreille dont le sympathique ou nerf vasomoteur est paralysé, la seule cause réfrigérante extérieure de l'atmosphère est intervenue pour produire physiquement l'abaissement de température, et elle n'a pu faire baisser la chaleur que de 2 degrés, la circulation restant la même dans les vaisseaux auriculaires. Sur l'oreille saine, la condition réfrigérante a agi également d'une manière toute physique, mais une cause physiologique est venue s'y ajouter. Sous l'influence du froid, le nerf sympathique resté intact a agi par action réflexe pour resserrer les vaisseaux, diminuer considérablement la quantité de sang qui arrive dans l'oreille et ralentir sa circulation : causes nouvelles et toutes physiologiques qui ont agi à la fois pour exagérer le refroidissement dans l'oreille, et pour conserver la chaleur du sang en le faisant fuir dans les organes centraux protégés plus efficacement contre le froid que les parties périphériques. Nous verrons plus tard que le phénomène inverse existe, et qu'il y a des actions nerveuses directes ou réflexes coïncidant avec des dilatations vasculaires périphériques et avec un afflux du sang vers l'extérieur. Une irritation sensitive portée sur des nerfs, le nerf sciatique, le nerf lingual, par exemple, peut amener une dilatation locale immédiate de la langue et même générale du système vasculaire périphérique, etc.

En somme, vous voyez que le refroidissement ou le réchauffement d'une partie se présente sous une double forme : D'abord un phénomène physique, et, à ce titre, indépendant du système nerveux; puis un phénomène physiologique. La prise de l'agent extérieur sur les parties pour la déperdition physique du calorique est réglée, augmentée, diminuée par le système nerveux régulateur de la circulation, et utilisée de cette manière pour l'équilibre de la chaleur animale.

Nous arrivons maintenant à l'étude des sources de la chaleur animale qui doivent être cherchées dans le sang et dans les différents tissus.

Le sang est-il une source de chaleur? Ce liquide est-il le siége des phénomènes de combustion, ou, d'une manière plus générale, des phénomènes chimiques qui, dans l'organisme, comme dans les milieux physiques, donnent naissance au calorique? Récemment, on a annoncé que la quantité d'oxygène allait en diminuant et l'acide carbonique en augmentant dans le sang artériel à mesure qu'on s'éloignait du cœur. On a, d'autre part, contesté le fait (1). Ce problème, comme tous les problèmes physiologiques, pourrait ne pas comporter une réponse absolue et univoque. La distance au cœur n'intervient pas seule : la température du sang, la lenteur ou la rapidité de la circulation, etc., doivent ici entrer en ligne de compte. Il est prouvé, en effet, qu'indépendamment de l'action des tissus, en dehors de leur contact, il s'accomplit dans le sang des transformations spontanées. D'artériel le sang peut devenir veineux dans l'artère même. La combustion qui correspond à ce changement s'opérerait dans le liquide sanguin en dehors de l'in-

(1) Voy. *Journal de l'anatomie et de la physiologie*, t. II, 1865, p. 302. — Voy. aussi : P. Bert, *Leçons sur la physiologie comparée de la respiration*, 1870, p. 118.

fluence des vaisseaux capillaires. Ce sont là des faits admis de tout temps, pour ainsi dire. Enfermez du sang dans une artère, entre deux ligatures : il stagnera et deviendra veineux sur place ; abandonnez du sang à l'air libre, dans un vase ouvert : il subira la même transformation dans les parties profondes qui sont soustraites au contact direct de l'air (1).

Si maintenant on applique le nom de *combustion* aux phénomènes chimiques qui accompagnent cette modification manifestée, en dernière analyse, par la production

(1) Voy. Schutzenberger, *Expériences concernant les combustions dans l'organisme animal* (*Compt. rend. Acad. des sciences*, 6 avr. 1874).

Des recherches directes montrent cependant que le sang artériel frais, conservé à la température de 37 à 40 degrés centigrades, ne consomme l'oxygène réuni à l'hémoglobine qu'avec une extrême lenteur. Il est donc peu probable, vu le temps très-court que le sang met à passer du système artériel dans les capillaires, que la désoxydation de l'hémoglobine pendant ce trajet soit due à des combustions ayant pour siége le sang lui-même.

D'autre part, M. Schutzenberger a constaté sur du sang oxygéné, conservé à l'étuve à 39 degrés, en dosant l'oxygène de demi-heure en demi-heure, par le procédé à l'hydrosulfite de soude (procédé de P. Schutzenberger et de Ch. Risler), que la déperdition est très-lente pour le sang frais, et ne dépasse pas 3 à 4 centimètres cubes d'oxygène par heure pour 100 grammes de sang. Lorsque la putréfaction commence, cette déperdition devient au contraire très-rapide.

Enfin, frappé de la similitude qu'il avait antérieurement signalée (*Compt. rend.*, 9 mars 1874) entre la levûre de bière et les cellules des tissus de l'organisme animal, au point de vue de la respiration et des produits élaborés, M. Schutzenberger a voulu réaliser expérimentalement le phénomène par lequel le globule sanguin viendrait céder son oxygène aux éléments des tissus. A cet effet, il a fait circuler du sang défibriné et oxygéné dans des tubes de baudruche plongeant dans de la levûre de bière délayée dans du sérum. Le sang se désoxyde alors parfaitement et très-vite ; les globules restent inaltérés et gardent la propriété de reprendre l'oxygène perdu. On ne saurait toutefois assimiler ces expériences à ce qui se passe dans les capillaires. Les cellules de levûre de bière ont des propriétés très-différentes des globules rouges du sang.

de l'acide carbonique et la disparition de l'oxygène, on pourra dire que la combustion s'accomplit dans le sang seul : de sorte qu'au sortir du cœur le sang artériel aurait de la tendance à devenir veineux et à se charger d'acide carbonique en même temps qu'il se dépouillerait d'oxygène. Mais dans les conditions ordinaires ou normales, ces phénomènes ne se produisent point dans le sang pendant qu'il circule dans le système artériel. C'est dans les vaisseaux capillaires que cette désoxygénation du sang a lieu au contact des tissus. D'ailleurs, nous devons faire ici une remarque générale touchant ces comparaisons du sang artériel au point de vue des gaz qu'il renferme dans les différents vaisseaux : c'est qu'il faut que les expériences soient exécutées d'une manière absolument simultanée ; autrement, la quantité d'oxygène absorbée et contenue dans le sang varie à chaque instant, suivant l'épuisement de l'animal par le fait même de la mutilation expérimentale. Nous aurons plus tard l'occasion de vous citer des exemples frappants de causes d'erreur à cet égard.

S'il y avait réellement une disparition notable d'oxygène et une combustion dans le sang artériel, une production de chaleur devrait correspondre à cette transformation chimique. La mise en évidence et la mesure de cette chaleur seraient très-intéressantes, mais elles présentent de très-grandes difficultés, qui sont presque insurmontables en raison de la lenteur des phénomènes lorsqu'il s'agit du sang isolé des tissus. Nous avons vu qu'un litre de sang artériel recueilli dans un vase et défibriné laissé pendant seize heures à la température de 15 degrés n'avait consommé qu'une fraction très-minime d'oxygène. A la température de 35 degrés, la transformation était plus rapide ; mais il était encore nécessaire de plusieurs heures pour amener le sang à l'état de sang veineux. Or, dans les conditions de lenteur où il faudrait opérer, les phénomènes de chaleur qu'il s'agirait de constater seraient au-dessous des limites de causes d'erreur qu'on pourrait commettre.

Nous ne saurions donc trouver dans une combustion accomplie au sein du sang artériel et par le sang seul des raisons suffisantes à des modifications de température dans les différents départements du système artériel. La rapidité de la circulation rendrait d'un autre côté ces effets à peu près nuls, et par conséquent négligeables.

Nous avons vu du reste comment l'expérience directe répondait à la question de savoir si le sang artériel, dans son trajet du cœur aux capillaires, était une source de chaleur. Cette question est d'une haute importance, considérée à son point de vue général. Ainsi que nous l'avons déjà dit ailleurs, nous pensons que la physiologie et la médecine humorales ont fait jouer un trop grand rôle au liquide sanguin. Ainsi, on a admis que le sang était le théâtre de tous les phénomènes chimiques de l'organisme; les organes et les tissus n'étaient que des appareils destinés sans doute à se nourrir avec le sang, mais ayant pour rôle d'absorber, d'éliminer par les fonctions sécrétoires et excrétoires, des produits que le sang formait à l'aide d'une sorte d'action spontanée, spéciale au sang lui-même considéré comme liquide organique isolé. On ne peut pas affirmer qu'une pareille conception soit absolument fausse, car il serait très-difficile aujourd'hui de faire la part exacte de ce qui est formé dans le sang ou en dehors de lui. Nous dirons cependant que l'on ne chercherait plus maintenant, — comme on l'a tenté, il n'y a pas même encore très-longtemps, — à retrouver primitivement dans le sang les éléments du lait tout formés, ce qui supposait que la glande mammaire ne faisait que séparer du sang ces éléments. Nous en dirons autant de toutes les autres sécrétions. On sait que les produits actifs des liquides sécrétés existent dans les tissus des glandes qui les sécrètent : ce qui permet au physiologiste de préparer, par exemple, des sucs digestifs artificiels en faisant simplement infuser les tissus de certaine glande annexée à l'appareil digestif.

Sans nous étendre sur des considérations qui seraient étrangères à notre sujet, nous admettrons que dans les tissus organiques siégent les principaux agents de tous les phénomènes chimiques du corps. Nous apporterons bientôt, en nous occupant du fonctionnement des muscles et des glandes, des preuves positives à l'appui de cette manière de voir. D'un autre côté, nous savons que les phénomènes chimiques constituent les sources calorifiques de l'être vivant ; c'est donc dans les tissus des organes et non dans le liquide sanguin que nos recherches doivent se concentrer. Suivant nous, les physiologistes qui ont considéré le liquide sanguin lui-même comme le lieu de toutes les productions calorifiques qui s'accomplissent dans le corps vivant, ont dépassé l'expérience. Nous démontrerons au contraire que c'est principalement un phénomène extra-sanguin qui dégage du calorique : ce phénomène est le contact et l'échange entre les tissus élémentaires et le sang, au moment où se produisent les actions chimiques de la nutrition.

Lorsque Crawford, Priestley, Lavoisier, firent la localisation de la combustion respiratoire dans les capillaires pulmonaires, c'est dans le sang qu'ils placèrent la source calorifique tout entière. Plus tard, lorsque avec Lagrange, Williams Edwards, Magnus, on localisa les combustions dans les capillaires généraux, c'est encore dans le sang qu'on plaça le foyer de la chaleur animale. Or nous savons que le sang se refroidit à la périphérie de la grande circulation comme à la périphérie de la petite circulation où s'opèrent cependant deux phénomènes physico-chimiques opposés : dans un cas, le sang passe de l'état veineux à l'état de sang artériel, dans l'autre, il passe de l'état de sang artériel à l'état de sang veineux.

Le sang contient des éléments histologiques, les globules sanguins qui pourraient à ce titre donner naissance à des phénomènes calorifiques comme les autres. Mais dans quel moment ces phénomènes calorifiques pourraient-ils survenir? Toutes les modifications si variées qu'éprouve le liquide sanguin s'intègrent, en somme, dans deux faits généraux : le changement du sang artériel en sang veineux, le changement inverse du sang veineux en sang artériel ; c'est-à-dire : l'artérialisation, la veinosité. Nous devrions donc chercher d'abord à laquelle de ces deux transformations correspondent les fonctions réelles des globules sanguins.

Nous verrons en effet que c'est au moment du fonctionnement des organes, et par conséquent au moment de l'activité des éléments qui les constituent, que les phénomènes calorifiques se manifestent. Or quelle est la fonction du globule sanguin : est-ce d'absorber l'oxygène ne dégageant l'acide carbonique ? ou bien est-ce de changer l'oxygène absorbé en acide carbonique ? Depuis bien longtemps j'ai appelé l'attention des physiologistes sur la nécessité d'étudier les organes à l'état de repos et à l'état de fonction : c'est la seule distinction sur laquelle on puisse établir une considération réellement physiologique des phénomènes vitaux. Pour l'objet des études spéciales que nous poursuivons en ce moment, cette considération est fondamentale. Nous ne faisons que l'indiquer aujourd'hui.

Nous aurons soin d'apporter dans les leçons qui vont suivre tous les arguments propres à établir notre opinion. Pour cela nous étudierons successivement la température d'un organe lorsqu'il est en repos et au moment où il est en fonction. Nous prendrons, dans ces deux états, non-seulement la température du tissu organique lui-même, mais aussi la température du sang qui entre dans l'organe et de celui qui en sort ; et nous verrons que les phénomènes calorifiques sont surtout l'expression des métamorphoses chimiques accomplies dans l'intimité des tissus. Tandis que le sang artériel apporte les éléments de la nutrition, son conflit fonctionnel avec les éléments produit un échange fonctionnel : le sang veineux s'échauffe donc et emporte avec lui les produits de la nutrition ou de la décomposition organique.

Afin de nous faire une idée exacte des sources de la chaleur animale, nous aurons à examiner à ce point de vue tous les organes et tous les tissus de l'économie. On comprendra immédiatement les difficultés considérables et l'étendue d'un pareil travail. Nous n'avons certainement pas la prétention de remplir ce cadre ; nous voulons seulement en tracer le plan, en vous montrant un certain nombre d'expériences. Nous commencerons par le système des organes de la vie animale, les organes musculaires et nerveux ; puis nous passerons au système des organes de la vie nutritive ou végétative comme les appelait Bichat : les organes glandulaires, les tissus muqueux, cellulaire et lymphatique. Dans cette étude, il ne faudra jamais oublier que les phénomènes calorifiques se lient d'une manière intime aux phénomènes de nutrition, et que ceux-ci se passent spécialement dans les tissus. Le rôle du sang devra donc déchoir de son importance dans les idées physiologiques et médicales qu'on s'en fait généralement.

HUITIÈME LEÇON

SOMMAIRE : Rôle des muscles dans la production de chaleur. — *Respiration élémentaire* du muscle et des autres tissus. — Étude du sang artériel et veineux du muscle paralysé, du muscle en tonicité et du muscle en contraction. — La contraction du muscle produit de la chaleur — Appareils mis en usage pour le constater. — Expériences avec le curare pour supprimer le jeu des muscles. — Système nerveux ; son influence sur la production de la chaleur. — Divers procédés pour abaisser la température d'un animal. — Production de chaleur dans le nerf. — L'activité nerveuse et cérébrale sources de chaleur.

MESSIEURS,

Nous avons dit d'une manière générale que tous les organes, quels que soient les tissus qui les constituent, dégagent du calorique, au moment où leurs fonctions s'accomplissent, tandis qu'à l'état de repos ils n'en dégagent pas sensiblement, ou peut-être même en absorbent dans certains cas. Nous allons maintenant entrer dans le détail de cette étude en commençant par le tissu musculaire.

Le tissu musculaire constitue à lui seul une très-grande partie de la masse totale du corps. Ainsi, chez un chien médiocrement gras, on a trouvé comme poids des muscles $5^{kil},400$, le poids total étant de $11^{kil},700$. Chez le même animal, le poids des os était de $2^{kil},700$. C'est une première raison pour placer ce tissu en tête de ceux que nous examinerons. D'ailleurs c'est, de tous, celui qui a été le mieux étudié, au point de vue qui nous occupe en ce moment.

Le fonctionnement des muscles produit de la chaleur. C'est un fait d'observation vulgaire que l'on s'échauffe par le mouvement, par l'exercice musculaire. L'élévation de température se manifeste dans l'appareil des muscles et elle s'étend ensuite dans les autres parties de l'organisme. Le docteur Beaumont (des États-Unis) a constaté le fait chez son Canadien atteint d'une fistule stomacale ; il a vu qu'après un violent exercice, la température de l'intérieur de l'estomac subissait une augmentation très-appréciable.

L'augmentation de la température générale par le mouvement a été observée chez un grand nombre d'animaux. Réaumur l'a constatée chez les insectes par le procédé suivant : Des hannetons étaient renfermés dans un bocal, dont la température était appréciée par un thermomètre plongeant dans l'atmosphère confinée. Les animaux restant tranquilles, au repos, le niveau thermométrique demeurait sensiblement constant. Mais venait-on à provoquer le mouvement des insectes en les inquiétant, en agitant le flacon, aussitôt on voyait le niveau du thermomètre s'élever et traduire ainsi la production de calorique résultant des mouvements produits.

Newport, en 1837 (1), a examiné la même question et signalé des différences considérables entre les températures des insectes, suivant qu'ils sont en repos ou en mouvement plus ou moins actif. Huber a fait des observations

(1) Newport, *Philosophical Transactions*, 1837, part. II, p. 260.

de même nature sur les abeilles. Dutrochet et récemment M. Lecoq (1) ont confirmé les résultats de leurs prédécesseurs par des recherches plus précises. Enfin, dans des recherches toutes récentes, M. Maurice Girard (2) a porté son attention sur la production de chaleur chez les lépidoptères. La température des sphinx, des bourdons peut atteindre celle des animaux à sang chaud, après un vol prolongé. Cette élévation calorifique est tellement sensible, qu'il suffit, pour la constater, de saisir entre les doigts et à plein corps un papillon qui vient de fournir une course assez longue. En employant des instruments thermiques très-délicats, M. Girard s'est assuré que la température atteignait son plus haut degré dans le thorax, c'est-à-dire dans la partie du corps qui correspond à l'appareil musculaire des ailes. Ainsi, chez un sphinx, l'abdomen était à 25°,5, et le thorax atteignait 32 degrés alors que la température moyenne de l'air était de 23°,4 dans le mois de juin. Dans certaines observations, le thorax a indiqué des températures plus élevées encore, jusqu'à 37 degrés.

MM. Becquerel et Breschet ont expérimenté sur l'homme, en 1835. A l'aide des aiguilles thermo-électriques ils ont trouvé dans le tissu musculaire même et dans le bras soumis à un exercice violent, — comme, par exemple, de scier du bois, — que la température, après quelques minutes, s'était élevée de un degré et plusieurs dixièmes.

(1) Dutrochet, *Annales des sciences naturelles*, 2e série, t. XIII, p. 5 (*Botanique*). Et 2e série, t. XIV, p. 12 (*Zoologie*).

(2) M. Girard, *De la chaleur chez les insectes*. Thèse de la Faculté des sciences. Paris, 1868.

Nous ne nous arrêterons pas à toutes les autres expériences de ce genre répétées sur les mammifères, les reptiles ou les oiseaux. Nous citerons seulement pour mémoire les observations très-précises de Matteucci et de Helmholtz sur des grenouilles dont les contractions musculaires étaient provoquées par l'excitant électrique (1).

Dans tous les cas, le résultat a été identique. L'exercice musculaire naturellement provoqué par l'influence de la volonté ou artificiellement déterminé par un courant électrique, a produit une élévation de température. Le fait est donc bien constaté. Nulle contradiction ne s'est élevée contre lui, pour le nier ou le restreindre.

Nous avons donc dans le système musculaire une *source de chaleur* considérable et il nous faut, maintenant que le phénomène est acquis, en chercher l'explication, en déterminer les causes directes.

Ces causes, nous les trouverons dans une suractivité des combustions qui s'accomplissent dans le muscle ; ou mieux, pour employer un langage plus physiologique, dans une exagération de la nutrition élémentaire.

On sait que les animaux n'entretiennent leur vie qu'à la condition de respirer, c'est-à-dire d'emprunter, au milieu extérieur, de l'oxygène qui est remplacé par de l'acide carbonique et de la vapeur d'eau. Cette fonction, qui existe chez tous les animaux constitués, se retrouve même dans le germe de tout être vivant. Le germe de

(1) Helmholtz, *Die Kraftbewährung*. 1852. — Hirn, *Exposé de la théorie mécanique de la chaleur* (*Compt. rend.*, 1862). — Béclard, *De la contraction musculaire dans ses rapports avec la température animale* (*Arch. génér.*, 1861).

l'animal respire dans l'œuf, comme le germe de la plante respire dans la graine.

Il n'est même pas nécessaire, pour que cet échange respiratoire s'accomplisse, que le milieu extérieur renferme l'oxygène à l'état de liberté, comme dans l'air, ou à l'état de dissolution, comme dans l'eau : il suffirait qu'il le contînt à l'état de combinaison. M. Pasteur admet que les vibrioniens, qui président à la transformation de l'acide lactique en acide butyrique et à la décomposition du tartrate de chaux, se procurent l'oxygène nécessaire à leur existence en décomposant les matières oxygénées qui les entourent, et il a expliqué ainsi certains phénomènes des fermentations.

A ce point de vue, les éléments anatomiques eux-mêmes se comporteraient comme de véritables vibrioniens, comme des organismes élémentaires. Ils respirent ; ils empruntent au sang l'oxygène qui lui est combiné, et ils exhalent de l'acide carbonique : c'est la *respiration élémentaire*.

En descendant plus profondément dans le phénomène, on voit que cette respiration élémentaire n'est autre chose que le résultat de la nutrition même de l'élément : c'est, sous un autre nom, la même chose. Comme l'animal tout entier, l'élément anatomique est dans un équilibre perpétuellement mobile ; à chaque instant il emprunte et il restitue, il assimile et il désassimile : c'est en cela que consiste sa mission, sa vie. Il est incessamment traversé par un courant de matières organiques et inorganiques, qui entre et sort, de manière qu'après un temps plus ou moins long, il serait renouvelé de fond en comble, et que pas une parcelle de sa substance primitive ne subsiste. C'est le *tourbillon vital* de Cuvier. Cet échange perpétuel se traduit, dans le milieu qui baigne l'élément, par certaines modifications, parmi lesquelles l'absorption de l'oxygène et la restitution de l'acide carbonique, la respiration élémentaire en un mot, jouent un grand rôle.

Tous les tissus organiques pendant la vie, et même après la mort, absorbent de l'oxygène et émettent de l'acide carbonique. Il y a longtemps que Spallanzani a établi ce fait que j'ai vérifié autrefois. J'ai placé sous des cloches en contact avec l'air des tissus divers d'animaux venant d'être sacrifiés, et j'ai observé que tous sans exception absorbent de l'oxygène et dégagent de l'acide carbonique, mais en proportions différentes suivant la nature des tissus (1).

Le tissu musculaire respire donc même après la mort,

(1) Voyez mes *Leçons sur les liquides de l'organisme*, t. I, p. 403 à 405. Nous citerons, comme exemple d'expériences semblables, le tableau suivant emprunté aux expériences de P. Bert sur la respiration des tissus. (*Leçons sur la physiologie comparée de la respiration*, 1870, p. 46.)

Des tissus enlevés à un cadavre de chien, aussitôt après que l'animal a été sacrifié, sont placés dans des éprouvettes pleines d'air, et disposées de la manière la plus favorable aux échanges gazeux. Au bout d'un même temps l'analyse des gaz contenus dans ces éprouvettes montre que :

	cc		cc	
100 gr. de muscle ont absorbé	50,8	d'oxyg. et exhalé	56,8	d'acide carb.
100 gr. de cerveau........	45,8	....	42,8	
100 gr. de rein............	37,0	....	15,6	
100 gr. de rate............	27,3	....	15,4	
100 gr. de testicule........	18,3	....	27,5	
100 gr. d'os et moelle......	17,2	....	8,1	

Dans une série d'expériences de ce genre, cette hiérarchie descendante, quant à l'intensité de l'absorption d'oxygène par les divers tissus, ne s'est jamais démentie, quelle que fût la durée de l'expérience.

c'est-à-dire lorsqu'il a perdu la propriété de se contracter. Il respire de même pendant la vie, quand il est au repos, mais surtout quand il est en fonction et quand il se contracte.

Nous vous rendons témoins de cette expérience. Voici une grenouille préparée à la manière de Galvani. Elle est suspendue dans un bocal hermétiquement clos ; un crochet métallique soutient les nerfs lombaires et, par là, tout le train inférieur de l'animal. Un second crochet s'appuie un peu plus bas sur le trajet de ces nerfs. De cette façon, en faisant arriver des excitations électriques par ces crochets, on excitera le nerf et l'on pourra, à volonté, provoquer des contractions musculaires. C'est ce que nous faisons. Dans ces conditions, nous voyons bientôt l'eau de baryte, que nous avons eu soin de placer au fond du flacon, louchir, se troubler, et déceler ainsi la présence de l'acide carbonique.

Il est donc incontestable que la contraction du muscle exagère sa respiration élémentaire. On verra bientôt qu'il y a en même temps exagération dans la production de calorique. Nous saisissons donc dès l'abord une corrélation importante entre le dégagement de la chaleur et ce qu'on appelle la respiration, la combustion élémentaire.

La question qui se présente maintenant à notre étude est l'examen des modifications que le sang et la circulation ont éprouvées pendant la contraction du muscle. Notons d'abord ce fait important, qui résulte de l'expérience dont vous venez d'être témoins, c'est que le muscle peut se contracter et produire de la chaleur sans être immédiatement traversé par un courant sanguin, c'est-à-dire en dehors de la circulation. C'est là un argument puissant en faveur de notre opinion, que les phénomènes calorifiques s'accomplissent surtout dans les tissus et non dans le sang. Néanmoins, à l'état physiologique, il existe un rapport très-étroit entre la fonction du muscle et la composition du sang qui le traverse. C'est là un problème qui m'a déjà occupé à diverses reprises. Dès 1859, j'ai appelé l'attention des physiologistes sur ce point, par des expériences que des travaux subséquents, en Allemagne ou ailleurs, n'ont fait que confirmer.

J'ai opéré sur des muscles différents, en particulier sur le digastrique et sur le droit antérieur de la cuisse ou le couturier, chez un animal vivant (chien). Le muscle droit antérieur de la cuisse présente cet avantage d'être suffisamment isolé au point de vue de ses vaisseaux et de ses nerfs. On peut dès lors agir sur lui exclusivement, et analyser le sang qui l'a traversé. Les analyses faites particulièrement au point de vue de la quantité d'oxygène contenu dans le sang artériel et veineux sont comparables entre elles; elles ont été réalisées par le procédé d'analyse que j'ai indiqué vers la même époque, et qui consiste à déplacer l'oxygène du sang par l'oxyde de carbone.

	OXYGÈNE pour 100 cc. de sang.	ACIDE CARBONIQUE pour 100 cc. de sang.
Première expérience.		
Sang artériel du muscle	7,31	0,84
Sang veineux du muscle.. — État de paralysie, nerf coupé..	7,20	0,50
Sang veineux du muscle.. — État de repos	5,00	2,50
Sang veineux du muscle.. — État de contraction	4,28	2,40
Deuxième expérience.		
Sang artériel du muscle	9,31	0,00
Sang veineux du muscle.. — État de repos	8,21	2,01
Sang veineux du muscle.. — État de contraction	3,31	3,21

Vous voyez, d'après le tableau qui précède, que le sang, au moment où il pénètre dans le muscle, contient en oxygène = 7,31 pour 100 dans la première expérience et 9,31 pour 100 dans la seconde.

Lorsque le muscle est au repos normal, et que, son nerf n'étant pas coupé, il est encore sous l'influence statique du système nerveux, nous voyons que l'oxygène a notablement diminué dans le sang qui a traversé ce muscle : il est tombé à 5 pour 100 dans la première expérience, à 8,21 pour 100 dans la seconde.

Après la section du nerf, le muscle étant paralysé, il y a eu très-peu d'oxygène consommé, et nous avons comme résultat, pour l'analyse du sang veineux :

Oxygène	7,20
Acide carbonique	0,50

Nous voyons ainsi qu'il y a une différence notable entre le repos et la paralysie du muscle. La respiration élémentaire est presque nulle dans le muscle paralysé. La consommation d'oxygène est de 11 centièmes ; la teneur en acide carbonique a également diminué.

Dans l'état de repos normal ou fonctionnel, la consommation de l'oxygène est presque du tiers de la quantité totale : la proportion d'acide carbonique est devenue considérable : elle est cinq fois plus grande que dans le sang artériel qui n'a point encore traversé le muscle. C'est que le repos du muscle n'est pas un état d'inertie, d'inactivité totale. La fibre élémentaire n'est pas dans le relâchement complet, comme cela a lieu après la section du nerf. L'action nerveuse la maintient, au contraire, dans un état de demi-activité, de demi-contraction qu'on a appelé *état tonique* ou *tonus*.

Il faut donc se garder de confondre le repos et la paralysie. Dans le repos, il y a une certaine tension active; dans la paralysie, l'anéantissement est complet.

Supposons maintenant qu'on fasse fonctionner le muscle, qu'on détermine la contraction musculaire : aussitôt la combustion augmente. L'analyse a donné une plus grande diminution d'oxygène et une augmentation de l'acide carbonique.

Nous avons pour la première expérience $3^{cc},03$ d'oxygène disparu par 100 centimètres cubes de sang, et pour la seconde, 6^{cc} d'oxygène toujours par 100 centimètres cubes de sang. L'acide carbonique est devenu plus abondant; mais je laisse ce gaz de côté, parce que si l'oxyde de carbone que j'ai employé pour analyser le sang permet de doser exactement l'oxygène, il n'en est pas de même pour l'acide carbonique.

La gradation est donc bien ménagée. La respiration musculaire, à peu près nulle dans la paralysie, faible dans l'état de repos, est exagérée à l'état de contraction. La coloration du sang qui abandonne le muscle traduit ces résultats d'une façon sensible à la vue. Dans la paralysie, le sang qui émerge du muscle est presque aussi rouge que celui qui y pénètre. Dans l'état de repos, le sang veineux est modérément noir; dans l'état de contraction, il est d'un noir intense.

Ainsi, par cette première expérience, nous voyons déjà des états chimiques particuliers du sang coïncider avec des états fonctionnels spéciaux du muscle. Il faut maintenant établir que l'état calorifique du muscle change dans les mêmes circonstances.

Or le fait que la contraction musculaire produit de la chaleur est connu depuis longtemps.

Nous savons déjà que MM. Becquerel et Breschet, à l'aide de la méthode thermo-électrique, ont constaté que, pendant le repos et l'activité, les muscles ne présentent pas la même température. Ils ont trouvé que la température du muscle biceps brachial qui est, au repos, de 36°,50, s'élevait, par la flexion répétée du bras, de 0°,5 et même de 1 degré après des efforts énergiques. Indépendamment de ces résultats, MM. Becquerel et Breschet ont encore constaté que chez l'homme la température des muscles au repos est plus élevée que celle du tissu cellulaire sous-cutané qui les recouvre. Le biceps brachial au repos avait 36°,53 ; le tissu cellulaire sous-jacent 34°,70. Helmholtz a expérimenté sur des grenouilles, également par la méthode thermo-électrique, et a constaté une élévation de température pendant la contraction musculaire. Plus récemment, M. J. Béclard a fait, à ce sujet, de nouvelles expériences sur lesquelles nous reviendrons plus tard (1). Il a également constaté chez l'homme et chez la grenouille une élévation de température dans le muscle au moment de la contraction. J'ai fait moi-même, il y a déjà longtemps, des expériences thermométriques qui conduisent au même résultat. Un thermomètre étant plongé au milieu des muscles de la cuisse, j'ai tétanisé les muscles par l'excitation électrique du nerf sciatique, et le thermomètre

(1) J. Béclard, *De la contraction musculaire dans ses rapports avec la température*. (*Arch. génér. de méd.*, 1861.)

est monté de 1 degré. Il n'y a donc aucune contestation sur le fait de la production de chaleur dans le muscle pendant son fonctionnement; c'est une expérience fondamentale dont nous devons avant tout vous rendre témoins.

Nous ferons usage de l'appareil thermo-électrique que nous avons installé ici pour nos recherches et que vous connaissez déjà. Seulement nous modifierons un peu nos aiguilles thermo-électriques. Les aiguilles thermo-électriques (fer et cuivre) employées par MM. Becquerel et Breschet pour la recherche de la température musculaire, sont aussi fines que les aiguilles pour l'acupuncture; leur introduction dans les tissus ne pouvait donc provoquer aucun désordre, aucune lésion. Elles ont une soudure médiane. L'une de ces aiguilles doit être introduite jusqu'à sa soudure dans le muscle biceps, par exemple, de manière à plonger au milieu du tissu musculaire, tandis que l'autre aiguille comparative est placée dans la bouche (1).

Helmholtz, ayant à opérer sur des grenouilles, a donné plus de sensibilité à son appareil. Au lieu d'une seule soudure d'épreuve dans le muscle, il en introduit trois de manière à multiplier l'intensité du courant thermo-électrique. Le pouvoir thermo-électrique est encore augmenté par la nature des soudures qui sont de cuivre et argentane au lieu d'être de fer et cuivre. Ces soudures disposées en pointe sont recouvertes de vernis et plongées au milieu

(1) Voyez, dans l'ouvrage de M. Gavarret *Sur la chaleur produite dans les êtres vivants*, une figure qui représente l'application de cet appareil sur l'homme.

du tissu musculaire. Dutrochet avait autrefois employé des aiguilles à soudure terminale plongeant directement dans les tissus. M. J. Béclard a fait usage d'aiguilles semblables; seulement il leur a donné la forme d'un hameçon afin de rester fixées dans le muscle et de ne pas être exposées à se déplacer pendant la contraction musculaire. Nous allons faire usage d'aiguilles thermo-électriques à soudures terminales (fig. 4). Nous plongeons une de ces aiguilles dans un muscle en repos et l'autre

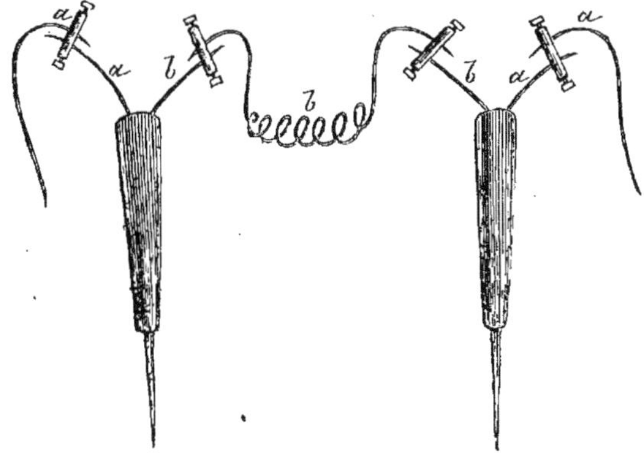

FIG. 4.

dans un muscle en contraction, et la déviation du galvanomètre nous indiquera la différence de température. Nous implantons ces deux aiguilles dans les deux muscles gastro-cnémiens d'un chien, dont la moelle épinière a été coupée afin que la volonté de l'animal soit supprimée sur les deux membres. La température est sensiblement égale des deux côtés. Alors nous galvanisons le nerf sciatique sans le couper, et nous voyons aussitôt une déviation de 3 à 4 degrés du galvanomètre indiquant que le muscle en contraction est d'environ 1 à 2 dixièmes de degré plus chaud que le muscle en repos.

Nous devons maintenant porter de nouveau notre attention sur les modifications que subit le sang pendant l'état de repos et d'activité du muscle. J'ai vu autrefois que dans un muscle paralysé le sang veineux coule plus rouge et plus abondant que dans un muscle en repos, mais encore sous l'influence de son nerf. Dans ce cas, le sang veineux est un peu plus noir et médiocrement abondant; dans le muscle en contraction, le sang veineux coule beaucoup plus noir et en plus grande abondance. J'ai noté que cette plus grande abondance de l'écoulement sanguin succède immédiatement à la contraction; car si l'on produit un tétanos violent, le cours sanguin peut être momentanément interrompu pour redevenir extrêmement abondant aussitôt après. Toutefois, il n'en résulte pas moins que la masse totale du sang qui s'écoule d'un muscle en contraction est plus considérable que celui qui s'écoule pendant le repos. Sadler et Ludwig, qui ont fait plus récemment des expériences sur le même sujet, sont arrivés au même résultat.

Mais nous devons constater que le travail musculaire, auquel correspond une combustion plus complète du sang, est accompagné d'une élévation de température dans le sang veineux.

En 1858, j'ai fait sur le cheval une expérience qui met ce fait en évidence dans des conditions tout à fait physiologiques. Sur un cheval, on découvre une branche de la veine jugulaire qui reçoit les rameaux des veines faciales et maxillaires. L'animal étant au repos, on observe la température du sang, sa couleur et la quantité qui s'écoule au dehors; puis on donne à manger à l'animal. Dès que les mouvements de mastication commencent, on voit le sang couler avec plus de rapidité, devenir plus chaud et plus noir. Cette expérience est fort nette; seulement on peut objecter que ce n'est pas du sang musculaire pur et qu'il s'y mêle du sang glandulaire qui lui-même s'échauffe aussi pendant la sécrétion, ainsi que nous le verrons plus tard. Mais on peut se mettre à l'abri de cette objection en choisissant une veine exclusivement musculaire, et les mêmes résultats sont encore constatés.

Il est donc bien prouvé que la contraction musculaire engendre de la chaleur. Mais ici reparaît encore la question à laquelle nous nous attachons d'une manière toute spéciale. Cette augmentation de température du sang veineux au moment de la contraction musculaire est-elle due à la combustion du tissu musculaire ou à la veinosité du sang? Nous admettons l'indépendance des deux ordres de phénomènes, et, sans anticiper sur un sujet que nous aborderons plus tard lorsque nous examinerons l'influence du système nerveux sympathique sur la calorification, nous citerons une expérience qui prouve ce que je viens d'avancer. Sur un chien non curarisé, je découvre le ganglion thoracique en arrière de l'épaule après avoir enlevé la tête de la première côte, mais sans ouvrir la cavité de la plèvre; puis je passe un fil au-dessous du ganglion et je le broie avec des pinces. Bientôt une élévation de température se manifeste dans l'oreille et dans la patte antérieure correspondante. J'excite alors par le galvanisme les fibres partant du ganglion, et aussitôt il en résulte, outre le phénomène qui se manifeste du côté de l'œil et de l'oreille, un refroidissement notable de la patte correspondante, refroidissement très-appréciable à la main et s'élevant à plusieurs degrés au thermomètre. Pendant la galvanisation des nerfs ganglionnaires, il n'y avait aucune contraction des muscles, et cependant le sang des veines musculaires était devenu plus noir; il coulait seulement en plus faible quantité à cause du resserrement des vaisseaux.

Nous pouvons donc avoir dans les veines musculaires un sang veineux très-noir coïncidant tantôt avec une élévation, tantôt avec un abaissement de température, suivant que le muscle lui-même se contracte ou non. Cette expérience a seulement pour but d'établir qu'il n'y a qu'une coïncidence entre les deux phénomènes, et que la chaleur n'est pas liée à la coloration du sang, bien que nous admettions cependant que la calorification doive se rattacher à l'énergie des phénomènes chimiques qui s'accomplissent dans le tissu musculaire en contraction.

La respiration musculaire n'est qu'une des manifestations de l'activité nutritive de la fibre musculaire ; il s'accomplit en même temps d'autres phénomènes chimiques capables d'engendrer de la chaleur. Attribuer toute la chaleur produite à la combustion directe de la substance musculaire par l'oxygène introduit, c'est faire une hypothèse gratuite.

A l'activité musculaire correspondent des changements de composition chimique de l'organe. Les analyses les plus récentes distinguent dans le contenu musculaire du sarcolemme deux parties : les prismes musculaires (*Fleischprismen*) et le plasma. Le plasma lui-même, dans certaines circonstances, peut se dédoubler, donner d'un côté un caillot (*myosine*), et d'autre part le sérum musculaire, composé d'eau, de sels, de créatine, de créatinine ($C^8H^7Az^3O^2+2HO$), d'un principe cristallisable $C^8H^9Az^3O^4$ à réaction alcaline, d'un sucre particulier, l'inosite, $C^{12}H^{12}O^{12}+4HO$.

La réaction de ce liquide, et par suite celle du muscle au repos, est alcaline.

Dans le muscle qui vient de se contracter, il y a un changement immédiat. La réaction devient acide, et cette acidité est due à la présence de l'acide lactique. Heidenhain a même soutenu que la quantité d'acide lactique était proportionnelle au travail accompli. En même temps la créatinine, principe alcalin, a diminué au profit de la créatine.

Quoi qu'il en soit, cette décomposition chimique du muscle en activité est liée au dégagement de calorique. On a admis que la réaction acide du muscle n'est pas étrangère non plus à la sensation successive de fatigue qui succède à un travail musculaire prolongé. En injectant quelques traces d'acide lactique dans le sang, on a prétendu reproduire artificiellement tous les résultats et jusqu'à la sensation même de la fatigue (Ranke).

Il est certain que la constitution du tissu musculaire est modifiée profondément par la contraction. Helmholtz, en opérant sur des animaux à sang froid, a vu que, dans les muscles fatigués, les matières solubles dans l'alcool sont augmentées, tandis que les matières solubles dans l'eau sont diminuées. Matteucci a observé les mêmes modifications sur un animal à sang chaud.

En considérant la masse énorme du système musculaire, on comprend qu'une grande partie de la chaleur animale doive provenir de cette source. Mais si le fonctionnement de ce système, c'est-à-dire l'exercice, les mouvements, ont une part importante dans la production du calorique, réciproquement la suppression du jeu musculaire, l'immobilité, le repos, doivent entraîner un abaissement de la température, une diminution de la chaleur naturelle.

L'expérience confirme cette induction.

Pour supprimer le jeu des muscles, nous avons eu recours au curare. Cette substance laisse subsister la sensibilité et supprime la motilité. Voici un chien curarisé. Il est plongé dans une immobilité complète. On a pris sa température rectale au moment de l'administration du poison : elle était de 39°,9. Après une demi-heure, le thermomètre est tombé à 37°,7 ; et maintenant, après une heure d'expérience, il ne marque plus que 37 degrés. Nous verrons plus tard qu'une certaine suractivité dans la circulation capillaire périphérique peut encore contribuer au refroidissement général de l'animal.

Toutefois, si la température générale de l'animal s'abaisse, le rapport entre la température du sang du cœur gauche et celle du cœur droit ne change pas pour cela. Pendant l'immobilité due au curare, la digestion et les sécrétions continuent, et la source calorifique viscérale reste toujours prédominante.

Avant qu'on connût le curare, les physiologistes n'avaient à leur disposition d'autres moyens contentifs que les moyens mécaniques. Legallois immobilisait les animaux en les attachant. Eh bien, en fixant un lapin avec des liens qui empêchaient la plupart des mouvements, il est arrivé à abaisser la température d'une manière très-notable. J'ai reproduit moi-même ces expériences avec les mêmes résultats.

Nous n'avons parlé jusqu'ici que des muscles proprement dits, des muscles de la vie animale ou muscles volontaires. Il y a dans l'organisme un autre système d'éléments contractiles : ce sont les muscles de la vie organique, à fibres lisses, à contraction involontaire. La part qui leur revient dans la production de la chaleur animale est minime. Elle est négligeable vis-à-vis de l'influence qui appartient aux muscles striés. Dans l'estomac et l'intestin, la tunique musculeuse est doublée d'une couche glandulaire, et il serait impossible d'isoler les phénomènes thermiques qui appartiennent à l'un ou à l'autre de ces deux éléments. Nous reviendrons d'ailleurs sur ce sujet à propos de l'action du cœur qui est l'organe musculaire le plus considérable des appareils de la vie organique.

Après avoir examiné le tissu musculaire dans ses rapports avec la chaleur animale, nous arrivons à l'étude du système nerveux qui lui est intimement uni dans l'accomplissement de ses fonctions.

Il faut distinguer ici deux parties : le système nerveux périphérique et le système nerveux central.

Les rapports du système nerveux périphérique avec la chaleur animale sont difficiles à étudier ; ils exigent, pour être démontrés, certaines précautions et certains artifices d'expérience.

Ici, comme pour les muscles, on a dit que l'activité des organes nerveux provoque un dégagement de chaleur; seulement que ce dégagement est si faible, qu'on ne pourrait le constater sans employer un artifice qui consiste à refroidir l'animal. En effet, il faut expérimenter sur un animal d'assez grande taille, afin d'agir sur des nerfs assez volumineux pour que le phénomène calorifique soit perceptible. D'autre part, il est nécessaire d'opérer sur un animal à sang froid, pour que la température des tissus, très-voisine de celle du milieu ambiant, rende l'observation plus facile. Enfin, chez les animaux à sang chaud, la rapidité de la disparition des propriétés nerveuses ne permettrait pas d'expérimenter avec sûreté.

Les expériences d'Helmholtz et de Valentin sur le sujet qui nous occupe ont été faites avec des animaux refroidis par le sommeil hibernal, des marmottes ou des loirs. Quand on n'a pas d'animaux hibernants à son service, il faut réduire les animaux à sang chaud à des conditions semblables à l'aide d'un refroidissement artificiel. Nous avons pour cela plusieurs moyens à notre disposition :

1° Couper la moelle épinière;

2° Refroidir directement l'animal en l'exposant à l'action d'un milieu réfrigérant;

3° Immobiliser l'animal pendant un temps suffisant;

4° Enduire l'animal d'une couche de vernis imperméable;

5° Soumettre l'animal à des mouvements de balancement.

Par l'un quelconque de ces quatre procédés, on abaissera la température de l'animal, au point d'en faire en quelque sorte un animal à sang froid. J'ai autrefois montré qu'on pouvait amener le refroidissement d'un animal à sang chaud (chien, lapin) en faisant la section de la moelle épinière au niveau de l'union de la région dorsale et cervicale. Nous reviendrons plus tard sur l'explication de cette expérience quand nous parlerons de l'influence du système nerveux sur la chaleur animale.

L'immobilisation des animaux, comme cause de refroidissement, est connue depuis longtemps. Legallois l'avait déjà signalée; c'est le procédé dont Schiff s'est servi pour exécuter les expériences dont nous parlerons dans un instant. Récemment Manassein (de Saint-Pétersbourg) a montré que le bercement qui amène le sommeil produit aussi un abaissement de la température du corps.

Quant au refroidissement des animaux par l'application d'un vernis imperméable sur la peau, il a été découvert par Fourcault. Dans ce cas, le refroidissement est dû à une suspension des fonctions de la peau.

Quand on a essayé ce procédé, on en attendait un résultat tout à fait différent de celui qu'on a obtenu. On sait que les vêtements imperméables agissent en s'opposant à la déperdition du calorique par rayonnement et évaporation. La transpiration est arrêtée, et c'est en employant ainsi des vêtements imperméables que l'on recueille des quantités suffisantes de sueur pour la soumettre à l'observation. Or, le vernissage qu'on supposait devoir agir à la façon des vêtements imperméables a précisément agi d'une façon toute contraire. L'animal qu'on a traité par ce procédé, au lieu de s'échauffer, s'est refroidi de plus en plus jusqu'à mourir de froid.

On sait qu'on a cherché à mettre à profit, en thérapeutique, cette propriété réfrigérante des vernis dans le traitement des affections phlegmasiques et autres. On a cherché aussi à expliquer les effets réfrigérants des vernis, en disant que leur application sur la peau supprime l'action respiratoire des téguments et amène un refroidissement et une sorte d'asphyxie cutanée. Je ne crois pas du tout à cette explication; car les animaux, loin de périr avec les caractères de l'asphyxie, meurent au contraire avec du sang rouge dans les veines comme dans les artères, ce qui indique un refroidissement des tissus mêmes. Cette expérience n'a pas d'explication satisfaisante, et elle démontre notre ignorance profonde touchant les fonctions de la peau. J'aurai d'ailleurs l'occasion de revenir plus tard sur les phénomènes que présentent les animaux soumis à ce genre d'expérimentation.

Je mets ici, sous vos yeux, un lapin auquel nous avons sectionné la moelle depuis cinq heures environ. Sa température, qui était de 40 degrés dans le rectum avant la section de la moelle, s'est abaissée à 24 degrés. Elle n'est que de 6 degrés supérieure à celle du milieu ambiant, qui est de 18 degrés. Dans une heure d'ici, l'animal se trouvera dans les conditions favorables pour l'expérience.

Vous constatez que les respirations sont rares; l'amplitude des mouvements du thorax est presque nulle. Les battements du cœur sont presque imperceptibles. Les propriétés nerveuses sont émoussées : l'animal ne réagit plus aux excitations. Voilà certes un animal qui a toutes les apparences de la mort. Il est froid, on ne constate presque plus de respiration, de circulation, de sensibilité. Cependant la vie persiste, elle n'est qu'engourdie et elle peut être réveillée. La cessation ou l'affaiblissement extrême des mouvements du cœur n'est donc pas un caractère de la mort, chez des animaux à sang froid. On a vu en effet des grenouilles revenir, se réveiller, après vingt-quatre heures de cessation à peu près complète des battements du cœur. Chez les grenouilles dans leur état ordinaire, la vie peut même continuer un certain temps après la cessation de la circulation. Chez l'homme et les animaux à sang chaud il n'en est pas ainsi et la mort est la conséquence immédiate de la cessation de la circulation. Mais si le mammifère et l'homme même sont amenés à cet état de refroidissement où ils ne diffèrent plus physiologiquement d'un animal à sang froid, alors, la cessation de la circulation ne sera plus immédiatement mortelle; l'activité des tissus et leurs besoins étant émoussés, l'arrêt du sang ne produira qu'à la longue ses fâcheux effets. On connaît le refroidissement extrême qui accompagne la période finale de certaines maladies, comme le choléra par exemple. En 1832, lorsque ce fléau ravageait Paris, Magendie a pu constater, chez des malheureux parvenus à la période algide, la suppression complète du pouls. La circulation était arrêtée, et cependant la mort n'était pas encore arrivée; certains caractères de la vie persistaient. Un individu auquel il avait pu ouvrir l'artère radiale sans qu'il s'écoulât une goutte de sang, avait encore assez de force pour se tenir assis sur son lit, réfléchissant et parlant. L'homme refroidi successivement avait été amené, par la maladie, à l'état où se trouve la grenouille à laquelle nous avons enlevé le cœur.

Le lapin que nous avons mis sous vos yeux au commencement de la leçon se trouvant maintenant dans les conditions voulues, on désarticule la cuisse, on dénude le nerf sciatique et l'on conserve les muscles de la jambe auxquels il se rend : on a ainsi un cordon nerveux terminé par un muscle et disposé pour l'expérience. On constatera d'abord que le nerf n'a pas perdu sa propriété fondamentale, l'excitabilité. Il peut encore transmettre au muscle l'irritation portée sur lui, et en déterminer la contraction. Le muscle est donc ici le témoin de la conservation du nerf.

On place en deux points du cordon nerveux deux aiguilles thermo-électriques, reliées par un galvanomètre. Les deux soudures étant à la même température, il ne se manifeste aucun courant. Vient-on à exciter la région du nerf qui correspond à une des soudures, la température s'élève : la déviation de l'aiguille galvanométrique traduit le développement calorifique correspondant à l'activité du nerf.

Cette production de chaleur serait bien un phénomène physiologique et non un phénomène physique, comme on pourrait l'objecter. Schiff pense l'avoir prouvé en constatant que, si l'animal est près de mourir, la déviation est très-faible, qu'elle va en diminuant avec la vie, et qu'au moment même où l'animal meurt, l'excitation cesse de produire de la chaleur.

La conclusion de cette expérience, c'est donc que l'activité nerveuse est une source de chaleur.

Mais nous n'avons parlé encore que du système nerveux périphérique. Le système nerveux central fournit des résultats identiques. Quand il entre en fonction, il développe de la chaleur.

Mais comment apprécie-t-on l'état d'activité ou de repos du système central du cerveau ? La pensée active, la veille correspondent au fonctionnement de l'organe ; le sommeil correspond à son repos.

Or, dans le cerveau, comme dans le muscle et dans la glande, le fonctionnement coïncide toujours avec une suractivité circulaire ; le repos correspond à un amoindrissement de l'énergie circulatoire. Contrairement à l'opinion ancienne qui voulait que le sommeil résultât de l'accumulation du sang dans l'encéphale, les expériences ont prouvé que le sommeil correspond à un état d'anémie relative de la substance cérébrale, et l'activité à une congestion relative. A une circulation plus rapide et plus abondante, correspond une production plus grande de calorique (1).

La déperdition de chaleur est difficile dans le cerveau. L'organe est protégé contre le refroidissement extérieur par une série de couches membraneuses, liquides et osseuses qui l'enveloppent. Aussi a-t-on constaté que la température du cerveau était très-élevée comme celle du foie. Les organes les plus chauds de l'économie seraient la glande hépatique et l'encéphale.

Mais nous devons ici procéder comme précédemment.

(1) Voy. M. Schiff, *Recherches sur l'échauffement des nerfs et des centres nerveux à la suite des irritations sensorielles et sensitives.* (*Archiv. de physiol.* 1870.)

Nous devons, non-seulement constater que le tissu nerveux s'échauffe pendant son fonctionnement, mais encore constater aussi que le sang qui sort de l'organe est échauffé par ce fait même. Il est impossible de pratiquer une semblable expérience sur les cordons nerveux périphériques; mais on peut la réaliser par les centres nerveux.

Le système veineux du cerveau est représenté par les sinus de la dure-mère. Or on peut constater si le sang qui sort de ces sinus par la veine jugulaire interne est plus chaud que le sang qui entre dans le cerveau par l'artère carotide, surtout quand on excite les fonctions du cerveau. Le tissu cérébral lui-même a une élévation de température nécessaire à ses fonctions.

En résumé, nous avons jusqu'à présent signalé deux sources importantes de calorification : 1° l'activité musculaire; 2° l'activité nerveuse et cérébrale.

Deux foyers de chaleur : 1° le système musculaire; 2° le système nerveux.

Lorsque, par quelque raison que ce soit, ces deux foyers cessent de fonctionner, un refroidissement extrême ne tarde pas à se manifester, avec toutes ses conséquences.

NEUVIÈME LEÇON

SOMMAIRE : Sang artériel et sang veineux : caractères différentiels ; particularités du sang veineux du rein. — Mêmes particularités pour le sang veineux des glandes salivaires pendant l'état d'activité. — Les glandes nous présentent les mêmes phénomènes que les muscles au point de vue de l'élévation de température. — Dans quel sens faut-il entendre le mot *combustion* : travaux modernes. — Étude des organes glandulaires, au point de vue de la *calorification*. — Glandes salivaires. — Rôle des nerfs dans la sécrétion salivaire. — Le tissu glandulaire est une source constante de chaleur. — Sang des veines des glandes salivaires et sang des veines rénales. — Sang veineux de la rate ; du foie. — Rôle du poumon dans l'équilibre calorifique. — Le cœur est-il par lui-même une source calorifique ? — La calorification est une faculté appartenant à tous les tissus.

MESSIEURS,

Les études que nous venons de poursuivre ont mis en lumière le rôle considérable qui revient au système musculaire et au système nerveux, dans la production de la chaleur animale. Elles ont révélé une circonstance d'intérêt capital en montrant que le développement de chaleur s'exagérait au moment de l'activité fonctionnelle de l'organe et tombait à son minimum pendant le repos.

C'est là, en effet, une loi générale applicable non pas seulement aux muscles ou aux nerfs, mais à tous les autres appareils organiques. Les manifestations calorifiques les plus intenses correspondent à l'activité fonctionnelle de l'organe, et celle-ci coïncide elle-même avec l'activité circulatoire. En sorte que ces trois modes : acti-

vité circulatoire, activité fonctionnelle, activité chimico-calorifique, sont contemporains et corrélatifs.

Sans doute, la conception de cette loi ne présente aucune difficulté, et son établissement rien d'inattendu. Elle est d'accord avec les idées généralement répandues. Mais encore fallait-il l'étayer de quelque démonstration expérimentale. Les recherches précédentes sur les nerfs et les muscles ont apporté à ces vues anticipées la confirmation qui leur était nécessaire. Les études subséquentes sur les autres appareils, et en particulier sur l'appareil glandulaire, ne feront d'ailleurs que consacrer davantage ces vérités, en complétant la preuve.

Vous savez, messieurs, que l'on s'accorde à distinguer l'ensemble des voies circulatoires en deux départements distincts : le système artériel à sang rouge et le système veineux à sang noir. Pour Bichat, nous l'avons dit, la distinction était absolue, étroitement rigoureuse. Dans l'état normal, la coloration du sang caractérisait les vaisseaux. La rutilance était exclusive aux voies artérielles de la grande circulation ; la couleur noire aux veines ; dans la petite circulation, c'était le contraire. Dans le poumon, le sang noir est dans les artères, et le sang rouge est dans les veines.

J'ai montré que le critérium de la coloration ne peut plus être considéré comme aussi absolu. Il est bien exact que le sang artériel, dans les conditions normales, est toujours rutilant ; mais il n'est pas vrai que le sang veineux soit toujours noir.

J'eus l'occasion, il y a une douzaine d'années, d'entreprendre, en vue de travaux étrangers à notre sujet actuel, une série d'expériences sur l'appareil rénal. Je fus bientôt frappé du caractère particulier que présentait la circulation de cet organe. Le sang de la veine rénale, en effet, au lieu d'avoir la coloration noire habituelle aux veines, présentait une rutilance notable.

La réalité du fait ayant été bien établie, les objections et les difficultés ayant été dissipées, il restait à se demander si ce phénomène était sans analogue dans l'organisme, s'il était unique, solitaire.

J'examinai d'autres glandes. Mon investigation porta d'abord sur la glande sous-maxillaire qui, chez le chien, présente des facilités toutes spéciales à l'observation. Elle est, en effet, isolée et assez superficielle pour être facilement atteinte sans mutilation excessive. — Le premier résultat ne fut pas favorable à l'idée que nous avions eue d'une identité d'action de cette glande et du rein. Le sang veineux qui sortait de la glande sous-maxillaire, au lieu d'être rouge, était noir comme dans les autres veines.

Il est vrai de dire que, dans le temps où nous faisions la recherche, la glande était au repos, elle ne fonctionnait pas. L'entrée en fonction de la glande sous-maxillaire est un phénomène intermittent ; il se produit au moment des digestions et cesse presque entièrement dans leur intervalle. En se rappelant d'autre part l'influence si remarquable de l'activité fonctionnelle sur l'état circulatoire de l'organe, on devait être amené à rechercher l'état de la glande dans sa période active au moment de son fonctionnement, alors que la sécrétion s'exécute. C'est ce que je fis, et je constatai alors que le sang veineux devenait

rouge ; il était rutilant comme le sang rénal. L'analogie se trouvait ainsi établie.

Il est bien clair que l'on ne pouvait s'astreindre à réduire l'observation au moment de la digestion. Une pareille obligation eût été très-gênante. En fait, la sécrétion peut être provoquée, à la volonté de l'expérimentateur, en excitant artificiellement la membrane muqueuse buccale par une substance fortement sapide, ou en excitant directement le nerf sécréteur par l'électricité. Nous verrons tout à l'heure que le nerf sécréteur bien connu est facile à atteindre.

Après cette épreuve, les analogies et les différences physiologiques de la glande sous-maxillaire et du rein devenaient apparentes. Le sang rénal est habituellement rouge parce que la glande fonctionne d'une manière continue sans jamais s'interrompre ; le sang veineux sous-maxillaire est rouge lorsque la sécrétion se produit ; il est noir lorsque cette sécrétion intermittente s'arrête.

Nous voyons donc encore une fois ici ce fait déjà signalé : l'activité fonctionnelle modifiant les conditions de la circulation dans l'organe.

Les expériences que je tentai sur la glande parotide, l'observation des glandules labiales et buccales, permettent de généraliser les résultats précédents et de les étendre au système glandulaire tout entier.

Dès lors, la définition de Bichat n'est plus l'expression de la vérité rigoureuse. Le sang veineux des glandes en travail n'étant pas noir, la coloration n'est pas un caractère absolu du sang veineux.

A ce point de vue, il y a une opposition complète entre

le système des muscles et celui des glandes. Le système veineux des muscles qui fonctionnent est noir, d'autant plus noir qu'ils travaillent davantage. Dans les glandes il devient d'autant plus rouge.

Mais à côté de ce fait de coloration particulière du sang, il faut en ajouter un autre plus important, c'est celui de la suractivité circulatoire qui a lieu au moment du fonctionnement de la glande, comme nous l'avons vu exister au moment du fonctionnement du muscle. J'ai montré que le nerf sécréteur qui excite la fonction de la glande est en même temps un nerf dilatateur des vaisseaux sanguins, c'est-à-dire un nerf qui détermine dans la circulation de la glande une suractivité considérable.

Si l'on vient à ouvrir la veine qui émerge de la glande, on voit le sang qui, aux temps de repos, coulait goutte à goutte et en bavant, s'élancer en un jet rapide, quand on excite le nerf sécréteur. La suractivité circulatoire accompagne donc la suractivité fonctionnelle.

Le troisième élément de la fonction organique, le développement de chaleur, est aussi facile à mettre en évidence. Il suffit d'exciter le nerf sécréteur et de comparer le sang veineux au sang artériel ; on trouve que le premier est plus chaud. Il y a également élévation de température dans le tissu de la glande.

En résumé, on rencontre dans les glandes la réunion des trois caractères essentiels qu'avaient manifestés les muscles actifs, à savoir : suractivité fonctionnelle, suractivité circulatoire, production de chaleur.

Nous devons maintenant poursuivre l'examen et l'analyse de ces trois ordres de phénomènes dans le système glandulaire tout entier. Mais ici, ce n'est plus le même cas que pour le système musculaire où un muscle pouvait nous donner l'image de tous les autres. Les glandes ont chacune en texture leur physionomie propre; elles sécrètent des liquides différents qui ont des usages particuliers; c'est pourquoi nous serons obligés d'examiner ces organes chacun à part et les uns après les autres (1).

Mais, avant d'entrer dans cette étude particulière, il est une question générale relative à la combustion du sang que nous devons d'abord agiter. Je vous montrerai que la coloration différente du sang veineux de la glande et du muscle correspond à un état de combustion différente. Le sang veineux rouge de la glande en fonction, bien qu'il soit plus chaud, est moins brûlé et contient moins d'acide carbonique et plus d'oxygène. De sorte qu'on peut dire que si la chaleur augmente dans la glande comme dans le muscle pendant la fonction, il n'en est pas de même pour la combustion; la combustion du sang augmente dans le muscle, diminue dans la glande.

De là un enseignement nouveau: la combustion du sang n'est pas la mesure de la chaleur produite, puisqu'elle ne varie même pas toujours dans le même sens. Celle-ci peut s'accroître, tandis que celle-là s'amoindrit. Il ne faudra donc pas juger du développement de chaleur par la combustion sanguine. Il faut renoncer à évaluer l'intensité des phénomènes calorifiques et chimiques d'après les changements plus ou moins profonds du

(1) Voy. Cl. Bernard, *Sur les variations de couleur dans le sang veineux des organes glandulaires suivant leur état de fonction ou de repos.* (*Compt. rend. Acad. des sciences*, 25 janv. 1858.)

liquide sanguin. Ce n'est donc pas dans le sang lui-même, ce n'est pas dans la combustion respiratoire accomplie au sein de ce liquide ; ce n'est pas là, disons-nous, qu'est caché le foyer où s'élabore la chaleur. Et si ce n'est pas dans le sang lui-même, il faut bien que ce soit dans l'intimité des tissus. C'est dans la profondeur des organes, au contact des éléments histologiques, que la chaleur s'engendre par les réactions chimiques dont s'accompagnent leur nutrition et leur fonctionnement. Et ces réactions sont infiniment complexes ; elles peuvent être des dédoublements, des fermentations, etc., et elles varient d'un point à l'autre de l'organisme, suivant une multitude de conditions.

Il n'y a donc pas là une réaction si simple qui consisterait à brûler du carbone ou de l'hydrogène, par de l'oxygène introduit, comme cela se passe dans un foyer ou dans un fourneau. Ce ne serait pas une combustion directe.

Ou bien, il faudrait alors modifier le sens dans lequel les premiers chimistes avaient entendu le mot combustion, et en élargir la signification avec les chimistes modernes. La combustion, d'après cela, ne serait plus la combinaison d'un corps et de l'oxygène, avec ses conséquences thermiques; ce serait toute réaction chimique capable d'engendrer de la chaleur. Il y a bien d'autres phénomènes que l'oxydation pour engendrer du calorique. Et d'autre part, beaucoup d'oxydations n'en dégagent pas (1) : telles sont les oxydations du chlore et de l'azote.

(1) Voyez à ce sujet les beaux travaux de Berthelot, *Recherches de thermochimie. Sur la chaleur dégagée dans les réactions chimiques.* (*Annal. de*

On considère, en effet, la formation des composés oxygénés du chlore et de l'azote, comme capable d'absorber de la chaleur au lieu d'en restituer. A cette condition seulement, on pourra conserver le nom de combustion aux phénomènes chimiques de la nutrition interstitielle. Sinon il sera nécessaire de renoncer au mot après avoir renoncé à l'idée, et de résumer les faits précédents en disant : Le phénomène chimique qui produit la chaleur animale

chim. et de phys., 1865, 4e série, t. VI, p. 290.) — *Sur les changements de température produits dans le mélange des liquides*, 1867. (*Annal. de chim. et de phys.*, 4e série, t. XVIII, p. 99.) — *Sur les quantités de chaleur dégagées dans la formation des composés organiques*, 1865. (*Id.*, *id.*, 4e série, t. VI, p. 329.) — Dans ce dernier mémoire, l'auteur montre, par exemple, que les composés organiques les plus simples, ceux qu'il convient, au point de vue de la synthèse chimique, de former d'abord avec les éléments pour engendrer ensuite tous les autres, sont produits d'ordinaire à partir des éléments, avec absorption de chaleur : tels sont l'acide formique, l'acétylène, l'acide cyanhydrique, le cyanogène, l'alcool méthylique, etc.

Mais on trouvera surtout des faits nouveaux et intéressants dans le mémoire *Sur la chaleur animale* (1865, *Ann. de chim. et de phys.*, 3e série, t. VII, p. 442). L'auteur montre que, pour calculer la chaleur dégagée dans le corps des animaux, il ne suffit pas de tenir compte de l'oxygène consommé et de l'acide carbonique rejeté ; mais il faut que l'état final du système soit identique avec son état initial. Or cette identité ne peut jamais être réalisée, pour deux raisons : la première, c'est que l'être vivant ne se retrouve pas, à la fin de la courte durée d'une expérience, constitué d'une façon absolument identique avec ce qu'il était au début. La seconde, c'est que les aliments introduits dans le corps ne sont pas changés entièrement en eau et en acide carbonique, comme s'ils étaient complétement brûlés ; mais qu'une partie sort sous forme de produits excrémentitiels, incomplétement transformés. En effet :

« 1° L'oxydation d'un composé organique par un même poids d'oxygène fournit souvent d'autant moins de chaleur que la combustion du composé est plus complète ; ce qui montre l'importance de la relation entre les éléments et les produits excrémentitiels ; les variations peuvent aller du simple au double, pour les corps gras, par exemple.

» 2° Au contraire, l'oxydation complète, par un même poids d'oxygène, des composés les plus simples comparés aux composés plus compliqués, fournit souvent beaucoup plus de chaleur : résultat qui pourrait bien trouver une apn'est pas une combustion. Il ne s'accomplit pas dans le sang.

D'ailleurs les vérifications directes ne manquent pas. Si l'on prend le muscle d'une grenouille ou d'un mammifère convenablement refroidi, et qu'après avoir supprimé la circulation on le fasse contracter, on pourra manifester son échauffement. Le sang ou tout au moins la suractivité circulatoire, dans cette expérience, sont étrangers à la production de calorique. Si le muscle a longtemps fonctionné, les modifications chimiques qu'il aura éprouvées ne pourront pas, en somme, se traduire par une simple perte de carbone et un gain d'oxygène,

plication importante dans l'inégale sécrétion de l'urée et des corps congénères.

» 3° La formation d'un même poids d'acide carbonique avec un même poids d'oxygène, par oxydation, dégage des quantités de chaleur fort inégales, et qui vont croissant avec l'élévation de la formule dans la série des corps gras.

» 4° Au cas même où le volume de l'acide carbonique formé est égal au volume de l'oxygène consommé, ce qui est à peu près réalisé pendant la respiration, la chaleur dégagée peut varier du simple au double dans les oxydations complètes. On peut observer, dans les oxydations incomplètes de substances différentes, des inégalités encore plus considérables, et cette circonstance est applicable aux animaux qui consomment des aliments différents. Les aliments étant les mêmes, ainsi que l'oxygène consommé, la chaleur dégagée peut varier dans des limites fort étendues, si les produits brûlés, tantôt fixés dans le corps, tantôt éliminés au dehors, ne sont pas identiques.

» 5° Enfin, les phénomènes d'hydratation et de déshydratation, en dehors de toute consommation d'oxygène, donnent lieu à des dégagements de chaleur parfois considérables : phénomènes d'autant plus importants, que les trois catégories de substances alimentaires, c'est-à-dire les corps gras neutres, les hydrates, le carbone et les principes azotés, peuvent être transformés par simple hydratation. »

Voyez encore, pour plus de détails, sur les *conditions thermiques de la production des corps engendrés par double décomposition : Des réactions endothermiques et exothermiques* (1865, *Ann. de chim. et de phys.*, 4e série, t. XVIII, p. 5).

par une combustion respiratoire élémentaire. On constate, ainsi que nous l'avons déjà dit, que les altérations sont beaucoup plus complexes ; la réaction aux liqueurs colorées a changé : les parties solubles dans l'eau et l'alcool ont augmenté de proportion. Voilà les modifications qui, probablement, sont les véritables sources de la chaleur animale.

Les changements intimes qui s'opèrent dans la glande qui fonctionne ne sont pas moins profonds. La glande reçoit le sang artériel et en tire les éléments d'une sécrétion spéciale d'un liquide tout nouveau, et variable avec la nature particulière de l'organe. Les glandes gastriques tirent du sang liquide alcalin une sécrétion acide, le suc gastrique. La glande rénale en extrait un liquide acide alcalin ou neutre, l'urine.

De pareils phénomènes chimiques ne peuvent s'accomplir sans phénomènes thermiques concomitants. Et, cela étant, il devient inutile de les faire coïncider avec la production de l'acide carbonique et la disparition d'oxygène. Je le répète, les actions sont beaucoup plus complexes, et je crois, comme tout le monde, que ce sont des phénomènes soumis aux lois générales de la physique et de la chimie, mais dont les procédés sont spéciaux aux êtres vivants.

Si, après cette digression, nous revenons à l'état physiologique ordinaire dans lequel les phénomènes se manifestent à nos yeux, nous reconnaîtrons, comme nous l'avons déjà dit, que tout fonctionnement organique s'accompagne d'un échauffement du sang qui traverse alors l'organe en plus grande quantité. De sorte que les fonctions des organes ont réellement pour résultat de créer la chaleur. Le critérium de la fonction est donc l'activité circulatoire; ceci est vrai des muscles; c'est vrai des glandes; c'est vrai en général de tous les organes (1).

Si l'on considère, par exemple, le sang que la veine porte ramène de l'intestin, on le trouve noir et peu abondant chez l'animal à jeun ou soumis à l'abstinence; plus rouge et plus abondant au contraire chez l'animal qui digère.

C'est donc toujours l'activité circulatoire qui caractérise l'état fonctionnel, c'est par l'intermédiaire obligé de la circulation que la fonction se trouve toujours atteinte et modifiée.

Les influences sous lesquelles elle s'exagère portent primitivement sur le système circulatoire. La circulation ayant changé de caractère, sous l'influence de l'excitant physiologique, les éléments anatomiques sont impressionnés plus vivement par le liquide sanguin qui les baigne ; leur activité vitale est sollicitée, et toutes les conséquences chimico-thermiques le manifestent.

Nous allons commencer l'étude des organes glandulaires au point de vue de la calorification par celle des glandes salivaires. La seule raison qui nous détermine est que nous avons fait un plus grand nombre d'expériences sur ces organes. Parmi les glandes salivaires, la glande sous-maxillaire du chien est encore celle qui, à raison de ses dispositions anatomiques, se prête le mieux aux

(1) Voy. *Cours du Collège de France. Leçons sur les liquides de l'organisme*, t. II, p. 438.

investigations physiologiques, et ce que nous dirons se rapporte plus particulièrement à cette glande (1).

Quand la glande entre en fonction sous l'influence de la gustation ou de la mastication, on observe, aussitôt que la sécrétion se manifeste, une suractivité circulatoire dans la glande, coïncidant toujours avec une augmentation de température. Le sang s'écoule rouge de la veine et en quantité quadruple ou quintuple. En effet, sur un animal dont la glande était au repos, j'ai recueilli en soixante-quinze secondes 5 centimètres cubes de sang veineux. Introduisant alors un corps sapide (vinaigre) sur la membrane muqueuse buccale, et l'animal faisant des mouvements de mastication, il ne fallait plus que quinze secondes pour recueillir 5 centimètres cubes de sang de la même veine.

La circulation s'active donc : et pourtant, fait remarquable, les combustions diminuent. Le sang circule plus rapidement : la température augmente, comme nous l'allons voir; et pendant ce temps la production d'acide carbonique languit. Il y a moins de carbone brûlé. On avait tenté d'expliquer la diminution de l'acide carbonique dans le sang, en disant que la sécrétion salivaire avait enlevé le surplus. La salive, en effet, en enlève de grandes quantités, c'est incontestable (2). Mais ce n'est pas seu-

(1) Voy. Cl. Bernard, *Sur la quantité d'oxygène que contient le sang veineux des organes glandulaires, à l'état de fonction et à l'état de repos; et sur l'emploi de l'oxyde de carbone pour déterminer les proportions d'oxygène du sang*. (*Compt. rend. Acad. des sciences*, 6 sept. 1858, t. XLVII.)

(2) La question de la présence de l'acide carbonique dans les liquides sécrétés est d'un grand intérêt au point de vue de la détermination du siége précis des combustions. Cette question a été étudiée avec soin, dans ces der-

lement pour cela qu'on en trouve moins dans le sang. C'est parce qu'il s'en produit moins; il se brûle moins de carbone; ce qui le prouve, c'est qu'il se consomme moins d'oxygène.

L'expérience suivante ne laisse pas de doutes à cet égard. J'ai mesuré les quantités d'oxygène du sang ar-

nières années, par des physiologistes allemands. Pour Ludwig et ses élèves (Worm-Müller, Hammarsten) la respiration profonde ne consiste pas en un simple échange gazeux, l'oxygène diffusant du sang vers les tissus et l'acide carbonique des tissus vers le sang des capillaires, le phénomène serait bien plus complexe : Ludwig, se basant surtout sur les recherches d'Al. Schmidt, admet qu'il se forme dans les tissus une substance facilement oxydable (leicht oxydable Stoff) qui pénètre dans les capillaires, s'empare là de l'oxygène de l'hémoglobine, et donne naissance à de l'acide carbonique. C'est donc dans l'intérieur des capillaires que se passerait l'acte d'oxydation final et la production de l'acide carbonique. (D'après Ludwig.)

Les arguments invoqués en faveur de cette manière de voir, reposent surtout sur les analyses récentes des gaz de la lymphe par Hammarsten (*Bericht. der Sächs. Ges, Wiss.*, 1871, p. 617-634); ces analyses montrent que ce liquide, qui charrie directement les produits de désintégration des tissus, renferme moins d'acide carbonique que le sang veineux. D'où cette conclusion que l'acide carbonique ne saurait pas diffuser des tissus vers les capillaires, et que la diffusion de ce gaz se ferait plutôt en sens inverse, du sang vers les tissus.

Pfluger, tout en reconnaissant l'exactitude des analyses des gaz de la lymphe, pratiquées par Ludwig et Hammarsten, pense, avec raison, que la tension de l'acide carbonique dans la lymphe ne nous donne pas la mesure exacte de la tension de ce gaz dans les éléments histologiques eux-mêmes. Pour mesurer aussi directement que possible cette tension, Pfluger s'adresse aux sécrétions normales de l'économie (urine, bile, salive), qui, résultant directement du travail cellulaire, ou du moins ayant filtré lentement entre les éléments cellulaires, ont eu le temps de se mettre en équilibre de tension gazeuse avec eux. Or, dans tous ces produits de sécrétion, la tension de l'acide carbonique est bien plus considérable que dans le sang veineux. Pfluger en conclut que l'acide carbonique se forme dans les tissus et non dans le sang (Pfluger, *Die Gase der secrete : Arch. de Pfluger*, 1869, p. 156), et que la respiration profonde, aussi bien que la respiration pulmonaire, consiste, au niveau du sang, de la surface des capillaires profonds, en un simple échange, une diffusion gazeuse.

tériel et du sang veineux, et j'ai trouvé les résultats que voici :

	Oxygène.
Sang artériel	9,80
Sang veineux de la glande au repos	3,92
Sang veineux de la glande en activité	6,01

Ainsi, il se consomme moins d'oxygène, la combustion se ralentit pendant que la circulation et la chaleur augmentent.

Quant à l'augmentation de température du sang, il est facile de la constater à l'aide d'un petit thermomètre introduit dans la veine jugulaire, à l'embouchure de la veine glandulaire. La température augmente constamment au moment de la sécrétion. Ludwig avait déjà vu que la salive qui s'écoule de la glande est plus chaude que le sang qui y arrive. J'ai constaté que c'est ce qui a lieu pour le sang veineux qui sort de la glande. En enfonçant des aiguilles dans le tissu de la glande, nous avons constaté dernièrement que ce tissu s'échauffe au moment de la fonction et se refroidit dans l'intervalle.

Mais au lieu d'observer le fonctionnement de la glande dans les conditions normales, on peut analyser les phénomènes en agissant expérimentalement sur les nerfs de la glande.

Ces nerfs sont de deux espèces. La glande sous-maxillaire reçoit deux sortes de nerfs : l'un qui est la corde du tympan venant du nerf lingual, l'autre partant du ganglion cervical supérieur du grand sympathique, et arrivant à la glande et avec les artères qu'il enlace.

Les fonctions de ces deux espèces de nerfs sont toutes différentes, en quelque sorte contraires

L'excitation directe de la corde du tympan provoque l'activité de la glande. La sécrétion apparaît en rapport avec l'intensité de l'action excitante. La glande est turgide, sa couleur plus rutilante, la circulation plus rapide. Voilà ce qui résulte d'une excitation artificielle. On peut se demander si l'excitant physiologique naturel qui détermine la glande à entrer en jeu quand besoin en est, agit aussi sur le même filet nerveux. L'expérience a appris qu'il en est réellement ainsi. L'impression des aliments sur la muqueuse buccale, impression à laquelle succède ordinairement la sécrétion, remonte par le nerf lingual vers l'encéphale, est réfléchie par la corde du tympan et agit sur la glande, dont on voit s'écouler la salive.

C'est donc bien la corde du tympan qui dans tous les cas préside à la sécrétion, et son action s'exerce par l'intermédiaire des vaisseaux. On peut même voir que l'action vasculaire, c'est-à-dire l'accélération sanguine dans la veine, apparaît même un peu avant l'écoulement salivaire. C'est le nerf dilatateur des vaisseaux avant toute chose, et conséquemment le nerf calorifique, le nerf de l'activité fonctionnelle. L'action des nerfs sécréteurs est encore entourée de la plus grande obscurité. Sont-ce des nerfs moteurs, c'est-à-dire agissent-ils sur un élément moteur qui se trouverait dans la glande, ou bien sont-ce des nerfs qui porteraient leur action sur d'autres nerfs? Et, dans ce cas, ils se rapprocheraient des nerfs sensitifs. C'est une opinion que j'ai soutenue, et dans laquelle je persiste. Je pense, en effet, que la corde du tympan est un antagoniste du grand sympathique.

L'excitation du grand sympathique a un résultat contraire à celle de la corde du tympan. Les vaisseaux sont réduits à leur moindre calibre : le cours du sang est moins rapide ; sa couleur, qui tout à l'heure était rouge, est noire maintenant. Dans l'état de repos, l'action du sympathique seule persiste ; la glande est pâle, son volume est réduit : la salive ne s'écoule plus. Le nerf grand sympathique est donc un nerf d'arrêt fonctionnel, un nerf frigorifique, et cela parce qu'il est un nerf constricteur des vaisseaux et qu'il supprime la fonction de l'organe.

C'est par ces deux influences, dont les sollicitations seront alternativement victorieuses, que la glande passera successivement par les périodes d'activité et de repos. L'action directrice et régulatrice du système nerveux ne s'exerce pas d'une manière immédiate sur les éléments mêmes de la glande ; elle se transmet par un intermédiaire : la circulation.

Mais on peut se demander comment cette modification qui porte d'abord sur les vaisseaux sanguins, peut enfin exciter l'activité vitale de l'élément glandulaire. Il faut bien admettre que, le cours du sang étant plus actif, le champ de la circulation plus vaste, les tissus plus complétement baignés, les réactions nutritives et fonctionnelles seront plus intenses, les propriétés vitales plus énergiques.

Et alors la circulation générale, dont la modification avait été le point de départ de l'action nouvelle, subira par contre-coup une réaction en rapport avec celle qu'a éprouvée la circulation locale. Nous disons *circulation générale* et *circulation locale,* parce qu'en effet il faut, selon moi, distinguer deux circulations, et déjà on pourrait les décrire dans beaucoup d'organes. Ces deux circulations correspondent à deux nécessités différentes.

La production des phénomènes de nutrition exige un certain temps et un séjour suffisant du sang au contact des tissus : une circulation trop rapide les rendrait impossibles.

D'autre part, la stagnation dans le système de la circulation générale n'est pas moins incompatible avec les conditions fonctionnelles des organes. Ces exigences contradictoires sont conciliées par l'existence de deux circulations. L'une lente, capillaire ; l'autre rapide et générale. Dans la première se produisent les phénomènes organiques ou nutritifs proprement dits; dans la seconde, l'équilibration des phénomènes élémentaires, la répartition aussi égale que possible du calorique engendré. A chaque ondée, la situation capillaire emprunte et cède au sang qui traverse, emporté par le torrent général, une petite quantité de sang. C'est ainsi que la circulation locale renouvelle petit à petit les matériaux sur lesquels elle opère. A chaque fois elle abandonne à la circulation rapide une portion de la chaleur qu'elle a tirée elle-même de son contact avec les éléments histologiques ; mais, comme elle ne se renouvelle pas tout d'une fois, elle conserve un excès de chaleur, et ceci explique, comme je l'ai vu autrefois, que le tissu de l'organe soit plus chaud que le sang qui en sort.

Au moment du fonctionnement, les rapports entre les deux systèmes sont plus larges, les voies de communication et d'abouchement plus ouvertes, et le système général manifeste alors la suractivité calorifique du système local.

Ces considérations que nous invoquons à propos de la glande sous-maxillaire ont évidemment une portée plus générale et plus étendue. Nous les retrouverons pour les autres organes sécréteurs qui nous restent à examiner.

Le tissu glandulaire est donc une des sources de chaleur. Source constante, car il y a un certain nombre de sécrétions qui ne tarissent jamais, mais source inégale, car beaucoup de sécrétions sont intermittentes, et parmi celles qui sont continues, beaucoup éprouvent des alternatives de renforcement et d'affaiblissement. L'activité du rein ne subit pour ainsi dire jamais d'arrêt; mais elle s'exagère au moment des digestions. Les oscillations sont encore plus considérables pour la sécrétion salivaire, qui est presque exclusivement limitée au moment de l'excitation sensorielle de la gustation. On peut la regarder comme franchement intermittente. De même pour les sécrétions intestinales. Aussi la chaleur baisse-t-elle pendant l'abstinence.

Ces oscillations continuelles dans la quantité des liquides de sécrétion en rendent l'évaluation mesurée très-difficile. Certains auteurs, très-estimables d'ailleurs, se sont laissé entraîner à des méprises graves sur des questions de ce genre.

Le système musculaire est également une source à la fois constante et intermittente de chaleur. Pendant l'immobilité, à l'état de demi-contraction ou de *tonus* de la fibre musculaire, correspond une production constante de chaleur. Pendant le mouvement qui est intermittent comme l'action de la volonté, il y a suractivité de la fonction calorifique. C'est pourquoi pendant le sommeil la température baisse, et pendant la marche ou tout autre mouvement actif, elle s'élève.

Mais poursuivons notre étude sur les organes glandulaires. Le rein, comme nous l'avons déjà indiqué, a été l'objet de la première observation que nous ayons faite sur la rutilance du sang émergeant d'une glande en activité (1).

Ce fait nous a arrêté assez longtemps pour ne pas avoir à y revenir. Quant à son explication, elle résulte des développements précédemment donnés. Le sang qui sort du rein comme de toute autre glande pendant sa période d'activité, est plus rouge que celui qui sort des muscles, pour deux raisons :

1° Parce qu'en réalité la consommation d'oxygène est moindre ;

2° Parce que le liquide sécrété emporte de l'acide carbonique qui chargerait le sang veineux.

Les expériences, dont nous donnons les résultats dans les tableaux qui suivent, mettent en évidence l'influence du fonctionnement de la glande pour la diminution de l'oxygène consommé. Ces épreuves ont été faites avec deux chiens, l'un vigoureux, l'autre déjà affaibli ; et vous allez voir bientôt pourquoi je choisis ces deux conditions.

(1) Voy. *Cours du Collège de France. Leçons sur les liquides de l'organisme*, t. I, p. 295.

CHIEN VIGOUREUX. — *Première expérience.*

	OXYGÈNE pour 100.
Sang artériel du rein	17,44
Sang veineux rutilant pendant le fonctionnement de la glande	16,00

La consommation de l'oxygène se réduit à une faible proportion de celui qui a traversé l'organe ; un peu moins de un seizième.

Deuxième expérience.

Sang artériel	19,46
Sang veineux rutilant pendant le fonctionnement de la glande	17,26
Sang veineux noir, pendant que la fonction de la glande est supprimée	6,40

On voit que la perte en oxygène est beaucoup plus considérable quand la glande ne fonctionne plus.

En regard de ces résultats, nous donnons ceux qui ont été obtenus en opérant sur un chien de plus en plus affaibli.

CHIEN AFFAIBLI. — *Troisième expérience.*

Sang artériel	12.00
Sang veineux rutilant, la glande en fonction	10 00
Sang veineux noir, la fonction supprimée	6,40

Quatrième expérience.

Sang artériel	5,69
Sang veineux rutilant	6,45

La comparaison de ces derniers nombres offre un grand intérêt expérimental.

Et d'abord nous voyons l'influence marquée des conditions physiologiques dans lesquelles se trouve le sujet. L'affaiblissement de l'animal a pour conséquence une diminution importante de l'oxygène dans le sang artériel; au lieu de 17 nous trouvons seulement 12 et même 5,69 pour 100.

D'ordinaire l'attention des physiologistes n'est pas assez fixée sur ces influences subjectives et organiques qui atteignent dans une si grande mesure les phénomènes de la vie. On est plutôt préoccupé d'améliorer les procédés instrumentaux et de s'en rendre maître que de connaître toutes les modifications qui peuvent impressionner le sujet en expérience. C'est pourtant là un élément de premier ordre et qui ne doit jamais être négligé.

La dernière expérience mérite particulièrement qu'on s'y arrête. Elle fournit pour le sang veineux une teneur en oxygène qui dépasse la quantité arrivant par l'artère. C'est là un résultat qui semble absurde; car en dehors des veines pulmonaires qui ramènent du poumon un sang chargé d'oxygène, les veines sont toujours plus pauvres que les artères en gaz vivifiant. Ce résultat incompréhensible au premier abord s'explique parfaitement par les conditions de l'expérience. L'animal s'affaiblissait rapidement, et par conséquent, le liquide sanguin devenait à chaque instant moins riche en oxygène. Or, la première manipulation avait porté nécessairement sur le sang de la veine pour ne pas arrêter la circulation de l'organe; ce n'est qu'ensuite que la seconde extraction du sang a porté sur l'artère. On n'a donc pas comparé le sang artériel et le sang veineux d'un même instant; mais bien le sang veineux d'une époque antérieure au sang artériel d'une époque postérieure. Et dans l'intervalle le sang s'était appauvri, parce que l'animal affaibli absorbait de moins

en moins d'oxygène. Telle est l'explication de ce fait singulier, mais intéressant à connaître pour le physiologiste expérimentateur.

Le sang des veines rénales comme celui des veines de toutes les glandes en fonction devient plus chaud. J'ai trouvé dans plusieurs expériences une différence de 2 à 3 dixièmes de degré avec le sang de l'artère. Quand, pour une cause quelconque, la sécrétion rénale se suspend, alors le sang veineux devient noir, la circulation devient moins active et la température diminue.

On ne saurait donc invoquer la combustion respiratoire du sang pour expliquer la chaleur produite. Il se passe d'autres phénomènes chimiques considérables. En effet, quand l'organe rénal est en pleine sécrétion, le sang veineux rouge qui en sort ne renferme plus de fibrine et possède des propriétés tout à fait spéciales, ce qui indique nécessairement une modification chimique profonde, qui a dû s'accompagner de dégagement de chaleur.

Dès lors le sang déversé dans la veine cave par les veines émulgentes est capable d'élever la température générale du liquide. Le sang qui revient des membres inférieurs a une température assez basse, inférieure d'un degré environ au sang artériel pris au même niveau. Nous avons dit qu'en pénétrant dans l'abdomen la situation changeait : le sang veineux s'échauffe. A la hauteur du rein, la différence s'efface en général, le sang de la veine cave est ordinairement au même degré que celui de l'artère aorte.

Les glandes intestinales sont en nombre considérable.

Leur activité fonctionnelle coïncide avec le passage des aliments dans l'intestin grêle, et avec les phénomènes digestifs dont cette portion du canal alimentaire est le théâtre.

Le sang qui les traverse s'échauffe dans ce passage. Aussi, le contenu veineux de la veine porte qui est le confluent de tous ces filets sanguins ainsi échauffés, est-il lui-même à une température plus élevée que le contenu de l'aorte pris au même niveau.

Les mesures nous ont donné pour les sangs veineux comparés dans l'aorte abdominable et la veine porte, les nombres suivants :

AORTE.	VEINE PORTE.	DIFFÉRENCES.
38,6	38,8	+ 0,2
40,3	40,7	+ 0,4
39,4	39,5	+ 0,1

J'ai vu que la rate, cet organe énigmatique se comporte comme les autres glandes. Au repos, elle contient un sang plus noir; pendant l'activité, elle devient d'un rouge plus vif dans les veines, et la circulation est plus active (1).

Le foie constitue l'organe le plus chaud de l'économie, et l'on peut dire aussi que c'est dans cette glande, la plus grosse du corps, que se passent probablement les phénomènes chimiques les plus complexes (2).

Lehmann a analysé le sang dans la veine cave après sa sortie du foie au niveau des veines sus-hépatiques, et

(1) Voy. *Leçons sur les liquides organiques*, et *Journ. de l'anat. et de la physiol. : Du moment où fonctionne la rate (d'après la coloration du sang de la veine splénique)*, par MM. Estor et Saint-Pierre. (Année 1865, p. 196.)

(2) Voy. Cl. Bernard, *Recherches expérimentales sur la température animale. (Compt. rend. Acad. des sciences*, 18 août et 15 septembre 1856, t. XLIII.)

l'a comparé au sang qu'amène la veine porte. Il a constaté ainsi que dans le foie, le sang perdait une grande partie de son albumine et de sa fibrine, en même temps qu'il se chargeait d'un principe nouveau, que j'y ai découvert, d'une matière hydrocarbonée, le sucre et le glycogène. Il contient, de plus, une très-grande quantité de globules blancs.

Ordinairement les sécrétions s'accomplissent aux dépens du sang artériel. Le sang veineux est impropre à les entretenir. Si l'on vient à asphyxier un animal en comprimant la trachée, on voit tarir immédiatement toutes les sécrétions, quoique le sang circule encore à travers les organes et dans les parenchymes glandulaires. Mais ce sang n'est plus du sang artériel; il paraît incapable de fournir aux sécrétions. Cependant pour le foie la question ne semble pas encore jugée. C'est, en effet, aux dépens du sang veineux de la veine porte que paraît s'accomplir la fonction sécrétoire. Quoi qu'il en soit, l'activité fonctionnelle du foie s'accompagne d'une élévation de température très-notable, en rapport naturellement avec le volume de l'organe. Le sang qui s'échappe des veines hépatiques est plus chaud que celui qui a pénétré par la veine porte : il est le plus chaud de toute l'économie. La glande hépatique est le véritable foyer calorique, si l'on doit donner ce nom au centre organique le plus chaud dont le calorique paraît rayonner sur toutes les parties voisines. — Voici les résultats que m'ont donnés mes expériences sur la température comparée du sang (1).

(1) Voy. *Leçons sur les liquides de l'organisme*, Paris, 1859, t. I, Leçon IVe, p. 163.

VEINE PORTE.	VEINES HÉPATIQUES.	DIFFÉRENCES.
40,2	40,6	+ 0,4
40,6	40,9	+ 0,2
40,7	40,9	+ 0,2

Poumon. — Nous allons passer maintenant au poumon, considéré par certains auteurs comme une glande.

Depuis Lavoisier, les physiologistes s'étaient habitués à regarder le poumon comme le foyer de toutes les combustions respiratoires, et ils en avaient fait le centre calorifique, le calorifère de l'organisme.

Cette vue inexacte a été renversée, et l'on a reporté à la périphérie, dans la profondeur des tissus, au contact de ceux-ci avec le liquide sanguin, le siége des phénomènes chimiques qui aboutissent à la production de chaleur.

Dès lors, on a dû se demander quel rôle remplissait le poumon dans l'établissement de l'équilibre calorifique. Ce rôle est double.

Le poumon agit comme un autre organe. Dans son tissu s'accomplissent des phénomènes de nutrition interstitielle en rapport avec l'énergie de son fonctionnement, et ces phénomènes engendrent de la chaleur. Mais en même temps il se trouve exposé à l'air, et soumis à des échanges gazeux qui peuvent entraîner une déperdition de calorique. Seulement, comme la déperdition de chaleur est plus grande que sa production, il en résulte nécessairement un abaissement final de température. De telle sorte qu'on peut dire que le sang veineux se refroidit aussi bien à la périphérie de la petite circulation qu'à la périphérie de la grande.

Les phénomènes de nutrition intime qui s'accomplissent dans le poumon sont de la même nature essentielle que ceux qui se produisent dans tout autre organe. M. Müller (1), dans un travail récent fait au laboratoire de Lüdwig, a cherché à le démontrer. Ces décompositions chimiques doivent se faire dans le poumon avec dégagement de chaleur comme partout.

Le poumon fait absorber l'oxygène au sang et en élimine l'acide carbonique, parce que ses vaisseaux capillaires sont exposés à l'air. Il en serait de même de tout organe dans les mêmes circonstances ; c'est ainsi que les petits vaisseaux du mésentère deviennent rouges à l'air, quand on les retire hors du ventre. On ne peut donc pas dire que le poumon est l'organe spécial de purification du sang ; il est aussi un organe de sécrétion. Les matières volatiles et gazeuses seulement s'en échappent ; et cela parce que les vaisseaux capillaires de l'organe sont anatomiquement disposés pour ce but ; mais le sang qui sort du poumon contient de l'urée et d'autres produits tels que la créatine, la créatinine, etc., qui seront éliminés par le rein, autre organe purificateur. En un mot, le sang artériel est simplement le sang veineux du poumon : à ce titre il doit s'échauffer comme tous les sangs veineux et éprouver des métamorphoses chimiques en rapport avec la nutrition spéciale de l'organe pulmonaire.

Un autre fait que j'ai constaté autrefois est que le sang qui sort du poumon contient plus d'eau que le sang qui y arrive par l'artère pulmonaire, fait d'autant plus singu-

(1) Voy. *Laborat. de Lüdwig.*

lier que déjà de la vapeur d'eau s'en échappe par les voies respiratoires en quantité notable. C'est là encore un indice de ces actions chimiques qui traduisent les échanges nutritifs élémentaires.

Enfin, il nous reste, pour achever le cycle que nous parcourons, à revenir au cœur d'où nous sommes parti. Le cœur est-il une source calorifique par lui-même? Comme organe musculaire, il est évidemment soumis aux mêmes lois que tous les autres muscles, et il doit produire de la chaleur au moment de sa contraction. Il y a même à ajouter que la contraction étant incessante, c'est une source incessante du calorique. C'est là un fait évident pour tout le monde et sur lequel il n'est pas nécessaire de nous arrêter. La question qu'il serait intéressant d'élucider est celle de savoir si la contraction du cœur peut influencer la température du sang qui est renfermé dans ses cavités (1). Cette opinion a été émise, et des auteurs, adoptant cette idée, que le sang artériel est plus chaud que le sang veineux, croyaient expliquer cette différence par l'épaisseur plus grande des parois du ventricule gauche dont la contraction devait être une source puissante d'échauffement pour le sang contenu dans cette cavité. Il faudrait instituer des expériences spéciales pour ces divers problèmes; mais maintenant que nous savons que la production de la chaleur est un phénomène général

(1) On évalue approximativement le travail du cœur chez l'homme à 43 800 kilogrammètres en vingt-quatre heures; ce travail, d'après la loi de l'équivalent mécanique de la chaleur, donne un nombre de calories égal à $\frac{43\,800}{424} = 103$. On peut dire que le cœur produit en vingt-quatre heures à peu près 100 calories. (Voy. N. Gréhant, *Physique médicale*. 1869, p. 229.)

comme la nutrition elle-même, toutes ces questions topographiques perdent de leur intérêt. Néanmoins on doit reconnaître, ainsi que nous l'avons montré dans une de nos expériences, que le tissu du cœur quand il se contracte est plus chaud que le sang qu'il contient. On ne saurait trop dire jusqu'à quel point les parois du cœur et des vaisseaux peuvent, par voisinage, modifier la température du sang qui y circule ; je rappellerai à ce sujet un fait que nous avons observé, mais qu'il faudrait étu dier de plus près : c'est que le sang artériel a son maximum de température dans le cœur gauche, est trouvé un peu moins chaud dans l'aorte thoracique et un peu plus chaud dans l'aorte ventrale au-dessous du diaphragme.

Nous arrêtons ici ce que nous avons à dire touchant les sources de la chaleur. Cela suffit pour démontrer le fait général que nous voulions établir, à savoir, que l'origine de la chaleur est partout, et que la calorification n'est pas une fonction d'un organe spécial comme la digestion, la phonation, la circulation, etc., mais une faculté générale appartenant à tous les tissus doués de la vie dans lesquels s'accomplissent des phénomènes de nutrition.

DIXIÈME LEÇON

SOMMAIRE : Étude du rôle régulateur du système nerveux. — Question intercurrente de l'asphyxie. — Distinction des diverses espèces d'asphyxie. — Asphyxie par l'oxyde de carbone. — Elle est caractérisée par l'*abaissement de température*. — Influence du système nerveux sur la chaleur animale. — Erreurs de Chossat et de Brodie. — Faits cliniques qui ont été le point de départ de nouvelles recherches. — Du grand sympathique. — Considérations historiques et anatomiques. — Hypothèse des nerfs trophiques. — Parallèle des nerfs musculaires et des nerfs vaso-moteurs. — Le nerf sympathique donnera l'explication des phénomènes calorifiques.

MESSIEURS,

Nous connaissons la part qui revient à chaque organe dans la production de la chaleur animale, et nous savons, autant que le comporte l'état actuel de la science, pour quelle somme chacun intervient dans le bilan général.

Lorsque l'un de ces organes entre en fonction, son apport calorifique s'accroît : il s'abaisse pendant le repos. L'influence que chacun exerce varie donc avec son état d'activité et de fonctionnement ; l'importance qui lui revient dépend de ces circonstances.

Quant à ces circonstances elles-mêmes, et à leur rôle dans le concert organique, elles sont réglées par le système nerveux, par le modérateur général.

L'étude de cette régulation modératrice va nous occuper : elle constitue la troisième partie de notre sujet.

Mais avant d'entrer dans cette nouvelle phase de nos travaux, il convient de nous arrêter un instant sur une question qui, sans être indissolublement liée à celles dont nous avons terminé l'examen, s'y rattache néanmoins. Nous voulons parler de l'asphyxie. L'asphyxie, en effet, s'accompagne de modifications calorifiques intéressantes à noter et qui trouvent ici leur place.

C'est là une question que nous avons longuement traitée dans une série de leçons antérieures (1), il nous suffira donc de rappeler sommairement les résultats auxquels nous sommes arrivés.

Nous avons vu qu'on peut distinguer deux sortes d'asphyxie : l'asphyxie par intoxication, produite par les gaz pernicieux, toxiques, tels que l'oxyde de carbone; et l'asphyxie par simple privation d'air respirable, comme cela a lieu dans la submersion, la strangulation, le séjour dans quelque gaz inerte et inoffensif comme l'azote et l'hydrogène.

Pour l'asphyxie par privation d'air, l'expérience directe nous a permis de constater ce fait, d'abord surprenant, qu'*elle entraîne une élévation passagère de la température animale*. Puis passant à l'explication de ce phénomène, nous avons vu que s'il y avait tout d'abord contradiction apparente entre cette élévation de température au moment où l'oxygène fait défaut, et la théorie qui attribue la production de la chaleur animale à la combustion respiratoire, cette contradiction s'évanouit quand on considère que le sang renferme une certaine provision d'oxygène emmaganisé dans ses globules, provision qui suffit, en s'épuisant entièrement, à fournir un aliment aux

(1) Voy. mes *Leçons sur les anesthésiques et sur l'asphyxie*. Paris, 1875.

phénomènes chimiques exagérés et par suite à la calorification. Nous avons donc pu formuler cette conclusion que la production de chaleur qui s'observe dans les premiers moments de l'asphyxie répond, dans ce cas comme dans tous les autres, à la production de phénomènes chimiques. La température s'élève parce que les combustions s'exagèrent par suite des conditions mêmes de l'asphyxie qui détermine les convulsions. C'est en effet dans le tissu musculaire que nous constatons alors cette exaltation de la calorification, et nous avons constaté que dans ce cas le sang qui sort des muscles est fortement noir, qu'il a subi à un haut degré la transformation de sang artériel en sang veineux.

Quant à l'asphyxie par l'oxyde de carbone, nous avons vu que cette asphyxie était caractérisée par ce fait que l'élément primitivement atteint par elle est le globule rouge du sang.

La première chose qui frappe les regards lorsqu'on fait l'autopsie d'un animal asphyxié par l'oxyde de carbone, c'est la teinte rutilante de tous les tissus. Le sang est pourpre, le sang veineux comme le sang artériel ; les vaisseaux, le foie, les poumons, le cœur, manifestent cette rutilance : la rate seule semble conserver une teinte plus livide.

Si l'on recueille le sang, on constate qu'il a perdu sa propriété ordinaire d'absorber l'oxygène : il est devenu inerte. C'est son élément actif, celui qui est chargé de l'échange avec l'atmosphère et de la fixation de l'oxygène, c'est le globule rouge qui est altéré. Une fois mis en présence de l'oxyde de carbone, il s'y combine et il reste dorénavant indifférent pour l'oxygène. C'est un corps inerte momentanément qui circule dans les vaisseaux comme un minéral, un grain de sable. Chimiquement, l'oxyde de carbone a chassé l'oxygène de sa combinaison avec l'hémoglobine et l'a remplacé volume pour volume.

Rappelons que les globules rouges du sang sont composés de deux substances : l'une, la *globuline*, formant le stroma du globule, insoluble dans l'eau, incolore ; l'autre, l'hémoglobine, soluble, cristallisable, colorée en rouge et imprégnant la première. C'est celle-ci qui s'unit à l'oxyde de carbone chez l'animal asphyxié. C'est elle qui, dans les conditions normales, est combinée avec une certaine proportion d'oxygène, variable pour le sang artériel et pour le sang veineux, mais qui néanmoins ne descend jamais au-dessous d'un certain minimum. Il faut employer des moyens artificiels pour enlever à l'hémoglobine ce minimum d'oxygène, et l'obtenir isolée. Il faut la réduire par le fer ou par le sulfhydrate d'ammoniaque (1).

Il résulte de là que nous pouvons obtenir l'hémoglobine sous trois états :

1° Hémoglobine pure, désoxygénée ou réduite ;

2° Hémoglobine combinée avec l'oxygène (sang veineux, sang artériel) ;

3° Hémoglobine combinée avec l'oxyde de carbone.

Or, la physique nous fournit un moyen très-simple et très-délicat de reconnaître sous lequel de ces trois états se présente une masse donnée d'hémoglobine, c'est-à-

(1) Voyez, pour plus de détails, mes *Leçons sur les anesthésiques et sur l'asphyxie*, 2e partie, p. 400.

dire une masse donnée de sang. Ce moyen consiste dans l'analyse spectroscopique.

Lorsqu'on examine au spectroscope une dissolution étendue de sang artériel ou veineux, on constate dans la partie jaune du spectre deux bandes d'absorption, deux raies noires.

Si l'on réduit l'hémoglobine, les deux bandes viennent se confondre en une seule.

Ainsi le caractère du sang oxygéné ou de l'hémoglobine oxygénée, c'est l'existence des deux bandes d'absorption.

Le caractère de l'hémoglobine réduite, c'est l'existence d'une seule bande d'absorption.

Si l'on examine du sang intoxiqué par l'oxyde de carbone, on le trouve peu différent du sang oxygéné ; comme celui-ci, il présente deux bandes d'absorption peu différentes des premières par leur position.

En s'en tenant là, il serait impossible de distinguer le sang oxygéné et le sang oxycarboné, mais il suffit de faire agir les corps réducteurs pour mettre en évidence la différence fondamentale qui les sépare. Le sang oxycarboné n'est pas réduit, et par suite ne fournit pas ses deux bandes rapprochées en une seule ; le sang oxygéné, au contraire, manifeste ce caractère de la réduction.

Cette méthode d'analyse, extrêmement sensible, permet de décider si le sang d'un individu empoisonné contient ou non le gaz toxique.

Telles sont les principales circonstances qui marquent l'intoxication par le gaz oxyde de carbone.

Ces faits étant connus, rien ne nous est plus facile que

de nous rendre compte des résultats que nous a fournis l'expérience directe ; dans tous les cas où un animal est asphyxié par de l'oxyde de carbone pur, nous avons constaté un abaissement de température. Cet abaissement est rapide et considérable ; je l'ai vu de 1°,3 en dix minutes. C'est qu'en effet, dans ce cas, l'oxygène est complétement supprimé et que les combustions n'ont plus lieu, faute de leur élément essentiel.

Nous voyons donc que les animaux plongés dans le milieu cosmique extérieur reçoivent le contre-coup de toutes ses modifications. Toutes les conditions physiques qu'il présente, chaleur, humidité, électricité, lumière, ont un retentissement nécessaire sur l'organisme vivant. Mais si cette influence est directe pour le cas que nous venons d'examiner, nous allons voir que pour les modifications plus générales, pour les modifications physiques en particulier, à l'inverse de ce qui se passe pour les corps bruts, cette influence des circonstances ambiantes n'est que rarement directe. Sans doute la matière subit, comme toute autre substance, l'influence des agents physiques ; mais cette action n'atteint pas, en nature, l'élément anatomique des tissus. Elle éprouve, ordinairement, une transformation préalable ; elle exige un détour et emploie le plus souvent un agent physiologique intermédiaire, le système nerveux.

Ainsi, le système nerveux est le passage obligé entre l'animal vivant et le monde qui l'entoure, non-seulement pour les fonctions de la vie animale, mais aussi pour les phénomènes de la vie de nutrition. C'est lui qui préside aux relations des agents physiques avec les organes internes ; la condition physiologique domine ici la condition physique. Et cela est vrai en général de tous les animaux supérieurs. Au contraire, au bas de l'échelle, on trouve des êtres rudimentaires chez lesquels s'atténue ou disparaît l'influence du système nerveux, et où les conditions physiques dominent à leur tour les conditions physiologiques.

Ces considérations générales s'appliquent naturellement à notre sujet. La chaleur extérieure tendrait à se propager dans l'organisme comme dans un corps brut, sans l'intervention du système nerveux qui en règle le degré et la distribution.

L'étude de l'influence du système nerveux sur la chaleur animale, que nous avons réservée jusqu'à présent, comprend un grand nombre de faits dont quelques-uns de première importance. C'est elle que nous abordons aujourd'hui.

Mais rappelons, avant d'entrer en matière, une partie des résultats que nous a fournis la recherche thermo-topographique à laquelle nous nous sommes livré dans la première moitié du cours. En examinant l'état statique des choses, *status rerum*, nous avons rencontré dans le corps vivant des régions plus froides et des régions plus chaudes. Pour apprécier la température des parties, nous avons considéré le sang qui en sort ; c'est le meilleur témoin de l'état calorifique des organes. La distribution thermique pouvait être, par cette observation, réduite à l'investigation du seul système vasculaire. L'examen des différentes régions de l'appareil circulatoire au point de vue de leur température nous a conduit à cette conclusion que le sang artériel ou veineux est en général d'autant plus chaud qu'on l'examine plus près du cœur, et d'autant plus froid qu'on l'examine plus près de la périphérie. Mais nous avons ajouté que c'est là une distribution topographique de la chaleur qui n'indique rien relativement à la source même de cette chaleur.

Tandis que les premiers physiologistes cherchaient un foyer unique pour expliquer cet échauffement, tandis qu'ils cherchaient l'organe central, le véritable calorifère animal, nous avons établi que cette recherche était illusoire.

Il n'y a pas d'organe spécial pour la fonction calorifique, pas plus qu'il n'existe d'organe spécial pour la fonction de nutrition. Tous les organes, tous les tissus, tous les éléments se nourrissent : tous produisent de la chaleur. Ces phénomènes sont liés à leur existence. La production de la chaleur n'est donc pas une fonction spéciale, localisée ; c'est une propriété générale, universelle.

Tous les éléments organiques concourent à l'accomplissement des phénomènes calorifiques, et puisque les résultats présentent la fixité, la régularité la plus complète, il faut qu'un mécanisme régulateur intervienne ici, afin de discipliner tous ces effets isolés et de les harmoniser en fonction, c'est-à-dire vers un but commun. Ce rôle de régulateur revient au système nerveux, dont nous allons actuellement étudier l'action spéciale.

La participation du système nerveux dans les phénomènes de la chaleur a été soupçonnée dès les premiers temps de la physiologie. C'est certainement une idée ancienne ; mais les faits qui ont confirmé cette vue de l'esprit et qui lui ont donné sa signification précise sont récents. Et à ce propos, quelle idée n'est pas une idée ancienne? Quelle idée est neuve à ce point qu'on puisse affirmer que jamais, à aucun moment, elle ne s'est présentée à l'imagination d'aucun homme? Tout a été rêvé, écrit ou imaginé. Mais ce ne sont là que des créations personnelles et passagères tant qu'elles ne sont pas assises sur la base solide de l'expérimentation scientifique, tant qu'elles ne sont consacrées par aucune preuve de fait. Et l'on peut dire de la science qui les tire du domaine de l'hypothèse qu'elle les crée véritablement, car auparavant elles n'existaient pas pour nous.

C'est seulement dans les ouvrages de Haller qu'on commence à trouver quelques preuves de cette relation entre l'influence des nerfs et la calorification. Ce grand physiologiste, qui résuma la science de son temps, cite des cas où les membres paralysés ont paru plus froids que des membres sains. Un auteur anglais, Earle, publia ensuite quelques observations curieuses sur le même sujet. La corrélation du système nerveux avec la fonction calorifique résultait de ce fait que les mêmes excitants qui exaltaient l'action de celui-ci augmentaient aussi celle-là. Earle observait, par exemple, un bras paralysé plus froid que le bras sain : on le galvanisait, et la température s'élevait aussitôt. D'autres irritations que l'action électrique, l'irritation d'un vésicatoire, par exemple, avaient le même effet.

Dans l'ordre chronologique, nous trouvons ensuite les

expériences de Brodie et de Chossat (1). Brodie enlevait l'encéphale, coupait la moelle épinière, et entretenant la respiration artificielle chez les animaux ainsi mutilés, il constatait un abaissement notable de la température. Cette simple observation a servi de point de départ à tout un système d'explications physiologiques, intéressant à connaître, quoiqu'il soit aujourd'hui ruiné.

Dans l'expérience précédente, on voit un animal chez lequel la circulation n'est pas entravée ; la respiration s'accomplit, il y a échange d'oxygène et d'acide carbonique, et par suite production des actions chimiques auxquelles on attribue cet échange. Ainsi les phénomènes chimiques de la respiration s'accomplissent, et cependant la température s'abaisse.

C'était une objection aux théories alors en vigueur, et qui considéraient la combustion respiratoire du sang comme cause de la chaleur. Les phénomènes chimiques de la respiration ne seraient donc pas la cause, la source véritable de la chaleur animale. Mais Brodie alla plus loin. Il élimina comme cause de calorification non-seulement le phénomène respiratoire du sang, mais encore tous les autres phénomènes chimiques de l'organisme, et attribua exclusivement la calorification à une influence du système nerveux qui s'exercerait par quelque puissance inconnue, vitale qu'il s'abstint naturellement de préciser.

Déjà nous nous sommes expliqué sur ce point. Les phénomènes de la calorification s'accomplissent, avons-nous dit, non pas dans le sang lui-même, mais dans les

(1) Chossat, *De l'influence du système nerveux sur la chaleur animale*, (*Diss. inaug.*, Paris, 1820, et *Ann. de chim. et de phys.*, 1820.)

tissus, au contact du sang avec les éléments anatomiques. C'est en agissant sur ces tissus que le système nerveux atteint et modifie la fonction calorifique. C'est dans ce sens qu'il faut entendre l'action du système nerveux sur la chaleur. C'est encore de cette façon qu'il faut comprendre ce que l'on dit de l'influence d'une foule de sentiments et d'émotions morales sur la même fonction. La température s'abaisse, le froid envahit l'animal sous l'empire de la douleur, de la crainte, de la terreur, du chagrin, de la tristesse : la joie, la colère, dit-on, sont au contraire des sources de chaleur. Ce n'est pas en tant que purs sentiments que ces phénomènes psychiques peuvent affecter la calorification : ils se relient à quelque modification organique, physique et chimique, qui seule concourt au résultat physiologique, et qui seule doit être soumise à l'analyse expérimentale.

Là s'arrête, messieurs, ce que nous avons à dire sur l'historique de la question, j'arrive maintenant à mes propres travaux, aux expériences que j'ai instituées sur ce même sujet, il y a vingt ans. Là commence pour la question une période nouvelle ; mes travaux ont été le point de départ de recherches nombreuses que nous devrons analyser avec soin dans leur ensemble.

Si depuis longtemps on avait soupçonné ou vaguement reconnu une influence du système nerveux sur la calorification, cependant aucune preuve directe n'en avait été donnée. J'ai été assez heureux pour faire les premières expériences décisives à ce sujet, et c'est de ces expériences que je vais vous parler aujourd'hui.

Voici à quelle occasion je fus conduit, il y a vingt ans,

à diriger mes recherches dans cette partie de la physiologie. J'avais rencontré à l'hôpital un fait en opposition avec d'autres faits connus : c'est celui d'un malade paralysé, qui présentait une élévation évidente de température au lieu de l'abaissement prévu. Déjà cependant Krimer avait réuni quelques observations de cette nature, et il avait signalé l'existence, tantôt de l'élévation de température, tantôt de l'abaissement dans les parties paralysées. Ainsi les faits étaient discordants. L'altération du système nerveux ne produisait pas une conséquence univoque : la modification thermique était tantôt dans un sens, tantôt dans le sens opposé. Je fus alors amené à cette pensée que les conditions étaient nécessairement différentes dans l'un et l'autre cas ; que ce ne devait pas être le même système nerveux qui subissait l'altération.

On distingue en effet le système nerveux en deux parties :

Le système cérébro-spinal ou système de la vie animale.

Le système grand sympathique, qui préside à la vie organique, aux phénomènes nutritifs.

L'un et l'autre peuvent être atteints par l'altération morbide, et il s'agissait de voir si cette différence de siége dans les lésions pouvait expliquer la différence des résultats observés.

Au moment où je commençai mes recherches, je portai mon attention sur le système sympathique et j'examinai les conséquences de sa section ou de sa destruction sur la calorification. Je dois avouer que l'événement contredit de tout point mes conjectures. Je prévoyais, en effet, que la suppression du système sympathique abaisserait la température animale, en partant de cette idée que c'est lui qui préside à la nutrition des parties et que la production de chaleur devait être liée à l'activité nutritive. En supprimant l'action du sympathique, je devais donc, dans ma pensée, diminuer la nutrition et la chaleur.

Tel était l'échafaudage logique de mon hypothèse.

Mais ce n'était qu'une hypothèse, et dès longtemps je m'étais habitué à considérer les hypothèses comme des guides nécessaires sans doute, mais très-infidèles dans les sujets aussi complexes que ceux de la physiologie.

Je choisis comme objets de mes expériences le lapin et le cheval. Vous comprendrez la raison de ce choix. Ces animaux présentent une disposition anatomique très-favorable. C'est l'isolement du système grand sympathique de tout autre organe nerveux dans le cou. Il n'existe ordinairement pas chez eux de ganglion cervical moyen ; il y a seulement un ganglion cervical supérieur, un ganglion cervical inférieur et, entre les deux, un filet assez bien séparé pour se prêter facilement aux épreuves expérimentales. Cette disposition n'existe pas chez d'autres animaux tels que le chien, par exemple. Là en effet, le cordon sympathique est uni au nerf pneumogastrique et l'accolement interdit presque complétement les tentatives isolées sur chacun d'eux.

Les ramifications du sympathique sont portées par le système vasculaire; c'est le caractère général de la distribution de ce nerf. Il accompagne en particulier les rameaux artériels qui se rendent ainsi dans les divers organes. Seulement les anatomistes croyaient que le grand sympathique se rendait exclusivement aux organes splanchniques de la vie nutritive, tandis que la physiologie nous montre qu'il en est autrement, et que l'influence de ce nerf s'exerce aussi bien sur les organes de la vie de relation. Il n'y a donc pas lieu de conserver sous ce rapport les anciennes divisions anatomiques établies.

Je fis la section du cordon nerveux sympathique isolé dans la région moyenne du cou sur un lapin vigoureux. Aussitôt je constatai un échauffement considérable dans le côté de la tête correspondant à la section : échauffement à la superficie, et dans la profondeur, jusque dans la substance cérébrale.

Voilà le premier fait bien clairement établi de l'influence du sympathique sur la chaleur animale, et il fut l'objet d'une note que je communiquai à l'Académie des sciences le 29 mars 1852, sous ce titre : *De l'influence du grand sympathique sur la chaleur animale*. Nous devons nous arrêter sur ce fait à cause de son importance capitale ; il sera la base de toutes nos recherches ultérieures et le pivot autour duquel tournent toutes nos explications.

L'observation que je venais de faire était neuve ; mais l'expérience même ne l'était pas. Elle datait de plus d'un siècle. Un médecin, Pourfour du Petit, avait déjà pratiqué en 1727 la section du sympathique au cou. Il peut être intéressant de vous faire connaître le résultat de sa recherche. Le mémoire dans lequel il a consigné ses conclusions est intitulé :

Mémoire dans lequel il est démontré, que les nerfs intercostaux fournissent des rameaux qui portent des esprits dans les yeux.

Le nerf intercostal c'est le nerf sympathique, vous savez que longtemps il a été désigné par cette appellation empruntée à sa situation anatomique. Quant à l'expression d'esprits animaux, maintenant démodée, elle désignait l'influx nerveux dont aujourd'hui encore on ne connaît guère plus qu'alors la nature. La section du grand symphatique permit à Pourfour du Petit de constater le rétrécissement de la pupille et la saillie de la paupière nictitante au devant du globe oculaire. Or, à cette époque, les anatomistes regardaient la grosse anastomose qui unit, dans le sinus caverneux, sur la face externe de la carotide, le grand sympathique et le moteur oculaire externe, comme l'origine du grand sympathique, dont ils faisaient volontiers une sorte de nerf crânien provenant de l'oculo-moteur externe. L'auteur des expériences que nous venons de rappeler conclut, contre Willis et Vieussens et beaucoup de ses contemporains, que les esprits animaux, c'est-à-dire l'influx nerveux, au lieu de descendre par le grand sympathique du cerveau vers les parties inférieures, remontaient en sens opposé, puisque les altérations se manifestent au-dessus du point lésé.

Ainsi, les seuls phénomènes que l'on eût observés avant moi dans la section du sympathique étaient ceux qui s'accomplissaient du côté de l'œil. On passait à côté des phénomènes calorifiques sans les voir. Moi-même, pendant un espace de dix années, de 1841 à 1852, j'avais, dans les cours, répété souvent l'expérience de Pourfour du Petit sans voir autre chose que ce qu'il avait vu lui-même, sans constater l'élévation de température pourtant si évidente. Je n'ai aperçu le fait que le jour où je l'ai cherché. C'est seulement après que mon attention eût été dirigée vers les phénomènes calorifiques que je les ai constatés. Mon attente a été complétement déçue, mon hypothèse parfaitement renversée, puisque j'attendais le froid et que j'ai trouvé le chaud ; mais mon hypothèse ne m'en a pas moins rendu un grand service, puisqu'elle m'a fait trouver une chose que je n'aurais pas vue sans elle.

C'est là, messieurs, le grand avantage, le seul, pourrait-on dire, des hypothèses et des opinions préconçues. C'est d'éveiller l'attention sur un point, et, vérifiée ou non, de rendre l'observation fructueuse. Comme me le disait Biot, à propos des phénomènes de la polarisation lumineuse que tout le monde avait vus avant Malus, mais que personne n'avait *regardés* avant lui, nous sommes environnés de phénomènes sans nombre que nous ne voyons pas ; ils nous enveloppent et nous ne les apercevons point parce que notre attention n'est pas dirigée vers eux. L'hypothèse nous rend ce service de préparer l'attention. Aussi ne devons-nous pas la proscrire avec cette rigueur de certains expérimentateurs qui ont dit : « Lorsqu'on veut expérimenter, il ne faut avoir que des yeux et des oreilles et ne plus penser. »

Si Magendie a soutenu cette opinion excessive, c'est qu'il vivait à un moment de réaction contre l'École de la philosophie de la nature qui florissait alors en Allemagne. A cette époque, Schelling divisait les naturalistes en deux classes : « Les naturalistes de laboratoire qui naviguent sur un brin de paille; les naturalistes de cabinet qui seuls suivent une voie féconde (le brin de paille, c'est l'observation; l'instrument d'investigation, c'est la pensée méditative). Émanation de l'absolu, nos lois sont les siennes. Nous repensons ce qui est la pensée de l'absolu. Comme le géomètre qui tire de son esprit les lois des figures, le naturaliste peut tirer de la raison pure les lois de la nature. Le moi pose le monde. » Ces doctrines philosophiques ne tendaient à rien moins qu'à renverser la méthode expérimentale. Au fond, tel était encore le sujet de la mémorable querelle entre Geoffroy Saint-Hilaire et Cuvier. On voit que si excessive que fût l'opinion de ceux qui réclamaient les droits de l'expérience, elle était encore moins outrée que celle de leurs adversaires. La méthode expérimentale bien comprise ne doit avoir d'autre but que de trouver l'harmonie entre la raison pure et les faits du monde extérieur; la vérité elle-même n'est rien autre chose que cette harmonie

Pour revenir à notre sujet, il faut ajouter que l'expérience fondamentale que je venais de faire connaître sur le grand sympathique, fut bientôt répétée par tous les physiologistes. Le résultat fut trouvé constant (1). La section du grand sympathique détermine toujours une production de chaleur dans les parties situées au delà de la section.

(1) Voy. Cl. Bernard, *Mémoires de la Société de biologie*, 1851. — *Comptes rendus de l'Académie des sciences*, mars 1852. — Brown-Séquard, *Philadelphia medical examiner*, août 1852, p. 489. — Schiff, *Untersuch. zur Physiol. des nerven systems*. Francfurt, 1855, etc.

Il s'agira dans le cours de ces leçons, après cette observation, de descendre plus profondément dans l'explication du phénomène, et de donner le mécanisme suivant lequel est engendré le calorique. Mais la première question est d'abord de savoir ce qu'est exactement le grand sympathique lui-même, d'être fixé sur sa nature nerveuse. Les anciens n'avaient sur le grand sympathique que des idées fort obscures ; ils le considéraient comme le nerf destiné aux actes involontaires, à l'expression des passions ou des sympathies. C'est pourquoi ils appelaient *le grand sympathique*, ou nerf intercostal, celui qui se rend aux organes des trois grandes cavités splanchniques. Le *moyen sympathique* était pour eux le pneumogastrique, et le *petit sympathique*, le nerf facial. Quant à la manière de voir, acceptée depuis Bichat, elle contient des vues hypothétiques sans démonstration expérimentale. Le grand sympathique forme. d'après Bichat, un système à part complétement indépendant du système cérébro-spinal. Sa fonction est de présider aux phénomènes de la nutrition, sans qu'on puisse dire de quelle façon cette fonction s'exerce. L'origine du sympathique qui n'est pas encore précisée aujourd'hui devait toujours, d'après Bichat, être cherchée dans ces petites masses qu'on appelle ganglions, et qui sont autant de petits cerveaux disséminés analogues au grand cerveau congloméré qui remplit la boîte crânienne. Entre les deux systèmes nerveux sympathique et cérébro-spinal si différents à tous les points de vue, si profondément distincts, il y avait un trait d'union, le nerf pneumogastrique qui fait en quelque sorte communiquer les organes de la vie animale avec ceux de la vie organique.

Cette opinion exclusive de Bichat n'est plus admise aujourd'hui. Les recherches contemporaines ont montré la relation et la dépendance mutuelle des deux systèmes nerveux. Longet, dans son ouvrage sur le système nerveux publié en 1842, avait fait naître systématiquement le grand sympathique du système cérébro-spinal. Il admettait que chaque racine nerveuse rachidienne fournit ses éléments au sympathique, de telle sorte que chaque ganglion, par exemple, du grand sympathique avait toujours trois racines : une motrice, une sensitive et une sympathique.

C'est à MM. Waller et Budge qu'on accorde l'honneur d'avoir tranché la difficulté et résolu la question. Ces physiologistes ont démontré expérimentalement que le grand sympathique tire son origine de la moelle épinière. Le point de départ de la démonstration est une observation anciennement faite, mais retrouvée et remise en lumière par Waller qui en a fait une méthode d'investigation.

Lorsqu'un nerf a été coupé et séparé en deux portions distinctes, il ne tarde pas à s'altérer. Mais l'altération, la dégénérescence, ne porte pas indifféremment sur l'un et l'autre segment. Dans les nerfs mixtes, elle se limite au bout périphérique : elle descend de la section jusqu'à l'extrémité terminale, d'une manière successive. La constatation du fait est facile. De là, résulte un procédé de distinction pour les nerfs. On connaîtra dans quel sens l'influx nerveux les parcourt ; on saura de quel côté ils se terminent par le sens et la marche de l'altération (1).

Ayant en main la méthode, il n'y avait plus qu'à l'ap-

(1) Voy. mes *Leçons sur le système nerveux*, t. I, p. 246.

pliquer au cas actuel. L'expérience a été faite d'abord sur le chien où le cordon sympathique et le pneumogastrique sont intimement unis. L'accolement, cependant, n'est pas tel qu'il ne permette encore de distinguer dans le tronc commun une partie plus forte appartenant au pneumogastrique, un filet plus mince pour le sympathique. La section porta dans la région du cou, sur l'ensemble des deux cordons, et il fut constaté que le grand sympathique, conservé dans son bout inférieur, s'altérait dans le bout supérieur, tandis que le résultat était inverse pour le pneumogastrique. Ainsi le pneumogastrique a son origine en haut vers le cerveau, et sa terminaison vers la périphérie. Le grand sympathique, au contraire, a son origine, son centre, vers la partie inférieure, dans la région du thorax. Le premier vient du cerveau, l'autre y remonte.

Mais il importait de préciser davantage de quelle portion de la moelle provenait ce filet sympathique qui remonte vers la tête. MM. Budge et Waller ont montré qu'il a son origine dans une portion de la moelle épinière située à la réunion de la région dorsale et cervicale, et ils ont appelé ce point d'origine *région cilio-spinale*, parce qu'en agissant sur lui on obtient les mêmes effets connus sur la pupille que par la section du filet sympathique dans le cou. Par la blessure de la région cilio-spinale de la moelle, on produit le rétrécissement de la pupille; par la galvanisation portée sur ce point, on détermine une forte dilatation pupillaire.

Nous savons que le rétrécissement pupillaire a été constaté pour la première fois, au siècle dernier, par

Parfour du Petit. Quant à l'observation de la dilatation de la pupille par la galvanisation du sympathique, elle est plus récente. En 1846, un auteur italien, M. Biffi, avait observé qu'en galvanisant le bout supérieur du grand sympathique on rétablissait l'activité du nerf. La section, comme nous le savons, ayant eu pour effet de rétrécir la pupille, la galvanisation du bout périphérique a un résultat inverse : elle rétablit la situation primitive. L'ouverture pupillaire est agrandie. Le nerf sympathique fonctionne donc à la manière des nerfs moteurs ordinaires en concentrant son activité dans le fragment périphérique. Nous n'avons pas à nous préoccuper ici de l'explication qui convient à ce fait de dilatation de pupille : elle est sans lien direct avec notre sujet actuel.

J'ai dit que le problème du fonctionnement physiologique du grand sympathique cervical fit un nouveau pas, le jour où je mis en évidence l'influence de ce nerf sur la calorification et la circulation. Le caractère fondamental de sa distribution anatomique d'accompagner les artères et de les enlacer de ses filets ramifiés fut en quelque sorte expliqué. C'est en effet sur les vaisseaux artériels que se manifestera particulièrement son action.

Plus tard nous aurons à examiner avec soin si les effets calorifiques et circulatoires du grand sympathique ont la même origine que les effets oculo-pupillaires. Pour le moment je me bornerai à dire que MM. Budge et Waller résolurent la question par l'affirmative. Après la publication de mes expériences, M. Bugde, en Allemagne, M. Waller, en Angleterre, rattachèrent les effets calorifiques du sympathique à la région cilio-spinale.

Moi-même, je montrai dans mes cours, et à la Société de biologie, que si la section du sympathique amène la calorification et la suractivité circulatoire dans l'oreille et le côté correspondant de la tête, la galvanisation du bout périphérique du nerf sympathique coupé produit un refroidissement des parties avec une diminution considérable dans l'activité circulatoire.

Outre son influence sur l'œil, le grand sympathique agit donc sur les vaisseaux pour dilater ou rétrécir leur calibre. De là le nom de nerf *vaso-moteur* qui lui a été appliqué. Nous verrons qu'une fois en possession de cette observation nouvelle, on a cru qu'elle suffirait à toutes les explications. Partout on a voulu réduire les phénomènes calorifiques à une action vaso-motrice.

Nous avons tenu à vous rappeler tout cet historique de la question, parce qu'il est ici du plus haut intérêt. Il suffit en effet à nous montrer que l'on a voulu rattacher le nerf grand sympathique au système des nerfs moteurs. Ses fibres sont des fibres motrices, et elles procèdent des racines rachidiennes antérieures comme celles des nerfs musculaires. Je montrerai plus tard que la question est plus complexe qu'on ne croit et j'apporterai de nouveaux faits pour la résoudre.

Toutefois, nous prenons ici l'expression de « nerfs moteurs » dans son sens le plus général pour l'opposer à « nerfs sensitifs ». Il vaudrait peut-être mieux employer les dénominations plus précises et plus vraies de « nerfs centrifuges » pour les premiers et de « nerfs centripètes » pour les seconds. Car au fond, qu'est-ce qu'un nerf moteur, sinon un nerf qui agit sur un muscle;

qu'est-ce qu'un nerf sensitif, sinon un nerf qui agit sur un centre nerveux et réagit sur un nerf moteur?

Mais parmi ces nerfs moteurs du grand sympathique il y a des distinctions à faire, il existe des variétés. Il faut reconnaître des fibres motrices proprement dites, des fibres involontaires, des fibres vaso-motrices, de constriction et de dilatation, des fibres sécrétoires, des fibres trophiques suivant certains auteurs, etc. (1).

Les fibres motrices du grand sympathique aboutissent à des muscles dont elles déterminent les contractions. Tous les muscles lisses sont gouvernés par le nerf grand sympathique, eux seuls paraissent obéir aux fibres motrices de ce système.

Parmi ces filets moteurs qui vont se rendre aux éléments musculaires lisses, il importe, pour nos recherches actuelles, de signaler spécialement ceux qui se rendent aux éléments musculaires des vaisseaux; leur influence modifie le calibre de ces conduits.

Le second groupe de fibres motrices du grand sympathique serait constitué par les fibres *sécrétoires*. L'organe périphérique sur lequel s'exerce leur action est un élément glandulaire; elles influencent la glande et provoquent sa sécrétion immédiatement. Les nerfs vasomoteurs, en modifiant la circulation de l'organe, modifient également son activité fonctionnelle; mais est-ce là une action directe? Les nerfs sécrétoires atteindraient-ils primitivement, sans l'intermédiaire obligé de la circulation,

(1) Voy. Cl. Bernard, *De l'influence de deux ordres de nerfs qui déterminent les variations de couleur du sang veineux dans les organes glandulaires* (*Compt. rend. Acad. des sciences*, 9 août 1858, t. XLVII).

l'activité fonctionnelle de l'élément glandulaire ? Les phénomènes sécréteurs, en un mot, sont-ils des phénomènes vaso-moteurs ? C'est là une question des plus importantes que nous examinerons plus tard. Nous dirons seulement pour le moment que, dans l'état actuel de nos connaissances, nous ne saurions admettre l'action nerveuse directe que sur les éléments dans lesquels se terminent les fibres nerveuses périphériques elles-mêmes. Or, jusqu'à présent on n'a vu terminer ces nerfs que dans des fibres musculaires. Des auteurs très-recommandables ont bien annoncé des terminaisons nerveuses dans des cellules glandulaires, mais ces observations ne paraissent pas avoir été confirmées (1).

Enfin certains physiologistes ont admis l'existence d'un troisième groupe de nerfs, les *nerfs trophiques*. Ceux-ci présideraient directement aux phénomènes de la nutrition intime ; ils dirigeraient dans la profondeur des tissus les échanges qui constituent l'assimilation et la désassimilation élémentaires. L'anatomie n'a jamais démontré leur existence : la physiologie et la pathologie n'ont pas encore établi suffisamment leur nécessité. Il est certain que les filets nerveux qui déterminent l'activité fonctionnelle d'un élément anatomique exagèrent sa nutrition et pourraient, à ce point de vue, être considérés comme des nerfs trophiques. Ainsi en est-il des filets moteurs qui déterminent en même temps une contraction du muscle et une combustion élémentaire plus énergique. Ainsi en est-il encore des nerfs en général, qui une fois coupés sont atteints de

(1) Ch. Rouget, *Discussion sur la terminaison des nerfs dans les glandes* (*Soc. de biologie*, 11 avril 1874).

dégénérescence graisseuse à leur section périphérique. Ce dernier fait est un exemple incontestable, mais peut-être le seul, d'une influence nerveuse sur la nutrition qui soit vraiment directe et qu'on ne puisse attribuer au système sanguin. Je pense, quant à moi, que les nerfs trophiques ne sont au fond que nerfs vaso-moteurs dilatateurs, ainsi que je l'ai établi pour la section de la cinquième paire dans le crâne (1).

Quoi qu'il en soit, nous verrons que le système sympathique exerce des influences nutritives, des influences physico-chimiques, avec les conséquences calorifiques et frigorifiques qui en résultent. Les faits ne sont pas douteux ; ce sont seulement les explications qui restent difficiles et encore entourées de grandes obscurités.

Les nerfs moteurs du grand sympathique, comme les nerfs moteurs en général, manifestent leur activité dans deux conditions différentes : c'est-à-dire qu'ils peuvent agir sous l'influence d'excitations *directes* ou *réflexes*. Cela est vrai de tous les nerfs moteurs avec toutes leurs variétés, des nerfs sécrétoires et vaso-moteurs, constricteurs et dilatateurs, etc. Partout, dans le système des fibres motrices, on constate des exemples d'activité directe et d'activité réflexe.

Que l'on coupe, par exemple, le grand sympathique dans la région du cou et qu'on irrite par l'excitant électrique le bout supérieur ou terminal, on verra la pupille se dilater, les vaisseaux se contracter dans toute la moitié correspondante de la tête. C'est là une action de la

(1) Voy. *Comp. rend. de la Société de biologie*, 1874.

nature des phénomènes directs. La dilatation de la pupille sous l'influence d'une vive émotion, la pâleur, la rougeur, et le rétrécissement ou l'élargissement des vaisseaux de l'oreille sous l'impression du froid, de la douleur, sont des phénomènes réflexes dans la sphère des vaso-moteurs constricteurs ou dilatateurs.

Le parallèle des vaso-moteurs et des nerfs moteurs, l'assimilation des fibres motrices sympathiques aux fibres motrices ordinaires sera complète si nous montrons que les mêmes agents modifient de la même façon ces deux ordres de cordons nerveux. Nous connaissons l'action du curare sur les nerfs moteurs cérébraux-spinaux, qu'il paralyse entièrement. Agit-il de la même manière sur les vaso-moteurs ?

L'expérience qui a paru douteuse sur ce point à certains physiologistes ne l'est pas pour nous, et j'espère vous le démontrer plus loin. Je me bornerai à dire seulement que les nerfs moteurs sympathiques sont certainement atteints par le curare, mais plus tardivement que les nerfs moteurs volontaires ou musculaire proprement dits. Et ceci est conforme à une loi générale qui montre que les éléments anatomiques, même les plus analogues, ne sont pas attaqués également vite par les substances toxiques ou médicamenteuses. Nous avons déjà vu (1) que les nerfs moteurs ordinaires, ceux qui obéissent à la volonté ne sont pas tous paralysés en même temps par le curare : débutant par les membres postérieurs, l'action de ce poison s'étend aux antérieurs, et ce n'est qu'ultérieurement qu'elle atteint

(1) Page 60.

les mouvements respiratoires. Or, tandis que le curare a déjà attaqué les nerfs moteurs volontaires, puis les respiratoires, les nerfs vaso-moteurs résistent encore et sont respectés. On peut ainsi séparer les différents nerfs moteurs les uns des autres; mais ce n'est point une différence de nature qui les sépare, c'est une simple différence de degré qui a sa cause dans des conditions de vitalité ou d'absorption spéciales que nous n'avons pas à examiner ici, mais sur lesquelles nous reviendrons plus loin.

D'ailleurs, dans les phénomènes de ce genre, la nature de l'animal, son espèce, son impressionnabilité, jouent un grand rôle. La division du travail physiologique est plus marquée chez les animaux supérieurs, les degrés dont nous parlons sont plus accentués, et le grand sympathique y conserve une individualité plus complète. Chez les animaux inférieurs la distinction est moins tranchée ; les différences dans la résistance aux agents toxiques sont tout aussi nettes, mais moins faciles à distinguer. Les mouvements cardiaques, vaso-moteurs, respiratoires et locomoteurs de la grenouille sont atteints par le curare, presque en même temps par le curare à haute dose. Néanmoins, quand on fait l'expérience avec soin, on retrouve la même gradation que chez les animaux supérieurs, c'est ce que j'aurai soin de vous démontrer en un autre lieu.

En résumé, vous voyez que le nerf sympathique dans lequel nous allons chercher l'explication des phénomènes calorifiques, n'est point un nerf mystérieux, d'un autre ordre que les autres. Il est composé de filets moteurs dont les propriétés et les activités fonctionnelles rentrent dans le mécanisme du système nerveux en général. C'est là ce que j'ai voulu établir dans cette leçon ; c'est là ce qui a dû nous entraîner à cette série de considérations sur le système nerveux.

ONZIÈME LEÇON

SOMMAIRE : Phénomènes circulatoires qui influencent la chaleur animale. — Ils sont sous la dépendance du grand sympathique. — Ce nerf constitue un appareil frigorifique. — Dilatation dite *active* des vaisseaux. — Il y a des nerfs *dilatateurs vasculaires*. — Expériences démonstratives sur la glande sous-maxillaire. — Expériences semblables sur l'oreille du lapin. — Expériences avec le curare. — Mécanisme des nerfs vaso-dilatateurs. — Hypothèse de l'*interférence nerveuse*. — Objections à cette hypothèse ; discussion. — Nerfs constricteurs, nerfs dilatateurs. — Ce double système existe pour tous les organes. — Nouvelle étude des effets produits par la section de la *cinquième paire* dans le crâne. — Contractions et dilatations vasculaires par effets réflexes. — De la *pression* vasculaire. — Expérience avec le manomètre différentiel. — Question des nerfs trophiques.

Messieurs,

Les considérations auxquelles nous venons de nous livrer dans la leçon précédente ne nous écartent pas de notre sujet, l'étude de la chaleur animale. Nous avons exposé que les phénomènes calorifiques dépendaient de deux sortes d'actions : d'une action circulatoire ou vaso-motrice et d'une action chimique concomitante.

Les phénomènes circulatoires qui influencent la chaleur animale sont placés sous la dépendance du système nerveux grand sympathique ; c'est ce que je désire vous démontrer aujourd'hui.

L'expérience fondamentale que j'ai répétée devant vous sur la section du cordon sympathique de la région du cou a jeté un jour définitif sur le rôle de cet appareil nerveux.

Sa section, c'est-à-dire la cessation de son activité, sa paralysie, entraînent une dilatation des vaisseaux, une accélération circulatoire. La galvanisation du même nerf provoque, au contraire, un resserrement des vaisseaux, un rétrécissement de leur lumière.

Le grand sympathique fournit donc un appareil vasomoteur de resserrement. Et comme la dilatation des vaisseaux a pour conséquence l'élévation de température dans la partie correspondante, tandis que leur resserrement entraîne un abaissement de température, le système des nerfs de resserrement est, en somme, un système frigorifique. Le sympathique doit donc être essentiellement caractérisé comme appareil de rétrécissement vasculaire et comme *appareil frigorifique*.

Il résulte de là que, dans les conditions physiologiques, la circulation du sang se trouve soumise à deux ordres d'influences, l'une centrale, l'autre périphérique :

1° L'impulsion motrice, qui a pour agent le muscle cardiaque, le cœur ;

2° La résistance vasculaire réglée par l'état de dilatation ou de rétrécissement des petits vaisseaux et commandée par les filets vaso-moteurs du grand sympathique.

Pendant longtemps on n'a connu que la première de ces deux influences. On n'avait pas établi cette distinction importante et féconde entre la circulation générale et la circulation locale, sur laquelle nous nous sommes récemment appesantis, et sur laquelle j'ai, je crois des premiers, appelé l'attention des physiologistes. La circulation semblait un phénomène indivis ; c'était la circulation générale, sous l'impulsion unique d'un moteur central, le cœur, bien connue des physiologistes depuis le temps d'Harvey.

En dehors de ce fait principal, il y a un fait également important : la circulation locale ; elle est le complément de la circulation générale, et l'explication physiologique ne serait pas complète si elle n'en tenait pas compte. Elle est variable pour chaque organe, suivant les besoins de la nutrition. Elle est déterminée par l'état des petits vaisseaux qui sillonnent le parenchyme organisé. La contraction de ces vaisseaux la ralentit, leur dilatation l'accélère ; les emprunts et les restitutions qu'elle fait à la circulation générale sont ainsi réglés.

Magendie et Poiseuille ne voulaient rien voir en dehors de la circulation générale, et celle-ci même n'était qu'un chapitre détaché de la mécanique, elle suivait les lois de l'hydraulique. Le moteur, le muscle cardiaque, agissait comme les moteurs industriels, quoique le principe de son action fût d'une nature plus compliquée. Quant aux artères et aux veines, c'étaient de simples conduits, des canaux inertes. Toutes les modifications de la circulation devaient s'expliquer ou bien par des modifications correspondantes dans le moteur lui-même, ou par des modifications dans la nature du liquide. Poiseuille considérait les capillaires comme des tubes de verre d'un très-petit diamètre, étant par conséquent fixes dans leur dimension. Mes expériences sur le grand sympathique ont établi, au contraire, que les vaisseaux capillaires sont essentiellement contractiles, qu'ils peuvent s'élargir, se rétrécir jusqu'à obstruer le cours du sang, et que toutes ces actions sont soumises à l'influence du système nerveux grand sympathique.

Aujourd'hui l'influence de la contraction des petits vaisseaux n'est mise en doute par aucun physiologiste ; elle serait plutôt exagérée qu'amoindrie. Les artérioles modifient leur calibre et réagissent sur la circulation en créant au cours du liquide un obstacle variable, comme les digues et les barrages réagissent sur le cours des rivières. Les nerfs vaso-moteurs président à ces phénomènes et les régularisent.

Jusqu'à présent nous n'avons rencontré qu'un seul système de nerfs vaso-moteurs, les vaso-moteurs du grand sympathique, dont l'activité fonctionnelle a pour résultat de rétrécir la lumière du vaisseau sanguin. Il est aisé de comprendre que l'explication des phénomènes ne peut être complète avec cette seule disposition, et qu'il doit en exister une autre qui contre-balance celle-ci.

Si l'on voit, en effet, le calibre des vaisseaux diminuer sous l'action des nerfs vaso-moteurs et tomber au-dessous de sa valeur normale et moyenne, on voit, dans d'autres cas, ce calibre s'augmenter notablement au-dessus de cette même moyenne, et la différence est assez grande pour que le phénomène ne puisse être considéré comme un simple retour à l'état primitif, mais pour qu'il semble devoir être considéré plutôt comme une dilatation active.

Quel serait l'agent de cette dilatation active ?

On l'a cherché vainement dans la disposition anatomique des vaisseaux. On a pensé que la cause de la dilatation résidait dans le jeu d'une force purement mécanique, l'élasticité. La dilatation serait un phénomène passif dû à l'élasticité du vaisseau ; comme l'expiration ordinaire est la phase passive de l'acte respiratoire due à l'élasticité du poumon et des côtes. Le resserrement du vaisseau serait, au contraire, un phénomène actif, comme l'inspiration dans le fonctionnement du poumon. Il suffirait donc de concevoir dans les vaisseaux une couche élastique, comprimée, resserrée, plissée par la couche musculaire qui ferait anneau autour d'elle. Dans les conditions ordinaires, cette constriction serait modérée ; elle s'exagérerait pendant le resserrement du vaisseau. L'élasticité tendrait sans cesse à réagir contre la puissance qui la domine; elle se manifesterait surtout quand celle-ci aurait cessé d'agir, quand le nerf de constriction est paralysé ou sectionné. La force élastique trouvant alors à se satisfaire, le calibre du vaisseau s'amplifierait notablement. En un mot, la dilatation appartiendrait au jeu d'une force physique, l'élasticité, tandis que le resserrement appartiendrait à une force physiologique antagoniste de la première, la contractilité, mise en œuvre par les nerfs vaso-moteurs.

Des physiologistes ont encore cherché à expliquer la dilatation des vaisseaux capillaires en admettant des fibres dilatatrices ou des fibres longitudinales, qui par leur raccourcissement agiraient pour élargir le calibre du vaisseau.

Cette explication suppose l'existence d'une particularité de structure que les recherches anatomiques n'ont pas vérifiée.

Quoi qu'il en soit, j'ai démontré que l'expérimentation physiologique prouve que les vaisseaux capillaires se dilatent, et quelle que soit l'explication qu'on puisse en donner, le premier point à établir est celui de savoir si la dilatation vasculaire est sous l'influence d'un second système de nerfs vaso-moteurs, antagonistes des premiers, et agissant directement pour amplifier le calibre du conduit. Y a-t-il, en un mot, des nerfs vaso-moteurs *dilatateurs*, comme il y a des nerfs *constricteurs vasculaires?* Je réponds sans hésitation par l'affirmative.

Ces deux systèmes antagonistes sollicitent constamment le tube sanguin, et de leur conflit résulte l'état actuel du conduit vasculaire. Suivant que l'action du nerf constricteur vient à prédominer sur l'action du dilatateur, ou bien qu'inversement la seconde surmonte la première, on voit se produire les rétrécissements ou les élargissements, dont les alternatives caractérisent le jeu physiologique de l'appareil capillaire.

Voici l'expérience fondamentale sur laquelle je me suis appuyé pour démontrer qu'il existe des nerfs dilatateurs des vaisseaux.

La glande sous-maxillaire d'un chien est mise à découvert (fig. 5). Un petit tube d'argent est introduit dans le conduit de la glande. On voit, d'une part, l'artère ou les deux artères afférentes, qui sont des branches collatérales de la carotide externe; elles servent de support aux rameaux du nerf sympathique qui viennent innerver la glande; c'est en suivant ces ramifications vasculaires que le nerf pénètre dans le parenchyme glandulaire. D'autre part, on aperçoit les deux veines efférentes qui vont se rendre à la jugulaire externe.

Mais la glande sous-maxillaire reçoit un autre nerf. Outre les ramifications sympathiques que nous avons signalées, elle reçoit les rameaux de la corde du tympan, qui se sépare, après un trajet commun, du nerf lingual auquel elle était d'abord accolée. Dans la partie commune, les deux filets réunis constituent le tronc tympanico-lingual.

Or, la corde du tympan est un nerf dilatateur des vaisseaux.

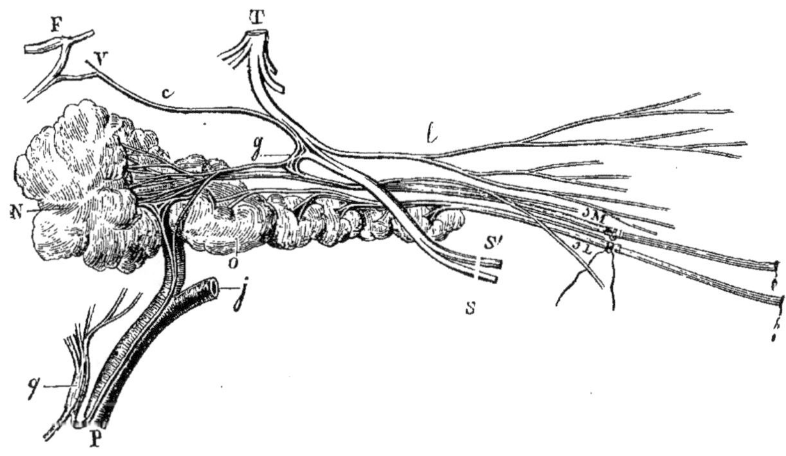

Fig. 5. — La glande salivaire sous-maxillaire du chien et les nerfs en rapport avec elle, pour montrer que cette glande peut entrer en sécrétion sous l'influence d'une action réflexe vaso-dilatatrice.

N. Glande salivaire sous-maxillaire. — O. Glande salivaire sublinguale. — SM. Conduit excréteur de la glande sous-maxillaire dans lequel on a introduit un tube. — SL. Conduit excréteur de la glande sublinguale dans lequel on a aussi introduit un tube. — T, S, S'. Nerf lingual provenant de la branche maxillaire inférieure de la cinquième paire nerveuse cérébrale (le trijumeau), — *l*. Rameaux du nerf lingual se distribuant dans la muqueuse buccale. — F. Nerf facial. — *c*. Corde du tympan, rameau du nerf facial se distribuant dans la glande sous-maxillaire après s'être accolé quelque temps au nerf lingual. — *g*. Ganglion sympathique sous-maxillaire. — *g*. Ganglion cervical supérieur. — P. Rameau nerveux allant du ganglion cervical supérieur à la glande sous-maxillaire. — *j*. Artère maxillaire profonde desservant la glande sous-maxillaire.

La langue est ainsi reliée avec la glande sous-maxillaire par un arc nerveux formé des éléments suivants : nerf lingual (sensitif), — encéphale, — corde du tympan (nerf moteur, sécréteur et dilatateur vasculaire).

Si l'on excite le nerf lingual, l'excitation se réfléchira sur la corde du tympan *c* par l'intermédiaire de l'encéphale. C'est ce qui arrive aussi quand on excite la gustation en plaçant par exemple du vinaigre sur la langue. L'impression se transmettra donc par le nerf lingual jusqu'à l'encéphale, d'où elle se réfléchira sur la corde du tympan. On verra alors la glande devenir turgide, rutilante; la circulation s'y produit plus active. La sécrétion salivaire s'écoule abondamment.

Si l'on vient à couper le nerf lingual en S, S' (fig. 5), le trajet précédent sera interrompu, l'impression physiologique ne pourra plus déterminer de sécrétion glandulaire. Mais l'impression physiologique pourra alors être remplacée par l'excitation artificielle de l'électricité : en galvanisant l'extrémité périphérique de la corde du tympan, on reproduira les phénomènes de dilatation vasculaire, de suractivité circulatoire et fonctionnelle dans la glande. Dans ces conditions, quand les vaisseaux de la glande sont dilatés, le sang qui sort par les veines est rutilant, et au lieu de s'écouler en bavant il s'échappe en jets saccadés isochrones avec les battements du cœur. La veine a été transformée en artère : la rapidité du cours du sang est de cinq à six fois plus grande. On a produit le pouls veineux. La corde du tympan met donc en jeu des nerfs dilatateurs des vaisseaux, des nerfs accélérateurs de la circulation.

Mais ces nerfs vaso-moteurs de dilatation n'appartiennent pas au grand sympathique, ils viennent du système cérébro-spinal. Car on peut faire la contre-épreuve, exciter le ganglion cervical supérieur (q, fig. 5) ou le filet cervical; on voit alors la circulation s'arrêter, la glande devenir pâle, la sécrétion cesser ou être faible et très-visqueuse.

En résumé, nous concluons que la glande sous-maxillaire reçoit deux espèces de nerfs vaso-moteurs :

1° Des nerfs vaso-moteurs constricteurs fournis par le grand sympathique. 2° Des nerfs vaso-moteurs dilatateurs fournis par la corde du tympan.

Mais ces nerfs dilatateurs n'existent pas seulement pour la glande sous-maxillaire ; nous les trouvons aussi pour l'oreille du lapin. Voici par exemple un lapin qui est soumis à l'influence du curare ; la dose de poison a été assez faible pour agir seulement sur les muscles et nerfs volontaires. Si nous mettons en jeu la sensibilité en excitant le nerf sciatique, il n'y a plus de réaction dans les muscles des membres, mais nous voyons l'oreille, du côté où le sciatique est excité, se congestionner très-fortement. Une légère incision qui, sur cette oreille, ne donnait lieu tantôt à aucune hémorrhagie, laisse maintenant couler de nombreuses gouttes de sang. En un mot, les vaisseaux se sont dilatés ; ils se sont dilatés par un phénomène nerveux réflexe, par un phénomène d'activité nerveuse.

Nous sommes autorisés à dire, en nous appuyant sur des expériences inédites dont nous n'avons pas à parler ici, que ce que nous avons prouvé pour la glande sous-maxillaire du chien, pour l'oreille du lapin, l'expérience le prouvera également pour toutes les autres parties du corps. Pour montrer cette existence des nerfs dilatateurs, répartis dans toutes les régions à côté des constricteurs, le curare sera un réactif physiologique d'une grande utilité. Nous savons, en effet, que le curare paralyse successivement et graduellement les divers ordres de nerfs moteurs ; nous savons de plus que la paralysie de chacun de ces ordres de nerfs est précédée par une période d'excitation. Ainsi les nerfs dilatateurs ne subissent pas l'action du curare en même temps que les constricteurs ; ils sont les premiers à présenter la succession des deux phases d'excitation et de paralysie. Si nous empoisonnons une grenouille par le curare, et que nous étalions la membrane interdigitale d'une patte postérieure de manière à en examiner la circulation, au moment où les muscles moteurs de ce membre ne se contractent plus par l'excitation du nerf sciatique, nous pouvons encore, en agissant sur ce nerf, amener des modifications dans la circulation, dans le calibre des vaisseaux, c'est-à-dire faire entrer en jeu les nerfs vaso-moteurs.

Quand nous soumettons un chien à l'action du curare, nous observons une abondante salivation, et une injection très-notable de l'oreille, quand ce poison a commencé à manifester ses effets. Cet effet est dû à l'excitation des nerfs dilatateurs par le curare ; pour la glande en particulier, c'est la corde du tympan qui est excitée. Et en effet, si l'on coupe la corde du tympan, on n'observe plus cette salivation abondante correspondant à la première période d'action du curare sur les nerfs dilatateurs, c'est-à-dire à l'excitation de ces nerfs.

La démonstration expérimentale de l'existence des deux ordres de nerfs est donc complète et facile à donner. Cependant il y a encore de grandes difficultés à concevoir le mécanisme de leur action, à comprendre comment les vaisseaux peuvent se dilater sous l'influence du nerf dilatateur.

L'existence d'une couche musculaire composée de fibres

transversales, innervées par le grand sympathique, et se contractant sous l'excitation de ce nerf, permet de comprendre le resserrement du vaisseau. Mais le phénomène de la dilatation est actuellement tout à fait inexplicable.

Les explications qui conviennent à certains faits analogues, dans d'autres régions de l'organisme, sont inapplicables ici. L'ouverture pupillaire est susceptible d'éprouver des alternatives de dilatation et de rétrécissement : le rétrécissement sous l'influence active du grand sympathique, la dilatation attribuée à l'influence du nerf moteur oculaire commun. Pour expliquer ces phénomènes, on a admis l'existence de deux sortes de fibres musculaires qui commanderaient les mouvements ; des fibres radiées innervées par le moteur oculaire commun et qui auraient pour fonction d'agrandir l'ouverture pupillaire, des fibres circulaires innervées par le sympathique et qui rétréciraient la pupille en se contractant. Mais, je le répète, l'explication ne peut convenir au cas des vaisseaux : il est impossible de concevoir une disposition analogue à celle des fibres radiées de la pupille. Et même pour la pupille l'explication précédente n'est pas d'une rigueur absolue ; ses bases anatomiques ne sont pas à l'abri de toute objection. Ainsi les recherches de Ch. Rouget n'ont pas confirmé l'existence de fibres rayonnées ou dilatatrices de l'iris ; les faisceaux radiés, décrits comme muscles dilatateurs de la pupille chez les mammifères et chez l'homme, ne seraient d'après cet auteur que les veines de l'iris vides de sang (1).

Devant ces difficultés d'interprétation, et ce manque de

(1) Voy. *Compt. rend. de la Société de biologie*, et *Arch. génér. de médecine*, 1856.

bases anatomiques, j'ai fait autrefois, relativement aux nerfs dilatateurs, l'hypothèse que la corde du tympan, nerf dilatateur des vaisseaux de la glande sous-maxillaire, agirait par une sorte d'interférence nerveuse en suspendant l'action des nerfs constricteurs. L'action de ces derniers serait la seule qu'on devrait considérer comme directe et immédiate; le rôle des nerfs dilatateurs consisterait à annuler l'action des nerfs constricteurs : ce seraient des nerfs paralyseurs. Nous verrons plus loin que cette hypothèse, qui a été reproduite par des physiologistes étrangers, a un grand nombre de faits en sa faveur.

Il y a, du reste, dans mon hypothèse, comme toujours, deux points à distinguer, la question d'explication et la question de fait. Il ne faut jamais confondre ces deux choses qui sont indépendantes. L'essentiel est que le fait soit exact, l'hypothèse, la théorie ou l'explication peuvent varier sans que le fait qui est immuable cesse d'être vrai. Or, le fait de la dilatation vasculaire par la corde du tympan n'a été l'objet d'un doute pour personne, il est solidement établi et des plus évidents.

La légitimité de ma supposition pourrait être contestée, en partant de cette idée que les nerfs centrifuges doivent toujours agir sur un organe contractile, sur un élément musculaire ; que, dès lors, il est contradictoire de supposer des fibres nerveuses centrifuges agissant sur d'autres éléments nerveux. Pour que cette objection eût de la valeur, il ne faudrait pas qu'elle fût elle-même une hypothèse. Je crois que les nerfs centrifuges ne sont pas essentiellement réservés aux muscles, il y a des ganglions, des cellules nerveuses périphériques sur lesquelles d'autres nerfs peuvent réagir aussi bien que sur les cellules nerveuses centrales. Il ne peut donc y avoir de considérations *a priori* qui s'opposent à ce que l'on conçoive l'action d'une fibre nerveuse sur une autre fibre nerveuse. Cette action des fibres nerveuses les unes sur les autres s'accomplit le plus ordinairement, il est vrai, dans les centres nerveux, par l'intermédiaire des cellules et des fibres réflecto-motrices, ou excito-motrices; mais nous savons d'ailleurs qu'il existe dans le tissu de la glande sous-maxillaire des cellules ganglionnaires en très-grande quantité, c'est-à-dire que nous trouvons là un appareil intermédiaire, un appareil de jonction analogue à celui des centres. Seulement, au lieu de s'exciter les unes les autres comme cela se produit pour certains nerfs, les fibres s'influenceraient tout au contraire pour se neutraliser et produire alors, comme je l'ai dit, de véritables interférences nerveuses.

On pourrait encore faire à notre hypothèse une objection de fait et dire : l'action de la corde du tympan n'a pas pour équivalent la paralysie simple du nerf sympathique, puisque, après la section complète des nerfs sympathiques glandulaires, l'excitation de la corde du tympan provoque encore, outre la sécrétion, une dilatation plus forte des vaisseaux. On pourrait donc croire à une dilatation active, plus considérable que la dilatation paralytique. Mais à cette objection je réponds que la paralysie obtenue expérimentalement, par la section du grand sympathique au cou, est tout à fait incomplète. C'est une paralysie artificielle qui n'atteint pas le degré de celle produite physiologiquement par l'action du nerf qui vient complétement en neutraliser un autre. Et voici la raison de cette différence : Dans le hile de la glande, et sans doute jusque dans ses profondeurs les plus intimes, se trouvent de petits amas nerveux ganglionnaires, qui représentent comme un relais, un lieu d'emmagasinement d'influx nerveux; en tout cas, c'est jusqu'à ce niveau que la corde du tympan vient agir sur les filets sympathiques ; c'est là que doit être portée l'action paralysante, section, destruction, ou interférence nerveuse, pour produire un effet complet. Or, nous le répétons, la section des nerfs sympathiques, même jusqu'au hile de la glande, ne provoque qu'une paralysie incomplète des nerfs constricteurs, tandis que l'action de la corde du tympan agit comme si l'on détruisait jusque aux derniers ramuscules de ces nerfs.

Mais il serait inutile de nous attarder plus longtemps dans ces voies difficiles : l'explication de la dilatation vasculaire. Seulement, ce qui est incontestable et que nous devons soigneusement retenir, c'est l'existence de deux sortes de nerfs vaso-moteurs ; les uns dont l'action coïncide avec une constriction des vaisseaux : *nerfs constricteurs ;* les autres dont l'action coïncide avec une dilatation vasculaire : *nerfs dilatateurs*. Il faut donc savoir que nous avons la possibilité de rétrécir ou de dilater à volonté les vaisseaux capillaires en agissant sur ces deux ordres de nerfs distincts.

Il faut savoir de plus, et c'est là le point de vue important sur lequel nous reviendrons, qu'il y a deux ordres de *phénomènes de température* en rapport avec ces deux actions vaso-motrices : 1° Les nerfs dilatateurs sont en même temps *calorifiques*. 2° Les constricteurs sont *frigo-*

rifiques. C'est un résultat qu'il était du reste facile de prévoir d'après ce que nous avons vu précédemment.

Il s'agit maintenant de revenir sur la question importante de savoir si nous pouvons généraliser à tous les organes ce que nous venons de dire pour la glande sous-maxillaire. Tous les tissus, tous les organes, sont-ils pourvus de nerfs vaso-moteurs de deux espèces accompagnant leurs vaisseaux ?

Je dirai tout d'abord que les nerfs *constricteurs vasculaires permanents* qui appartiennent au grand sympathique se trouvent partout. Ce sont des nerfs vasculo-musculaires distincts des nerfs musculaires proprement dits ; c'est là une proposition que j'ai établie dès longtemps par des expériences décisives sur le chien et de même chez la grenouille. Je vous rappelle le fait aujourd'hui ; nous aurons plus tard à y revenir.

Quant aux nerfs dilatateurs, ils sont plus difficiles à démontrer d'une manière générale. Cependant, outre la corde du tympan, j'ai encore signalé dans la tête divers rameaux nerveux dont l'excitation provoque directement la dilatation vasculaire. Ainsi j'ai vu l'excitation du nerf auriculo-temporal de la cinquième paire dilater les vaisseaux de l'oreille ; j'ai constaté également que l'excitation des filets accompagnant les divisions de l'artère carotide externe pouvait dilater ce vaisseau ; mais ce ne sont pas là des expériences aussi claires et aussi saillantes que celles sur la corde du tympan. Dans l'abdomen, j'ai vu également la galvanisation du bout périphérique des rameaux abdominaux du pneumogastrique déterminer la dilatation des vaisseaux du rein, et agir également sur les intestins en provoquant des mouvements péristaltiques, etc.

Cette question des nerfs dilatateurs et constricteurs, et de leurs rapports avec la calorification et par suite avec les phénomènes de nutrition, nous amène à interpréter une ancienne expérience, bien connue, de Magendie. Nous voulons parler des résultats de la section de la cinquième paire dans le crâne. On sait qu'à la suite de cette opération l'œil du côté correspondant devient blanc et la cornée opaque ; il se produit au bout de peu de jours des troubles de nutrition que nous avons autrefois décrits avec soin (1). Comment ces troubles trophiques peuvent-ils succéder à la section d'un nerf sensitif? On a voulu expliquer ces résultats en invoquant la perte de la sensibilité : l'animal se heurte du côté correspondant de la face, se blesse l'œil sans le sentir, et de là des irritations qui seraient la cause des troubles de la cornée ; mais en protégeant efficacement l'œil contre toute injure extérieure au moyen de l'oreille rabattue et maintenue, cousue au devant de lui, on n'en observe pas moins les lésions sus-indiquées, et il est cependant impossible de les attribuer à des violences non perçues et par suite non évitées par l'animal.

En répétant tout récemment encore l'expérience de Magendie, sur le trijumeau, nous avons recherché s'il existait un rapport étroit entre l'altération des fibres nerveuses consécutive à la section, et les troubles trophiques qu'on observe du côté de l'œil. En coupant la cinquième paire à son origine, avant le ganglion de Gasser, nous

(1) Voy. *Leçons sur le système nerveux*, t. II, 4e et 5e leçons.

avons vu la cornée devenir opaque, la conjonctive s'enflammer, sans que la partie phériphérique de la cinquième paire, dont le ganglion de Gasser est le centre trophique, éprouve la moindre altération (1). Au bout de huit jours, la myéline n'est pas segmentée, les tubes nerveux sont intacts. Nous en avons conclu que la section de la cinquième paire amène des lésions de nutrition, parce que le trijumeau renferme des nerfs dilatateurs qui, à l'état normal, contre-balancent l'action des nerfs constricteurs. Les troubles trophiques se produisent par suite de la prépondérance d'action de ces nerfs constricteurs. En effet, il est facile de constater dans cette expérience que les vaisseaux de ce côté de la face sont rétrécis.

Pour en revenir à notre sujet principal, il est donc probable que la dilatation vasculaire directe est un fait aussi général que la contraction vasculaire directe. Mais cette question en renferme une autre très-importante et également connexe à notre sujet, celle de savoir si, indépendamment des actions de constriction et de dilatation directes, il y a aussi dans le système capillaire des contractions et des dilatations réflexes.

Les contractions aussi bien que les dilatations vasculaires par action nerveuse réflexe ne sont pas douteuses selon moi. Seulement ici le phénomène devient plus complexe et plus difficile à bien définir. En effet, quand nous agissons directement sur les nerfs centrifuges, c'est-à-dire sur les bouts périphériques du nerf sympathique ou de la corde du tympan, nous sommes certain d'agir

(1) Voy. *Comptes rendus* et *Bull. de la Société de biologie*, 14 mars 1874.

directement et uniquement sur la périphérie des vaisseaux capillaires. Quand nous excitons au contraire des nerfs centripètes, nous agissons à la fois sur le système vasculaire périphérique (vaisseaux capillaires), et aussi sur le système vasculaire central (cœur). Ces deux actions viennent alors se mélanger dans les phénomènes ; il s'agit de les démêler. C'est ce que nous allons essayer de faire.

Quand on place un corps sapide sur la langue, et que les vaisseaux des glandes sous-maxillaires se dilatent, c'est là évidemment une dilatation réflexe. On peut admettre que cette action réflexe est locale, spéciale à la sensibilité linguale, et qu'elle ne retentit pas sensiblement sur le centre circulatoire, quoique j'aie observé que l'excitation de quelques nerfs voisins, tels que les mylo-hyoïdiens, puisse aussi amener la sécrétion salivaire avec dilatation vasculaire (1). Néanmoins, je le répète, ce n'est point une action dilatatrice réflexe générale qui se produit ici, car si l'on coupe le nerf lingual d'un côté et si l'on excite légèrement son bout central, on ne détermine de sécrétion salivaire et de dilatation vasculaire que du côté excité, à moins que l'excitation produite ne soit très-violente et ne s'irradie au loin.

Il en est de même pour les contractions vasculaires : elles peuvent être tout à fait locales quand les excitations de nerfs sensitifs sont légères. Ainsi, quand on excite le bout central du nerf auriculaire, on produit un rétrécissement vasculaire et une modification thermique par action réflexe sur l'oreille correspondante ; mais quand on pro-

(1) Voy. *Leçons sur les liquides de l'organisme*, t. II, p. 309.

duit une action réflexe générale et intense en agissant sur des nerfs de sensibilité générale, on peut obtenir non-seulement une influence sur la circulation capillaire, mais on a évidemment aussi une action sur le centre circulatoire. Nous signalons ces cas complexes, et nous envisagerons d'abord les cas les plus simples.

En ne considérant pour le moment que les phénomènes périphériques, nous pouvons admettre que le système nerveux exerce une influence capitale sur la circulation périphérique. Les expériences si multipliées et si nettes qui ont été répétées ici même ne sauraient laisser aucun doute à cet égard. La démonstration du fait est complète. L'appareil d'innervation émet des filets vaso-moteurs destinés aux petits vaisseaux : l'excitation provoquée ou automatique des filets vasculaires entraîne la dilatation ou le resserrement des vaisseaux. Grâce à ce mécanisme régulateur, la circulation s'exalte ou se réduit dans les différents organes ; les échanges nutritifs subissent le contre-coup de ces variations ; la chaleur elle-même se développe en plus grande quantité ou diminue.

L'appareil nerveux, en réglant le calibre des petits vaisseaux, influence donc et gouverne tout un ensemble de phénomènes physiologiques. La circulation est la première fonction atteinte, et par elle toutes les autres le sont bientôt. Il importe par conséquent de connaître dans les plus grands détails la nature et l'étendue des modifications circulatoires, qui sont le point de départ de toutes les autres. Parmi les conditions les plus caractéristiques de l'état circulatoire, le phénomène de la pression vasculaire, de la tension artérielle et de la tension veineuse, occupe la première place. Les modifications dans le calibre du système circulatoire entraînent des modifications dans la valeur de la tension : un grand nombre de phénomènes sont liés aux conditions que présente cet élément. La vitesse du sang, le phénomène du pouls, la continuité de la progression, la congestion, s'expliquent par les conditions diverses de la pression artérielle. Dès lors, il sera utile de connaître l'influence du système nerveux sur l'état de la tension vasculaire.

Je ne vous indiquerai pas ici tous les moyens que l'on a mis en usage pour mesurer la tension artérielle ou veineuse. Il me suffira de vous citer les noms de Hales et de Poiseuille pour vous rappeler les premières tentatives faites dans ce sens. Ces deux physiologistes employaient le *manomètre à air libre* des physiciens.

Les appareils plus récents de Volkmann et de Ludwig ne sont que des perfectionnements de ces manomètres primitifs. Dans le manomètre de Ludwig, les variations de la pression, c'est-à-dire les oscillations du mercure, sont enregistrées par un mécanisme particulier. Un flotteur mobile, surmonté d'une tige ou d'un stylet, suit les oscillations du niveau mercuriel et les enregistre sur un cylindre tournant. Vous voyez ici un appareil de ce genre qu'on a appelé l'*hémomètre* ou le *kymographion*. Le cylindre enregistreur est celui qu'emploie M. Marey ; son mouvement est produit par un mécanisme d'horlogerie et réglé par le régulateur de Foucault. Ces instruments enregistreurs se sont considérablement répandus dans la pratique physiologique, et rendent des services signalés à l'expérimentateur en le déchargeant de soins très-pénibles et en donnant un tableau plus fidèle et plus complet de l'expérience.

M. Poiseuille, opérant à une époque où la méthode graphique n'était pas employée, était contraint de suivre des yeux dans chaque cas l'excursion de la colonne mercurielle et d'en évaluer le maximum et le minimum. De là des difficultés particulières qui s'ajoutaient aux imperfections déjà si considérables de l'instrument.

Au lieu d'apprécier des nombres absolus, de mesurer des pressions absolues, pour les comparer ensuite, il était aussi simple, au point de vue théorique, et beaucoup plus facile, au point de vue expérimental, de rechercher dès l'abord des différences, de mesurer des valeurs comparées. Ainsi, au lieu de faire agir successivement le sang de la carotide, puis le sang de l'artère crurale sur la même branche du manomètre, il est de beaucoup préférable de faire agir simultanément le sang de ces deux artères, sur la branche droite pour l'une, sur la branche gauche pour l'autre. Si les pressions sont égales, les deux niveaux mercuriels devront rester sur le même plan horizontal ; si elles sont différentes, le manomètre donnera leur différence, une des colonnes s'élevant plus haut que l'autre. Ce sont ces idées qui m'ont conduit à construire un *manomètre différentiel* que vous voyez ici (voyez la figure 6).

Ces détails préliminaires nous étaient indispensables pour la compréhension de la question qui va nous occuper maintenant. Il s'agira de rechercher l'influence que le système nerveux, c'est-à-dire le système vaso-moteur, et en particulier le grand sympathique, peuvent exercer sur la tension artérielle.

Nous avons fait cette recherche sur le cheval, qui, par sa taille, se prête mieux à l'expérience. Les artères auxquelles nous nous adressions étaient les artères labiales ou coronaires, volumineuses et faciles à découvrir. On en fait la section. Dans le bout central de l'artère droite, on

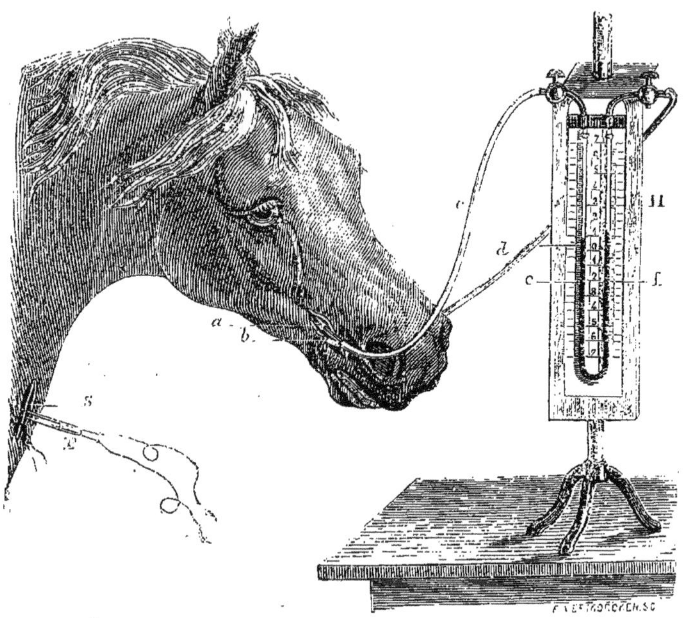

Fig. 6. — Manomètre différentiel.

M, hémomètre différentiel fixé sur un support et dévié de sa position pour montrer de face l'échelle hémométrique. — *a*, artère coronaire labiale droite mise à découvert, divisée et fixée par son bout central sur un tube de plomb *c* qui communique avec la branche droite de l'hémomètre. — *b*, ligature placée sur le bout périphérique de l'artère labiale. — *d*, tube de plomb faisant communiquer la branche gauche de l'hémomètre avec le bout central de l'artère coronaire labiale gauche. — S, cordon du nerf sympathique mis à découvert dans une plaie au bas du cou et serré fortement par une ligature, de manière à le paralyser. Le sympathique étant ainsi paralysé, la colonne mercurielle cesse d'être en équilibre : elle s'abaisse en *e* et s'élève en *f*, par suite de l'augmentation de pression du côté droit, après la ligature du nerf sympathique. — P, pince électrique communiquant avec un appareil à induction, et destinée à exciter le filet du nerf sympathique au-dessus de la ligature.

introduit un tube relié à une branche droite du manomètre différentiel ; dans le bout central de l'artère du côté gauche, on place l'autre branche. Il est bien entendu que l'interposition du carbonate de soude n'est pas négligée (fig. 6).

Quand on observe alors ce qui se passe dans le manomètre, avant la section ou la ligature du grand sympathique, on voit que la pression se montre égale dans les deux artères homologues; l'instrument reste au zéro. Mais les choses étant ainsi disposées, si l'on vient à couper ou à lier le cordon cervical du grand sympathique, au bout d'un temps très-court nous verrons la pression augmenter du côté où le grand sympathique a été sectionné. Cette augmentation de pression est considérable : elle a pu atteindre, dans certains cas, jusqu'à 60 millim. de mercure, c'est-à-dire la force même de l'impulsion cardiaque.

Le tableau suivant donne le résultat de cinq expériences :

CHEVAL.	ÉGALITÉ DE PRESSION avant section du sympathique.	AUGMENTATION DE PRESSION du côté de la section du nerf sympathique.
1re expérience......	0	40
2e —	0	60
3e —	0	60
4e —	0	31
5e —	0	25

On faisait ensuite la contre-épreuve en galvanisant le bout périphérique du grand sympathique coupé; la pression s'abaissait et tombait au niveau, et même au-dessous de la pression du côté sain. Il peut même arriver que les pulsations s'arrêtent, et que l'on ne constate plus les oscillations ordinaires.

Pendant toutes ces épreuves, le cœur n'avait pas éprouvé de variation. C'est là un point important à noter, parce que cela démontre que le système nerveux peut agir pour modifier la pression sanguine dans un organe périphérique, d'une manière tout à fait locale, et sans apporter aucun trouble dans la circulation générale. C'est donc là une action directe des nerfs vaso-moteurs sur les capillaires périphériques.

Les expériences sont extrêmement nettes : les résultats, toujours identiques, faciles à constater. Nous avons dit que la section du grand sympathique avait pour effet d'augmenter la tension vasculaire, et de l'amener jusqu'à égaler presque la force d'impulsion cardiaque. Mais il est bien clair que c'est là une valeur-limite qui ne sera jamais atteinte complétement et surtout jamais dépassée. Toute propulsion vient du cœur ; là s'engendre la force mécanique. La contractilité des vaisseaux périphériques travaille sur ce canevas ; elle agit pour réfréner, modérer la transmission, ou pour la faciliter en rétrécissant ou dilatant les voies : elle ne crée pas de force nouvelle, elle ne fait qu'opposer à la force cardiaque un obstacle plus ou moins énergique, plus ou moins faible. C'est un frein. En un mot, elle introduit des résistances variables à la propagation de la puissance mécanique, mais toujours des résistances. En sorte que dans tous les cas la pression vasculaire diminue à partir du cœur, centre d'impulsion : le seul pouvoir du système nerveux est de commander le degré de cette diminution pour un organe donné.

Le fait étant bien constaté, le besoin d'une explication s'impose à l'esprit.

Comment se produit le changement de tension ? Est-il dû à un certain état de rétrécissement du vaisseau, immobilisé dans le resserrement, et créant ainsi des résistances de frottement capables d'user une partie de l'effort originel ?

L'observation a appris que le phénomène n'était pas aussi simple. Le vaisseau, pendant la période de repos, n'est pas fixé dans un état immobile de demi-contraction. Il est le siége de phénomènes actifs qui modifient à chaque instant son calibre. Il n'offre pas une section invariable; des contractions fibrillaires, vermiculaires, témoignent de l'antagonisme des deux puissances qui tendent, l'une à le dilater, l'autre à le resserrer. D'ailleurs, on ne comprendrait pas une contraction permanente. C'est une loi physiologique absolue, que chaque élément anatomique doit se reposer après une très-courte période d'activité, et que ces alternatives d'inertie et d'action doivent se succéder rapidement. Cette loi est observée ici. L'existence de ces contractions oscillatoires a été constatée par différents observateurs, par W. John dans l'aile de la chauve-souris, par M. Schiff dans l'oreille du lapin, par d'autres dans la langue ou la membrane interdigitale de la grenouille, placées sur le porte-objet du microscope. C'est un phénomène physiologique constant; il est sous l'influence du système nerveux vaso-moteur. Il disparaît dans certains états morbides, et c'est là ce qui arrive pendant la fièvre; les contractions ont cessé. La fièvre serait une paralysie des nerfs vaso-constricteurs ou une suractivité des nerfs vaso-dilatateurs.

Ainsi une résistance sans cesse maintenue et renouvelée se trouve ménagée sur le parcours du torrent circulatoire. Elle s'exagère dans le cas de resserrement du vaisseau ; elle s'atténue et disparaît dans le cas de dilatation, dans le cas de section du grand sympathique, comme si, des deux puissances qui se combattaient, l'une ayant été surmontée et vaincue par l'autre, toute lutte avait cessé. Les contractions oscillatoires, conséquences de cet antagonisme, auront dû disparaître. L'impulsion du cœur, arrêtée et brisée par cette résistance toujours renouvelée dans les conditions ordinaires, se transmettra presque entière dans les conditions extra-normales dont nous parlons.

Une observation importante trouve ici sa place. Lorsqu'on a coupé une artère labiale par exemple, on pourrait croire que les nerfs vaso-moteurs venant d'en bas et accompagnant le tronc artériel devraient être divisés en même temps, de telle sorte que le bout périphérique de l'artère coupée se trouvât paralysé et désormais soustrait à l'influence nerveuse. Il n'en est rien, car j'ai constaté qu'en galvanisant le sympathique au cou sur le cheval dont l'artère coronaire labiale a été divisée, le bout périphérique aussi bien que le bout central, se contracte sous l'influence de cette galvanisation ; preuve qu'il reçoit encore des nerfs sympathiques, venant sans doute par les anastomoses périphériques de filets émanés de ganglions voisins. Car sans cela il faudrait que les nerfs d'un côté du corps communiquassent avec ceux du côté opposé (1). Cela montre tout au moins que nous avons encore des

(1) Comparez les recherches récentes sur les points où se fait la réflexion des filets nerveux récurrents. Arloing et Tripier, *Des conditions de la persistance de la sensibilité dans le bout périphérique des nerfs sectionnés.* (*Compt. rend. Acad. des sciences*, 25 mai 1874.)

obscurités à élucider touchant le mode de distribution des nerfs; il y aurait donc des réseaux nerveux périphériques qui permettraient aux influences nerveuses de communiquer entre elles, comme les influences circulatoires elles-mêmes.

Jusqu'à présent nous nous sommes occupé seulement de la pression artérielle : il serait intéressant de voir ce qu'est devenue la pression veineuse et comment elle a varié. L'expérience se fera de la même manière, avec ce seul changement, qu'au lieu d'opérer sur les artères coronaires labiales du cheval, on opérera sur les veines de même nom. La pression qu'on observe à l'état normal ne dépasse jamais 20 à 30 millim. de mercure. Elle traduit la fraction de puissance motrice qui a survécu à la résistance opposée par le système capillaire ; elle correspond à la *vis à tergo*. Lorsque l'on sectionne le grand sympathique, la pression s'élève dans la veine jusqu'à une valeur double de sa valeur initiale. Nous trouvons des pressions qui sont comprises entre 60 millim. et 80 millim. Une grande partie, plus de la moitié de la force cardiaque est conservée, aussi observons-nous ici, comme nous l'avons vu dans la glande sous-maxillaire, le phénomène du pouls veineux, les pulsations des veines isochrones aux battements du cœur.

De cette observation résulte une conséquence importante. La pression ayant augmenté au delà de l'organe, dans les canaux veineux afférents, ayant augmenté aussi dans les artères afférentes, il faut qu'elle ait augmenté aussi dans tout le système intermédiaire, dans les capillaires les plus ténus et jusqu'au contact du sang avec les éléments des tissus. On voit donc que l'influence de la section du grand sympathique se fera sentir jusque dans l'atmosphère liquide de chaque élément en particulier, et pourra dès lors changer les conditions des échanges nutritifs, et avec ceux-ci les phénomènes calorifiques et chimiques dont ces échanges s'accompagnent.

C'est dans une pareille exagération de nutrition, provoquée comme nous venons de le dire, qu'on pourrait voir le caractère principal du fonctionnement organique. Ainsi, les nerfs n'agiraient pas en somme directement sur les éléments anatomiques pour en exalter le processus nutritif, ils agiraient simplement sur la circulation. Cette supposition, parfaitement rationnelle, ne serait pas autre chose que la négation des nerfs trophiques.

Dans ce cas, ce seraient les *nerfs dilatateurs* qui mériteraient plus spécialement le nom de nerfs trophiques : si nous nous rappelons en effet les nouvelles expériences citées plus haut sur le nerf trijumeau, nous voyons que l'atrophie des parties a résulté d'un rétrécissement vasculaire permanent, c'est-à-dire de la destruction des vaso-dilatateurs.

Nous savons que dans l'état de repos, la circulation locale de l'organe est presque nulle (voy. p. 169) : il y a dans les petits vaisseaux des colonnes de sang, sérum et globules, qui ne font qu'osciller dans l'intérieur, sans se renouveler par la circulation générale ; c'est une demi-stagnation. Dans l'état de fonctionnement, au contraire, la circulation locale s'exagère, les vaisseaux sont dilatés, la pression sanguine augmentée partout, les capillaires vidés et remplis, les atmosphères autour des éléments anatomiques plus abondantes, la nutrition plus active.

Ainsi, le renouvellement de ces atmosphères, qui baignent les éléments des tissus, créerait les conditions favorables au fonctionnement, serait la cause médiate de l'entrée en jeu des organes. Il y aurait là quelque chose d'analogue à ce qui se passe chez les végétaux, où le développement, l'accroissement, le fonctionnement des organes, se manifestent quand le milieu présente les conditions favorables d'humidité et de chaleur. Le système nerveux n'agirait pas directement sur l'élément figuré, mais médiatement en lui fournissant des conditions physiques propices.

A chaque pas que nous avons fait en avant, nous avons vu s'accroître l'importance de ces départements périphériques de l'appareil circulatoire, où s'accomplissent les phénomènes de la circulation locale, de la circulation capillaire. On comprend, d'après cela, l'importance capitale du système nerveux qui règle cet appareil contractile, qui gouverne ce frein, pour employer la comparaison que nous avons déjà faite ; et nous pouvons concevoir maintenant comment un organe peut avoir sa circulation locale modifiée, sans que celle des organes voisins le soit, parce que les circulations locales sont individuelles, et la circulation générale universelle.

Mais ce système nerveux lui-même, cause première et générateur de tous les phénomènes qui viennent d'être signalés, d'où tire-t-il les conditions de son action ? Quelle est la cause qui détermine l'opportunité de son intervention ?

Les phénomènes nerveux sont ou spontanés, automatiques, volontaires, ou bien ils sont provoqués, réflexes. Ces derniers sont évidemment en plus grand nombre dans les fonctions qui nous occupent. Les nerfs vaso-moteurs dilatent les vaisseaux de la glande sous-maxillaire par action réflexe, lorsqu'on met du vinaigre sur la langue de l'animal. La membrane muqueuse de l'estomac devient turgide, rouge, lorsque l'aliment vient exciter sa surface; la sécrétion intestinale se produit lorsque le bol alimentaire vient irriter la surface du conduit digestif. Voilà autant d'actions réflexes dans lesquelles les nerfs de la sensibilité ont réagi par quelque intermédiaire sur les filets nerveux vaso-moteurs. Ce sont ces phénomènes réflexes allant agir à distance, qui constituent ces faits de retentissement d'une manifestation organique sur un organe lointain, que les anciens avaient désignés par l'appellation mystérieuse de *sympathies des organes*.

DOUZIÈME LEÇON

SOMMAIRE : Actions réflexes qui modifient les battements cardiaques. — La calorification paraît marcher de pair avec la circulation. — Influence de l'organe central de la circulation. — Des nerfs cardiaques. — Distinguer l'augmentation de pression et l'augmentation du nombre des battements du cœur. — Étude de la pression. — Effets de la section des nerfs splanchniques. — *Nerf dépresseur*. — *Nerfs accélérateurs* et *nerfs d'arrêt*. — Résumé des rapports entre le système nerveux et la circulation.

MESSIEURS,

Nous avons envisagé jusqu'à ce moment l'action du grand sympathique dans ses rapports avec le système périphérique des vaisseaux capillaires, et nous avons pris soin de spécifier que l'action nerveuse s'arrêtait là et qu'elle n'atteignait en aucune façon le jeu de l'organe central, du cœur.

Ceci n'est plus le cas pour les actions vaso-motrices réflexes générales. Alors la vérité est que l'on ne peut agir énergiquement sur aucun nerf centripète, sur aucun nerf de sensibilité générale, sans influencer les battements cardiaques. Ce phénomène s'est montré à moi, avec netteté, à l'époque où j'opérais sur les racines des nerfs rachidiens pour établir la distinction des nerfs sensitifs et des nerfs moteurs. Il fut facile de constater que la moindre excitation portée sur un nerf de sensibilité avait son contre-coup sur le cœur. Lorsque l'animal ne manifeste la douleur qu'il éprouve par aucun cri, par aucun mouvement, il est souvent difficile de juger la question de savoir si oui ou non on a provoqué une sensation douloureuse, si l'on a agi ou non sur un nerf de sensibilité. Le fait que je vous signale en ce moment lève la difficulté et fournit un critérium précieux pour juger la nature d'une impression produite.

Au moment où l'on provoque une irritation assez forte d'un nerf sensitif, on observe un abaissement, un arrêt très-court du battement cardiaque, qui reprend aussitôt après. On voit alors la pression augmenter. Toutefois j'ai observé que lorsqu'on opère sur les animaux soumis au curare ce petit arrêt brusque n'a plus lieu, et il y a une augmentation immédiate. C'est là un fait dont l'explication sera à poursuivre.

Maintenant, il s'agit de savoir si dans les actions réflexes vaso-motrices nous pourrons constater et distinguer les deux phénomènes mélangés, la dilatation des vaisseaux périphériques et l'ampliation de la pulsation cardiaque. Voyons d'abord l'expérience, nous allons la répéter devant vous.

Voici un chien soumis à l'action légère du curare (et nous verrons plus tard qu'il est très-important que l'empoisonnement ne soit pas trop intense); il est fixé dans la gouttière à expérience, il est étendu immobile. L'appareil à respiration artificielle fonctionne et entretient le jeu du poumon, la circulation continue. Nous coupons l'extrémité d'une oreille : le sang s'échappe de la blessure goutte à goutte. La rapidité avec laquelle ces gouttes se succèdent mesure l'activité de la circulation.

Nous allons voir l'activité circulatoire s'atténuer ou

s'exagérer suivant que nous agirons sur un certain nerf ou sur un autre.

Une soucoupe est disposée pour recevoir le sang qui s'écoule. De plus, on introduit un tube dans le conduit de la glande sous-maxillaire, de façon à recueillir la sécrétion. Actuellement la glande est en repos, cependant le curare détermine un certain écoulement de la salive, la circulation du sang ainsi que la sécrétion de la salive sont modérées.

Le cordon grand sympathique uni au vague est découvert et mis à nu dans la région du cou : on opère de même avec le nerf sciatique dans la région postérieure de la cuisse. Ces dispositions préliminaires étant prises, l'expérience peut commencer.

On coupe le filet cervical du grand sympathique dans la région du cou. Aussitôt on voit l'écoulemen du sang devenir plus abondant, les gouttes tombent plus rapides et plus pressées, l'hémorrhagie s'exagère. En même temps on constate l'écoulement de salive par le tube du conduit sous-maxillaire. Mais si à ce moment on galvanise l'extrémité supérieure du grand sympathique, le jet le sang diminue, puis s'arrête par la contraction des artérioles de l'oreille, qui peut aller jusqu'à l'oblitération complète de leur lumière. Elle augmente et augmente de nouveau graduellement quand on a cessé l'excitation galvanique sur le grand sympathique. On a vu encore la pupille se dilater par la galvanisation du grand sympathique. Tous les phénomènes précédemment indiqués sont localisés au côté correspondant au nerf lésé, ce sont des modifications circulatoires périphériques dans lesquelles l'organe circulatoire n'intervient pas. Il va en être autrement dans le cas suivant.

Opérons, en effet, en irritant le nerf sciatique, et pour pouvoir comparer les résultats nouveaux aux résultats précédents, faisons en sorte que les deux épreuves soient simultanées, qu'elles soient parallèles. Pour cela il suffira d'agir sur le côté droit et sur le côté gauche de l'animal, dans les deux cas. Ainsi, l'épreuve précédente ayant porté sur le côté droit, celle-ci va porter sur le côté gauche. Le bout de l'oreille gauche est tranché assez bas pour que le sang s'écoule en jet peu rapide ou par gouttes. Les opérations pratiquées sur le côté droit en galvanisant le sympathique ou en suspendant son action, n'ont pas eu d'influence marquée par l'écoulement sanguin du côté gauche, ni sur l'écoulement de salive, ni sur la pupille. Si au contraire nous agissons sur le nerf sciatique, en le galvanisant fortement, nous voyons aussitôt l'écoulement sanguin devenir intense dans les deux côtés. Toutefois, la pupille ne se dilate qu'à gauche. Si l'excitation cesse, les phénomènes reprennent la marche, l'allure qu'ils avaient antérieurement.

Les deux épreuves peuvent être faites ici simultanément à droite et à gauche. Cette forme d'expérience que nous répetons ici pour un grand nombre de fois est peut-être plus démonstrative que les expériences successives telles que les avions pratiquées jusqu'à ce jour.

La comparaison des résultats nous montre que l'accélération, l'augmentation circulatoire et sécrétoire par l'excitation du sciatique, sont plus intenses que dans le cas de simple paralysie du sympathique. En second lieu, ces phénomènes de dilatation vasculaire se produisent plus rapidement par l'excitation du nerf sciatique que les phénomènes de contraction vasculaire par l'excitation directe ou indirecte du nerf sympathique.

La conclusion à laquelle nous arrivons est donc celle-ci :

Il y a des phénomènes nerveux réflexes vaso-moteurs de dilatation vasculaire qui amènent une accélération considérable dans la circulation périphérique.

Comment s'exercent ces phénomènes réflexes de dilatation ? Est-ce par une réaction des nerfs sensitifs sur les nerfs vaso-moteurs sympathiques, par une sorte d'action paralysante des premiers sur les seconds, analogue à celle que j'ai signalée dans la corde du tympan ? Est-ce en un mot une paralysie réflexe des nerfs vaso-moteurs, comme l'a dit un physiologiste suédois M. Loven ? Nous examinerons ces questions plus tard ; pour le moment, considérons seulement les phénomènes que nous avons sous les yeux.

Dans l'expérience intéressante que nous venons de produire devant vous, il y a des circonstances complexes : cherchons à les démêler. — D'abord nous disons que l'accroissement de la circulation capillaire pourrait n'être pas seulement le fait d'une dilatation des capillaires, mais qu'il y a aussi concomitance d'une impulsion cardiaque plus forte. Démontrons d'abord ce premier point.

Nous allons, pour cela, reproduire l'expérience en évaluant la pression cardiaque ou carotidienne, ce qui revient au même, au moyen du manomètre enregistreur. Dès qu'on excite le nerf sciatique, vous voyez la pression s'élever, et la courbe sur le cylindre noirci qui représente les oscillations de la colonne mercurielle s'élève considérablement à ce moment. Le chien sur lequel se fait l'épreuve est curarisé. Nous avons ainsi l'avantage d'apprécier l'influence de la sensibilité et de l'exalter sans produire aucun des mouvements généraux qui pourraient compliquer l'observation. En examinant maintenant ce tracé qui a été détaché du cylindre, vous voyez une ascension brusque de la colonne mercurielle au moment de l'excitation; nous ne voyons pas l'arrêt et même l'abaissement que je vous avais annoncé et que j'ai toujours vu se produire chez les animaux non soumis au curare. Cet arrêt brusque chez les animaux très-affaiblis peut même donner lieu à une syncope mortelle. Pourquoi donc ce phénomène ne se montre-t-il plus chez les animaux qui sont soumis à l'influence curarique? Ce sont là des particularités très-intéressantes à poursuivre, mais que nous devons laisser de côté pour le moment afin de ne pas sortir de notre sujet qui n'est en définitive que l'étude de la chaleur animale. Je tiens cependant à vous faire remarquer un phénomène d'un autre ordre qui se rattache à l'histoire du nerf grand sympathique.

Au moment où l'impression sensitive est produite, il y a aussi une réaction immédiate sur la pupille qui se dilate. J'ai autrefois déjà étudié ce phénomène, et j'ai observé sur des animaux non curarisés que cette dilatation de la pupille est également accompagnée ou précédée d'une immobilité et d'un rétrécissement rapide. Sur l'animal que nous expérimentons ici, la dilatation de la pupille se fait immédiatement et d'emblée, avec celle des vaisseaux eux-mêmes et avec l'accélération de la circulation et de la salivation. Cette dilatation pupillaire a lieu certainement par l'intermédiaire du filet sympathique du cou, car elle ne se manifeste plus après la section. Quant à l'accélération de la salivation, elle se montre, même après la section de ce filet, parce qu'elle est, sans doute, le résultat de l'influence d'un autre filet, en même temps qu'il se produit une augmentation de pression, conséquence aussi de l'action réflexe sur le cœur. Il en est de même de l'accélération circulatoire périphérique. Ces réflexions nous montrent donc qu'il ne faut pas négliger l'influence de l'action cardiaque dans les phénomènes périphériques que nous avons observés.

Mais y a-t-il réellement dilatation des capillaires périphériques? Nous savons qu'en galvanisant le bout supérieur du grand sympathique coupé dans la région du cou, nous avons simultanément une dilatation nerveuse de la pupille et une contraction énergique des vaisseaux. Ces deux phénomènes semblent être en opposition, et comment se ferait-il qu'ici ils seraient au contraire d'accord et simultanés? Toutes ces questions, il faut le reconnaître, sont encore fort obscures, néanmoins on ne saurait admettre qu'elles soient insolubles. D'après des expériences dont je n'ai encore publié que des résultats très-généraux, je suis autorisé à penser que les nerfs pupillaires et vasculaires n'ont pas la même origine de même que les nerfs vaso-constricteurs et vaso-dilatateurs, et si quand on agit sur le filet cervical on les excite simultanément, il n'en est plus de même quand on agit sur eux par action réflexe qui les distingue (1).

Néanmoins, ces réserves dans l'explication des phénomènes ne diminuent en rien l'importance des résultats que nous avons constatés avec vous, et qui nous montrent qu'une impression sensitive générale peut amener immédiatement une suractivité dans la circulation périphérique capillaire avec dilatation vasculaire.

Nous avons à poursuivre maintenant l'étude de l'influence du système nerveux sur la circulation.

Le système nerveux, en agissant sur la circulation centrale et tour à tour ou simultanément sur la circulation capillaire périphérique, intervient dans la fonction de calorification, quoique d'une manière indirecte. Les rapports ne sont pas immédiats entre l'agent nerveux et la chaleur animale. Y a-t-il des nerfs dont l'influence sur les fonctions soit directe et immédiate? Y a-t-il des nerfs qui exercent leur influence directement sur la nutrition par des filets trophiques, sur les sécrétions par des filets sécrétoires, et sur la calorification par des filets calorifiques? Autant de questions importantes, très-obscures, que nous examinerons plus loin. Pour le moment, il suffit de reconnaître que la calorification marche ordinairement de pair avec la circulation. Celle-ci paraît l'intermédiaire obligé pour tous les rapports entre les actions nerveuses et les manifestations calorifiques.

Ainsi se passent les choses lorsque, par exemple, on vient à sectionner le grand sympathique dans la région

(1) Voy. Cl. Bernard, *Recherches expérimentales sur les nerfs vasculaires et calorifiques.* (*Compt. rend. de l'Acad. des sc.* 1862.)

cervicale. Les manifestations calorifiques qui s'ensuivent coïncident avec les modifications survenues dans les vaisseaux. Les artérioles sont dilatées, gorgées de sang; l'organe est traversé par le courant liquide avec une rapidité telle qu'il semble ne pas avoir le temps de se refroidir : une nouvelle ondée, venue des parties chaudes et profondes de l'organisme, répare à chaque instant les pertes qui tendent à se produire. On a pu croire ainsi que le refroidissement habituel était compensé par l'apport de chaleur; mais, sans anticiper sur la démonstration des faits, j'ajouterai qu'indépendamment de cette chaleur d'emprunt venue des autres régions, il y a une modification de température produite sur place. Les phénomènes chimiques de la nutrition ne peuvent faire autrement que de s'exagérer dans un organe si richement vascularisé, et de la chaleur autochtone vient s'ajouter à la chaleur étrangère. Cela résulte de tout ce que nous avons vu précédemment et nous reviendrons du reste sur ce sujet en étudiant l'influence que la chaleur exerce sur les animaux. Si la circulation générale fait affluer le calorique vers l'organe, la circulation locale en produit de son côté. Les manifestations thermiques s'expliquent donc par un changement dans la distribution et par une formation nouvelle. Les deux ordres de phénomènes de la calorification, création de chaleur, distribution de la chaleur créée, se rencontrent donc ici, subordonnés l'un et l'autre à l'état de la circulation, gouvernée elle-même par le système nerveux.

C'est pourquoi, ainsi que nous l'avons déjà dit, l'étude de l'influence du système nerveux sur la calorification suppose, nécessairement, l'étude préalable de son influence sur la circulation. C'est par là que nous avons dû commencer. Déjà nous avons examiné une partie de la question, mais nous sommes loin de l'avoir épuisée. Nous savons jusqu'ici qu'il y a influence nerveuse sur la circulation périphérique d'une part, et sur la circulation centrale d'autre part. Nous avons vu, en un mot, qu'un double appareil préside au mouvement du sang : l'un placé à la périphérie, régulateur des résistances ; l'autre au centre, créateur et régulateur de l'impulsion sanguine. Le premier mécanisme est constitué par la contractilité des petits vaisseaux ; il est commandé par le système nerveux au moyen de deux espèces de nerfs vaso-moteurs, des nerfs dilatateurs, des nerfs constricteurs. Les nerfs constricteurs, nous les connaissons : ce sont les ramifications directes du grand sympathique. Quant aux nerfs dilatateurs, nous en avons établi l'existence, mais nous aurons à en compléter l'histoire par des expériences encore inédites et à en étudier la localisation et la distribution anatomique.

L'organe d'impulsion, le cœur, obéit aussi aux sollicitations de deux ordres de nerfs qui règlent son activité. Les uns font contracter le cœur ou exaltent l'activité cardiaque : ce sont les nerfs accélérateurs émanés de la moelle épinière ; les autres arrêtent les contractions du cœur, modèrent son activité, et peuvent l'arrêter dans la dilatation. Ils émanent du pneumogastrique.

Nous ne rappellerons pas ici les divers travaux qui se sont succédés depuis Haller, jusqu'à nos propres recherches en 1858. J'ai montré à cette époque comment l'influence des nerfs sensitifs se transmet au cœur, par un phénomène réflexe, et j'ai déjà insisté sur ce fait que cette influence des nerfs se transmettait au cœur non-seulement par les pneumogastriques, mais encore par la moelle épinière, car la section des pneumogastriques n'empêche pas l'effet du pincement des nerfs de sensibilité de se manifester sur le cœur.

Quelques années plus tard, en 1863, A. von Bezold publiait ses recherches sur l'innervation du cœur. Il avait repris les expériences de Legallois, et, grâce à des procédés plus précis et plus exacts, il avait mis en pleine évidence ces deux faits principaux :

1° La section de la moelle épinière à la hauteur de l'atlas entraîne un abaissement dans la pression du sang et un ralentissement dans les pulsations du cœur.

2° La moelle épinière étant coupée, les battements ralentis, si l'on vient à exciter par le galvanisme le bout inférieur ou périphérique de la molle coupée, on voit la pression se relever, les pulsations s'accélérer.

La moelle exerce donc une influence incontestable sur le cœur. Bezold considéra cette action comme directe. Des filets nerveux, connus ou à connaître, reliaient la moelle au cœur et transmettaient à celui-ci les stimulations nées sur place ou provenant des parties plus élevées de l'encéphale. Le résultat était d'exalter l'activité cardiaque, de maintenir la pression dans sa valeur normale.

Les faits signalés par Bezold furent bientôt confirmés par Ludwig et Thiry. En 1864, Ludwig et Thiry retrouvèrent ce phénomène de dépression qui succède à la section de la moelle épinière à la hauteur de l'atlas : pareil abaissement manométrique, pareille diminution des pulsations. Au contraire, la galvanisation restaurait l'état primitif, ou même exagérait l'activité première. L'accord sur les résultats expérimentaux était complet. L'interprétation seule fut différente. Ludwig et Thiry prétendirent que le cœur n'était pas directement influencé et que l'action immédiate portait sur le système périphérique, le cœur ne faisant qu'en recevoir le contre-coup. Ils prouvèrent leur assertion, en sectionnant tous les filets nerveux qui relient l'axe cérébro-spinal au cœur, et en constatant la persistance de l'augmentation de pression dans le système artériel par l'excitation de la moelle dans le bout inférieur de la section.

Ces filets nerveux qui se rendent au cœur, appelés nerfs cardiaques, viennent de deux sources : du pneumogastrique, d'une part, et du grand sympathique, d'autre part. Ils se réunissent, après un trajet isolé dans le voisinage de la base du cœur et constituent là, en se mêlant et s'intriquant de mille manières, un réseau complexe, le plexus cardiaque, dans lequel il est impossible de distinguer ce qui revient au nerf vague de ce qui revient au sympathique. Mais avant que le mélange des filets s'accomplisse, tandis qu'ils cheminent isolément vers le cœur, en formant un petit nombre de troncs, il est possible de les reconnaître et d'agir sur eux. Les rameaux cardiaques du pneumogastrique forment deux groupes : les uns viennent de la portion cervicale, au nombre de deux à trois, à droite de la crosse aortique, en avant du tronc veineux brachio-céphalique ; les autres, également au nombre de deux à trois, viennent de la portion thoracique, entre la carotide gauche et la sous-clavière, se réunissent aux précédents et accompagnent les gros vaisseaux jusqu'à la base du cœur.

Les nerfs cardiaques du sympathique sont au nombre de six de chaque côté ; ils sortent des ganglions cervicaux et même des premiers ganglions thoraciques et se placent entre la trachée et le canal artériel en arrière et l'artère pulmonaire droite en avant.

Tels sont les filets qui ont dû être coupés dans l'expérience de Ludwig et Thiry. — Et après cela, comme nous l'avons dit, la moelle épinière sectionnée au niveau de l'atlas fut excitée galvaniquement. Les résultats furent les mêmes qui se produisaient avant la mutilation et que Bezold avait signalés. — La suppression des communications directes entre la moelle et le cœur n'empêchant pas l'accroissement de la pression du sang de se manifester, il est clair que celle-ci, pour se produire, prend quelque voie détournée.

Quelle est cette voie indirecte ? Comment l'excitation nerveuse se fait-elle sentir au cœur, puisqu'elle paraît n'y arriver par aucune des routes indiquées, ni par les pneumogastriques, ni par la moelle épinière.

C'est dans un travail ultérieur, publié en 1866, que Ludwig et Cyon ont cherché l'explication qui convenait à ces phénomènes. Ils ont fait connaître la cause de l'accroissement de pression qui se produit dans le cœur et la raison qui fait augmenter le nombre de ses battements, quand on galvanise le bout périphérique de la moelle. Disons immédiatement que les raisons sont différentes pour l'un et l'autre fait ; qu'il n'y a pas coïncidence nécessaire entre l'augmentation de la pression et l'augmentation des battements du cœur ; et dès lors, qu'il faudra produire deux systèmes d'explications.

Occupons-nous d'abord des faits relatifs à la pression.

La moelle épinière, outre les nerfs rachidiens, donne naissance aux nerfs sympathiques : elle fournit ainsi deux ordres de filets qui vont concourir à la formation de ces réseaux destinés aux viscères et qu'on appelle des *plexus*. Il existe ainsi un certain nombre de *plexus splanchniques*, dont le plus important est le plexus placé à la partie médiane, dans la cavité abdominale.

De ceux-ci émanent des filets nerveux qui enlacent les artères et les accompagnent dans les organes où elles vont se distribuer : foie, rate, reins, intestins, pancréas.

Or, quand après avoir détruit les nerfs du cou on provoque encore une augmentation dans la pression sanguine par l'excitation du bout inférieur de la moelle coupée, c'est en réalité sur ces nerfs splanchniques que l'on agit. On a cru, en coupant la moelle, atteindre le cœur, dont on voit les battements diminuer et la pression s'abaisser. Il n'en est rien. On a agi sur les viscères. Ce qui le prouve, c'est qu'en laissant la moelle épinière intacte et en coupant les nerfs qui la font communiquer avec les plexus viscéraux, et en particulier avec les plexus solaires, on voit encore la pression du sang diminuer dans le système artériel.

Le trouble porte donc sur le système splanchnique. C'est là un premier point acquis. De quelle nature est cette perturbation? comment retentit-elle sur le cœur? Il s'agit d'élucider ces deux questions.

Nous allons à cet effet étudier ce qu'on a appelé le *nerf*

dépresseur, et son influence sur la circulation du sang. Il faut se rappeler que les nerfs *grand* et *petit splanchniques*, branches du sympathique, émergent de la moelle épinière dans la région thoracique. Mais il faut ajouter qu'on admet qu'ils ont leur naissance et qu'ils tirent le principe de leur action d'un centre vaso-moteur particulier, situé dans le bulbe rachidien. Le nerf grand splanchnique, formé par la réunion de filets émanés des ganglions thoraciques, depuis le cinquième jusqu'au dixième chez l'homme, va se rendre au plexus solaire, dans le ganglion semi-lunaire. Le petit splanchnique, né des deux derniers ganglions thoraciques, va se rendre dans le plexus rénal. Ces nerfs appartiennent au groupe des sympathiques ordinaires, c'est-à-dire des vaso-moteurs constricteurs des vaisseaux sanguins.

Les renseignements anatomiques qui précèdent nous permettent de comprendre comment la section de la moelle épinière, en séparant les splanchniques de leur centre d'activité, équivaut à la paralysie de ces cordons. Les artères innervées par leurs rameaux se trouvent subitement paralysées, par conséquent dilatées et gorgées de sang. Le sang affluera donc dans les viscères, et comme sa quantité totale ne change pas, il devra, par compensation, se retirer du cœur. La pression baissera.

Au contraire, si l'on exerce une stimulation électrique sur le bout périphérique de la moelle sectionnée, on observe un effet inverse. Les vaisseaux de l'intestin et des viscères se contracteront, et, en se resserrant, feront refluer vers le cœur le sang qui les remplissait. La pression sera rétablie dans sa valeur première ou amenée à une valeur plus considérable. Si l'on avait coupé les splanchniques, l'excitation serait de nul effet. L'expérience a vérifié ces résultats et légitimé, par conséquent, l'explication que nous donnons des variations de la pression sanguine produites en sectionnant la moelle ou en la galvanisant.

C'est, du reste, par un mécanisme identique avec celui que nous venons d'exposer que se produisent d'ordinaire les changements de pression du sang. C'est par un déplacement d'une partie de la masse liquide qui se porte d'une région dans une autre. Lorsqu'on veut, par exemple, provoquer une augmentation de la pression artérielle dans les parties centrales du système vasculaire, on diminue le champ de la circulation en liant les artères des membres. D'autres fois on agit sur la masse du liquide : on l'augmente par injection d'eau ou bien on la diminue par la saignée. Dans un cas la pression s'élève, dans l'autre elle s'abaisse.

De pareils déplacements sont bien connus aussi en médecine, et ils entraînent des conséquences pathologiques faciles à comprendre. Dans les cas d'ascite, dans les cas de compression de l'abdomen par un épanchement ou une tumeur, si l'intervention chirurgicale fait disparaître l'obstacle et la compression, le sang afflue dans les viscères qui lui sont redevenus perméables et il évacue subitement le système cérébral et cardiaque. De là des syncopes quelquefois mortelles. Il faut expliquer de la même manière les vertiges et les étourdissements qu'éprouvent à leur première sortie du lit les convalescents de fièvres graves ou de maladies longues.

Revenons maintenant aux conditions physiologiques. Dans l'état ordinaire, l'action du centre bulbaire sur les nerfs splanchniques constricteurs des vaisseaux, consiste à maintenir la contraction des vaisseaux et à faire affluer le sang abdominal vers le cœur en augmentant la pression dans cet organe. Voilà donc un appareil qui pourvoira normalement à l'élévation de la pression.

Mais il doit évidemment exister un système dilatateur des vaisseaux, antagoniste de celui-là ; car il y a des circonstances où la pression doit diminuer dans le cœur pour augmenter dans les autres territoires organiques. A cette condition, l'appareil d'équilibration sera complet : il comprendra deux mécanismes, dont l'un, produisant la contraction des capillaires, réalisera la déplétion des viscères et des organes périphériques au profit du cœur et des gros vaisseaux, et l'autre, produisant la dilatation des capillaires, amènera la déplétion du cœur et des gros vaisseaux au profit des viscères et des organes périphériques.

Nous connaissons le mécanisme constricteur des capillaires; c'est le grand sympathique qui se distribue aux parties périphériques du corps comme aux organes viscéraux, nous n'avons pas besoin d'y revenir. Le second mécanisme, qui diminue la pression cardiaque en dilatant les capillaires viscéraux, est particulièrement constitué par le nerf que E. Cyon a découvert et qu'il a appelé *nerf dépresseur* (1).

Ce nerf dépresseur est un nerf sensitif. Excité dans le

(1) Voy. Cl. Bernard, *Rapport sur un mémoire de M. E. Cyon intitulé : De l'action réflexe d'un des nerfs sensitifs du cœur sur les nerfs moteurs*

cœur, il agit par action réflexe sur le centre des vaso-moteurs de l'économie, sur ceux de la périphérie comme sur ceux de l'intestin. Les vaisseaux capillaires sont dilatés, et par suite, en vertu du mécanisme de bascule signalé plus haut, la pression diminue dans le cœur et dans les artères qui en émanent.

Ce qu'il importe de remarquer, c'est que cette action réflexe a son point de départ dans le cœur : qu'elle arrive de là au centre vaso-moteur de la moelle allongée, et se réfléchit sur les nerfs vasculaires périphériques, de façon à les paralyser et à amener la dilatation des vaisseaux capillaires. Le fait de la diminution de pression dans le cœur s'explique donc par la paralysie des nerfs constricteurs vasculaires qui émergent du rachis avec les splanchniques, et que nous avons déjà vu être paralysés par la section de la moelle. On pourrait cependant admettre, et nous examinerons en d'autre lieu cette interprétation, que l'action du nerf sensitif, dit dépresseur, détermine une action directe des nerfs dilatateurs, et que la section de la moelle épinière produit le même résultat immédiat.

En réalité, l'action du nerf dépresseur amènerait physiologiquement et normalement ce que produit artificiellement ou expérimentalement la section de la moelle au niveau de l'intervalle qui sépare l'occipital de l'atlas.

Des détails sont nécessaires pour mieux faire connaître comment on a compris ce cycle excito-moteur.

des vaisseaux sanguins. (*Journ. de l'anat. et de la physiologie*, t. V, 1868, p. 337.) — Cyon, *Sur l'innervation du cœur* (même journ., même année, p. 441).

Les expériences de E. Cyon ont été faites sur le lapin. Chez cet animal, le nerf dépresseur est constitué par des filets qui, après être nés dans le tissu du cœur et avoir formé partie intégrante du plexus cardiaque, se réunissent en un cordon unique. Le cordon longe l'artère carotide, parallèlement au tronc cervical du sympathique auquel il est simplement accolé. Il se subdivise bientôt en deux rameaux, l'un pour le laryngé supérieur, l'autre pour le tronc même du vague, et se rend ainsi, avec le pneumogastrique au bulbe rachidien. Le trajet que nous venons de décrire est précisément le trajet que suivent les impressions sensitives pour remonter du cœur vers le centre spinal. Le nerf dont nous parlons est en effet un nerf de sensibilité. Lorsqu'on l'isole dans la région du cou et qu'on l'irrite, on le trouve sensible. Si on le sectionne et qu'on excite le bout périphérique, on n'observe aucun effet. Si au contraire on applique le stimulant électrique au bout central, la pression artérielle s'abaisse : le manomètre adapté à une artère montre une diminution de pression de plusieurs millimètres, comme si l'on avait coupé la moelle épinière dans la région de l'atlas.

En parlant de la sensibilité du cœur qui est sous l'influence du nerf dépresseur, nous avons entendu parler d'une sensibilité spéciale, particulière, et non de la sensibilité générale ou tactile, qui paraît réservée au tégument externe. La sensibilité existe partout ; elle peut être consciente ou inconsciente. Pour beaucoup de philosophes cet accouplement de mots « *sensation inconsciente* » paraît une absurdité, un abus de langage. Mais les physiologistes ne peuvent, quant à eux, se refuser à admettre l'indépendance de ces deux faits : sensation, conscience. Ils reconnaissent une sensation brute, qui n'est pas élaborée par le *sensorium commune*, et une sensation consciente dont le moi prend connaissance et qu'il compare. Dans un cas comme dans l'autre il y a excitation produite à la périphérie, sur l'appareil terminal d'un nerf centripète : l'ébranlement moléculaire est conduit au centre nerveux par le même chemin : la réaction motrice est identique. Le cerveau peut être averti ou ne l'être pas, peu importe. Il y a un ensemble de phénomènes qui entraînent une réaction motrice : ce *processus* mérite le nom de sensation brute ou inconsciente. C'est un fait physiologique caractérisé par l'action d'un nerf centripète sur un nerf centrifuge, d'un nerf sur un autre. Il consiste dans cette sorte d'élaboration qui transforme l'ébranlement qui arrive par le nerf sensitif, en un état nouveau qui retourne par le nerf moteur; élaboration qui s'accomplirait d'après les idées actuelles dans un appareil spécial, dans un groupe de cellules nerveuses intermédiaires aux deux nerfs.

Les excitations qui mettent en jeu cette sensibilité inconsciente sont de nature très-variable et spéciale suivant les organes. Chacun a ses excitants particuliers. Le cœur et le système vasculaire auraient leur sensibilité spéciale comme le poumon, l'intestin. Les glandes ont aussi leur sensibilité particulière et leurs excitants spéciaux et exclusifs. Il est difficile de rien dire de ses actions qui soit tout à fait général. Cependant je rappellerai ici, par parenthèse, une observation intéressante de Berzelius. Ce grand chimiste énonce cette loi : que les sécrétions sont provoquées par le contact avec les membranes muqueuses d'une substance de réaction contraire à celle du liquide sécrété; par un acide si la sécrétion est alcaline, par un alcali si la sécrétion est acide. Le vinaigre, par exemple, exalte la sécrétion salivaire et est sans action sur la sécrétion gastrique, tandis que le carbonate de soude et les alcalis l'excitent visiblement. Le vinaigre provoque un véritable jet de suc pancréatique : le carbonate de soude resterait sans effet.

Revenons à notre sujet. La sensibilité inconsciente existe donc aussi dans le système vasculaire, dans le cœur. Depuis longtemps j'ai pu me convaincre que cette sensibilité peut devenir consciente dans les fortes excitations. Dans mes recherches sur la température du cœur, quand le thermomètre venait à toucher la paroi interne de l'organe, j'ai constaté que l'animal sentait et que les battements s'accéléraient, ce qui témoignait d'une sensibilité incontestable. Je n'ai pas constaté s'il y avait alors une dépression sanguine, et qui devait sans doute avoir lieu. Donc la paroi interne du cœur est sensible, et quand la pression du sang à son intérieur devient trop considérable, le nerf sensitif de l'organe est excité, sa sensibilité mise en jeu; le cycle réflexe s'accomplit et les résultats fâcheux de la distension extrême se trouvent conjurés.

Au début de cette étude, nous avons eu soin de distinguer les phénomènes relatifs à la tension artérielle, à la pression du sang, des faits relatifs aux battements du cœur, à leur accélération ou à leur diminution. Le nerf sensitif cardiaque ou dépresseur n'est qu'un régulateur de la pression; son action nous est maintenant connue. C'est un nerf dilatateur qui agit comme paralysant du grand sympathique à la manière de la corde du tympan sur les nerfs vasculaires de la glande sous-maxillaire, avec la différence toutefois que le dépresseur agit sur les centres, tandis que la corde du tympan agit périphériquement. La découverte des phénomènes relatifs à l'action du nerf dépresseur est d'un grand intérêt ; mais il y aurait à rechercher si cette action dépressive ou dilatatrice ne pourrait pas être produite par d'autres nerfs sensitifs. Une expérience dont je vous ai montré les résultats dans une de nos leçons précédentes, nous a montré que l'excitation du sciatique, et peut-être celle d'autres nerfs encore, produiraient la dilatation vasculaire ; mais là elle serait accompagnée d'une action cardiaque qui augmente la pression au lieu de la diminuer.

En résumé, il y a deux rouages antagonistes qui règlent directement le fonctionnement des vaisseaux capillaires, et qui, indirectement, réagissent sur le cœur pour amener l'augmentation ou la diminution dans la pression sanguine. Ces deux systèmes antagonistes sont, d'une part, le sympathique, nerf constricteur vasculaire général ; d'autre part, le nerf dépresseur et les nerfs sensitifs en général qui suppriment l'action constrictive et amènent la dilatation vasculaire réflexe comme conséquence nécessaire de leur action.

Quoique ces considérations nous entraînent peut-être assez loin de notre sujet, nous ne saurions nous empêcher d'examiner le second point de l'étude de l'innervation du cœur, c'est-à-dire la fréquence des battements. Nous venons de nous expliquer au sujet de l'influence du système nerveux sur la *tension vasculaire ;* il s'agit maintenant d'examiner la question des mouvements du cœur. Nous allons retrouver ici des nerfs qui précipiteront les battements, nerfs *accélérateurs;* des nerfs qui les suspendront, nerfs *d'arrêt.*

L'expérience de Bezold nous a appris qu'en pratiquant une section de la moelle, au niveau de l'atlas, on ralentissait les battements du cœur, et qu'au contraire on les accélérait en galvanisant le bout périphérique. C'est là un fait qui est très-exact et qui n'a pas été détruit par les expériences ultérieures. Cette accélération des battements du cœur part de la moelle épinière, et est produite par un nerf qui agit directement sur le cœur pour le faire se contracter. Il y a donc un nerf particulier, *accélérateur* des battements cardiaques.

La physiologie nous conduit ainsi à la connaissance d'un nerf directement excitateur des impulsions, qui unirait le cœur à l'axe rachidien. L'investigation anatomique viendra confirmer et vérifier cette notion, en isolant ce cordon nerveux, et en montrant son trajet, sa situation et ses rapports. M. Cyon a étudié le trajet de ce nerf qu'il appelle nerf accélérateur, qui sortirait de la moelle avec le troisième rameau du ganglion cervical inférieur du premier thoracique et pourrait être suivi assez avant dans le plexus cardiaque. J'ai, de mon côté, dans des expériences déjà anciennes, trouvé que ce nerf sort de la racine antérieure de la deuxième paire rachidienne dorsale.

Le nerf accélérateur entre en activité, comme tous les nerfs moteurs, sous l'influence de stimulations directes et de stimulations réflexes. La stimulation est directe lorsqu'on excite par le galvanisme la moelle sectionnée ou le bout périphérique de la racine dorsale de laquelle naît ce nerf. Elle est réflexe dans l'état ordinaire physiologique. Nous avons vu, par exemple, qu'en irritant tous les nerfs sensitifs, le nerf sciatique par exemple, on déterminait le jeu plus rapide de l'organe cardiaque et l'on observait ces deux effets :

1° Accélération des battements;

2° Augmentation de leur amplitude.

C'est en se réfléchissant sur le nerf constricteur ou accélérateur cardiaque que l'excitation du nerf sensitif entraîne ces conséquences. Le centre où la relation s'établit entre le nerf de sensibilité et le nerf accélérateur se trouve dans la moelle épinière au niveau de sa région dorsale (au niveau de la deuxième paire de nerfs), tandis que le centre des vaso-moteurs se trouverait dans la moelle allongée ou dans le bulbe rachidien ; en effet, en coupant la moelle à sa limite de séparation avec le bulbe, la réflexion des nerfs sensitifs sur les nerfs vaso-moteurs ne se produit plus, tandis qu'elle se manifeste toujours sur le cœur.

Il nous reste maintenant à signaler l'appareil antagoniste à l'appareil constricteur ou accélérateur du cœur ; c'est-à-dire l'appareil nerveux modérateur des mouvements. Il y a une vingtaine d'années au moins, je signalai ce fait, qu'en auscultant le cœur sur un chien au moment où l'on galvanisait les vagues dans la région du cœur, on cessait d'entendre les battements; les mouvements s'arrêtaient instantanément. Vers la même époque, E. Weber signalait de même l'arrêt du cœur par l'excitation des pneumogastriques et de la moelle allongée chez les grenouilles. Ce fait de l'arrêt du cœur par l'excitation des nerfs vagues fut bientôt universellement répété et généralement connu. Depuis lors on admet qu'il existe pour le cœur un ordre particulier de nerfs, les *nerfs modérateurs*. Ces nerfs appartiennent au pneumogastrique. Lorsqu'on vient en effet à exciter le bout périphérique du pneumogastrique coupé, on constate le ralentissement et même l'*arrêt* complet du cœur. Ce n'est pas l'arrêt qui résulte d'une contraction énergique, d'une tétanisation, comme cela arrive pour les muscles soumis à l'excitation énergique d'un appareil d'induction. C'est un arrêt dans le *relâchement* : dans la dilatation, dans la diastole ; les fibres musculaires sont au repos, inertes et passives. Réciproquement, la section, en supprimant cette action modératrice des pneumogastriques, accélère les mouvements cardiaques. C'est encore d'un centre situé dans le bulbe rachidien que part l'impulsion spéciale que transmettent les pneumogastriques. Ce centre modérateur qui agit périphériquement sur le cœur peut entrer en action sous l'influence de certains nerfs sensitifs : l'excitation, se réfléchissant sur le pneumogastrique, ralentit ou arrête le cœur ; Bernstein a signalé, parmi ces nerfs, les rameaux de la cinquième et de la sixième paire spinale ; Goltz, les nerfs de la paroi abdominale irritées d'une façon rhythmique et prolongée par une percussion peu énergique.

Du reste, la faculté de modération que nous reconnaissons au pneumogastrique ne serait, d'après Waller, qu'une faculté d'emprunt qui viendrait du nerf spinal dont le pneumogastrique reçoit une anastomose importante ; et même, d'après Shiff, des filets les plus inférieurs des nerfs spinaux. En résumé, le cœur, système circulatoire central, comme les vaisseaux capillaires, système circulatoire périphérique, a des nerfs modérateurs ou paralyseurs et des nerfs constricteurs ou accélérateurs. Son nerf constricteur ou accélérateur est un nerf sympathique venant de la moelle dorsale. Le nerf modérateur ou paralyseur est le vague, et vient de la moelle allongée; il agit sur le cœur sans doute à la manière de la corde du tympan sur les organes glandulaires, c'est-à-dire en paralysant les nerfs constricteurs. Des physiologistes avaient émis cette hypothèse que le vague arrête le cœur en contractant les artères coronaires du cœur et en privant le tissu cardiaque du sang. Cette hypothèse me paraît ruinée par ce fait que chez la grenouille, où il n'y a pas de vaisseaux coronaires, l'excitation du vague arrête également les mouvements du cœur.

Nous finissons ici l'examen des rapports entre le système nerveux et la circulation.

Nous pourrons aborder dans la prochaine leçon l'étude des rapports généraux entre la circulation et la calorification.

TREIZIÈME LEÇON

SOMMAIRE : Rapports généraux de la circulation et de la calorification. — L'augmentation thermique n'est pas la conséquence directe d'un renouvellement plus rapide du sang. — Ce dernier phénomène pourrait n'être que la conséquence du premier. — Expériences démonstratives. — Indépendance, sinon prééminence de la calorification sur la circulation. — Faits de calorification *post-mortem*. — Action thermique du grand sympathique. — Influence de la sensibilité sur les phénomènes de calorification. — Calorification provoquée par des actions réflexes. — Expériences relatives à la fièvre. — Les phénomènes de réfrigération réflexe, de même que ceux de calorification, peuvent être indépendants de l'état des vaisseaux.

MESSIEURS,

Dans les questions si complexes que soulève l'étude des êtres vivants, alors que la multitude des phénomènes et leurs connexions infinies créent sans cesse de nouvelles difficultés et obligent à de perpétuels retours, le premier besoin est, après s'être fait une bonne méthode de recherches, de se faire une bonne méthode d'exposition. Dans cet ensemble si touffu de vérités, il faut découvrir la subordination, réserver la prééminence à celles qui la méritent, donner une place subalterne aux autres, les présenter toutes dans leur hiérarchie naturelle.

Nous avons dû nous conformer à ce principe. En montrant avec insistance la calorification, sinon commandée par la circulation, au moins subordonnée à ses alternatives de suractivité ou de ralentissement ; en présentant l'appareil vasculaire comme l'agent dont le système nerveux emprunte le ministère afin d'atteindre la fonction calorifique, nous avons mis en lumière un fait principal, en apparence dominateur de tous les autres. Il s'agit aujourd'hui de revenir sur les détails et de préciser nettement la portée et la nature de cette relation intime entre ces deux fonctions physiologiques : circulation, calorification.

Les phénomènes de calorification sont de deux ordres : *création* de chaleur ; *répartition* méthodique de la chaleur créée. Ce dernier rôle de répartition, d'équilibration des températures appartient évidemment au système de la circulation générale. Le passage du sang à travers tous les organes égalise leur situation thermique; sa révolution rapide atténue les différences que beaucoup de conditions, entre autres les conditions extérieures, tendraient à créer dans les divers départements de l'organisme. Du reste, le cours du sang étant très-rapide dans les vaisseaux généraux, subit cependant des variations de vitesse. Le système nerveux commande ces variations par certains moyens et pour un certain but.

Les moyens, nous les avons exposés dans les leçons précédentes : ils consistent en un mécanisme régulateur des résistances placé dans les vaisseaux périphériques, et en un mécanisme régulateur des impulsions placé dans l'organe central. Le signal qui met ces mécanismes en mouvement est donné par les organes eux-mêmes, suivant les besoins et les nécessités du moment, c'est l'excitation nerveuse réflexe.

Quant au but, ou pour mieux dire aux résultats de ces actions, c'est de contre-balancer et combattre les perturbations qui, au cours des événements, pourraient altérer l'état d'équilibre thermique dont l'organisme ne doit pas s'écarter et qui seul est compatible avec un fonctionnement régulier de leur machine vivante.

En somme, dans cette première division des phénomènes de calorification, nous ne rencontrons guère autre chose que des faits de l'ordre mécanique. Il n'y a de réserve que pour le point de départ, qui est une manifestation de la sensibilité inconsciente.

Voilà pour la répartition de la chaleur produite.

Mais, pour la création même du calorique, des faits d'un autre ordre interviennent. Pendant longtemps les physiologistes ont placé dans le sang l'origine de toutes les productions calorifiques. A cette époque, ainsi que je vous le disais précédemment (1), l'importance attribuée au liquide sanguin éclipsait tout autre agent : lui seul était l'origine première, le générateur et l'agent responsable de toutes les manifestations physiologiques. Telle était la doctrine humorale. Ces idées étaient empreintes d'une exagération plus grande encore que l'on ne croit. A mesure que j'ai avancé dans mes recherches, je me suis senti de plus en plus contraint de faire déchoir le sang de la situation prépondérante qu'on lui avait accordée. Pour l'espèce qui nous occupe, la création de chaleur dans le sang seul est insignifiante : c'est dans l'intimité des tissus, dans la profondeur des organes au contact du sang et des éléments anatomiques que la chaleur est engendrée; le fait est acquis. Voilà pourquoi la circulation locale a une

(1) Voy. page 33.

influence très-notable sur la production de calorique : elle crée des conditions qui favorisent les échanges nutritifs avec toutes leurs conséquences chimiques et thermiques : elle crée un milieu favorable à la nutrition, et de plus en plus actif à mesure qu'elle s'accroît davantage. La circulation intervient ici comme dans le règne végétal intervient le retour des saisons. La chaleur et l'humidité exaltent la nutrition des plantes; le froid et la sécheresse la ralentissent. Le milieu extérieur gouverne ainsi l'existence végétale; il règle la croissance, il l'arrête. Ce rôle que le milieu extérieur remplit chez les végétaux, le milieu intérieur, le sang, le remplit chez les animaux et chez l'homme. Une circulation locale plus développée, en baignant plus complétement les éléments des tissus, détermine un mouvement de nutrition plus énergique et des phénomènes thermo-chimiques plus intenses. Au contraire, une circulation locale restreinte et languissante ralentit toutes les manifestations vitales dans ces parties.

On voit, par ce qui précède, que la production de chaleur est seulement reliée à la circulation locale, tandis que la répartition de la chaleur produite appartient entièrement à la circulation générale. Ces deux propositions contiennent l'histoire des relations entre la circulation et la calorification. L'appareil vasculaire régit complétement la répartition de la chaleur dans le corps; cela est facile à concevoir; mais la chaleur elle-même, je le répète, n'est pas produite dans le sang, elle est engendrée dans les tissus. Quoique la création de la chaleur dans les organes s'accompagne ordinairement d'une suractivité de leur circulation locale, on ne saurait cependant voir entre ces deux ordres de phénomènes une relation absolue de cause à effet. Quand deux phénomènes se succèdent toujours, nous sommes naturellement portés à considérer le premier comme étant cause du second. C'est le plus souvent une illusion de notre part et il me serait facile de vous démontrer par de nombreux exemples pris en physiologie que ce ne sont la plupart du temps que de simples coïncidences fonctionnelles harmoniques. Il en est ainsi pour le cas qui nous occupe : La production de la chaleur n'est pas la conséquence nécessaire d'un afflux de sang plus considérable, d'une suractivité plus grande de la circulation locale. En effet, nous verrons plus loin que nous pouvons déterminer soit une augmentation de température dans les parties avec une diminution ou une suspension de la circulation locale, soit un abaissement de la température avec une congestion sanguine plus grande. Ce sont là des points de la plus haute importance, sur lesquels je devrais d'abord appeler votre attention, pour bien établir que, dans les phénomènes de création de calorique, ce sont les tissus qui échauffent le sang et non le sang qui échauffe les tissus. Nous n'aurons donc pas à poursuivre une relation nécessaire entre la circulation et la calorification. Il y a harmonie ordinaire entre ces phénomènes, comme entre tous ceux d'un organisme constituant une unité, mais souvent aussi ces phénomènes s'isolent et peuvent se montrer indépendants les uns des autres ; c'est ce dont il faut être bien pénétré.

La section du grand sympathique produit un élargissement des vaisseaux capillaires, une accélération du cours du sang, si bien que beaucoup de physiologistes ont voulu rapporter exclusivement l'apparition de la chaleur à ces modifications de la vascularisation. Mais, si l'on attend quelques jours, on observe fréquemment la disparition de la congestion initiale. La vascularisation revient à son état ordinaire; elle n'est pas plus considérable du côté lésé que du côté sain. Et pourtant la température ne subit pas une déchéance pareille : elle reste toujours supérieure dans les régions qui correspondent au nerf sectionné. Quand la calorification persiste dans ces cas, avec un léger accès de circulation, ne pourrait-on pas dire que le léger excès de circulation qui se montre est le résultat d'un afflux déterminé par la calorification locale, au lieu que ce soit l'inverse. En un mot, je pense qu'il n'est pas possible d'expliquer le réchauffement de l'oreille par le simple renouvellement plus rapide du sang dans son tissu. Il y a déjà longtemps que j'avais fait cette remarque et produit cet argument; mais plus récemment, un physiologiste russe, M. Knoch, y a insisté d'une façon particulière (1).

Des expériences variées sont venues, du reste, corroborer ces faits d'observation. En effet, je me suis opposé artificiellement à l'exagération de la circulation dans l'oreille : pour cela, il suffit de lier les veines qui sortent de l'organe. Une stase sanguine se produit, en même temps que la température baisse. Vient-on alors à couper le filet cervical sympathique du même côté, aussitôt la température présente l'élévation accoutumée, malgré l'obstacle apporté à la circulation.

(1) Knoch, *De nervi sympathici vi ad corporis temperiem, adjectis de aliis ejus actionibus necnon de origine observationibus*. Dissert. inaug. (Julius Knoch). Dorpat, 1855.

Dans les cas que nous venons de citer, l'augmentation thermique n'est certainement pas la conséquence d'un renouvellement plus rapide du sang des parties profondes aux parties superficielles, car en admettant même que la ligature des veines principales de l'oreille n'ait pas amené une suspension absolue du cours du sang, elle l'a rendu au moins incomparablement plus lent que dans l'oreille normale, qui est cependant restée la plus froide. En faisant un pas de plus, nous serions conduit, ainsi que nous l'avons dit il y a un instant, à cette idée, que l'accélération du cours du sang, au lieu d'être la cause de la chaleur, pourrait bien n'en être que le résultat. On sait, en effet, qu'en chauffant une partie, on élargit les vaisseaux qui la sillonnent et l'on y détermine un afflux sanguin. Ici, dans l'expérience de la section du sympathique, la production de chaleur pourrait bien constituer le fait primitif, tandis que la suractivité circulatoire serait le fait secondaire et consécutif.

A mesure que nous avançons plus profondément dans l'étude de ces phénomènes, nous voyons combien nos idées premières sur la corrélation de la circulation et de la calorification doivent se restreindre et se modifier. Après avoir vu la production de chaleur localisée dans le sang par les physiologistes, nous avons été obligé de revenir sur cette conception et de n'accorder à peu près à ce liquide que le rôle de véhicule pour la chaleur engendrée dans les tissus. De plus, la distribution de la chaleur dans les organes n'est pas un simple phénomène mécanique dépendant de l'état d'élargissement ou de constriction des vaisseaux. D'après mes expériences sur le grand sympathique, je suis arrivé à cette opinion, que la chaleur manifestée dans une partie superficielle provient non pas seulement d'un apport plus considérable de sang plus chaud, mais aussi et surtout d'une production locale et autochthone de calorique. Alors, on ne saurait plus expliquer la production locale de chaleur par l'exagération seule de la circulation locale; cette supposition a été renversée par les faits que nous avons cités. C'est ainsi que, degré par degré, on a été obligé de réduire l'importance si considérable attribuée à l'origine aux phénomènes de la circulation.

Nous devons donc nous demander maintenant si la suractivité circulatoire ne serait pas la conséquence de la calorification au lieu d'en être la cause. Quelques faits plaident en faveur de cette manière de voir. Il y a vingt ans, lors de ma première expérience sur l'accroissement de la chaleur par la section du sympathique cervical, une même explication se présenta à tous les esprits. Il sembla que l'exagération de la circulation dans l'oreille d'un lapin devait s'expliquer simplement par l'élargissement des artérioles, qui offraient une voie plus large et plus facile au cours du sang. J'évitai alors, quant à moi, de donner une explication définitive de ce fait que j'avais constaté et rendu désormais évident pour tous : *que la température des parties était augmentée par la section du sympathique*. Plusieurs physiologistes, et entre autres M. Kusmaul, m'ont reproché ma réserve, disant qu'en admettant implicitement l'action du grand sympathique sur la chaleur animale, je me réfugiais dans un obscur vitalisme. Rien n'était plus loin de ma pensée; seulement je me retranchais dans mon ignorance, ne trouvant pas l'explication circulatoire mécanique assez probante.

Voici une expérience que je fis à ce sujet, qui me semblait prouver l'insuffisance de cette explication et la nécessité de faire intervenir, pour la production de la chaleur, les phénomènes de nutrition des tissus. J'ai oblitéré par compression passagère les artères de l'oreille de façon à produire leur inertie. Par cela, j'ai supprimé le sang qui se rendait à l'oreille pendant un temps suffisant. L'oreille est devenue exsangue : au bout de vingt-quatre heures, elle était comme morte. On pouvait la considérer comme un appendice inerte dans lequel les vaisseaux et tous les autres éléments étaient également paralysés. Je lâchai alors le sang dans les vaisseaux ainsi dépourvus de contractilité. Au lieu d'observer une circulation plus active, plus rapide, je vis, au contraire, le sang parcourir l'organe d'un mouvement plus lent et retardé, avec des ecchymoses et des lésions singulières. La paralysie et l'inertie des voies vasculaires ne suffit donc pas à produire une circulation intense ; il faut de plus, ce qui manquait ici, la nutrition des tissus, la chaleur et les phénomènes chimiques.

Quoi qu'il en soit d'ailleurs de cette opinion, que la circulation serait subordonnée à la calorification, et quand bien même on ne la regarderait pas comme établie par les quelques preuves que nous avons données, au moins ne pourrait-on pas se refuser à admettre leur indépendance mutuelle, sinon la prééminence inverse de la calorification sur la circulation. Nous avons cité des cas dans lesquels il y avait production de chaleur, quoique la circulation fût ralentie. En voici encore de nouveaux exemples. Si l'on détache un muscle du corps de l'animal, et si, toute circulation ayant cessé, on vient à le faire se contracter, il se produit un notable développement de chaleur. Les phénomènes chimiques qui accompagnent la contraction engendrent ici de la chaleur sans l'intervention immédiate du sang. Dans une expérience précédente, j'ai lié la veine qui ramène le sang de l'oreille et prouvé que l'augmentation de calorique a lieu néanmoins; de même en liant la veine qui ramène le sang d'une glande, la persistance des phénomènes caloriques, pendant la sécrétion, prouve que l'élévation de chaleur n'est pas due exclusivement à la suractivité circulatoire. Enfin nous signalerons encore le fait si curieux de la calorification « *post mortem* ». On a observé chez quelques malades, chez les cholériques en particulier, que la température subit après la mort une élévation marquée, toute circulation ayant cessé depuis longtemps. M. Duyère publia sur ce sujet un mémoire intéressant couronné par l'Académie des sciences (1). Il reconnut que chez ces malades, arrivés à la période algide, la vie persistait indépendamment, en quelque sorte, de ses caractères chimiques ordinaires. Le cœur a cessé de battre, les artères sont vides, la respiration est presque entièrement supprimée; les phénomènes mécaniques subsistent peut-être, mais la combustion ne s'accomplit plus; l'air expiré a presque la composition de l'air introduit dans le poumon; l'acide carbonique n'y est qu'à l'état de traces; avec les combustions qui ont

(1) Doyère, *Mémoire sur la respiration et la chaleur animale dans le choléra*. Paris, 1863.

baissé, les phénomènes chimiques se sont éteints. Et pourtant la vie, ce qu'on appelle la vie, anime encore cet organisme si profondément atteint; la lumière de l'intelligence brille d'un dernier éclat ; le moribond, assis sur son séant, voit, entend et parle. Il meurt enfin, et lorsqu'il n'est plus qu'un cadavre une élévation notable de température se manifeste dans son corps, sans qu'on puisse certainement invoquer ici aucune modification circulatoire pour expliquer le phénomène.

Les considérations que nous avons exposées sur les rapports de la calorification et de la circulation nous amènent à compléter le point de vue sous lequel nous devons définitivement envisager l'influence du système nerveux.

Le système nerveux, nous avons dit, ne semble, au premier abord, atteindre la calorification que par l'intermédiaire de la circulation. Aussi est-ce à une action vaso-motrice seule qu'on a d'abord attribué les modifications de la chaleur animale.

Quoique cela soit vrai dans une certaine mesure, cependant nous ne pouvons considérer cette cause comme suffisante; nous ne pouvons nous refuser à admettre une action du grand sympathique différente de l'action vaso-motrice, et qui aurait pour conséquence une suractivité sur place dans les échanges chimiques avec production directe de calorique. Ce n'est pas seulement en dilatant les vaisseaux, en activant la circulation locale, en baignant plus complétement les tissus, que la section du grand sympathique produit une élévation de température; il agit encore pour exagérer les combustions ou les métamorphoses chimiques et locales. L'action vaso-motrice s'accompagne donc d'une action chimique sur la nutrition des tissus. Telle était la conclusion du mémoire que j'ai publié il y a vingt ans, et mes expériences depuis lors n'ont fait que me confirmer dans la même opinion. « Les phénomènes de caloricité, disais-je en terminant, qu'on fait apparaître en opérant la section du nerf sympathique, ne sont, en réalité, que l'exagération de ce qui se passe dans la production de la chaleur animale... L'explication de ces phénomènes ne saurait d'ailleurs être recherchée que dans la plus ou moins grande activité des métamorphoses chimiques éprouvées dans les tissus vivants sous l'influence du système nerveux. »

Inversement, ce n'est pas seulement parce qu'il rétrécit les vaisseaux que le grand sympathique galvanisé produit du froid, c'est parce qu'il réfrène et ralentit en même temps le mouvement chimique de nutrition.

La fonction d'un nerf correspond ordinairement à l'excitation, qui détermine son entrée en activité ; la fonction du grand sympathique sera donc caractérisée par les phénomènes qui succèdent à sa galvanisation. Ces phénomènes sont, nous le savons, une constriction des vaisseaux et une réfrigération des parties. Tant que l'on considérera l'abaissement de température comme la conséqueuce de la simple constriction des vaisseaux, on peut se borner à appeler le grand sympathique *nerf constricteur des vaisseaux*. Mais si l'on admet, avec moi, l'indépendance de ces deux effets, il faudra un nom spécial pour chacun. Il faudra dire qu'indépendamment de l'*action vaso-motrice*, le grand sympathique exerce une action *thermique*. Son excitation produit un *effet frigorifiqué ;* sa section ou sa paralysie un *effet calorifique.* Il est non-seulement un *nerf constricteur des vaisseaux :* il est encore un *nerf frigorifique.*

Nous aurons plus tard à revenir avec détail sur ce rôle frigorifique du grand sympathique; mais je tiens, dès à présent, à vous signaler son action telle que je la comprends. Je considère l'influence du grand sympathique comme une influence modératrice des phénomènes de nutrition. Depuis longtemps j'ai émis cette idée que le système nerveux joue, par rapport à l'activité des organes, le rôle d'un véritable *frein* dans la machine vivante. C'est surtout dans le grand sympathique que cette manière de voir trouve son entière application. Le grand sympathique, en agissant sur les vaisseaux capillaires, agit en même temps sur les tissus pour en modérer ou en refréner l'activité fonctionnelle. C'est ainsi que les échanges chimiques qui s'opèrent au sein des organes se trouvent diminués ou accrus, et que les phénomènes thermiques qui en sont la conséquence nécessaire se trouvent modifiés dans le même sens.

En disant que le nerf sympathique est un nerf frigorifique, je ne veux certes pas exprimer cette idée qu'il se produit dans le corps vivant du froid ou du chaud par l'action nerveuse elle-même, action mystérieuse et vitale, comme le pensaient autrefois Brodie et Chossat. Non. Le système nerveux ne peut manifester du froid et du chaud que par son action sur les phénomènes *chimiques* qui accompagnent la nutrition des tissus. Mais comment comprendre à son tour cette influence du système nerveux sur des phénomènes purement chimiques? Le nerf agit-il directement sur l'oxygène du globule sanguin, sur le carbone et l'hydrogène des matières organiques? Évidemment non; une semblable hypothèse serait contraire à la science. Nous ne comprenons, ou pour mieux dire nous ne connaissons aujourd'hui qu'un seul mode de manifestation de l'activité du système nerveux, c'est de pouvoir agir sur un élément musculaire ou contractile quelconque. Les recherches récentes qui avaient pu faire conclure à des terminaisons nerveuses dans des cellules glandulaires ou dans d'autres éléments histologiques n'ont pas été confirmées.

J'espère donc qu'il ne restera pas dans votre esprit d'obscurité relativement à la manière dont j'interprète les actions frigorifiques ou les effets calorifiques du grand sympathique.

Quand je coupe le sympathique dans le cou, et que la calorification s'accroît dans toute la moitié correspondante de la tête, je pense que les éléments contractiles des tissus se trouvant relâchés ou paralysés, les mutations élémentaires qui résultent des réactions chimiques se trouvent accrues ainsi que les phénomènes thermiques.

Quand je galvanise le bout périphérique du grand sympathique, j'admets que les éléments contractiles des tissus, entrant en activité, modifient en sens inverse les contacts moléculaires dans les tissus, abaissent les mutations chimiques ainsi que les phénomènes thermiques. Ce n'est point là une simple hypothèse; je vous prouverai plus loin par des expériences directes que ces deux états opposés de l'action nerveuse coïncident avec deux états opposés dans l'intensité des phénomènes chimiques et calorifiques. Pour le moment, je veux seulement fixer vos idées en les ramenant à l'expérience physiologique qui a servi de point de départ à toutes les recherches nouvelles sur la calorification animale.

Il nous faut maintenant considérer, non plus les conditions artificielles de l'expérience, mais les conditions naturelles du fonctionnement physiologique. Ce n'est pas la galvanisation électrique qui, dans l'animal sain, provoque le grand sympathique à entrer en activité. C'est une excitation automatique, ou une excitation réflexe.

Ces excitations qui sont réfléchies sur les nerfs sympathiques ont pour caractère d'arriver à ces nerfs par des filets sensitifs. La relation entre ces deux ordres de nerfs, l'*action réflexe,* se fait sans aucun doute dans l'appareil cérébro-spinal. Nous aurons à examiner si elle ne peut s'accomplir que là, et si l'on ne serait pas autorisé à admettre des *centres d'action réflexe* situés à la périphérie. Pour le moment, cette question est réservée.

Nous sommes donc naturellement amené à étudier l'intervention des phénomènes de sensibilité dans l'action du grand sympathique et dans la production des phénomènes de calorification. Ce sont eux qui déterminent, dans les conditions normales, des actions réflexes qui provoquent incessamment le système frigorifique et déterminent l'opportunité de son intervention. Il ne suffit pas de savoir comment le système nerveux agit sur la calorification, il faut encore savoir pourquoi il agit, sous quelles sollicitations il entre en fonctions, entraînant à sa suite tout le cortége de conséquences qui ont été étudiées.

La sensibilité ne peut intervenir dans les phénomènes de calorification qu'en supprimant l'influence du sympathique ou qu'en le sollicitant à entrer en activité. Notre expérience sur la section et la galvanisation de ce nerf, à laquelle il faut toujours revenir, nous a appris qu'il n'y a que ces deux manières de comprendre les phénomènes calorifiques et frigorifiques. La sensibilité fournira donc une excitation qui en se réfléchissant sur les nerfs moteurs ou sympathiques viendra retentir sur les phénomènes frigorifiques et calorifiques. Le mécanisme de cette influence de la sensibilité sur la calorification est donc un phénomène nerveux connu; il s'agit d'une action réflexe ordinaire. Mais pour établir la réalité de cette explication, il nous faut constater d'abord les faits. C'est toujours par là qu'il faut commencer.

Il y a déjà longtemps que mon attention a été appelée sur l'influence de la sensibilité sur la température; la science possède aujourd'hui des travaux intéressants sur cette question. Dans mes anciennes expériences, j'ai cité plusieurs faits de ce genre : sur un chien, ayant introduit un thermomètre dans l'artère carotide, je découvris un rameau du plexus cervical, et j'en galvanisai le bout central; il en résulta de la douleur, de l'agitation; sous cette influence, la température monta d'abord, puis baissa définitivement (1). Sur des lapins dont le nerf auriculaire du plexus cervical avait été mis à nu, je galvanisai également le bout central de ces nerfs, ce qui produisit une vive

(1) Voy. Claude Bernard, *Liquides de l'organ.*, t. I, p. 155

douleur et un abaissement constant de température dans l'oreille correspondante (1).

Parmi les travaux récents, nous citerons les expériences de Mantegazza (2) et de Heidenhain (3). Ces deux auteurs sont arrivés à des conclusions concordantes avec les miennes, à savoir que l'excitation d'un nerf sensitif, produisant de la douleur amène une réfrigération. Nous analyserons bientôt ces recherches. Toutefois je désire vous rappeler d'abord une autre de mes anciennes expériences, qui étant combinée avec la section du grand sympathique nous démontrera immédiatement la nécessité de l'intervention de ce nerf dans les phénomènes qui nous occupent.

Sur un lapin chez lequel j'avais coupé, du côté gauche, le filet cervical du grand sympathique depuis sept jours, je mis à nu les nerfs auriculaires du plexus cervical à droite et à gauche. Alors la température de l'oreille gauche était à 24°, celle de l'oreille droite à 22°,5. Je liai le nerf auriculaire gauche, ce qui fit éprouver à l'animal une douleur vive et fit monter subitement la température de son oreille de 24 à 34, 35, 36, 38 degrés, c'est-à-dire de 14 degrés. Pendant cette élévation si considérable de tem-

(1) Voy. Claude Bernard, *Syst. nerveux*, t. II, p. 516, 518.

(2) Mantegazza, *Della temperatura* (*Gaz. med. italiana, Lombardia*, 1862. — Extrait in *Compt. rend. de l'Acad. des sciences*. Paris, 1862.) — Id., Id., *Influence de la douleur sur la chaleur animale*. (*Gaz. hebd.*, 1866, p. 559.)

(3) Heidenhain, *Ueber bisher unbeachtete Einwirkungen des Nervensystems auf die Körper temperatur u. den Kreislauf*. (*Pflüger's Arch.*, 1870, p. 504.) — Heidenhain, *Mechanisch Leistung, Wärmeentwicklung und Stoffumsatz bei der Muskelthätigkeit*. Leipzig, 1864.

pérature de l'oreille gauche, la droite était arrivée à 24 degrés, elle avait par conséquent monté de 1°,5. A ce moment je pratiquai la ligature du nerf auriculaire du côté opposé, à droite, et aussitôt après on trouva comme température 38 degrés à gauche et 22°,5 à droite, ce qui démontre que la ligature du nerf auriculaire du côté sain avait amené un abaissement de température dans l'oreille correspondante. Après ces diverses observations, je procédai à la galvanisation des nerfs auriculaires. Je galvanisai le bout périphérique du nerf auriculaire droit; il n'en résulta aucune douleur, et la température de l'oreille ne varia pas : elle resta à 22°, 5. Alors je galvanisai le bout central du même nerf, ce qui produisit une vive douleur et fit descendre la température de l'oreille à 20 degrés. Toutefois, pendant le passage du courant d'induction, l'oreille ne devint pas pâle; elle paraissait au contraire vascularisée. Pendant cette opération, la température de l'oreille gauche s'était notamment élevée; elle était arrivée à 36 degrés.

La conséquence de cette expérience, que j'ai souvent vérifiée (1), est que la douleur produite par l'excitation du nerf auriculaire ne donne pas les mêmes résultats du côté sain et du côté où le nerf sympathique a été préalablement coupé; du côté sain, il y a refroidissement; du côté sectionné, il y a au contraire une élévation de température considérable. Nous reviendrons sur l'explication du phénomène. Concluons seulement que ce refroidissement par la douleur nécessite l'intervention du sympathique,

(1) Voy. *Clinique européenne*, 9 avril 1859, et *Leçons de pathologie expérimentale*. Paris, 1872, p. 344.

puisque la section préalable de ce nerf empêche le phénomène d'avoir lieu (1).

Mantegazza a observé sur divers animaux et sur l'homme même que la douleur a pour résultat d'abaisser la température. Heidenhain a opéré sur des chiens curarisés, et ayant introduit un thermomètre dans le système vasculaire, il a vu que l'excitation du bout central du nerf sciatique détermine un abaissement de température. Il a en outre observé un fait intéressant, c'est que chez des animaux fébricitants cette excitation du bout central du nerf sciatique ne produit plus l'abaissement de la température. Dans cette circonstance, Heidenhain a opéré dans des conditions analogues à celles de notre expérience. Il n'a pas sectionné le grand sympathique, mais ce qui revient au même, il l'a paralysé par un autre procédé qui consiste à créer artificiellement chez l'animal un état fébrile intense. La fièvre équivaut en effet à la paralysie du grand sympathique. J'avais été frappé, depuis longtemps, de l'identité des symptômes, élévation de température, rougeur, augmentation des combustions chimiques, qui se manifestaient après la section du sympathique comme pendant l'accès fébrile. Cette identité de manifestations permettait déjà de soupçonner l'identité des conditions originelles. Aujourd'hui, un grand nombre de physiologistes admettent que la lésion anatomique de la fièvre consiste dans une paralysie du grand sympathique. L'expérience dont nous nous occupons actuellement vient à l'appui de cette manière de voir, puisque Heidenhain a retrouvé sur le chien

(1) Voy. Claude Bernard, *Syst. nerveux*, t. II, p. 516.

soumis à l'influence fébrile les mêmes phénomènes que nous venons de signaler à la suite de la section du sympathique. Il a trouvé, je le répète, que la stimulation du nerf sciatique chez l'animal sain amène constamment un abaissement de température, tandis qu'elle reste sans effet chez l'animal fébricitant.

Le nerf sensitif ne saurait agir ici par lui-même sur la température du corps; il n'est, en somme, que l'agent indirect du refroidissement. L'agent direct, c'est le sympathique; c'est dans les centres nerveux que le premier nerf réagit sur le second. Il faut donc, pour produire cet effet, que le nerf sensitif conserve ses communications avec l'appareil cérébro-spinal. Nous avons vu, en effet, qu'en sectionnant le nerf auriculaire, nerf de sensibilité ordinaire qui distribue ses rameaux dans l'oreille externe, l'excitation du bout periphérique ne produit aucun effet, l'excitation du bout central déterminant seule l'abaissement de température.

En résumé, les expériences précédentes, en établissant très-nettement que le refroidissement, pour se manifester, exige l'intégrité du grand sympathique et la communication avec le système nerveux central, démontrent la nécessité de l'intervention dans le phénomène d'un nerf sensitif, d'un centre nerveux et d'un nerf sympathique moteur. Or ce sont là les conditions nécessaires pour la production de toute action réflexe.

La conclusion à laquelle nous sommes conduit, c'est que le sympathique, excité par action réflexe, devient un agent frigorifique par suite de l'influence motrice qu'il exerce sur les tissus en enrayant les mutations chimiques et en abaissant en même temps les phénomènes thermiques.

Mais l'excitation du nerf sensitif n'a pas seulement pour conséquence l'abaissement de température. On constate en même temps une *augmentation de la tension vasculaire dans les artères*. Nous avons signalé ce fait précédemment, en nous occupant de l'innervation du cœur, et nous en avons fourni la démonstration expérimentale. Nous le rappelons ici pour montrer que le refroidissement par excitation d'un nerf sensible ne saurait être attribué à une sorte de syncope ou à un retrait du sang de la périphérie. C'est le phénomène inverse qui a lieu, car nous avons vu que l'oreille refroidie par l'excitation du bout central du nerf auriculaire, loin d'être anémiée, est au contraire vascularisée. Ce sont là des faits importants qui nous prouvent que les phénomènes de réfrigération peuvent être indépendants de l'état des vaisseaux, de même que nous l'avons déjà vu pour les phénomènes de calorification.

QUATORZIÈME LEÇON

SOMMAIRE : Contradictions apparentes aux faits précédemment énoncés. — Conditions expérimentales. — Influence du curare. — Étude de son action successive sur les divers nerfs moteurs, et même sur les divers vaso-moteurs. — Importance de cette distinction. — Le sympathique est un *appareil d'arrêt*, un *frein*. — Son rôle dans l'*algidité*. — Importance du rôle de la sensibilité comme point de départ des actions réflexes dans le grand sympathique. — Ces phénomènes sont toujours *réflexes*. — Il n'y a pas de véritables *mouvements récurrents* : expériences. — Les excitations morales sont, au point de vue physiologique, des phénomènes de sensibilité.

MESSIEURS,

La proposition à laquelle nous nous sommes arrêté précédemment est que la sensibilité et les impressions douloureuses amènent un abaissement de température dans le sang et dans les diverses parties du corps vivant. Toutefois ces phénomènes ne se traduisent pas d'une manière aussi simple qu'on pourrait le croire.

Jusqu'ici nous nous sommes contenté de présenter le résultat final, sans parler de certaines contradictions apparentes dans l'expression du phénomène. Voici ces résultats contradictoires et discordants obtenus par plusieurs physiologistes. Pour Heidenhain l'excitation du nerf sensitif entraîne un abaissement immédiat de température. D'autres expérimentateurs ont annoncé un résultat opposé, c'est-à-dire une élévation instantanée de température. Quant à moi, j'ai toujours observé une élévation passagère de la chaleur au début, mais bientôt suivie d'un abaissement durable.

Ces contradictions, comme je l'ai dit, ne sont qu'apparentes, elles tiennent simplement aux conditions de l'expérience; c'est ce qu'il faut prouver. Quand on opère sur des animaux dans l'état ordinaire, qui ne sont ni contenus par le curare, ni anesthésiés par le chloroforme, le premier effet des atteintes de la douleur est toujours de provoquer une sorte de réaction de sensibilité, réaction qui se traduit par une paralysie instantanée des nerfs vaso-moteurs, avec dilatation des vaisseaux périphériques et chaleur; puis des mouvements violents apparaissent sur le sujet en expérience : l'animal se débat, il résiste, il essaye de s'échapper. De là des contractions musculaires qui sont encore une source puissante de calorique. A cette première période d'agitation, à laquelle correspond l'élévation de température du début, succèdent bientôt les effets propres de la douleur; on voit alors la température s'abaisser d'une façon définitive et descendre au-dessous du niveau naturel. Il faut ajouter que si l'impression n'est que fugitive et ne persiste pas, on peut n'observer que la première période du phénomène, l'élévation de température. C'est ainsi qu'une émotion morale, un trouble subit de la sensibilité, la colère, amènent la rougeur du visage, puis si l'impression persiste, la pâleur succède. On voit comment la cause d'erreur peut survenir à raison de cette élévation passagère de température qui précède l'abaissement sous l'influence de la douleur. Chez les animaux à l'état ordinaire, quand on saisit un lapin, un chien, qu'on les maintient couchés de force ou par la douleur, il y a toujours une élévation de température à la périphérie qui se manifeste et qui disparaît quand l'animal devient plus calme. Mais quand ces mêmes animaux sont sous l'influence du curare, les choses changent d'aspect. C'est pourquoi Heidenhain, ayant opéré sur des chiens contenus par le curare, et entièrement immobilisés, n'a pas été frappé par cette première période du phénomène. Le thermomètre étant placé dans un vaisseau profond pendant qu'il excitait le nerf sciatique, il voyait le niveau du mercure baisser immédiatement; la période d'agitation et d'élévation de température se trouvait ainsi supprimée.

Rappelons en effet que le curare agit sur les nerfs vaso-moteurs et sur certaines catégories de ces nerfs, selon que l'empoisonnement est plus ou moins complet. Après avoir excité ces nerfs, il les paralyse; mais en excitant d'abord les *dilatateurs*.

Or, si l'animal sur lequel on expérimente en est à la période d'excitation de ses nerfs vaso-dilatateurs, il est évident qu'on ne pourra pas observer ce qui serait dû à une paralysie de ces nerfs, tandis que les phénomènes dépendant de l'excitation des constricteurs se montreront dans toute leur évidence et formeront la première phase, la seule possible, de l'acte de réaction.

La discordance des résultats tient donc à l'emploi que l'on peut faire ou ne pas faire du curare. Cet agent toxique dont je vous ai souvent entretenus présente sans doute de grands avantages pour les recherches physiologiques, cependant l'administration en doit être étudiée: sans cela son usage donnerait lieu à des erreurs nombreuses. Il y a à faire à ce propos des observations intéressantes et qui sont ici à leur place. Je vous demande donc la permission de revenir aujourd'hui sur ce sujet, à raison de l'emploi si général et trop général peut-être que l'on fait aujourd'hui de cette substance en physiologie.

Je vous ai montré que l'action du curare n'est pas une action foudroyante, que c'est au contraire une action lente et progressive qu'il est possible de diriger et de modérer. C'est une action successive, en un mot, atteignant un à un les différentes éléments nerveux moteurs et les mettant graduellement dans l'impossibilité de fonctionner. C'est ainsi qu'en réglant les doses on voit disparaître d'abord les mouvements des membres postérieurs, puis les mouvements des membres antérieurs, plus tard les mouvements de la tête, puis ceux des yeux et de la langue. Si l'empoisonnement n'a pas été poussé trop loin, les mouvements de la respiration persistent encore, et l'animal, après une période plus ou moins longue, correspondant à l'élimination du poison, pourra revenir à lui-même et recouvrer la santé. Ce fait de la paralysie progressive des différents organes nerveux moteurs est le point important qui mérite de retenir notre attention. C'est lui qui va nous expliquer les dissidences observées par les expérimentateurs, et nous permettre, en outre, de donner la véritable réponse à une question qui autrefois a été diversement résolue. Il s'agissait de savoir si le curare, indépendamment de sa propriété de séparer les nerfs sensitifs des nerfs moteurs, pouvait encore distinguer les nerfs moteurs entre eux, ou bien s'il portait son action sur tous à la fois. J'avais cru anciennement que les nerfs volontaires seuls étaient atteints, et que les nerfs des muscles lisses, les nerfs du cœur, étaient respectés par le poison. J'avais même pensé qu'il y avait une sorte d'antagonisme entre le grand sympathique respecté par le curare et le système cérébro-spinal qui seul se trouvait atteint (*Leçons de physiologie exp.*, 1855, p. 341). Des études ultérieures m'ont conduit à réformer mon opinion sur ce point. Il y a, en réalité, empoisonnement de tous les nerfs moteurs, sans exception; seulement cet empoisonnement est progressif et se manifeste à des périodes successives. Si l'on emploie des doses trop fortes, l'intoxication est rapide et complète, la mort arrive si vite que l'analyse physiologique n'est plus possible. C'est ce qui a lieu en général pour la grenouille toujours trop fortement empoisonnée. Chez cet animal les nerfs vaso-moteurs et cardiaques sont complétement paralysés ainsi que les nerfs moteurs volontaires. On ne peut plus faire contracter les vaisseaux par une excitation sensitive ni arrêter le cœur par la galvanisation des nerfs vagues; tous les nerfs, moteurs, sympathiques, vaso-moteurs et cérébro-spinaux, sont absolument paralysés, mais les nerfs sensitifs persistent néanmoins dans leur intégrité. Toutefois, en opérant avec précaution, on peut constater l'extinction successive des nerfs moteurs, on peut graduer les phénomène chez une grenouille comme chez les animaux supérieurs.

Je mets sous vos yeux une grenouille qui a été très-légèrement empoisonnée. Les mouvements volontaires, ainsi que nous le voyons, ont tout à fait disparu; mais les nerfs vaso-moteurs persistent et nous allons le constater dans la patte de l'animal. En étendant la membrane interdigitale sur le porte-objet du microscope, on voit nettement la circulation capillaire. Si maintenant on irrite directement la moelle allongée de la grenouille à l'origine des nerfs vagues, on voit le cœur s'arrêter sous l'influence de cette excitation. Quand on agit par action réflexe on peut avoir à la fois une action accélératrice sur le cœur et une action contractile sur les capillaires; quand on agit sur le bout périphérique du nerf sciatique du même côté, on obtient alors sur ces vaisseaux capillaires ces contractions vasculaires indépendantes des contractions du cœur, sur lesquelles j'ai déjà appelé votre attention lorsque je me suis occupé des phénomènes de de la circulation locale (1). Quand on excite le bout central du nerf sciatique opposé, on voit la contraction des vaisseaux capillaires se faire par action réflexe. Dans cette expérience sur la grenouille nous voyons persister les mouvements vasculaires, tandis que les mouvements musculaires ont disparu. Les premiers ne sont donc pas atteints aussitôt que les seconds, mais ils finissent par l'être cependant, lorsque la dose du poison a été suffisante. Bientôt cette même grenouille, bien qu'elle ait été très-légèrement empoisonnée (une goutte d'une solution au 200e), sera totalement paralysée dans tous ses nerfs moteurs, et nous ne pourrons plus arrêter son cœur ni faire contracter ses vaisseaux.

Bien plus, n'oubliez pas, comme je viens de vous le rappeler à l'instant (2) que dans les gradations successives de l'empoisonnement des nerfs vaso-moteurs par le curare, on peut distinguer diverses périodes, et que,

(1) Voy. p. 218.

(2) Voy. aussi page 220.

dans le début, les dilatateurs sont excités alors que les constricteurs peuvent agir encore.

Sur les animaux plus élevés, sur les mammifères, il est bien plus facile de séparer analytiquement, en graduant la dose du poison, les divers nerfs moteurs volontaires, vaso-moteurs cardiaques, oculo-pupillaires, etc. Il est même assez difficile d'empoisonner totalement l'animal, même avec la respiration artificielle ; cependant on y parvient facilement en injectant le curare dans les veines chez les lapins, un peu plus lentement chez le chien et plus difficilement chez le cheval. Je ne veux pas m'étendre davantage sur ce sujet que je me propose de reprendre d'une manière complète dans d'autres circonstances à cause de son importance en physiologie opératoire. Je terminerai seulement par une réflexion générale. Il serait faux de dire que le curare paralyse toujours les nerfs vaso-moteurs, de même qu'il serait faux de dire qu'il ne les paralyse jamais. Cela dépend uniquement de la dose du poison et des conditions d'absorption plus ou moins rapide chez les animaux.

Les différences tranchées que notre esprit veut établir entre les phénomènes ne sont pas dans la nature ; il n'y a que des degrés, des nuances entre les phénomènes, et c'est vers la recherche de la loi qui régit cette variété d'effets qu'il faut diriger tous nos efforts, parce que sa connaissance nous donne la solution de toutes les contradictions apparentes et nous explique les causes d'erreurs dans lesquelles nous tombons pour vouloir être trop absolus. Ces considérations suffiront d'ailleurs pour montrer que dans les expériences il importe de régler avec soin l'administration du curare. S'il est utile, dans nos recherches, de paralyser les mouvements volontaires, il serait nuisible de paralyser les mouvements vasculaires, car en atteignant les petits vaisseaux on modifierait la température que l'on veut mesurer. C'est ce qui est certainement arrivé à plus d'un expérimentateur.

En résumé, quand on opère dans les conditions que nous venons de préciser, l'expérience ne laisse plus aucun doute : le résultat est constant, uniforme : la douleur produit un refroidissement. Ce refroidissement résulte évidemment de l'excitation réflexe du grand sympathique produisant, d'une part, le resserrement des vaisseaux avec ralentissement de la circulation locale, et, d'autre part, un arrêt ou un ralentissement de la nutrition. On pourra donc énoncer cette proposition : La douleur agit par l'intermédiaire du sympathique ; elle arrête les échanges chimiques, elle suspend les phénomènes de la vie. Cette influence de la douleur sur la nutrition a du reste été constatée directement. Mantegazza a vu les échanges respiratoires considérablement amoindris ; l'air expiré contenir une proportion d'acide carbonique inférieure à ce qu'elle doit être dans les conditions ordinaires. J'ai constaté autrefois que sous l'influence de la douleur de l'expérimentation, la quantité d'oxygène diminue dans le sang. Ne savons-nous pas aussi que, lorsqu'on galvanise fortement le grand sympathique cervical, on voit, dans le côté correspondant de la tête, des phénomènes d'abaissement vital que nous avons signalés : insensibilité, refroidissement, disparition momentanée des phénomènes inflammatoires, en quelque sorte négation des caractères de la vie.

La fonction du système sympathique nous apparaît donc de plus en plus clairement. C'est un *frein*, un *appareil d'arrêt* pour les phénomènes organiques. Il refroidit les parties, qu'il innerve, d'où le nom de *nerf frigorifique* que nous lui avons donné : il resserre les vaisseaux, et rend ainsi les organes pâles et exsangues, d'où son nom de *nerf constricteur :* il modère et ralentit le mouvement nutritif, et mérite le nom de *nerf réfrénateur*. Dans certaines maladies avec *algidité* la suractivité du grand sympathique paraît portée à son comble. On a observé, nous le savons, dans le choléra, une absence d'acide carbonique dans les gaz de l'expiration : les phénomènes d'échanges chimiques sont pervertis et en quelque sorte arrêtés. Aussi pourrait-on, avec quelque raison, considérer cette terrible maladie comme un état d'éréthisme exagéré du système nerveux grand sympathique. Après la mort, quand cette suractivité du système nerveux sympathique vient à cesser, on observe une élévation notable de température et les phénomènes de calorification *post mortem* dont nous avons déjà parlé.

Il est donc facile de comprendre combien le rôle qui, dans l'économie animale, est dévolu à la sensibilité, est considérable. Elle préside aux phénomènes de la vie de relation et, dans le domaine de la vie organique, elle provoque, ainsi que nous l'avons vu, l'activité du grand sympathique et donne ainsi le signal qui ralentit ou accélère le mouvement de la nutrition.

Mais ce n'est pas tout. Elle ne se borne pas à donner

l'ébranlement initial et unique qui provoquera le grand sympathique; elle produit une série d'ébranlements qui l'avertissent pour ainsi dire de l'état des organes, de façon à régler son intervention sur les nécessités du moment. Une comparaison fera mieux comprendre notre pensée. Lorsqu'on veut saisir un objet, il faut, pour arriver au résultat, une série de contractions musculaires appropriées et harmonisées. La sensibilité avertit à chaque instant le centre nerveux de l'état des parties, et celui-ci réagit par des contractions adéquates aux besoins. Les avertissements de la sensibilité sont ainsi nécessaires pour régler l'harmonie et l'appropriation des mouvements complexes. Dans le domaine du grand sympathique il en est de même. La circulation, les sécrétions, les échanges nutritifs, exigent des mouvements complexes qui ne sont harmonisés d'une façon convenable que grâce à la sensibilité évidente ou obscure de ces organes. Pour que les fonctions organiques s'accomplissent bien, il est nécessaire que la sensibilité soit conservée : il faut que le tissu se sente lui-même pour ainsi dire. Dans l'expérience célèbre de Magendie (section de la cinquième paire) on voit des altérations de circulation et de nutrition qui sont dues à la destruction directe des nerfs vaso-moteurs, ainsi que je vous l'ai expliqué dans une des précédentes leçons (1) d'après nos nouvelles expériences. Mais il y a aussi une partie de ces troubles qui sont dus à ce qu'on a supprimé les actions réflexes vaso-moteurs en supprimant la sensibilité des parties.

(1) Voy. p. 237.

Il y a des nerfs sensitifs qui se répandent dans les muscles et qui leur donnent une sensibilité particulière que l'on a appelée « sens musculaire ». Si ces nerfs viennent à être paralysés, si le sens musculaire est aboli, l'organe fonctionnera sans mesure; l'animal ne saura plus proportionner ses efforts à la résistance qu'il éprouve, et dont il ne sera plus averti. Les exemples pourraient être multipliés à l'infini. On sait que dans l'état de repos, alors que l'on n'accomplit aucun effort, les fibres musculaires ne sont pas cependant dans un état de complet relâchement. Elles sont dans une demi-contraction, et suivant l'expression usitée, en état de *tonus musculaire*. C'est grâce à cette tonicité que la plupart des orifices naturels sont maintenus fermés par des sphincters. Or, ce tonus musculaire est sous la dépendance de la sensibilité. Dans les paralysies des nerfs sensitifs, on voit, en effet, ces appareils de fermeture cesser leur fonction et laisser échapper au dehors l'urine ou le contenu de l'intestin.

Nous pouvons donc conclure que véritablement la sensibilité règle et gouverne la circulation, et par suite la nutrition. Nous avons vu qu'il y a une sensibilité cardiaque; qu'il y a une sensibilité vasculaire ou excito-vasculaire. Elle active ou modère, éteint ou ranime la circulation des liquides; elle en proportionne l'énergie aux besoins et aux nécessités du moment. En envisageant son rôle de ce point de vue élevé, on a pu dire : « La sensibilité est l'intelligence des organes. »

Toutes les considérations que nous venons d'exposer nous obligent de regarder les nerfs sensitifs comme destinés à réagir sur les nerfs moteurs, sur toutes les variétés

tés de nerfs moteurs : volontaires involontaires, vaso-moteurs, sécrétoires ou autres.

Mais comment se fait cette action d'un nerf sur un autre ? Est-il nécessaire, comme on l'admet généralement, que l'excitation remonte par le nerf sensitif jusqu'à un centre nerveux cérébro-spinal pour redescendre de là jusqu'à l'organe ? Ou bien, au contraire, ne pourrait-on pas admettre un chemin plus court, et supposer que la *réflexion*, l'*action réciproque*, s'accomplit à la périphérie même ? La question est ainsi nettement posée ; il s'agit de savoir si les nerfs de sensibilité réagissent sur les nerfs de mouvement seulement dans les centres nerveux, ou aussi dans les organes ganglionnaires périphériques. On ne connaît jusqu'à présent, je crois, qu'un seul fait de ce genre, c'est celui que j'ai signalé pour le ganglion sous-maxillaire. J'ai vu chez des chiens qu'après la section du nerf tympanico-lingual au-dessus de l'émergence de la corde du tympan, il y a encore écoulement de salive de la glande sous-maxillaire, soit quand on galvanise la langue, soit quand on instille du vinaigre dans la gueule. Il en est de même pour la sécrétion parotidienne quand on a fait la section de la cinquième paire dans le crâne. Mais ces mouvements réflexes qui persistent après la séparation des nerfs du centre cérébral ne durent que quelques jours, et on les voit bientôt disparaître, pour ne reparaître que lorsque la régénération nerveuse s'est opérée.

En dehors de ces cas particuliers, pouvons-nous admettre une action directe des nerfs de sentiment, action qui se manifesterait à la périphérie, et serait capable de provoquer des mouvements quelconques? J'ai coupé bien souvent des nerfs de sensibilité, je n'ai jamais vu l'excitation du bout périphérique produire un effet, tandis que l'excitation du bout central amène constamment les phénomènes réflexes les plus évidents. J'ai fait cependant quelques observations qui peuvent donner le change et qui, à ce propos, méritent d'être rapportées. Si l'on excite légèrement sans produire de douleur une branche du nerf auriculaire, et surtout chez un animal impressionnable comme le chat ou le rat, on voit se produire un mouvement excessivement brusque. La branche nerveuse étant mise à nu, si l'on vient à la toucher avec la pointe d'une aiguille si faiblement que le contact ne soit probablement pas senti, on voit encore une trémulation soudaine, plus rapide que si l'on eût touché directement le nerf facial. On reproduit des mouvements analogues dans la lèvre supérieure en excitant le nerf sous-orbitaire de la cinquième paire.

Au premier abord, on serait tenté d'expliquer cette rapidité si remarquable par une excitation directe du filet sensitif sur le muscle ou sur l'extrémité du nerf moteur. Mais il ne saurait en être ainsi, car en coupant le nerf sensitif et portant la stimulation sur le bout périphérique, l'effet disparaît. On pourrait objecter que la section a altéré la composition et les propriétés du bout périphérique. Pour répondre à cette objection, j'ai laissé le nerf intact, et je me suis borné à sectionner le nerf de mouvement, le nerf facial. Le mouvement ne se produisait plus, et cependant le grand circuit, le circuit rachidien était seul interrompu dans ce cas. Dans l'état de nos connaissances il est donc impossible de démontrer un mode d'influence périphérique réelle des nerfs sensitifs sur les nerfs moteurs. On connaît toutefois en physiologie certains mouvements exceptionnels de ce genre que j'ai appelés *mouvements récurrents*. Relativement au nerf sympathique, il paraît évident qu'il reçoit l'influence périphérique des nerfs sensitifs qui animent les parties où il se distribue ; mais, je le répète, ce mode d'influence est encore entouré de grandes obscurités.

La distribution anatomique du grand sympathique est également assez mal connue. Les modes de terminaison de ce nerf dans les divers tissus sont complétement ignorés et, jusqu'à présent, les plus grands progrès dans ces investigations ont été dus à l'expérimentation physiologique.

Il y a dans le grand sympathique, outre les divers filets qui se rendent à un organe, des anastomoses et des intrications nombreuses avec toutes les autres espèces de nerfs. En sorte que le trajet des rameaux nerveux est à la fois direct et récurrent. On dirait même qu'il y a des anastomoses nerveuses comme des anastomoses artérielles. C'est ainsi que les artères coronaires labiales du cheval, sur lesquelles nous avons fait nos expériences manométriques, sont enlacées par des filets nerveux de directions opposées.

Rappelons en effet que quand on a coupé l'artère et qu'on galvanise le sympathique au cou, on obtient une contraction dans le bout central et dans le bout périphérique de l'artère, preuve que des filets sympathiques récurrents reviennent par les anastomoses. D'ailleurs, il ne faudrait pas croire que tous les nerfs vaso-moteurs ou sympathiques de la tête viennent du ganglion cervical supérieur. J'ai constaté chez le chien, par exemple, que les filets supérieurs du ganglion cervical inférieur et premier thoracique s'engagent dans le canal vertébral en suivant l'artère de ce nom et vont exercer leur influence sur l'oreille; mais ces mêmes filets n'agissent pas sur la pupille; les nerfs pupillaires proviennent des filets qui accompagnent la carotide interne.

Quoi qu'il en soit de notre ignorance sur les terminaisons anatomiques du grand sympathique, la physiologie nous fait pénétrer peu à peu dans ses fonctions. J'ai voulu appeler votre attention sur les réactions que le grand sympathique reçoit de la part des nerfs sensitifs et nous savons qu'il y a à ce sujet à distinguer deux sortes d'effets : les effets immédiats, ordinairement légers, et les effets définitifs plus intenses. Si l'irritation sensitive n'est pas suffisamment prolongée, si elle est rapide et fugace, on n'observera que la paralysie du début et non pas l'excitation secondaire qui lui succède.

Je vous ai dit encore que les excitations morales sont, au point de vue physiologique, des phénomènes de sensibilité. Elles réagissent sur l'organisme de la même manière que les stimulations de la douleur ou des sensations spéciales. Le sentiment de la peur agit comme une impression douloureuse; la colère, comme la honte, a pour première conséquence une action sur la pupille, sur les vaisseaux, sur le cœur.

La réaction du moral sur le physique, longtemps considérée comme inexplicable, n'est qu'un phénomène physiologique ordinaire et dont l'intelligence ne présente pas plus de difficultés que tous ceux auxquels nous avons appliqué notre recherche. La douleur psychique retentit sur l'économie comme l'excitation mécanique douloureuse d'un nerf : comme celle-ci, elle a toujours le sympathique pour instrument de son action et elle peut entraîner par un même mécanisme des troubles de la nutrition, des lésions organiques, et les maladies les plus variées.

QUINZIÈME LEÇON

SOMMAIRE : Conditions physiologiques qui provoquent les actions frigorifique ou calorifique du grand sympathique. — Des *actions réflexes paralysantes*. — Hypothèse de l'*interférence nerveuse*. — Des ganglions du grand sympathique. — Modifications du sang après la section du grand sympathique. — Expériences sur le cordon cervical du sympathique chez le cheval. — Rutilance du sang veineux. — Rapidité de sa coagulation. — Ces phénomènes vont en s'atténuant à mesure qu'on s'éloigne de l'époque de la section. — Après la section du grand sympathique le sang veineux est plus chaud. — Ces phénomènes disparaissent par la galvanisation du bout périphérique. — L'être vivant peut faire du *froid* et du *chaud* sur place à l'aide de son système nerveux. — Expériences sur le tissu des glandes. — Rôle régulateur du système nerveux : exemples empruntés aux organismes inférieurs (œufs de vers à soie) et aux réactions chimiques (amygdaline) pour faire comprendre ce rôle.

MESSIEURS,

Toutes nos recherches relatives à l'influence du système nerveux sur la calorification ont eu pour point de départ une seule expérience ; c'est l'expérience fondamentale de la section du grand sympathique au cou. Nous avons vu la section ou la paralysie de ce cordon nerveux entraîner la dilatation des vaisseaux, l'exagération des sécrétions, des combustions nutritives, l'élévation de la température ; nous avons vu la galvanisation produire le resserrement des vaisseaux, le refroidissement, l'arrêt de la nutrition.

Tels sont les résultats de ces deux états opposés du nerf, l'un et l'autre artificiellement provoqués. Il fallait transporter ces données à l'être vivant dans des conditions naturelles, et avant toute chose montrer qu'elles lui étaient applicables. Nous avons retrouvé chez l'animal intact les circonstances que la galvanisation du sympathique a fait naître : l'organisme les réalise continuellement. Les stimulations conscientes ou inconscientes de la sensibilité interviennent chez l'être physiologique, dans l'état sain, comme la galvanisation du sympathique chez le sujet de notre expérience.

Il nous reste maintenant à voir quelles sont les conditions physiologiques qui remplacent la section du sympathique et agissent de la même façon, pour paralyser ce nerf. Les notions que la science possède actuellement nous portent à concevoir toute sollicitation fonctionnelle comme une sollicitation active. Les stimulants sont compris comme des agents propres à tirer l'élément ou l'organe du repos pour le faire entrer en activité. On ne conçoit pas une excitation extérieure qui aurait pour effet de provoquer le repos, de paralyser le fonctionnement. L'absence du stimulant implique la suspension d'énergie; tandis que la présence du stimulant manifeste essentiellement l'état actif. Un stimulant pour un état passif serait incompréhensible; cela semble un abus de mots. Il est donc fort difficile d'imaginer une action réflexe qui serait une action paralysante. Nous avons, par conséquent, peu de notions sur la nature des provocations qui équivalent à la section du grand sympathique, qui le paralysent, dilatent les vaisseaux et augmentent la température. J'ai proposé une base d'explications pour ces excitations nerveuses qui paralyseraient le grand sympathique. Il m'a semblé que ce phénomène présenterait quelque analogie avec celui qu'on désigne en physique sous le nom d'*interférence*, dans lequel on voit le concours de deux états actifs amener un état passif, de la lumière ajoutée à de la lumière produire l'obscurité, du son ajouté à du son produire le silence.

C'est ainsi que nous avons pu nous rendre compte de l'action et du fonctionnement des nerfs vaso-dilatateurs, sur l'étude desquels nous avons insisté à plusieurs reprises dans les leçons précédentes (1).

Il y a encore beaucoup de lacunes dans l'histoire du grand sympathique, particulièrement en ce qui concerne le rôle que les ganglions jouent dans la physiologie de ces nerfs. Autrefois, j'ai étudié avec beaucoup de persévérance les différentes questions relatives aux *phénomènes vasculaires et calorifiques des ganglions du grand sympathique*. J'ai expérimenté particulièrement sur le ganglion premier thoracique, et j'ai vu qu'il suffisait de blesser ou d'irriter parfois très-légèrement ce ganglion pour amener immédiatement des phénomènes vasculaires et calorifiques très-marqués dans le côté de la tête et le membre supérieur correspondants, tandis qu'en divisant avec précaution tous les filets peu sensibles qui émergent du ganglion, on obtenait des effets bien moins évidents. Il n'en était pas de même si l'on sectionnait les filets inférieurs du ganglion qui étaient en général plus sensibles : leur section déterminait un effet plus net et plus constant, comme si l'influx nerveux calorifique et vasculaire venait d'en bas, et était retenu par le ganglion.

(1) Voy. p. 256 et 288.

J'ai en outre observé, dans ces expériences, que les lésions des parties sensibles de la moelle épinière amenaient aussitôt une grande vascularisation et calorification dans les parties qui même n'avaient plus de communication avec le ganglion sympathique. La section des filets sympathiques avant et après les ganglions présentent des phénomènes qui diffèrent parfois selon les intrications nerveuses, selon certaines conditions de vigueur ou de sensibilité des animaux. J'ai étudié autrefois cette question à propos de la glande sous-maxillaire, et il m'a semblé que l'effet paralytique était plus manifeste au-dessus du ganglion cervical supérieur, c'est-à-dire lorsqu'on coupait le nerf plus près de l'organe auquel il se rend. Pour les membres postérieur et antérieur, je n'ai pas vu de différence bien sensible en coupant le nerf sympathique avant le ganglion ou en opérant sur les nerfs mixtes. Dans tout cela, je le répète, il y a encore beaucoup de points à étudier. C'est la seule conclusion que je désire tirer de tout ce qui précède; j'y reviendrai plus tard en exposant des expériences nouvelles encore inédites.

Quelque difficulté qu'il y ait du reste à pénétrer l'essence de cette action, sa réalité comme fait n'en est pas moins incontestable. C'est à la suite d'excitations centripètes particulières émanées des organes que l'on voit se produire les phénomènes analogues à ceux de la section du sympathique. Nous ne ferons que rappeler ici ces phénomènes qui ont été maintes fois énumérés devant vous. On constate une élévation de température, une augmentatton de la sécrétion sudorale dans la région qui correspond à la section.

C'est ce que l'on observe chez le cheval, après qu'on a coupé le filet cervical. Toute une moitié de la tête est dans un état d'extrême transpiration : la sueur ruisselle comme si l'animal venait d'accomplir des efforts violents ou de fournir une longue course. L'élévation de température ne se manifeste pas seulement dans les régions superficielles, mais aussi dans les régions profondes. Si l'opération a lieu en hiver, à un moment où le froid condense la vapeur d'eau de la respiration, on voit la colonne de vapeur sortir beaucoup plus visible par le naseau du côté lésé. Si l'on examine la circulation, on observe un élargissement notable des vaisseaux qui sont comme paralysés et n'offrent plus les petites oscillations vasculaires dues aux contractions rhythmiques des artérioles : l'augmentation de la pression sanguine est rendue évidente par nos recherches manométriques sur l'artère labiale. En même temps se manifeste une exaltation très-vive de la sensibilité.

C'est sur le contenu des vaisseaux, sur le sang, que je veux aujourd'hui appeler votre attention ; ce liquide éprouve des modifications correspondantes qui traduisent la perturbation de la nutrition et la suractivité des phénomènes chimiques. Le sang veineux, au lieu d'être noir comme il doit l'être d'ordinaire, présente une rutilance qui le rend pareil, pour la couleur, au sang artériel. Au lieu de se coaguler à la façon habituelle, il présente de notables différences. C'est particulièrement chez le cheval que l'on peut se rendre compte de cette influence de la section du grand sympathique sur les propriétés physico-chimiques du sang. On sait que le cheval, par une bizarrerie singulière, présente un pouls lent, un sang qui se coagule lentement. Les globules du sang qui sont plus denses que le plasma ont alors le temps de tomber au fond, et c'est ce qui explique la formation du caillot blanc au-dessus de la saignée, que tous les vétérinaires connaissent bien. Nous avons autrefois examiné les modifications que la section du sympathique au cou apportaient à ces phénomènes de coagulation du sang, et ils sont des plus tranchés. Voici quelques-uns de ces résultats :

Sur un cheval à jeun on coupe le sympathique dans la région du cou, d'un côté. Après quelques instants, on fait une saignée aux deux veines jugulaires et l'on retire le sang dans une longue éprouvette. Après trois heures, le sang du côté sain n'est point coagulé et il y a au-dessus des globules, une couche de plasma (caillot blanc) de 6 centimètres de hauteur. Le sang retiré du côté sectionné est coagulé et l'épaisseur de la couche du caillot blanc ne dépasse pas un centimètre.

Sur un autre cheval en digestion on fait la section du sympathique au cou d'un côté, après quoi on fait une saignée aux deux jugulaires comme précédemment. Le sang du côté sain, d'une couleur noire, coagule en 40 minutes avec une forte couche de caillot blanc; le sang du côté de la section du sympathique coagule en quatorze minutes, et ne présente pas de couenne ou de caillot blanc à sa surface.

Nous avons répété les mêmes expériences sur un grand nombre de chevaux toujours avec les mêmes résultats. Je veux pourtant citer encore un fait qui aura pour nous un nouvel enseignement.

Sur un cheval, on coupe le sympathique du côté du cou. Quelques instants après on pratique une saignée aux deux veines jugulaires. Le sang du côté sain coagule avec un caillot blanc qui tient plus du tiers de l'éprouvette ; du côté sectionné il n'y a qu'un faible caillot. Après 4 heures on refait deux nouvelles saignées aux mêmes veines. Cette seconde saignée ne se comporte plus d'une manière identique avec la première. Du côté sain le caillot blanc est devenu très-faible, et du côté sectionné il n'y a pas de caillot blanc.

Il est évident, d'après cette expérience, que la différence entre les deux sangs, très-tranchée aussitôt après la section du sympathique, allait peu à peu en s'effaçant à mesure qu'on s'éloignait du début de l'expérience, parce que l'échauffement, d'abord limité au côté de la section du sympathique, se généralisait graduellement. C'est là un résultat très-important qui explique les divergences entre les expériences dans lesquelles on ne tient pas compte du temps, et qui prouve, en outre, qu'il y a production de chaleur sur place du côté où le sympathique est coupé ; car sans cela le corps de l'animal ne s'échaufferait pas ; au contraire, il se refroidirait. La suractivité circulatoire du côté coupé peut seule être ici invoquée pour expliquer la modification de la température générale de l'animal qui, d'ailleurs, était en repos. Or, je le répète, cette expérience prouve que le sang vient se réchauffer dans le côté sectionné au lieu de s'y refroidir. D'ailleurs, en évitant toute déperdition de calorique et en entourant d'ouate la tête du cheval, on trouve que le sang de la veine jugulaire revient plus chaud que celui de l'artère carotide.

Je ferai une réflexion générale à propos des mesures de température. Quand nous plongeons un instrument thermométrique dans le sang ou dans un tissu vivant, nous n'obtenons en réalité qu'une température moyenne ; nous ne pouvons pas affirmer que nous ayons exactement la température de chaque élément histologique, parce qu'il peut se rencontrer dans le sang des filets liquides d'une température beaucoup plus chaude que ne l'indique notre instrument trop grossier. Un exemple complétera ma pensée. On sait que la poudre-coton s'enflamme à une température déterminée. Cependant, plaçant une petite masse de cette substance à une certaine distance d'un foyer, on peut la voir s'enflammer dans un lieu où le thermomètre n'indique qu'une température bien inférieure à celle que la théorie exige. Cela vient évidemment de ce qu'il y a des filets d'air très-chaud mélangés à de l'air plus froid, et que le thermomètre n'indique qu'une moyenne. Je suis convaincu que des choses analogues doivent se passer dans nos tissus, lors de la production de la chaleur animale ; et je pense, par conséquent, que nos moyens d'investigations sont encore infiniment imparfaits relativement à la délicatesse des phénomènes à observer.

Reprenons maintenant notre sujet, et concluons que le sang veineux après la section du grand sympathique devient plus rouge, plus chaud et plus coagulable. On pourrait croire de prime abord que le sang est moins veineux et qu'il a gardé beaucoup des caractères du sang artériel. Cela n'est vrai que pour l'oxygène qui reste en plus grande proportion ; mais le sang veineux du cheval coagule alors plus rapidement que le sang artériel, probablement parce qu'il est plus chaud ; la proportion de la fibrine a changé, et dans quelques essais je l'ai trouvée diminuée de quantité. Il est certain qu'il peut y avoir beaucoup d'autres modifications encore inconnues : les proportions d'urée, de créatine, créatinine, etc., ne sont sans doute pas les mêmes. C'est là toute une série d'études chimiques de la plus haute importance à entreprendre.

Nous voyons ainsi que la section du grand sympathique amène, dans les parties où il se distribue, une suractivité chimique considérable ; il y a évidemment une formation de chaleur sur place, et c'est à cette intensité anormale des actions chimiques au sein des tissus qu'il faut attribuer l'accroissement des phénomènes thermiques. Mais ici se présente cette question que nous avons bien souvent agitée dans le cours de ces leçons. Ce n'est pas à des phénomènes de combustion proprement dits qu'il faut ramener les mutations chimiques si profondes qui s'opèrent dans ce cas. Le sang veineux devenu plus chaud a conservé presque tout son oxygène, et il renferme moins d'acide carbonique que le sang veineux ordinaire plus froid. C'est donc dans d'autres actes chimiques de dédoublement, de fermentation, etc., qu'il faut chercher les sources de la chaleur produite. Et ces modifications chimiques doivent être intenses, car nous voyons parfois la fibrine disparaître entièrement. C'est ce qui a lieu dans le sang rutilant des veines rénales, par exemple pendant l'acte sécrétoire. Les phénomènes qui se produisent sous l'influence de la section du grand sympathique sont tout à fait analogues, et le sang de la veine jugulaire se rapproche de celui du rein ou des veines glandulaires en fonction.

Si nous galvanisons le bout supérieur périphérique du grand sympathique coupé, nous voyons aussitôt le sang qui s'écoule de la jugulaire du même côté changer de caractères. Le sang coule moins abondant, devient plus noir, se coagule lentement avec une forte couenne ou caillot blanc; l'oxygène n'est plus qu'en faible proportion; le sang est plus brûlé et en même temps il est plus froid.

En résumé, ne tirons de tout ce qui précède qu'une seule conclusion : c'est que l'inertie et la suractivité du grand sympathique répondent à des phénomènes chimico-physiques bien déterminés et tout à fait opposés.

Grâce à cette double action qui exalte ou affaiblit tour à tour le grand sympathique, l'animal possède le pouvoir de créer un échauffement ou un refroidissement dans tel ou tel département de l'organisme. C'est là, en effet, le corollaire de toutes nos investigations, le résumé de toutes nos recherches sur l'influence du système nerveux sur la chaleur animale. Le fait nouveau que nous avons réalisé, c'est de montrer que l'être vivant peut faire du *froid et du chaud* sur place à l'aide de son système nerveux. Nous savons que la circulation peut s'exalter dans un organe localement et ne pas subir de modifications dans les organes voisins; de même des foyers de calorification peuvent aussi apparaître dans certains points indépendants les uns des autres. Comme il y a des circulations locales, il y a des réfrigérations et des calorifications locales.

Bien que nous ayons vu les phénomènes circulatoires et thermiques marcher généralement ensemble, je veux cependant revenir ici, à l'aide d'expériences directes, sur l'opinion que j'ai émise, à savoir que cette corrélation n'est pas nécessaire ; les deux ordres de phénomènes peuvent être considérés comme étant reliés et concomitants, quoique indépendants dans leur nature. Je ne rappellerai pas ce que j'ai dit des muscles qui engendrent de la chaleur quand ils sont alimentés par le sang et aussi après avoir été privés de toute circulation sanguine. Je veux seulement ajouter quelques expériences que nous avons faites récemment sur la glande sous-maxillaire du chien. Lorsque la glande est convenablement mise à nu et qu'on implante comparativement deux aiguilles thermo-électriques dans le tissu des deux glandes sous-maxillaires, ce qui vaut mieux que d'introduire les aiguilles par les conduits sécréteurs, on constate qu'il existe entre elles à peu près un équilibre de température. Mais si d'un côté on vient à galvaniser la corde tympanique, aussitôt la déviation de l'aiguille du galvanomètre indique une élévation considérable de température dans le tissu glandulaire de ce côté. Si au contraire on galvanise le nerf sympathique glandulaire, soit en le prenant au-dessus du ganglion cervical supérieur au niveau de l'hypoglosse, soit en l'isolant, ce qui est possible, même chez le chien, du pneumogastrique au cou au-dessous du ganglion cervical supérieur, une déviation inverse de l'aiguille galvanométrique indique un abaissement de température survenu dans le tissu de la glande. Ces modifications de température en sens inverse ne sauraient laisser aucun doute : elles équivalent parfois à deux degrés du thermomètre centigrade.

Si maintenant on veut prouver que cette modification

de température ne tient pas au renouvellement du sang, mais bien à des phénomènes thermiques engendrés sur place, on peut couper ou oblitérer les vaisseaux de la glande ; mais alors l'expérience devient beaucoup plus difficile que pour les muscles. J'ai prouvé autrefois que la privation de sang (hémorrhagie) fait perdre rapidement les propriétés vitales aux nerfs sympathiques et vaso-moteurs, tandis que les propriétés persistent très-longtemps encore pour les nerfs moteurs volontaires. Il est facile de lier les veines de la glande sous-maxillaire et d'empêcher le sang de se renouveler dans les tissus. Dans ces conditions, les modifications thermiques sous l'influence des nerfs, précédemment indiquées, se produisent de la même manière. Je dois encore ajouter une circonstance intéressante de ces expériences, c'est que l'augmentation de chaleur sous l'influence de la corde du tympan peut être précédée d'un léger abaissement et suivie d'une persistance dans l'élévation calorifique un certain temps après la cessation de l'excitation galvanique. De même l'abaissement de température par l'excitation du nerf sympathique s'est montrée précédée d'une légère élévation calorifique après laquelle survient un abaissement de température persistant.

Ainsi la glande sous-maxillaire possède bien nettement un nerf calorifique (corde du tympan) et un nerf frigorifique (sympathique).

Dans les tissus cellulaire et musculaire, on peut également démontrer de la manière la plus nette cette influence frigorifique générale du nerf sympathique. En implantant des aiguilles thermo-électriques dans le tissu cellulaire de l'oreille et en galvanisant le cordon cervical du grand sympathique, on constate bientôt un abaissement de température du côté correspondant à la galvanisation du nerf; si l'on implante les aiguilles dans les muscles masséters ou dans d'autres parties de la tête, telles que l'œil, le nez, le cerveau, etc., on constate le même phénomène de réfrigération pendant la galvanisation du grand sympathique. J'ai produit la même réfrigération dans les membres en galvanisant, soit les filets nerveux qui partent du premier ganglion thoracique pour le membre supérieur, soit le filet sympathique lombaire pour les membres inférieurs. Tels sont les faits nouveaux sur lesquels j'ai dû appeler votre attention, parce que je les considère comme le point de départ de recherches importantes que nous aurons à poursuivre.

Dans l'organisme, tous ces phénomènes frigorifiques et calorifiques isolés ne se produisent pas d'une façon anarchique et désordonnée. La vie serait impossible dans de pareilles conditions. Ils sont au contraire associés, maintenus dans des relations réciproques, harmonisés, afin de réaliser pour l'animal des conditions déterminées, indispensables à l'accomplissement de ses fonctions.

Un appareil spécial préside à cette association nécessaire des parties isolées : c'est le système nerveux prédisposé pour être le lien commun et le régulateur des énergies individuelles. Il est le régulateur physiologique. Suivant les cas, suivant les localités, suivant les conditions extérieures qui l'impressionnent de mille manières, il commande la production de chaleur ou de froid. Il est calorifique ou frigorifique.

Les plantes et les animaux inférieurs n'ont pas d'appareil d'harmonisation comparable à celui-là. Ils attendent la chaleur ou le froid du milieu extérieur. Leur régulateur c'est le régulateur cosmique. L'impulsion qui met en branle leur énergie nutritive ou qui l'arrête part du dehors. Les animaux élevés, au contraire, sont indépendants, à un certain degré, de ce qui les entoure. Le véritable milieu dans lequel ils plongent et avec lequel leurs éléments derniers sont réellement en contact, c'est le milieu intérieur, le sang ou la lymphe. Il est l'expression de toutes les nutritions locales, la source et le confluent de tous les échanges interstitiels ; et à ce point de vue, le sujet par conséquent du régulateur nerveux.

Nous savons que le système nerveux, le grand sympathique, est calorifique ou frigorifique parce qu'il atteint primitivement les sources du calorique, les combinaisons et décompositions chimiques qui sont les origines du calorique animal. Et réciproquement, parce qu'il est frigorifique ou calorifique, il réagit puissamment sur les phénomènes chimiques de la nutrition. L'effet devient cause à son tour. Les exemples de l'influence du froid et du chaud sur les phénomènes de la vie, sur l'évolution des éléments anatomiques fourmillent : on les rencontre à chaque pas. Beaucoup de phénomènes intimes sont comme ces fermentations que les chimistes nous ont fait connaître et qui exigent pour se produire des conditions déterminées de température, ni trop haute ni trop basse. Dans les diverses phases de leur évolution, les tissus vivants exigent souvent des conditions physiques diverses. Ils attendent que ces conditions se présentent dans l'ordre de succession qui convient. Le milieu cosmique, harmoniquement réglé, ramène ces circonstances extérieures, avec une périodicité mathématique. C'est ainsi que la durée intervient dans les phénomènes de la vie. Le processus nutritif et évolutif, exige une succession de circonstances que le monde ambiant reproduit à des intervalles réglés; d'où une durée déterminée pour ce processus. Mais que l'intelligence humaine entre en scène et agisse pour rapprocher ces alternatives, le temps se trouve abrégé.

Un exemple remarquable de cette puissance que nous pouvons exercer pour abréger la durée d'une évolution naturelle nous est fourni par les observations de M. Duclaux, sur le développement des vers à soie. L'œuf du ver à soie pondu pendant l'été ne se développe pas immédiatement : il passe l'hiver inerte et inactif et n'entre en évolution qu'au printemps suivant. Les dernières chaleurs de l'été, la température artificielle des magnaneries, ne suffisent pas à exciter son activité. Mais si, avant de le soumettre à l'action de la chaleur, on l'expose pendant vingt-quatre heures à l'influence du froid, remplaçant ainsi par des conditions artificielles les conditions naturelles de l'hiver, le développement devient possible : il commence et continue ensuite avec ses caractères ordinaires.

On se rend compte, sans prolonger plus longtemps cette série d'exemples, à quel haut degré l'action frigorifique ou calorifique du système sympathique retentit sur les phénomènes généraux de la vie. Il agit sur eux de deux manières : il les atteint directement, car c'est en influençant les échanges intimes de la nutrition qu'il produit la chaleur ou le froid; il les atteint indirectement, car la chaleur ou le froid tiennent sous leur dépendance la plupart de ces phénomènes. Par ces considérations et par tous les exemples déjà exposés, nous voyons que l'action du grand sympathique porte bien réellement sur les phénomènes de la nutrition élémentaire. Nous sommes ainsi ramené à l'opinion de nos prédécesseurs, à l'opinion de Bichat, qui considéraient l'appareil nerveux sympathique comme l'appareil de la vie organique, comme l'instrument de la vie végétative. Il agit sur les tissus primitivement et secondairement. Nous savons de plus comment il agit, Excité, il modère leur énergie fonctionnelle, il la refrène; en suspendant son intervention, en cessant de fonctionner, il leur laisse la carrière libre. La comparaison du sympathique que j'ai faite avec un frein est la plus juste qu'on puisse donner. Le frein étant serré restreint la nutrition, il la retarde ou l'arrête même d'une façon complète. Le frein étant lâché, c'est-à-dire supprimé, les mouvements nutritifs auxquels il faisait obstacle s'accélèrent et se précipitent.

Il y a dans les tissus, suivant leur nature et les conditions ambiantes, des propriétés physiques et chimiques, qui tendent à se manifester par des phénomènes qui se montreraient fatalement si rien ne les entravait. Il en est de l'activité physique des éléments organiques comme de ces combinaisons de deux corps qui se réalisent toujours lorsque les deux corps sont en présence, et que la température est au point convenable. Ces phénomènes qui se précipiteraient aveuglément et isolément en chaque point sont modérés et interdits par le système nerveux dans certains cas, permis par lui dans d'autres cas. Il empêche les deux éléments de la réaction de venir en présence, ou bien il les y amène en proportions restreintes. Une image rendra bien ma pensée. Prenez une amande amère. Le tissu de l'albumen est composé de cellules ayant une constitution différente et qui contiennent des substances chimiquement différentes. Dans les unes on trouve l'*émulsine*; dans les autres l'*amygdaline*. Ces deux produits sont séparés, mais si l'on venait à les réunir, ils réagiraient l'un sur l'autre pour fournir de l'essence d'amandes amères et du sucre. Ils sont renfermés, pour ainsi dire, dans des vases distincts, comme l'acide sulfurique et la potasse qui dans un laboratoire remplissent deux bocaux séparés, tandis que mélangés ensemble ils fourniraient une combinaison nouvelle, le sulfate de potasse qui s'accompagne d'un dégagement de chaleur. En écrasant l'amande on brise les cellules, on met en présence les éléments, on permet leur réaction, et de fait, on ne tarde pas à sentir l'odeur particulière de l'acide prussique. L'action nerveuse est de cette nature : elle défend ou favorise la mise en présence des substances qui, obéissant à leur nature propre, manifestent les actions chimiques. La réaction qui dans le foie fournit le sucre est presque calquée sur celle que nous indiquons ici. Les cellules hépatiques contiennent une matière amylacée, le glycogène, à côté d'un ferment capable de transformer cette substance glycogène en glycose véritable. L'action nerveuse détermine le conflit de ces produits avec ses conséquences chimiques et calorifiques.

SEIZIÈME LEÇON

SOMMAIRE : Étude de la *chaleur animale* au point de vue du milieu intérieur : *atmosphère vitale intérieure*. — Influence sur l'animal de l'exagération de la température. — Recherches sur les causes de la mort par la chaleur. — Anciennes expériences et théories (Boerhaave, J. Lining). — Recherches modernes (Berger et Delaroche). — Cause et mécanisme de la résistance à la chaleur. — Rôle de l'évaporation cutanée. — Comparaison du corps animal à un alcarazas. — Différence d'action d'un milieu chaud et sec et d'un milieu chaud et humide. — Historique et critique des expériences antérieures.

MESSIEURS,

Pour suivre l'ordre logique de notre étude de la *chaleur animale* et aborder un nouveau côté de la question, il nous faut rappeler notre point de départ, c'est-à-dire la question des milieux, et spécialement du *milieu intérieur*, constitué par la lymphe et le sang.

Nous vous avons dit dans notre première leçon que la médecine expérimentale ou la médecine scientifique moderne doit être fondée sur l'étude et la connaissance du milieu intérieur propre aux éléments organiques, tandis que la médecine antique n'avait pu prendre en considération que les conditions du milieu extérieur dans lequel vit l'individu tout entier. Sans doute ces deux milieux sont entre eux dans des rapports d'échange constant, mais ils sont cependant bien distincts l'un de l'autre, et en les confondant on s'exposerait aux illusions les plus graves. Ainsi, en ne considérant que le milieu cosmique extérieur, on pourrait croire que l'homme, ainsi que beaucoup d'animaux existe dans l'air en quelque sorte à sec, qu'il peut vivre indifféremment dans des températures basses ou élevées, etc. Ce serait là autant d'erreurs. En réalité, les éléments organiques qui manifestent les phénomènes de la vie sont tous plongés dans un milieu liquide et d'une température déterminée. C'est là une loi générale, et ce n'est que par des artifices de construction de la machine vivante que nous voyons des animaux exister dans l'air qui nous entoure. Sans revenir ici sur ces idées du milieu intérieur, que j'ai émises et développées dans les leçons précédentes (1), je me bornerai à vous rappeler que tous nos efforts vont se concentrer sur cette étude, parce que c'est dans ce milieu organique que toutes les manifestations vitales, normales ou pathologiques, trouvent leur cause immédiate.

Nous devons étudier l'atmosphère vitale intérieure comme les physiciens scrutent l'atmosphère extérieure, en passant en revue toutes ses propriétés physiques et et chimiques, en constatant leur rapport avec la vie des organismes élémentaires qui en sont les habitants naturels.

Nous avons étudié en premier lieu dans les leçons précédentes la température du milieu intérieur, c'est-à-dire la chaleur animale d'une manière générale, et nous vous avons montré par quel mécanisme l'homme et les animaux à sang chaud possèdent normalement une température

(1) Voyez. aussi mes *Leçons sur les anesthésiques et sur l'asphyxie*, p. 1 à 33, et mes *Leçons sur les liquides de l'organisme*.

très-sensiblement fixe, dont ils ne peuvent s'écarter en plus ou en moins sans compromettre gravement le fonctionnement régulier des organes de la vie. Nous allons examiner maintenant les phénomènes que présente l'être vivant, lorsqu'on le force à sortir de son état thermique physiologique, et lorsqu'on le soumet à l'influence de températures plus élevées ou plus basses que celles au sein desquelles il se trouve plongé dans le courant normal de sa vie.

Nous allons donc étudier les effets de l'élévation ou de l'abaissement de la température sur l'organisme vivant, et parmi ces deux questions, nous nous bornerons à la première, *l'influence sur l'animal de l'exagération de la température extérieure.*

Depuis très-longtemps déjà, on avait remarqué que si les animaux à sang chaud ne se mettent pas en équilibre de température avec le milieu qui les entoure, cela tient à ce qu'ils ont sous ce rapport une résistance qui leur est propre; ils restent chauds dans un milieu plus froid qu'eux, froids dans un milieu plus chaud. Toutefois, les premières études un peu sérieuses faites sur cette résistance au milieu, qui est un caractère distinctif de l'animalité, appartiennent à une époque relativement récente; elles ne datent guère que du XVIIIe siècle et de l'invention du thermomètre : exemple nouveau de cette solidarité remarquable entre les sciences physiques et physiologiques, qui fait que tout progrès dans les premières a presque nécessairement son contre-coup dans les secondes.

Boerhaave (1) admet déjà, comme le fit plus tard

(1) Boerhaavi, *Elementa chemiæ*, t. I, p. 148.

Lavoisier, que la respiration est, dans l'animal, une cause de production de chaleur. Il supposait qu'il se développe dans le poumon, sous l'influence des fermentations dont il est le siége, une quantité de chaleur très-considérable qui serait incompatible avec le maintien de la vie, si l'air extérieur, pénétrant à chaque mouvement inspiratoire, ne venait l'absorber, la rejeter au dehors et en débarrasser l'économie. L'air inspiré était donc pour Boerhaave, comme d'ailleurs pour les anciens, une cause de refroidissement et jouait le rôle d'un *rafraîchissant* du sang. Désireux de vérifier l'exactitude de cette opinion, Boerhaave inspira au physicien Fahrenheit quelques expériences dans le but de s'assurer si la respiration de l'air chaud était vraiment nuisible. Un chien, un chat et un moineau, placés dans une étuve à 146 degrés Fahrenheit, c'est-à-dire sensiblement 63 degrés centigrades, périrent rapidement, le moineau après 7 minutes, les deux mammifères après 28 minutes environ. De ces résultats, Boerhaave conclut qu'en faisant respirer à un animal de l'air chaud, au lieu d'air frais, on empêche l'évacuation de la chaleur intérieure par le milieu atmosphérique, et qu'on suspend fatalement les fonctions de la vie. Rien de plus net, rien de plus clair en apparence, et cependant rien de plus faux. L'expérience est parfaitement exacte, et nous verrons que les résultats en ont été confirmés par tous les expérimentateurs subséquents; mais la conclusion n'en est pas moins fausse, parce qu'on a raisonné d'une manière trop absolue et conclu trop précipitamment. Ici, comme cela est arrivé bien souvent, l'expérience avait raison, mais le raisonnement avait tort; ce qui nous dévoile, pour le dire en passant, un précepte bien important, c'est qu'il ne faut jamais confondre les expériences bien faites, dont les résultats sont irréprochables, avec les conclusions erronées et discutables qu'on peut en tirer.

Aussi, les objections contre la conclusion de Boerhaave ne tardèrent pas à se produire. C'était déjà, en effet, un fait d'expérience vulgaire que les animaux et l'homme lui-même pouvaient supporter une température extérieure supérieure à celle de leur propre corps. En 1748, John Lining (1) publia des observations faites à Charlestown. Il montra que l'homme vivait dans cette localité à la température de 90 à 95 degrés Fahrenheit (32 degrés centigrades) à l'ombre et de 124 degrés Fahrenheit (51 degrés centigrades) au soleil. Adanson, dans son voyage au Sénégal, raconte qu'en voyageant sur le Niger la température de sa chambre montait dans le jour à 40 ou 45 degrés Réaumur. Il était ainsi démontré que la vie est possible dans ces régions tropicales, où la température s'élève fréquemment pendant le jour au-dessus de 40 degrés centigrades, c'est-à-dire au-dessus de la température du corps de l'homme.

La question restait donc indécise, lorsque, au commencement de ce siècle, MM. Berger et Delaroche entreprirent de nouvelles expériences plus précises, sur lesquelles nous devons nous arrêter quelques instants, parce qu'elles eurent un grand retentissement et qu'elles ont été le point

(1) John Lining, *Letter to C. Mortimer concerning the weather in South Carolina*. (*Philosoph. Transact.*, etc. 1748, p. 330.)

de départ des nôtres. En 1806, M. Delaroche (1) admet que deux caractères propres aux animaux les distinguent des autres corps de la nature : 1° résister au froid, c'est-à-dire posséder une température plus élevée que le milieu ambiant; 2° résister à la chaleur, c'est-à-dire rester dans une température inférieure à celle du milieu ambiant.

M. Delaroche fait d'abord trois séries d'expériences dans le but de vérifier le degré de chaleur que peuvent supporter les animaux. Pour cela, les animaux sont placés dans une étuve sèche, c'est-à-dire une sorte de boîte ou de cage dans laquelle passe de l'air chaud. Un thermomètre dont la tige est au dehors indique la température intérieure.

Première expérience (chaleur supportée sans mourir).

Un chat, un lapin, un pigeon, un bruant et une grosse grenouille furent introduits dans l'étuve dont la température est de 34 à 36 degrés. A 1 heure 15 minutes, tous les animaux sont introduits dans l'étuve.

Chat.....	à 2 h.		L'animal, couché au fond de sa cage, devient agité, respiration fréquente.
Id.	2	35 m.	Agitation plus grande, cris plaintifs, yeux vifs et brillants.
Id.	2	25	Retiré de l'étuve, rentre bientôt dans son état naturel.
Lapin....	à 1 h.	50 m.	Respiration s'accélérant de plus en plus.
Id.	2	15	Respiration gênée.
Id.	2	45	Retiré de l'étuve, rentre bientôt dans son état normal.
Pigeon....	à 1 h.	45 m.	Devient haletant, bec entr'ouvert.
Id.	1	55	Très-faible et présente un tremblement général.
Id.	2	25	Cet état diminue peu à peu.

(1) Delaroche, *Expériences sur les effets qu'une forte chaleur produi dans l'économie animale*. Thèse inaugurale de médecine, 1806.

Bruant....	à 1 h. 25 m.	Agité et haletant. Cet état continue encore, et l'animal n'est remis qu'une heure après la sortie de l'étuve.
Grenouille.	à 1 h. 25 m.	Respiration d'abord plus fréquente, reprend ensuite son type normal. A la sortie de l'étuve, la température de la grenouille est de 19 degrés. Mise dans de l'eau froide, elle revient bientôt à son état naturel.

Deuxième expérience (chaleur devenue mortelle).

Les animaux de l'expérience précédente sont remis le lendemain dans la même étuve, qui monte cette fois de 45 à 52 degrés. A 4 heures 5 minutes, les animaux sont introduits dans l'étuve.

Chat.......	6 h., mort avec convulsions et troubles respiratoires.
Lapin......	6 h., mort avec agitation, puis coma.
Pigeon.....	5 h. 25 m., mort avec agitation, tremblements, convulsions.
Bruant.....	4 h. 29 m., mort avec respiration accélérée et agitation.
Grenouille..	6 h., elle est parfaitement vivante; retirée de l'étuve.

Troisième expérience (résistance des invertébrés à la chaleur).

Deux bulimes, deux sangsues, deux scarabées nasicornes mâle et femelle, deux larves du même insecte, deux courtilières, trois punaises de bois, furent introduites dans l'étuve, dont la température était de 35 à 37 degrés.

Les *bulimes* rentrent dans leur coquille et se détachent des parois de l'étuve; puis, remises dans l'eau, elles reviennent à leur état normal. — Les *sangsues* se ramassent sur elles-mêmes et restent dans cet état pendant tout leur séjour dans l'étuve. — Les *scarabées*, d'abord très-agités, deviennent sur la fin de l'expérience plus tranquilles.

De l'ensemble de toutes ses expériences sur les animaux, dont nous n'avons rapporté ici que quelques-unes, M. Delaroche tire les conclusions suivantes :

Tous les animaux ont la faculté de résister à la chaleur pendant un certain temps; mais cette résistance n'est pas la même chez tous, ce qui fait qu'ils ne sont pas tous également affectés par la chaleur.

Les animaux de petite masse succombent après un

espace de temps assez court à une chaleur de 45 à 50 degrés. La gravité des symptômes est d'autant plus grande et la mort d'autant plus rapide que la chaleur est plus considérable.

Le volume semble donc avoir une influence marquée sur l'action de la chaleur sur les animaux.

L'organisation ou la classe à laquelle ils appartiennent établit également des différences entre ces animaux. Les animaux à sang froid et les larves d'insectes supportent plus longtemps la chaleur que les animaux à sang chaud. C'est l'inverse pour les insectes à l'état parfait.

Dans une deuxième section de son travail, M. Delaroche examine le degré de température que peut supporter l'homme. Des nombreuses expériences entreprises à ce sujet avec M. Berger et faites sur eux-mêmes, il arrive à conclure que tous les hommes ne peuvent pas également supporter la même température. De 49 à 58 degrés, l'étuve devint insupportable pour M. Delaroche, qui en fut malade; M. Berger n'en fut que légèrement fatigué. D'un autre côté M. Berger n'a pu rester que 7 minutes dans une température à 87 degrés, tandis que M. Blagden a supporté pendant 12 minutes une température de 83° 1/3.

Quoique l'homme puisse résister jusqu'à un certain point à une chaleur élevée, il n'en résulte pas moins que la chaleur peut devenir nuisible à des degrés moins élevés, quand elle est supportée longtemps. Dans le mois de juin 1738, deux hommes tombèrent morts de chaleur dans les rues de Charlestown (J. Lining). Ce jour-là, moururent également plusieurs esclaves dans la campagne, au milieu de leurs travaux. On voit quelquefois dans la Pensylvanie les moissonneurs tomber au milieu des champs (Franklin, 1743), etc.

L'homme, comme les animaux à sang chaud, peut donc résister pendant un certain temps aux effets nuisibles de la chaleur, ce qui permet de lui appliquer les résultats des analyses expérimentales que nous ferons sur les animaux.

Dans un second mémoire, publié trois années plus tard (1), M. Delaroche rechercha quelle pouvait être la cause et le mécanisme de cette résistance à la chaleur qui donne à l'organisme la faculté de garder une température inférieure à celle du milieu ambiant dans lequel il est plongé. Il n'hésita pas à attribuer une importance prépondérante à un fait purement physique, l'évaporation, qui se produirait sur les surfaces cutanée et pulmonaire.

Des physiologistes tels que Fordyce et Blagden avaient admis dans le corps vivant une cause vitale capable de produire du froid, de même qu'il y a chez nous une cause vitale capable de donner lieu à la chaleur animale. M. Delaroche veut prouver que cette production de froid est due à une cause toute physique. Blagden et Fordyce avaient conclu en outre que les animaux maintiennent leur corps à une température fixe, quelle que soit la chaleur du milieu ambiant, et que, par conséquent, la faculté de produire du froid était aussi développée chez eux que celle de produire de la chaleur. M. Delaroche et son ami M. Berger s'élèvent contre cette opinion; car ils avaient

(1) Delaroche, *Mémoire sur la cause du refroidissement qu'on observe chez les animaux exposés à une forte chaleur*, lu à l'Institut le 6 novembre 1809 (*Journal de physique*, t. LXXI, p. 289, 1810).

observé que des animaux exposés à une température de 35 à 40 degrés centigrades s'échauffaient d'une manière très-sensible, sans atteindre toutefois la température du milieu ambiant. Cette élévation de chaleur avait pu aller dans leurs expériences sur les animaux jusqu'à 6 ou 7 degrés centigrades, et lorsque la chaleur ambiante était très-forte, cette augmentation de chaleur n'avait d'autre limite que la mort. Des résultats analogues furent observés chez l'homme; chez des personnes placées, le corps dans un bain de vapeur et la tête dehors, on constata, avec un petit thermomètre introduit dans la bouche, que la température du corps augmentait.

Voici une expérience de M. Delaroche qu'on peut objecter à l'opinion de Blagden et Fordyce. Cette expérience prouve en effet que la température du corps s'élève dans un milieu plus chaud.

Étuve sèche à	45°
Un lapin y séjourne	1 h. 40 m.
Température prise dans le rectum (1) chez le lapin avant	39°,7
Température prise après	43°,8

Une grenouille exposée à la même chaleur, dans la même étuve, a acquis, au bout d'une heure, une température propre de 26°,7, qu'elle a conservée pendant le reste du séjour, qui a été d'une heure et demie. Une autre grenouille, exposée à une chaleur de 46°,2 s'est élevée à 28 degrés et y est restée stationnaire.

Mais les partisans de l'évaporation par la peau et par les poumons, comme cause de la résistance des animaux

(1) Les températures sont toujours prises dans le rectum, considéré comme le point le plus fixe dans la température normale intérieure.

à la chaleur, n'avaient pas démontré leur opinion. On objectait d'ailleurs que le refroidissement produit par l'évaporation n'est pas suffisant pour expliquer la différence qu'on observe entre la température des animaux exposés à une forte chaleur et celle du milieu ambiant.

Pour résoudre cette objection, M. Delaroche examina comparativement l'influence de la chaleur sur la température des animaux et sur celle des corps bruts, dont la surface entière fut humectée. Il plaça dans une étuve divers animaux, des alcarazas pleins d'eau et des éponges humides.

Dans un panier divisé en deux compartiments, on plaça, d'un côté, un lapin, et de l'autre, un alcarazas. L'étuve était à 45 degrés ; la température du lapin était de 39°,7, et elle s'éleva à 43°,8 ; la température de l'alcarazas, qui était de 35 degrés, s'est abaissée jusqu'à 31°,4 et est restée stationnaire.

Dans une autre expérience, l'étuve avait 36°,5. Une grenouille et deux éponges y furent placées. Après une heure, la grenouille avait acquis une température stationnaire de 28 degrés, et les éponges, l'une 27°,9, l'autre 27°,6.

Toutes les expériences de M. Delaroche faites dans cette direction montrèrent que, dans tous les cas, les alcarazas ou les éponges, qu'ils eussent été introduits froids ou chauds, prenaient une température inférieure à celle qu'acquéraient les animaux à sang chauds, mais qu'ils se mettaient à peu près à la même température que les animaux à sang froid. Et c'est ainsi que M. Delaroche arrive à conclure que l'évaporation, produisant un refroidissement aussi grand ou plus marqué que celui qu'on observe sur les animaux, est capable d'expliquer la résistance à la chaleur.

Mais il ne suffit pas qu'une chose puisse être pour qu'elle soit réellement. C'est pourquoi M. Delaroche poursuit encore la démonstration. Si l'évaporation, dit-il, est la seule cause qui produise le refroidissement, en la supprimant dans le poumon ou à la surface de la peau, on devra s'opposer au refroidissement, et les animaux devront acquérir une température égale et supérieure à celle du milieu ambiant.

Voici les expériences qu'il a instituées à ce sujet. Une étuve humide fut disposée de manière que les animaux étaient plongés dans de la vapeur d'eau, arrivant dans une sorte de boîte ou de cage où se faisait le renouvellement de l'air. Un thermomètre centigrade, dont la tige sortait au dehors, indiquait la température intérieure de l'étuve.

La température des oiseaux, dit M. Delaroche, s'est élevée au-dessus de celle de l'air humide dans lequel ils sont plongés; parce que, chez eux, la faculté de produire du froid a été anéantie. Donc, cette faculté dépend de l'évaporation. Et si la température des animaux, au lieu de se mettre en équilibre avec le milieu ambiant, s'est élevée au-dessus, c'est que la cause productrice de la chaleur animale, continuant d'agir, avait pu déterminer cette élévation de température. Mais pourquoi alors cette élévation de température n'a-t-elle pas été plus considérable? C'est ce que l'on ne pourra dire, ajoute-t-il, que lorsqu'on connaîtra la cause de la chaleur animale.

Toutefois, chez les grenouilles, l'élévation de la température propre au-dessus de celle du milieu humide ambiant a été très-faible ; chez ces animaux leur excès de température sur le milieu ambiant est aussi considérable lorsqu'ils sont exposés au froid. Dans l'eau chaude, ils se mettent constamment en équilibre de température avec le liquide, et cela arrive sur les grenouilles mortes ou vivantes. Tout cela semblerait indiquer, suivant M. Delaroche, que, chez ces animaux, cette cause de la chaleur propre n'est pas la même que chez les animaux à sang chaud.

Voici le tableau des résultats obtenus dans les expériences de M. Delaroche :

ANIMAUX.	DURÉE DU SÉJOUR dans l'étuve.	TEMPÉRATURE de l'étuve.	TEMPÉRATURE de l'animal après séjour.	TEMPÉRATURE de l'animal avant.
1. Lapin........	59 min.	38°,7	42°,4	40°
2. Id.	55	38,7	43	39,6
3. Id........	52	40,7	43,6	40
4. Id........	55	38,7	42,9	39,6
5. Id........	75	38,7	42,7	40
6. Id........	55	40,7	43,1	39,7
7. Cabiais......	56	37,7	42,7	39
8. Id.........	55	38,7	42,9	39
9. Id.........	48	40,7	43,5	39
10. Id.........	55	40,7	44,2	38,4
11. Pigeon.......	55	37,7	43,8	42,5
12. Id.........	40	40,7	45	41,9
13. Id.........	42	41,9	46,9	41,8
14. Grenouille....	73	25,6	26	—
15. Id.........	50	27,2	27,8	—

Nous voyons donc que malgré ses expériences, l'auteur trouve encore des obscurités dans son sujet. Quelque part, dans son mémoire, il dit : Dans toutes les fonctions de l'homme et des animaux, il se passe des phénomènes de deux ordres, les uns physiques et mécaniques, les autres vitaux. Mais, pour M. Delaroche, les mots phénomènes vitaux sont synonymes de phénomènes de cause inconnue. Aussi, quand il conclut de l'ensemble de son travail que le développement du froid chez les animaux exposés à une forte chaleur est le résultat de l'évaporation de la matière de la transpiration, il s'empresse d'ajouter qu'on ne saurait exactement comparer d'une manière absolue, sous ce rapport, les corps vivants aux corps bruts, et que ce phénomène est à la fois le résultat de causes vitales qui règlent l'action du système exhalant.

Telles sont les conclusions générales des travaux de M. Delaroche sur la question qui va faire le sujet de notre étude. Nous avons donné un certain développement à cet examen historique, pour indiquer que la question qu'a traitée M. Delaroche n'est pas absolument résolue, comme beaucoup de physiologistes paraissent le croire, et pour montrer que l'objet de nos recherches sera tout à fait différent; car il s'agira uniquement pour nous d'étudier le mécanisme de la mort sous l'influence de la chaleur.

DIX-SEPTIÈME LEÇON

SOMMAIRE : Mécanisme et causes de la mort par la chaleur. — Nouvelles expériences. — Appareil (figure). — Action de la chaleur sèche. — Action de la chaleur humide. — L'échauffement du sang jusqu'à un certain degré de température est la condition nécessaire de la mort. — Cette limite, pour les animaux à sang chaud, est de 4 ou 5 degrés plus élevée que la température normale. — Résultats différents par l'application de la chaleur sur la surface pulmonaire ou sur la surface cutanée. — Ce dernier procédé est le plus nuisible. — Résultats des autopsies des animaux en expérience. — Arrêt du cœur. — Rigidité cadavérique. — La rapidité de la mort dans l'étuve humide n'est pas due uniquement à l'absence d'évaporation. — Tableau résumant les expériences.

MESSIEURS.

Nous savons que la chaleur, qui est une condition essentielle de la vie, exerce une influence nuisible ou toxique sur les êtres vivants, lorsqu'elle dépasse certaines limites. Cette influence funeste n'est toutefois pas instantanée ; c'est pourquoi on a dit que les êtres vivants lui opposaient une certaine force de résistance que M. Delaroche a voulu expliquer par le refroidissement dû à l'évaporation. Nous aurons plus tard à examiner si cette résistance à la chaleur existe réellement, comme on l'a cru. Pour le moment, nous allons nous borner à constater les effets toxiques produits par la chaleur sur l'économie vivante. Nous étudierons d'abord les phénomènes dans leur ensemble, puis nous les analyserons en examinant successivement l'action du calorique sur les divers systèmes organiques dont la réunion constitue l'organisation totale.

Le sujet dont je vais vous entretenir m'a occupé dans ma jeunesse et dès mon entrée dans la carrière physiologique. Les premières expériences que j'ai faites sur cette question datent de 1842. J'en ai souvent rappelé les résultats généraux ; mais je n'ai jamais publié les expériences en détail, parce que je voulais les reprendre dans de meilleures conditions. Ne pouvant pas avoir les moyens d'installation nécessaires, j'avais expérimenté avec des appareils très-grossiers et pour ainsi dire primitifs. Néanmoins, je vais vous exposer aujourd'hui ces expériences ; car, si elles n'ont pas été exécutées avec tous les perfectionnements désirables, elles ont cependant le mérite d'être comparables entre elles, et elles ont, sous ce rapport, toute leur valeur comme détermination de la direction des phénomènes dans leur appréciation qualitative, sinon quantitative.

Fig. 7. — Appareil pour l'étude du mécanisme de la mort par la chaleur.

L'appareil qui servait à mes expériences consistait en une sorte de grande caisse de bois de sapin, que j'avais construite moi-même (fig. 7). L'intérieur de cette caisse était divisé suivant sa hauteur en deux parties, par une cloison ou un treillage de corde, sur lequel reposait l'animal soumis à l'expérience. Par la partie supérieure de la caisse, on introduisait les animaux, et une porte se refermait sur eux. Par la partie inférieure, la caisse reposait sur une de ces plaques de fonte qu'on met dans le fond des cheminées et que j'avais achetée chez un marchand de bric-à-brac. Au-dessous de cette plaque de fonte était un fourneau plein de charbon de bois allumé, qui échauffait l'air de la boîte, dont la température était indiquée par un thermomètre, dont le réservoir plongeait dans le haut de la caisse, tandis que la tige restait au dehors. Enfin une fenêtre, percée latéralement et garnie d'une grosse toile froncée comme une bourse, servant dans certains cas de collier, permettait de placer à volonté l'animal dans la caisse, avec la tête dehors, ou, au contraire, de lui mettre la tête dans l'étuve, le corps restant à l'extérieur.

Le premier résultat que j'aie observé dans mes expériences, et qui concorde d'ailleurs avec ceux obtenus par M. Delaroche, c'est que les animaux ne peuvent pas vivre indéfiniment dans une température plus élevée que celle de leur corps. Ils finissent tous par y mourir, mais dans des temps inégaux : en thèse générale, la mort survient d'autant plus rapidement que l'animal offre une masse plus grande. D'un autre côté, la classe des animaux a de l'influence; les oiseaux sont plus sensibles à cette influence toxique de la chaleur que les mammifères. Voici des résultats d'expériences qui établissent cette proposition :

Animaux.	Étuve sèche. Températ.	Temps nécessaire pour amener la mort.
Pigeon.................	90°	6 min.
Id..................	90	6,5
Chien.................	90	24
Cochon d'Inde...........	100	5
Id..................	100	6
Lapin.................	100	10
Chien.................	100	18

Nous avons dit aussi qu'à masse égale les animaux meurent d'autant plus rapidement que la température est plus élevée; c'est ce que prouvent les expériences qui suivent:

Animaux.	Température de l'étuve sèche.	Temps après lequel est survenue la mort.
Lapin.................	100°	7 min.
Id..................	100	10
Id..................	80	18
Id..................	80	17
Id..................	65	25
Chien.................	100	18
Id..................	90	24
Id..................	80	30

Nous allons rapporter une série d'expériences faites sur des animaux d'une même espèce, qui d'une autre manière prouvent la même proposition. Des lapins soumis à des températures différentes ont été extraits au bout d'un même temps de l'étuve, et n'ont pas été atteints de la même manière, comme on le voit :

Animaux.	Température de l'étuve sèche.	Temps de séjour.	
Lapin.....	120°	9 min.	Retiré mort.
Id......	80	9	Retiré vivant, mais mort le lendemain.
Id......	60	9	Retiré vivant et s'est remis.
Id......	58	9	Retiré vivant, s'est remis rapidement.

Ainsi, sur ces quatre animaux, un seul a succombé immédiatement et les autres ont présenté des troubles qui, pour le même temps, ont disparu à mesure que la température s'est abaissée, bien qu'elle restât toujours supérieure à celle du corps de l'animal.

Tous les résultats qui précèdent se rapportent à l'action de la température *sèche* sur l'économie ; mais si l'on fait agir, au contraire, la températrre *humide*, ce à quoi l'on parvient facilement en faisant arriver de la vapeur d'eau dans la caisse où se trouve l'animal, on voit que les phénomènes affectent une marche beaucoup plus rapide, et la mort survient dans un temps beaucoup plus court et à une température plus basse, pourvu qu'elle soit plus élevée que celle du corps de l'animal : il suffit pour s'en convaincre de comparer le tableau suivant aux précédents :

Animaux.	Température humide.	Temps de la mort.
Lapin................	80°	2 min.
Id..................	60	3
Id..................	45	10

Une expérience faite dans un bain chaud a donné les mêmes résultats.

Un chien adulte de petite taille est placé dans un bain à 55 degrés, au bout de huit minutes la cornée est devenue insensible ; la température, qui dans le rectum était de 39°,8 avant l'expérience, s'est élevée à 45 degrés ; l'animal meurt et présente le cœur arrêté et une rigidité cadavérique très-prompte, sang noir dans toutes les cavités du cœur, etc.

Ainsi, il est donc bien établi, d'après nos expériences, comme d'après celles de nos prédécesseurs, qu'une chaleur plus élevée que celle du corps est, chez les animaux à sang chaud, un véritable agent toxique. Nous n'insisterons pas davantage sur ce fait qui est désormais acquis à la science.

Examinons maintenant quels sont les symptômes que l'animal éprouve sous l'influence de la chaleur. Constatons-les d'abord, ainsi que je vous l'ai dit, et nous en chercherons ensuite l'explication en pénétrant plus profondément dans l'organisme au moyen de l'autopsie *immédiate* selon notre méthode ordinaire.

Sous l'influence d'une température plus élevée que celle de son corps, l'animal *s'échauffe* peu à peu ; sa température intérieure s'élève, et il meurt lorsque la température de son sang atteint une certaine limite. Pour constater la chaleur intérieure des animaux, nous avons plongé le réservoir d'un petit thermomètre dans le rectum, la température du rectum pouvant être considérée comme représentant à peu près la température du sang dans les organes intérieurs.

Ainsi, en prenant la température du rectum d'un animal avant de le mettre dans l'étuve, et au moment où il y meurt, on constate que cette température s'est élevée d'une quantité sensiblement fixe pour chaque classe animale. C'est ainsi que les oiseaux, les pigeons par exemple, dont la température normale est de 45 degrés environ, expirent lorsqu'ils ont atteint de 48 à 50 degrés. Les mammifères, dont la température normale est de 38 à 40 degrés, meurent vers 44 ou 45 degrés.

Le temps nécessaire à cette élévation de température n'a rien d'absolu ; il est d'autant plus court que la chaleur extérieure est plus intense, et que l'animal est de moindre masse, et la mort est alors d'autant plus rapide. Il en est de même de la perte de poids qu'éprouvent les animaux sous l'influence de l'évaporation. Cette perte n'a rien de précis, elle dépend de la durée du séjour de l'animal dans l'étuve, et elle peut être nulle dans l'étuve humide.

Ce qui est fixe, c'est donc seulement le degré de l'augmentation de température intérieure de l'animal ; le thermomètre introduit dans l'anus de l'animal l'accuse constamment, de sorte qu'on peut dire que l'échauffement du sang jusqu'à un certain degré de température est la condition nécessaire de la mort.

Nos expériences, sous ce rapport, comme on le voit, sont en désaccord avec celles de Fordyce et Blagden, tandis qu'elles correspondent à celles de MM. Delaroche et Berger. Fordyce et Blagden avaient cru que les animaux à sang chaud ont une température tellement fixe qu'ils ne s'échauffent pas lorsqu'ils sont soumis à l'influence d'une température ambiante plus élevée que celle de leur corps. M. Delaroche avait bien observé que les animaux éprouvent une certaine élévation de température; mais nous avons constaté de plus que cette élévation a des limites fixes au delà desquelles la vie ne peut plus continuer. Il y a pour le milieu intérieur une limite de température animale au-dessus de laquelle la vie des éléments organiques est devenue impossible. Pour tous les principes constituants du milieu intérieur il en est de même; pour l'oxygène, pour l'eau, etc., c'est une question du degré et des limites dans lesquels les phénomènes de la vie se meuvent plus ou moins largement.

Cette limite pour les animaux à sang chaud est, ainsi que nous l'avons dit, de 4 à 5 degrés plus élevée que la température normale. On peut remarquer ce fait singulier, que la température de 45 degrés environ, qui est normale pour un oiseau, représente précisément la température mortelle d'un mammifère. Chez les animaux à sang froid (grenouilles), la limite nous a paru être environ de 37 à 39 degrés.

Les résultats précédents ont été obtenus en soumettant l'animal à l'action de la chaleur, en le plongeant tout entier dans l'étuve. Si l'on fait varier le mode d'administration de la chaleur en l'appliquant exclusivement sur la surface cutanée ou pulmonaire, le temps de la mort ne sera pas le même, mais la température mortelle n'en restera pas moins fixe ; seulement elle arrivera plus ou moins promptement, comme on peut le voir par les résultats qui suivent.

Première expérience.

Animaux.	Étuve sèche.	Séjour.		Température avant.	Température après.
Lapin (en entier dans l'étuve).	100°	19 m.	(mort).....	38°	45°
Lapin (corps dans l'étuve, tête dehors................	100	25	(retiré mal., (m. le lend.)	38,5	44,5
Lapin (tête dans l'étuve, corps dehors)...............	110	25	(ni mort ni malade)..	38	40

On voit, d'après cette première expérience, que l'air chaud appliqué sur la peau produit une élévation de température plus rapide et plus promptement mortelle que lorsque l'air chaud est appliqué sur la surface pulmonaire. Ce fait est directement en opposition avec l'opinion de Boerhaave. Vous vous rappelez qu'il attribuait la mort à l'application de l'air chaud sur le poumon qui empêchait le rafraîchissement du sang.

L'expérience suivante, faite comparativement sur trois lapins sensiblement de même taille, est destinée, comme la précédente, à démontrer les effets divers de la chaleur suivant la surface d'application.

Deuxième expérience.

A. *Premier lapin.* — Étuve sèche à 100 degrés. L'animal est plongé en entier dans l'étuve, de telle façon que la surface cutanée et la surface pulmonaire sont en contact avec l'air chaud. On prend la température dans le rectum de cinq minutes en cinq minutes.

Température initiale normale...			40°	
Id.......	après	5 min.	41	
Id.......	—	10	44	respiration accélérée.
Id.......	—	16	44,5	mort.

B. *Deuxième lapin.* — Étuve sèche à 100 degrés. On introduit la tête de l'animal dans l'étuve, de manière qu'il respire l'air chaud, tandis que son corps reste dehors et est en rapport avec l'air frais. On prend alors la température dans le rectum de cinq minutes en cinq minutes.

Température initiale normale..			40°	
Id.......	après	5 min.	40	
Id.......	—	10	40	respiration s'accélère.
Id.......	—	15	41	respiration de plus en plus accélérée.
Id.......	—	20	41	
Id.......	—	25	43	
Id.......	—	30	43	
Id.......	—	38	43	mort.

C. *Troisième lapin.* — Étuve à 100 degrés. Tête hors

de l'étuve, de façon que l'animal respire l'air frais, tandis qu'il a la peau du corps en contact avec l'air chaud. On prend la température de cinq minutes en cinq minutes.

Température initiale normale..			39°,5
Id.......	après	4 min.	42
Id.......	—	10	43 respiration accélérée.
Id.......	—	15	44 cris.
Id.......	—	20	45 mort.

Comme résultats de ces trois expériences, on peut constater que l'élévation de température est beaucoup plus lente, et le séjour dans l'étuve plus prolongé lorsque l'air chaud n'est appliqué que sur la surface pulmonaire. La condition la plus nuisible est évidemment lorsque l'animal a tout le corps plongé dans une atmosphère d'air chaud.

Ainsi, quel que soit le mode d'administration de la chaleur, l'animal meurt lorsqu'il arrive à une limite fixe de température de 4 à 5 degrés environ plus élevée que sa température normale. Cet échauffement de l'animal ne se fait pas de proche en proche, par simple conductibilité de ses tissus. Si l'on compare à cet égard l'échauffement d'un animal mort et d'un animal vivant, en le plaçant dans les mêmes conditions, on constate que le premier s'échauffe beaucoup plus lentement; c'est donc par la circulation qui charrie incessamment le sang de la périphérie au centre, que se produit ce phénomène d'échauffement; et, en effet, l'élévation de température est d'autant plus rapide que la circulation et la respiration sont plus rapides elles-mêmes. C'est pourquoi, toutes choses égales d'ailleurs, les oiseaux périssent plus vite que des mammifères, et ceux-ci plus vite que les animaux à sang froid.

Lorsque l'animal éprouve les effets toxiques de la chaleur, il présente une série de symptômes constants et caractéristiques. Il est d'abord un peu agité, bientôt la respiration et la circulation s'accélèrent, l'animal ouvre la bouche, il est haletant, et il devient bientôt impossible de compter les mouvements respiratoires; enfin il tombe en convulsions et il meurt le plus souvent subitement en poussant un cri. Nous répétons que ces phénomènes se succèdent plus ou moins vite suivant les conditions particulières dans lesquelles on fait l'expérience, et si la température est assez élevée, la mort survient si rapidement que l'animal semble foudroyé.

En ouvrant le cadavre immédiatement après la mort, nous avons constaté généralement un arrêt des battements du cœur, une coloration noire du sang dans les artères et les veines, quelquefois des taches ecchymotiques, analogues aux taches de purpura, sur la peau. Enfin la rigidité cadavérique survient avec une très-grande rapidité, comme cela arrive dans l'emploi des poisons dits poisons musculaires ou poisons du cœur.

Tel est le résumé général de nos anciennes expériences, et tels sont les résultats généraux auxquels nous nous étions arrêtés.

Nous avons disposé dans les tableaux ci-dessous (p. 358 et 359) l'ensemble de ces résultats, afin qu'on puisse les comparer d'un seul coup d'œil, et en tirer toutes les conséquences qui y sont contenues et dont nous n'avons fait qu'indiquer historiquement les principales.

Dans la prochaine séance, nous partirons des résultats de mes recherches de 1842 pour en entreprendre de nouvelles, afin de pénétrer plus avant dans l'analyse de la question importante de l'influence de la chaleur sur l'organisme animal. C'est là, comme je vous l'ai annoncé, l'objet spécial de notre étude actuelle, et c'est précisément en cela que nos recherches diffèrent de celles de M. Delaroche. Cet auteur avait particulièrement en vue l'explication de la résistance des animaux à une température élevée, et il l'expliquait par le refroidissement que produit l'évaporation à la surface de la peau et du poumon. Sans méconnaître dans les êtres vivants les phénomènes d'évaporation, et sans nier leurs conséquences physiques, nous n'aurons pas à en tenir compte dans le problème qui nous occupe. En effet, ce que nous voyons, c'est que dans un milieu extérieur plus chaud que son milieu intérieur, l'animal s'échauffe et tend à se mettre en équilibre de température avec l'atmosphère qui l'entoure. Or, la vie n'oppose réellement pas une résistance à cet échauffement, puisqu'un lapin vivant s'échauffe plus vite qu'un lapin mort. La vie accélère au contraire l'élévation de température, parce que la chaleur animale s'ajoute à la chaleur acquise, et parce que le renouvellement du sang, à la périphérie qui est la condition de l'échauffement, se fait avec beaucoup plus d'activité.

Quant à la rapidité de la mort, plus grande dans l'étuve humide, elle résulterait, suivant nous, de ce que l'animal est dans des conditions physiques plus favorables à l'échauffement, mais non du fait d'évaporation par la surface du corps. J'ai constaté, en effet, qu'en supprimant

ANIMAUX.	ÉTUVE SÈCHE.	CONVULSIONS, MORT.	TEMPÉRATURE AVANT	TEMPÉRATURE APRÈS	POIDS AVANT	POIDS APRÈS	DIFFÉRENCE.	OBSERVATIONS.
	degrés	secondes	degrés	degrés	gram.	gram.		
Pigeons	90	6	44	18	—	—	—	1° Oiseaux, cochons d'Inde, lapins, chiens, tel est l'ordre des animaux suivant leur résistance à la chaleur. 2° La mort survient avec une rapidité qui est en raison directe de l'élévation de la température. 3° Tous les animaux s'échauffent de 4 à 5 degrés, qui est le point fixe de la mort, quelles que soient l'élévation de la température et la durée de la résistance. 4° Tous les animaux perdent en poids, et cette perte semble en raison de la durée du séjour.
Id.	90	6 1/2	44	47,5	340	332	— 8	
Cochons d'Inde	100	5	40	44	482	478	4	
Id.	100	6	40	45	480	473	7	
Lapin	120	7	49	44	1385	1375	10	
Id.	100	10	39	44,5	1430	1420	10	
Id.	80	18	39	44	885	873	12	
Id.	80	17	38,5	44	930	916	14	
Id.	60	25	38	45	1294	1275	20	
Chiens	100	18	38	45	6080	—	—	
Id.	90	24	38	44	5863	—	—	
Id.	80	30	38	44,5	6250	6220	30	
Lapins	100	Mort à 9	39,5	44	1305	1285	20	1° La chaleur humide a une action beaucoup plus rapidement mortelle. Les animaux augmentent toujours de la même température, mais plus vite. 2° Les animaux ne perdent rien en poids
Id.	80	Vit à 9	39	43,5	818	810	8	
Id.	60	Vit à 9	38,5	41,5	1275	1267	8	
Id.	58	Vit à 9	38,5	39,5	1275	1273	2	
	ÉTUVE HUMIDE.						gm.	
Lapin	80	2	40	44	867	868	+ 1	1° Un lapin vivant s'échauffe beaucoup plus vite qu'un lapin mort. L'injection d'eau ne prolonge pas la durée du séjour.
Id.	60	3	40	45	853	855	2	
Id.	45	10	40	45	585	590	5	
	ÉTUVE SÈCHE.							
Lapin vivant	100	9,5	39	44	1323	1303	—20	
Id. mort, froid	100	Après 9,5	11	rect. 13 oreil. 24	1202	1202	2	
Id. Inject. 30 c. eau dans le péritoine.	100	10	—	—	1157	1132	25	
Id. vivant	[illegible]	*18*	*30*	*46*	*1080*	*1057*	*28*	
Id. mort, chaud	*39*	*Après 18*	*39,5*	*42*	*1085*	*1067*	*18*	
Lapin entier dans l'étuve.	*100*	*10*	*38*	*45*	*1650*	[illegible]	[illegible]	
Id. tête hors de l'é[illegible]	[illegible]	[illegible]	[illegible]	[illegible]	[illegible]	[illegible]	[illegible]	

[illegible] dans le péritoine.	100	10	—	—	1157	1132	25	
Id. vivant........	[illegible]	*18*	*39*	*46*	*1085*	*1057*	*28*	
Id. mort, chaud.....	*89*	*Après 18*	*39,5*	*42*	*1085*	*1067*	*18*	
Lapin entier dans l'étuve.	*100*	*10*	*38*	*45*	*1650*	—	—	*La chaleur à la surface pulmonaire est moins rapidement mortelle.*
Id. tête hors de l'étuve.	*100*	Après 25 malade, meurt le lendemain...	38,5	44,5	1602	—	—	
Id. corps hors de l'étuve.	100	Après 25 pas malade, ne meurt pas. ...	38	40	1820	—	—	
Id. tête dans l'étuve..	95	38 mort.	40	43	2035	2010	25	
Id. tête hors de l'étuve.	100	16 mort.	40	44,5	2120	2110	10	
Id. tête hors de l'étuve.	100	20 mort.	39,5	45	1780	1775	5	
Chien entier dans l'étuve.	100	15	39,5	44	—	—	—	Poumon gorgé de sang, quelques infiltrations sanguines dans l'intestin.
Id. tondu, en entier dans l'étuve....	100	16	37,5	44	3290	3270	20	Purpura général, poumons gorgés de sang.
Id. tête seule dans l'éture..........	100	Retiré après 36 vivant,	38	40	10407	10307	100	A rendu du sang par l'intestin pendant quelques jours.
Id. corps seul dans l'étuve..........	90	28	38	43,5				
Id. corps seul dans l'étuve..........	100	22	38,5	43	6900	6830	70	
Id. tête seule dans l'étuve..........	100	46	38	42,5	4240	4190	50	
Chien tête hors de l'étuve.	100	22	......	......	......	......	......	Sang noir dans les artères.
Id. tête dans l'étuve..	100	46	......	......	......	......	......	
Id. entier dans l'étuve.	80	30	......	......	......	......	......	
Id.	90	24	......	......	......	......	......	
Id.	100	18	......	......	......	......	......	
	ÉTUVE HUMIDE.							
Chien tête seule dans l'étuve.	125	Retiré après 2 malade. mort 4 h. après...	39,5	41	4520	4520	0	
Id. corps seul dans l'étuve..........	120	2 1/2 mort.	39	41	4253	—	—	

l'évaporation cutanée, la mort, au lieu de survenir plus vite, arrive au contraire plus lentement qu'à l'état normal. Voici l'expérience :

Deux lapins ont été placés dans une étuve humide à 70 degrés, avec cette différence que l'un d'eux était à l'état normal, tandis que l'autre avait été préalablement huilé sur toute la surface du corps, de manière à empêcher l'évaporation par la peau. Les deux animaux présentèrent les phénomènes ordinaires que produit l'action de la chaleur; toutefois, chez le lapin huilé, la respiration s'est montrée beaucoup moins accélérée que chez le lapin normal. — La mort survint au bout de quarante-huit minutes chez le lapin normal avec des cris et des convulsions, tandis qu'elle n'eut lieu qu'au bout de soixante-cinq minutes chez le lapin huilé, sans convulsions ni cris. Chez le premier, la température s'était accrue jusqu'à 44 degrés, et chez le second, jusqu'à 45 degrés. Chez les deux animaux, la rigidité cadavérique se montra avec une très-grande rapidité.

Toutes ces expériences montrent donc que les phénomènes sont plus complexes qu'on ne pense. Il faut les diviser et les morceler si l'on veut mieux les embrasser; c'est pourquoi nous examinerons uniquement, dans ce qui suivra, l'influence de l'augmentation de chaleur du milieu intérieur ou du sang sur les propriétés vitales des éléments organiques élémentaires. C'est là seulement que nous pouvons trouver l'explication de l'action toxique de la chaleur.

DIX-HUITIÈME LEÇON

SOMMAIRE : Nouvelles expériences : recherche de l'élément organique sur lequel porte l'action toxique de la chaleur. — Nouvel appareil. — Influence de la chaleur sur les muscles. — La chaleur est un *excitant direct* du système musculaire de la vie organique. — Muscles thermosystaltiques et athermosystaltiques. — Limite de cette action excitante ; elle devient alors toxique. — Rigidité, *coagulation* des fibres musculaires. — Influence de la chaleur sur les mouvements vibratiles. — Influence de la chaleur sur les éléments du sang. — Le sang devient très-rapidement veineux. — Influence de la chaleur sur le système nerveux. — L'influence du grand sympathique sur la veinosité du sang peut se rattacher en partie à son influence sur la chaleur. — Limites de température où le sang perd ses propriétés physiologiques. — Cette altération se produit à une température plus élevée que celle qui amène la rigidité des muscles.

Messieurs,

Nous allons entrer aujourd'hui dans l'exposé d'expériences nouvelles à propos de l'influence de la chaleur sur l'organisme. Nous vérifierons, d'une part, les résultats de nos anciennes expériences, et, d'autre part, nous pousserons l'analyse des phénomènes plus loin, en essayant de déterminer l'élément organique sur lequel se porte l'action toxique de la chaleur.

L'appareil qui avait servi aux premières expériences dont nous avons rappelé les résultats dans la dernière séance présentait une imperfection qui compliquait un peu le phénomène, et pouvait rendre, jusqu'à un certain point, fautive l'appréciation de l'action des températures sur les êtres vivants. En effet, la plaque de fonte inférieure, directement chauffée par un fourneau, rayonnait vers l'intérieur de l'étuve de la chaleur qui ajoutait son action à celle de la température propre de l'air de cette étuve, et rendait par conséquent les circonstances particulièrement défavorables à l'animal. L'appareil dont nous nous sommes servi plus récemment ne présente pas cet inconvénient. Il se compose d'une double caisse métallique dont le double-fond contient de l'eau. Cette eau, à laquelle on peut ajouter certains sels, du sulfate de soude par exemple, pour élever son point d'ébullition, est chauffée par un bec de Bunsen placé au-dessous. Une petite planchette reçoit l'animal. L'une des parois est remplacée par une porte où l'on peut adapter, soit une vitre pour examiner l'intérieur de l'étuve, soit une fenêtre circulaire avec collier pour maintenir l'animal en expérience, de façon qu'ayant la tête, soit en dehors, soit en dedans de l'appareil, il puisse respirer tantôt l'air chaud, tantôt l'air frais. Des orifices convenablement disposés permettent à un courant d'air de s'établir dans l'intérieur de l'étuve; enfin deux thermomètres fixés l'un en haut, l'autre en bas, indiquent la température. Tel est l'appareil qui va servir à nos nouvelles expériences. Nous avons fait construire une autre étuve d'une plus grande dimension, et pouvant être graduée de façon à obtenir une température constante dans son intérieur (voy. fig. 8). C'est cet appareil plus perfectionné que nous avons fait représenter (fig. 8), et dont voici la description : A est le corps de l'étuve formée par une grande boîte cylindrique, à doubles parois : l'intervalle entre les deux parois est rempli d'eau, et il y circule un double serpentin, contenant l'un de l'eau, l'autre de l'air.

Le serpentin qui contient de l'eau est ombré sur la figure : on voit qu'il communique en P et P' avec les parties supérieure et inférieure d'une sorte de chaudière (O,O')

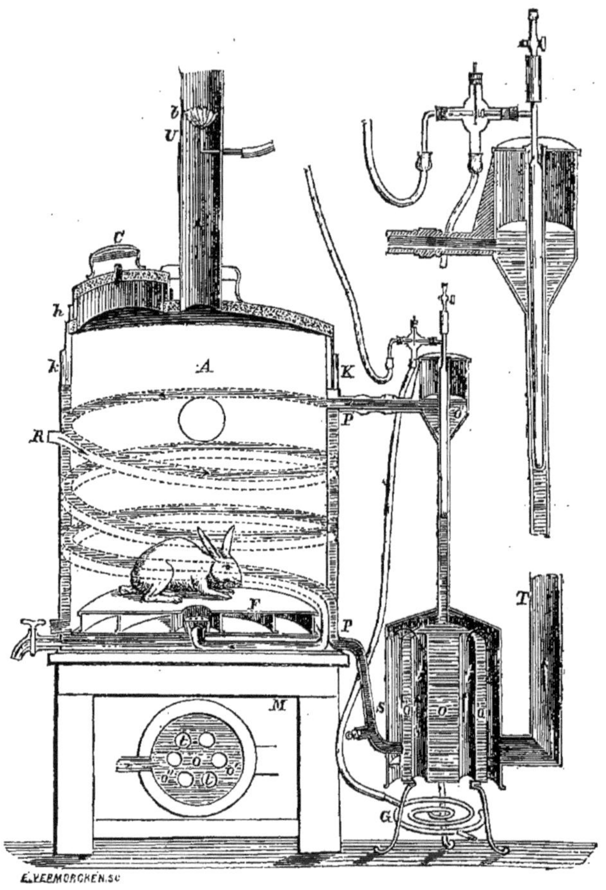

Fig. 8. — Appareil (étuve) pour l'étude du mécanisme de la mort par la chaleur.

pleine d'eau, et qu'on échauffe au moyen d'un fourneau à gaz (G). Pour que cet échauffement soit plus rapide, cette chaudière est parcourue par des tubes qui aboutissent à la cheminée (T) par où passe les produits de la combustion du gaz : c'est une disposition analogue à celle des chaudières des locomotives. Cette disposition est représentée en coupe par une figure placée entre les pieds de la table (M). O, O', O'', masse d'eau ; T, T les tubes-cheminées. — La partie supérieure de la chaudière, le segment cylindro-conique qui termine la partie rétrécie, supporte un thermomètre et un appareil régulateur (représenté à part en haut et à gauche) de façon à pouvoir régler une température constante. Le serpentin à eau, communiquant avec les parties supérieure et inférieure de la chaudière, est donc sans cesse parcouru par l'eau à mesure qu'elle s'échauffe.

Le serpentin à air est destiné à puiser à l'extérieur (par l'ouverture R) de l'air qui le parcourt, s'échauffe au contact du serpentin précédent et vient dans l'étuve, par un orifice en forme d'arrosoir situé au centre de la base de l'étuve. Pour qu'il y ait appel d'air dans l'étuve, celle-ci est pourvue à sa partie supérieure d'une cheminée d'appel (*u*), dans laquelle on allume un bec de gaz (*b*).

L'animal est introduit par le couvercle C, qui est muni d'un appareil laissant passer un thermomètre plongeant dans l'étuve : pour obtenir d'une manière plus précise la température de ce milieu, on a disposé sur divers autres points des thermomètres qui n'ont pas été représentés ici.

L'animal repose sur un plancher légèrement élevé (F), de telle sorte que ses urines se réunissent sur le fond de l'étuve d'où elles sont écoulées par le robinet figuré à la partie inférieure gauche.

Constatons, avant tout, les phénomènes. Dans l'étuve, nous plaçons un moineau ; la température est d'environ

65 degrés. Au bout d'un instant, nous voyons l'animal ouvrir le bec, manifester une anxiété qui devient de plus en plus vive, respirer tumultueusement; enfin, après un instant d'agitation, il tombe et meurt. Son séjour dans l'étuve a duré quatre minutes. La température dans le rectum, à ce moment, est de 49 degrés. Si nous l'ouvrons, nous voyons le cœur, qui, d'habitude, continue à battre après la mort, complétement arrêté, et si nous essayons de galvaniser les muscles d'un membre, soit directement, soit par l'intermédiaire des nerfs, nous les voyons rester immobiles et n'offrir aucune trace de contractilité; enfin la rigidité cadavérique s'établit presque instantanément.

Nous faisons la même expérience sur un lapin : la même série de phénomènes se déroule, avec plus de lenteur il est vrai, car il ne meurt qu'au bout de vingt minutes environ. La température qui, normalement, est de 40 degrés environ, est maintenant de 46 degrés, c'est-à-dire toujours de quelques degrés au-dessus de la température normale. Enfin, si nous pratiquons l'autopsie, nous trouvons les ventricules du cœur complétement immobiles; c'est à peine si un léger frémissement apparaît encore dans les oreillettes; encore n'est-ce pas là un phénomène constant. De plus, le lapin, comme le moineau, reste complétement insensible à des excitations galvaniques, même très-intenses, et la rigidité cadavérique, qui exige en général plusieurs heures pour s'établir, se produit chez lui avec une prodigieuse rapidité. On peut s'en rendre bien compte en comparant la rigidité survenant chez un autre lapin tué par hémorrhagie.

Nous avons donc constaté avec notre nouvelle étuve

les mêmes phénomènes que nous avions vus autrefois. Un oiseau plongé dans cette étuve sèche à une température moyenne d'environ 65 degrés est mort en moins de quatre minutes, et un lapin de taille moyenne placé dans la même étuve et sous l'influence de la même température est mort en vingt minutes. Les symptômes ont été les mêmes que ceux que nous avions déjà observés ; les animaux ont présenté d'abord une accélération de la respiration, de la circulation, puis ils sont morts rapidement avec de l'agitation ou dans les convulsions. A l'autopsie les phénomènes se sont également présentés avec le même aspect : augmentation de la température dans le rectum de 5 à 6 degrés au-dessus de la température normale, puis arrêt du cœur, rigidité cadavérique très-rapide, et sang noir dans les artères comme dans les veines.

Cherchons maintenant à expliquer cette action du calorique sur l'organisme vivant ; et, pour cela, divisons notre étude, suivons notre méthode ordinaire et considérons successivement l'influence de l'agent qui a causé la mort sur les divers systèmes et éléments organiques, sur les muscles, sur le sang, sur le système nerveux, etc.

Un premier fait nous frappe d'abord : je veux parler de cette action immédiate, instantanée sur le système musculaire, qui se trouve en quelque sorte foudroyé. C'est le phénomène le plus apparent de tous ; c'est pourquoi nous allons commencer par lui.

On sait que Bichat avait divisé chacun des grands systèmes de l'organisation en deux parties, l'une appartenant à la vie organique, l'autre à la vie animale. Cette distinction, que les progrès de l'histologie tendent à faire abandonner aujourd'hui, ou tout au moins à atténuer considérablement, doit cependant être maintenue lorsque l'on considère l'action de la chaleur sur le système musculaire. La chaleur est très-évidemment un excitant pour le système musculaire de la vie organique. Prenons pour exemple les battements du cœur. Lorsque la température d'un animal s'abaisse, ils diminuent d'énergie et de nombre. Ce phénomène est frappant chez les animaux hibernants, pendant les froids de l'hiver; le cœur bat à peine de loin en loin. Quand le printemps renaît, quand la chaleur revient, le cœur se réveille avant l'animal lui-même; ses pulsations deviennent plus rapides et finissent peu à peu par atteindre leur rhythme normal, et la vie animale réapparaît dans toute son énergie. On peut se rendre compte expérimentalement du phénomène sur une grenouille : engourdissez-la par le froid, les battements du cœur deviendront de plus en plus rares; ils se réduiront jusqu'à cinq ou six par minutes. Rendez-lui de la chaleur, vous verrez bientôt le cœur battre plus vite à mesure que vous élevez la température. Toutefois il y a une limite qui ne peut être dépassée, et l'excès de chaleur finit par arrêter le cœur comme les autres muscles. Ce que nous venons de dire pour le cœur de la grenouille se produit également pour le cœur des mammifères et des oiseaux. C'est ainsi que, chez les animaux que nous avons soumis à l'influence de la chaleur, nous avons vu, à mesure que leur température s'élevait, la circulation s'accélérer de plus en plus jusqu'au moment où elle a cessé brusquement, et que les animaux sont morts dans les convulsions. Mais ce n'est pas le cœur seul, parmi les muscles de la vie organique, qui est ainsi sensible à l'action de la chaleur ; les fibres musculaires de l'intestin, de l'estomac, des cornes de l'utérus, des uretères, etc., sont dans le même cas. Si, dans un vase, on place à côté d'un thermomètre les intestins d'un lapin récemment mort, mais dont les mouvements péristaltiques ont cessé à la température ambiante, dès qu'on fait arriver de l'air chaud dans le vase on voit qu'à une température déterminée les mouvements péristaltiques réapparaissent avant que le thermomètre ait indiqué la variation de température ; ce qui revient à dire que les muscles de l'intestin sont plus sensibles à l'action de la chaleur que le thermomètre lui-même.

La chaleur agit donc comme un excitant sur les fibres musculaires de la vie organique ; et, de plus, cette action est directe, c'est-à-dire qu'elle ne s'exerce pas par l'intermédiaire du système nerveux, mais qu'elle peut se produire immédiatement par le sang. Pour le démontrer, engourdissons par le froid une grenouille sur laquelle le sternum enlevé permet d'apercevoir le cœur à nu. Les battements sont très-ralentis ; alors plongeons un des membres postérieurs de l'animal dans de l'eau tiède, presque instantanément une accélération se manifeste dans les battements du cœur. On pourrait admettre dans cette expérience que c'est par l'intermédiaire des nerfs de la patte réchauffée que le cœur reçoit une excitation ; mais si nous opérons la section du nerf de la patte en question, cela ne change rien au phénomène. Il faut donc en conclure que la chaleur s'est transmise au cœur directement, par le système circulatoire, et que le sang, réchauffé par sa circulation dans la patte plongée dans l'eau tiède, est venu réchauffer la face interne du cœur, et exciter les fibres musculaires qui constituent cet organe.

Nous conclurons donc que la chaleur peut être considérée comme un *excitant direct* du système musculaire de la vie organique. Mais il n'en est point de même pour le système musculaire de la vie animale. Jamais on n'a observé que la chaleur eût la propriété de mettre en contraction les muscles des membres par exemple. Il y a une dizaine d'années, un médecin grec, M. Calliburcès, a fait ici même, dans notre laboratoire, des recherches sur ces questions, et il a en effet divisé les muscles, à ce point de vue, en deux classes : les muscles qu'il appelle *thermosystaltiques*, et les muscles non *thermosystaltiques*. Il a reconnu que les mêmes organes musculaires pouvaient être thermosystaltiques ou non suivant les périodes de leur développement auxquelles on les considère. C'est ainsi que le gésier du poulet, qui est directement sensible à l'action de la chaleur au moment de l'éclosion, cesse de manifester cette propriété quelques jours après la sortie de l'œuf, quand cet organe est entré dans son état fonctionnel définitif.

Nous l'avons déjà dit, cette action excitante de la chaleur sur l'élément musculaire a nécessairement une limite, et, ici comme toujours, nous verrons que ce qui est un agent physiologique vital devient agent toxique lorsqu'on pousse son action à l'extrême. C'est ainsi que si la température s'élève trop, les battements du cœur, après être devenus de plus en plus rapides, finissent par cesser subitement. De même, les mouvements péristaltiques de l'intestin cessent complétement si l'on dépasse certaines limites de température. Dans ces cas-là, c'est la mort, mort complète, absolue, inévitable, qui saisit le tissu musculaire; et, en effet, nous avons vu que, chez les animaux tués par la chaleur, le cœur est complétement insensible à toute excitation, enfin que la rigidité cadavérique s'établit avec une prodigieuse rapidité. Quelle est la cause de ces phénomènes? Voilà ce qu'il faut se demander, et l'on est tout d'abord porté à chercher si elle ne serait pas d'une nature purement chimique. L'élément contractile, fibre ou cellule, quelle que soit sa forme, renferme dans l'intérieur d'une gaîne fine et amorphe une substance toujours la même, à laquelle on a donné le non de *myéline* ou de *sintonine*. Ne se produirait-il pas, sous l'influence de la chaleur, une modification dans cette myéline, une coagulation? M. Kühne a fait autrefois, ici même, dans notre laboratoire, des expériences qui l'ont amené à admettre cette conclusion. Il est certain qu'examinées au microscope les fibres musculaires des animaux sacrifiés à ces expériences paraissent en effet rigides, coagulées; c'est ce que M. Ranvier a constaté sur les animaux morts, dans la dernière séance.

Il paraît donc très-possible, au moins probable, qu'il y ait là en effet une coagulation véritable de la myéline, et que ce soit la cause de la mort de l'élément musculaire et du cœur en particulier. La manière dont la chaleur amène la mort serait ainsi parfaitement expliquée. Cependant, comme des animaux ont pu être extraits de l'étuve, peu d'instants avant le moment fatal, et ne mourir que plusieurs heures, plusieurs jours même après l'expérience, il faut bien admettre qu'il y a d'autres altérations graves produites par la chaleur; il y a là encore un champ de recherches à exploiter.

Il est, dans les êtres vivants, des mouvements qui présentent, au point de vue de l'action de la chaleur, un certain rapport avec les mouvements musculaires de la vie organique ; nous voulons parler des mouvements des cils vibratiles, qui se trouvent répandus en abondance sur certaines membranes muqueuses, telles que celles qui tapissent les organes génitaux, les organes respiratoires. Ces mouvements vibratiles durent en général très-longtemps après la mort. La chaleur a sur ces mouvements un effet excitant analogue à celui qu'elle exerce sur le système contractile du cœur et des intestins. Ces mouvements se ralentissent par le froid et s'accélèrent par la chaleur jusqu'à une certaine limite qui ne saurait non plus être dépassée sans les abolir d'une manière définitive.

Or, voici ce que nous avons constaté sur les animaux que nous avons fait périr par un excès de température : chez eux, la rigidité cadavérique survenait rapidement dans le système de la vie animale, les battements du cœur étaient arrêtés de même que les mouvements péristaltiques le plus ordinairement ; mais les mouvements vibratiles continuent encore avec une grande activité. De sorte que si la chaleur, comme nous n'en doutons pas, altère les mouvements vibratiles sur le vivant, comme sur l'animal récemment mort, nous sommes obligés de reconnaître qu'ils sont influencés plus tardivement que les mouvements musculaires. D'ailleurs, la cessation de ces mouvements vibratiles seuls ne nous expliquerait pas la mort ; car leur utilité dans les phénomènes de la vie n'est pas aussi immédiate que celle des mouvements du cœur par exemple. Chez les mammifères et les oiseaux, la mort instantanée est la conséquence de l'arrêt du cœur, et nous n'aurions pas besoin d'invoquer une autre cause. Mais de ce que l'altération du muscle par la chaleur explique la mort, cela ne prouve pas que ce soit là le seul élément atteint. Il faudra donc que nous recherchions, en poussant notre analyse plus avant, si d'autres éléments organiques n'ont pas perdu leurs propriétés vitales (1).

Après avoir étudié l'action que le calorique exerce sur le système musculaire, nous allons examiner celle qu'il exerce sur les éléments du sang. Nous savons déjà que, chez les animaux tués par excès de température, le sang présente une coloration noirâtre particulière, comme si l'animal avait été asphyxié. Cependant, à travers la vitre de l'étuve, on observe, pendant que l'animal est soumis à l'expérience, que la membrane muqueuse de ses narines conserve sa coloration rosée, et n'a pas cette teinte brune, cyanosée, qu'on rencontre chez les animaux asphyxiés. Il n'y a donc pas lieu de s'arrêter ici, pour expliquer la mort, à un mécanisme analogue à celui de l'asphyxie ordinaire; mais alors, à quoi tient la couleur foncée du sang qu'on observe souvent à l'autopsie? Je dis souvent, parce que parfois nous avons rencontré ce phénomène peu marqué et même, dans certains cas, nous avons trouvé le sang noir dans le cœur droit et rouge dans le cœur gauche, comme cela se voit chez les animaux qui meurent par un arrêt subit du cœur. — Essayons d'expliquer

(1) Voy. *Leçons sur les anesthésiques et sur l'asphyxie*, p. 145 et suiv.

ces cas divers et de nous rendre compte de ces contradictions apparentes.

Voici un lapin qui vient de mourir dans l'étuve, après avoir acquis l'élévation de température de 5 degrés. — Nous allons faire d'abord l'analyse des gaz du sang de cet animal. Pour cela, nous prenons à l'aide d'une seringue 25 centimètres cubes de sang directement dans la veine cave inférieure, à défaut de quantité suffisante dans le système artériel, en ayant soin de nous mettre à l'abri du contact de l'air. Ce sang est, comme vous le voyez, brun, noirâtre. Nous le faisons passer, par une tubulure, dans un petit ballon qui communique avec une pompe à mercure et dans lequel le vide a été fait d'avance. Immédiatement les gaz contenus dans le sang s'échappent, et, après avoir fait manœuvrer la pompe un nombre de fois suffisant, nous les épuisons, et nous les faisons passer dans un tube gradué. Ces gaz, nous le savons d'avance, consistent en acide carbonique, oxygène et azote. En faisant passer un peu de potasse dans ce tube, nous absorbons l'acide carbonique. Nous absorbons de même l'oxygène au moyen d'acide pyrogallique, et ce qui reste représente l'azote. Rapportée à 100 centim. cubes de sang, cette analyse nous donne les résultats suivants :

$$100^{cc} \text{ sang.} \left\{ \begin{array}{lll} CO^2 & — & 37^{cc},2 \\ O & — & 1^{cc},0 \\ Az & — & 3^{cc},4 \end{array} \right.$$

Une autre analyse, précédemment faite dans des conditions semblables, mais moins exactes parce que le sang avait subi partiellement le contact de l'air, avait donné :

$$100^{cc} \text{ sang.} \left\{ \begin{array}{lll} CO^2 & — & 23^{cc},9 \\ O & — & 3^{cc},8 \\ Az & — & 9^{cc},4 \end{array} \right.$$

Ces résultats concordent en ce sens qu'ils nous montrent, dans chaque cas, la quantité extrêmement petite d'oxygène que contenait le sang ; cette quantité, qui est normalement de 12 à 15 dans le sang veineux, se trouve ici réduite à 1 et 3 pour 100. D'où vient une pareille différence ?

Pour nous en rendre compte, revenons toujours au fait principal et essentiel, l'élévation de température du sang, et demandons-nous si cette élévation ne suffit pas à elle seule pour expliquer la disparition de l'oxygène.

L'influence de la température sur la dépense que fait le sang en oxygène, et par suite sur sa couleur, est très-remarquable. Le froid ralentit la propriété physiologique du globule sanguin. J'ai vu que les animaux hibernants dépensent très-peu d'oxygène, et par conséquent produisent peu d'acide carbonique. Cette influence est si marquée que, sur une grenouille engourdie par le froid par exemple, il devient impossible de distinguer par leur couleur les veines des artères. Le sang est rouge, dans les unes comme dans les autres. Quand vient l'été, quand l'animal prend de la chaleur et que sa température s'élève, cet état de choses change : le sang consomme une plus grande quantité d'oxygène, donne naissance à plus d'acide carbonique, et le sang veineux prend alors sa coloration foncée caractéristique.

Si maintenant, comme je vous l'ai montré dans une série de cours précédents (1), on met une grenouille

(1) Voy. *Leçons sur les anesthésiques et sur l'asphyxie*, p. 105.

dans de l'eau chaude à 37 degrés environ, son sang devient noir dans les artères et dans les veines, et l'animal est alors anesthésié. L'anesthésie arrive-t-elle par une asphyxie ou par la chaleur qui agirait d'une manière spéciale sur les nerfs de sensibilité comme les autres agents anesthésiques ? Je penche pour cette dernière opinion, et je vous en ai donné les motifs antérieurement. Pour le moment, il me suffit d'ajouter qu'en remettant la grenouille dans de l'eau fraîche, on voit bientôt son sang refroidi reprendre ses proportions d'oxygène vivifiantes normales.

Ainsi, chez les animaux à sang froid et chez les animaux à sang chaud, lorsque la température du sang s'élève, il jouit de la propriété de transformer l'oxygène en acide carbonique avec une très-grande rapidité et devient rapidement veineux. C'est ainsi que nous expliquons la disparition de l'oxygène dans le sang de notre lapin, et la coloration noire du sang dans les artères et dans les veines que nous trouvons après la mort. Toutefois, nous ne pensons pas pour cela qu'il y ait chez l'animal une asphyxie produite pendant la vie ; mais nous croyons que ce sont là, en quelque sorte, des phénomènes *post mortem*, se produisant avec une très-grande rapidité sous l'influence de la température élevée qu'a acquise le sang. En effet, au moment où l'animal meurt et que son cœur s'arrête, le sang est encore rouge dans les artères, et si l'on fait rapidement l'ouverture du corps, on peut le constater, surtout dans les cas où les animaux sont morts à la suite de la seule inspiration de l'air chaud, leur corps restant en dehors de l'étuve. C'est alors qu'on peut trouver le cœur arrêté, et le sang noir dans les cavités droites et rouge dans les cavités gauches. Mais si l'on attend quelques instants de plus, le sang artériel, plus chaud qu'à l'état normal, peut avoir transformé tout son oxygène et s'être changé dans les artères elles-mêmes en sang noir ou veineux.

Le grand sympathique paraît avoir une influence sur la vénosité du sang, que je crois aussi pouvoir rattacher à l'influence de la température. Rappelez-vous ce que nous avons observé dans l'une des séances antérieures, il y a peu de jours (1). Quand on a coupé ce nerf, on obtient une suractivité de la circulation dans toutes les parties correspondantes à la portion de nerf sectionnée. Les vaisseaux se gonflent, la circulation s'accélère, et le sang passe si rapidement au travers des capillaires qu'il n'a pas le temps de s'y transformer et qu'il passe dans les veines avec la coloration rouge du sang artériel. En même temps, la température s'élève notablement. Or, si l'on extrait ce sang veineux, *rouge, et dont la température s'est élevée* dans les capillaires, on le voit se foncer très-vite, absorber son oxygène et prendre la coloration caractéristique du sang veineux. Cette consommation d'oxygène se fait en dehors du contact des tissus, lorsque le sang est dans un vase inerte ; car il est bien connu que le sang, en dehors des vaisseaux, jouit encore par lui-même de la propriété de transformer l'oxygène en acide carbonique. Ici, je veux seulement insister sur ce fait, que la chaleur augmente cette propriété vitale du globule sanguin, de

(1) Voyez ci-dessus, p. 320.

même qu'elle augmente les propriétés vitales de tous les autres éléments organiques.

Telle est l'explication qui nous paraît rendre compte des caractères que présente le sang chez les animaux tués par la chaleur. Mais est-ce là une véritable altération du sang? La chaleur a-t-elle eu sur ce liquide, comme sur les muscles, une action toxique, délétère, qui lui a fait perdre pour toujours ses propriétés physiologiques? En aucune façon, ce n'est là qu'une suractivité de ses propriétés normales, physiologiques, vitales. Et la preuve, c'est que nous allons vous démontrer que ce sang est encore parfaitement vivant. Nous prenons quelques centimètres cubes du sang noir refroidi de notre lapin qui a succombé à l'action de la chaleur, nous le versons dans un tube et nous l'agitons au contact de l'air; nous voyons ce sang réabsorber aussitôt de l'oxygène et reprendre sa couleur rutilante. Si nous examinons ce sang au spectroscope, nous constatons qu'avant l'agitation à l'air ce sang était privé d'oxygène, tandis qu'après l'agitation à l'air nous voyons apparaître les raies d'absorption caractéristiques de l'hémoglobine oxygénée.

Ce sang n'a donc rien perdu de ses propriétés. Il est dans son état parfaitement naturel, il possède toutes ses qualités vitales essentielles. La seule modification que nous reconnaissions en lui est due à une sorte d'exagération de ses propriétés physiologiques, qui se trouve liée à l'élévation de sa température, et amène une consommation trop rapide de l'oxygène par les globules.

Toutefois, il y a une limite de température où le sang perd pour toujours ses propriétés physiologiques. Voici une expérience que j'ai faite autrefois à ce sujet. Je retirai 21 centimètres cubes de sang de l'artère d'un chien, à l'aide d'une seringue de verre munie d'un robinet qui fut aussitôt fermé; puis, le sang étant ainsi à l'abri du contact de l'air, je le plaçai dans de l'eau chaude dont j'augmentai graduellement la température. Je vis, entre 60 et 70 degrés, le sang devenir noir subitement, ce qu'on observait très-bien à travers les parois de verre de la seringue. Le sang se coagula, puis, l'ayant agité avec 24 centimètres cubes d'air, il ne reprit pas sa teinte vermeille. L'analyse du gaz faite le lendemain démontra qu'une très-faible partie d'oxygène avait cependant disparu, mais on ne trouva pas sensiblement d'acide carbonique. La chaleur avait été portée trop loin, et le sang avait été altéré, puisqu'il ne pouvait pas reprendre ses propriétés physiologiques.

Il y aurait de nouvelles expériences à instituer pour étudier l'absorption de l'oxygène dans ses rapports avec la chaleur du sang, et pour déterminer exactement la température à laquelle le sang perd ainsi définitivement ses propriétés physiologiques. — Mais, pour le moment, il vous suffit de savoir que, à 45 degrés chez les mammifères, les globules sanguins ne perdent pas leurs qualités vitales, tandis que les muscles, au contraire, les perdent d'une manière définitive; ce qui nous autorise à conclure que l'animal ne meurt pas par une altération du sang, ou au moins par une altération des globules sanguins.

Mais n'y aurait-il pas des altérations qui pourraient survenir dans les autres éléments du sang, tels que la fibrine, l'albumine, etc.? Dans mes expériences de 1842, j'ai observé, comme je vous l'ai rappelé, des hémorrhagies intestinales, des taches semblables au purpura. Dans certaines, j'avais trouvé le caillot sanguin plus mou; le sérum se séparait incomplétement et restait rouge. La fibrine paraissait avoir subi dans sa constitution une modification qui lui donnait les caractères de ce que Magendie avait appelé la *pseudo-fibrine*. Magendie avait observé que si l'on saigne un animal un certain nombre de fois, coup sur coup, il reforme du sang avec une très-grande rapidité; mais la fibrine que l'on extrait de ce sang par le battage change peu à peu de nature; elle perd de son élasticité, elle ne forme plus ces filaments élastiques caractéristiques; elle devient molle et analogue à du papier mâché; enfin elle se dissout dans l'eau tiède en donnant naissance à un liquide albumineux, c'est-à-dire coagulable par la chaleur et les acides.

Telle est l'altération que j'avais parfois observée dans le sang des animaux tués par la chaleur, et qui demanderait de nouvelles recherches pour être confirmée. Nous ne l'avons pas observée chez les animaux morts dans notre nouvelle étuve; mais une altération de ce genre vînt-elle à être établie, ne modifierait en rien nos conclusions, parce que ces altérations, qui se rattacheraient à des effets consécutifs, ne pourraient pas nous rendre compte de la mort immédiate et instantanée que nous cherchons maintenant à expliquer (1).

(1) Voyez Vallin, *Du mécanisme de la mort par la chaleur extérieure.* (*Études sur l'insolation. Arch. génér. de médecine*, 1871-1872.)

DIX-NEUVIÈME LEÇON

SOMMAIRE : Étude de l'action de la chaleur, comme agent toxique, sur le système nerveux. — Difficultés de cette étude. — Procédé expérimental. — Application à l'étude de la chaleur de la méthode consacrée à l'étude du curare. — Le nerf moteur résiste plus à la chaleur que le muscle. — La chaleur tue en attaquant un seul des éléments essentiels de l'organisme; cet élément, c'est le muscle. — Réflexions générales sur le mode d'action des agents toxiques. — Applications de ces idées aux études de physiologie pathologique. — Principes qui doivent dominer dans l'étude de la médecine expérimentale. — Les manifestations physico-chimiques ne changent pas de nature selon qu'elles appartiennent à l'état de santé ou de maladie. — Études de quelques unes des formes d'utilisation de la chaleur par l'organisme. — Contraction musculaire : équivalent mécanique de la chaleur. — Phénomènes de développement : circulation.

MESSIEURS,

En poursuivant l'étude de l'action de la chaleur sur les différents systèmes de l'économie, nous avons constaté d'abord que l'agent calorifique, quel que soit d'ailleurs son mode d'application, *tue* le système musculaire d'une manière complète, définitive, et produit ainsi la mort de l'organisme par l'arrêt de la circulation et de la respiration.

Nous avons reconnu en second lieu que l'élévation de la température ne produit, dans le sang, chez un animal tué par la chaleur, aucune altération du même genre, mais seulement une suractivité de ses fonctions vitales, qui a pour effet de lui faire consommer avec une très-grande rapidité l'oxygène qu'il contient et de lui donner la coloration noire caractéristique du sang veineux.

Nous avons confirmé cette interprétation des phénomènes observés en nous assurant, chez des lapins dont le corps seul est placé dans l'étuve et dont on a préalablement mis la carotide à découvert, que le sang reste rutilant dans ces vaisseaux jusqu'à la mort de l'animal, de sorte que ce n'est réellement qu'après sa mort que cette transformation artérielle en sang noir veineux vient à s'opérer. D'ailleurs, en supposant que la chaleur à 45 degrés produise une altération du sang, on doit reconnaître que ce n'est qu'une altération passagère, puisque le sang reprend ses propriétés vitales, tandis que la rigidité cadavérique qui survient dans le système musculaire est une altération définitive et par conséquent mortelle. Pour achever cette analyse, il nous reste à étudier l'action de la chaleur, considérée comme agent toxique, sur le système nerveux.

Mais ici s'offre une difficulté toute spéciale. Un nerf ne présente directement, ne manifeste *par lui-même* aucun phénomène qui permette de dire s'il jouit ou non de ses propriétés vitales. Si nous irritons, chez un animal, un nerf sensitif, nous produisons en lui une sensation, une douleur qu'il trahit, soit par ses cris, soit en faisant des efforts pour échapper à notre atteinte. Si c'est un nerf moteur que nous excitons, ce nerf agit sur le muscle dans lequel il se distribue et produit la contraction de ce muscle. De toutes façons donc, le nerf ne nous révèle son activité que par des mouvements, par l'intermédiaire du système musculaire.

Or, supposons que le système musculaire soit lui-même détruit, incapable par conséquent de répondre aux excitations que lui transmettent les nerfs, ceux-ci auront beau rester parfaitement sains, rien, absolument rien ne pourra nous l'indiquer. Tel est le cas dans lequel nous nous trouvons placés lorsqu'il s'agit de l'intoxication par la chaleur. Il nous faudra donc ici faire un détour, avoir recours à un artifice d'expérience, et cet artifice sera exactement le même dont nous nous servons lorsque nous voulons constater l'influence de certains poisons sur le système nerveux, et je vais vous en faire exactement saisir un aperçu à l'aide d'une expérience que j'ai faite bien souvent.

Voici une grenouille, sous la peau de laquelle nous injectons une petite quantité de curare. Au bout d'un instant, nous la voyons s'affaisser, devenir immobile et insensible à toute excitation ; si nous la pinçons, elle ne fait aucun effort pour fuir, elle ne retire pas sa patte. Devons-nous en conclure qu'elle ne sent pas, que chez elle les propriétés du système nerveux sont complétement abolies ? Une pareille conclusion serait absolument erronée. Cette grenouille, qui a l'air d'être morte, est réellement vivante ; elle sent aussi bien que si elle n'était pas empoisonnée. Seulement, elle est incapable de nous manifester ses sensations, parce que, chez elle, le système nerveux moteur est tué. Le nerf sensitif transmet parfaitement l'impression, mais le nerf moteur, paralysé, ne peut réagir et transmettre cette excitation au muscle, qui cependant a conservé les propriétés vitales et serait parfaitement susceptible de répondre et de se contracter.

Ainsi, sur les trois éléments, nerf sensitif, nerf moteur, muscle, dont le fonctionnement se lie d'une manière nécessaire et dans un ordre constant, c'est l'élément intermédiaire qui fait défaut, c'est l'anneau moyen de la chaîne qui est brisé, et cela suffit pour anéantir la fonction. Et comment le démontrons-nous? Nous le démontrons en réservant une portion de l'animal, dans laquelle le poison ne poûrra pas agir; nous n'empoisonnons que la partie antérieure du corps de la grenouille. Pour cela, nons enlevons le sacrum, et après avoir mis à nu les nerfs lombaires, nous les isolons, et passant un fil au-dessous d'eux, nous lions tout l'animal, ces nerfs exceptés. La grenouille est ainsi partagée en deux parties, qui ne communiquent plus entre elles que par les nerfs lombaires. Bien que, par ce procédé, nous interrompions absolument la circulation dans les membres postérieurs, ils n'en continuent pas moins à vivre, à se mouvoir, et conservent toutes leurs propriétés pendant longtemps, grâce à l'extrême lenteur avec laquelle s'accomplissent les phénomènes physiologiques chez les animaux à sang froid (une pareille expérience serait impossible chez un mammifère). Ainsi, bien que la circulation soit coupée en deux, en quelque sorte, la grenouille marche, nage, et répond aux excitations aussi bien par ses membres postérieurs que par sa partie antérieure.

Empoisonnons maintenant cet animal en glissant une petite quantité de curare sous la peau du dos. Au bout d'un instant, toute la partie antérieure de l'animal où la circulation est conservée présentera les phénomènes que nous indiquions tout à l'heure, c'est-à-dire qu'elle paraîtra complétement insensible et morte. Mais la partie postérieure, où nous avons préservé le nerf moteur de l'empoisonnement, est parfaitement vivante. Si nous pinçons une patte antérieure, qui paraît morte et insensible, l'animal retire vivement les pattes postérieures : il jouit donc de toute sa sensibilité ; seulement il ne peut la manifester dans toute sa partie empoisonnée, parce que le nerf moteur, trait d'union nécessaire entre la sensation et le mouvement, est paralysé et détruit.

Faisons maintenant la même chose pour la chaleur : chauffons une partie, dans laquelle les muscles qui doivent nous servir de réactifs pour le système nerveux conserveront leur intégrité (1). Nous arriverons à cette conclusion que les nerf moteurs ne sont pas altérés au moment où la destruction du système musculaire est effectuée et amène la mort de l'animal.

Les expériences suivantes donnent cette démonstration :

1° Une grenouille est plongée, excepté le membre postérieur gauche, dans un bain d'eau à + 36° centigrades. Au bout de quelque temps, la grenouille paraît morte, immobile et insensible aux excitations. On constate que la rigidité arrive très-vite dans le corps et les membres plongés dans le bain, tandis qu'elle ne survient pas dans le membre postérieur gauche maintenu hors de l'eau chaude. Alors on découvre les nerfs lombaires en soulevant le sacrum, et l'on constate que l'excitation de ces nerfs amène des convulsions énergiques dans la patte

(1) Voy. *Leçons sur les anesthésiques et sur l'asphyxie*, p. 120.

gauche, tandis qu'il n'en survient pas dans la jambe droite.

2° On prend un membre postérieur de grenouille; on détache le muscle soléaire, que l'on maintient soulevé à l'aide d'une pince, qui saisit le tendon d'Achille. On plonge tout le membre dans un bain d'huile à + 45° centigrades, excepté le muscle soléaire, qui reste hors de l'influence de la chaleur. Au bout de quelques minutes, on retire le membre du bain, et l'on constate que le nerf sciatique, qui était submergé dans l'huile chaude, fait contracter le muscle soléaire maintenu hors du bain, mais qu'il n'agit nullement sur les muscles qui ont été plongés dans l'huile chaude. Ces mêmes muscles sont d'ailleurs rigides et insensibles aux excitations directes; de sorte qu'il est clair, dans cette expérience, que la même chaleur qui a tué le muscle n'a pas tué le nerf moteur. La même expérience, répétée avec un bain d'eau à + 37°, au lieu du bain d'huile, a donné les mêmes résultats. M. Schmulewich a fait des expériences intéressantes sur l'influence de la chaleur sur les muscles; il a vu, ainsi que je l'ai constaté moi-même, que la chaleur fait cesser la propriété contractile du muscle, mais qu'elle reparaît en refroidissant ensuite le muscle.

Il résulte de ce qui précède que le nerf moteur résiste plus à la chaleur que le muscle; mais en est-il de même du nerf sensitif, et dans le cas d'anesthésie par la chaleur, pouvons-nous admettre que le nerf sensitif soit atteint indépendamment du nerf moteur, comme cela a lieu pour les autres agents anesthésiques? Je vous ai promis une expérience décisive à ce sujet. Voici en quoi elle consiste :

Sur une grenouille, j'ai coupé la moelle épinière entre les deux bras, afin d'empêcher les mouvements volontaires. Alors j'ai plongé une jambe de l'animal dans l'eau chaude à + 36° centigrades. L'immersion dure environ cinq minutes. La patte étant retirée de l'eau, on la pince, et elle ne donne aucun signe de sensibilité. Pour avoir un réactif plus certain, je prépare de l'eau acidulée, dans laquelle je plonge alternativement les deux pattes, et je constate très-nettement que cette eau acidulée fait retirer la patte normale, tandis qu'elle n'agit pas sur celle qui a été chauffée. Toutefois, dans cette dernière, l'action de la chaleur n'a pas été portée jusqu'à abolir les propriétés des muscles et des nerfs moteurs, car il se manifeste dans ce membre des mouvements réflexes, par l'excitation de l'eau acidulée portée sur l'autre patte.

Cette expérience prouve donc que, par la chaleur comme à l'aide de beaucoup d'autres agents toxiques, on peut distinguer l'autonomie des propriétés physiologiques des muscles, des nerfs sensitifs et des nerfs moteurs, et même, comme nous l'avons vu précédemment, distinguer entre eux et isoler les diverses espèces de nerfs moteurs ou vaso-moteurs (1).

Maintenant, quelle est la conclusion générale que nous aurons pour le moment à tirer de toutes les expériences que nous avons précédemment exposées relativement à l'action de la chaleur sur les phénomènes de la vie? Cette conclusion, la voici : La chaleur est un agent indispensable à l'activité de la vie; mais il arrive un moment où

(1) Voyez ci-dessus, p. 308, Leçon XIVe.

l'excès de la chaleur agit sur l'organisme comme un agent toxique. Comme tous les agents toxiques, nous avons vu que la chaleur attaque un seul des éléments essentiels de cet organisme, l'élément musculaire. C'est donc la perte des propriétés vitales de cet élément qui, en produisant la rigidité, l'arrêt de la circulation et de la respiration, amène fatalement la mort. Cette destruction de l'élément contractile se fait vers 37-39 degrés chez les animaux à sang froid, vers 43-44 degrés chez les mammifères, vers 48-50 degrés chez les oiseaux, c'est-à-dire en général à une température de quelques degrés plus élevée que la température normale de l'animal.

Je crois devoir vous présenter à ce sujet quelques réflexions générales qui me semblent intéressantes au point de vue de l'idée que nous devons nous faire des agents toxiques.

Il est à remarquer que les poisons qui agissent sur l'économie de la même manière que la chaleur, c'est-à-dire en attaquant la propriété de l'élément musculaire, ne sont pas rares. Parmi les minéraux, on peut citer la potasse, les sels de potasse, le sulfocyanure de potassium. Les poisons végétaux de même ordre sont très-nombreux : la digitale, l'antiar, suc laiteux de l'*antiar* et d'où s'extrait une substance cristallisée toxique très-vénéneuse, l'antiarine, puis des poisons américains appelés *vao* et *corowal*, dont l'origine est peu connue, mais qui probablement appartiennent au règne végétal. Enfin, parmi les poisons animaux qui agissent de la même manière, c'est-à-dire sur les muscles, nous pouvons citer le venin de crapaud, qui tue rapidement les petits animaux, oiseaux, grenouilles, etc. Or, nous disons qu'un animal empoisonné par l'une quelconque de ces substances, paraît présenter toujours le même élément histologique atteint, le même cortége de symptômes et les mêmes altérations cadavériques, et ces symptômes et ces altérations sont précisément ceux que nous avons vus produits par la chaleur. Comment comprendre que des causes si diverses, entre lesquelles il est impossible de trouver en apparence la moindre analogie de nature physique, puissent donner lieu à des effets aussi semblables? C'est qu'en effet, à notre point de vue, nos connaissances sur la constitution des corps sont encore si imparfaites qu'il n'y a pas lieu de rattacher l'action physiologique des agents toxiques à leur composition chimique.

Nous n'admettons pas cependant que ces corps aient des propriétés mystérieuses, cachées, insaisissables ; leur action dérive évidemment de leurs propriétés et des phénomènes chimiques qu'elles déterminent dans l'être vivant. Le sang est leur véhicule ; il les prend, il les transporte dans la profondeur des tissus, et c'est là qu'ils agissent. Tel serait donc le secret final de toutes les actions toxiques : un phénomène chimique. Mais nous ne pouvons point encore expliquer comment des substances très-diverses par leur constitution chimique peuvent produire, dans l'économie vivante, les mêmes effets toxiques, et par conséquent les mêmes altérations chimiques dans la matière organique.

Toutefois, les exemples de faits du même ordre ne manquent pas dans le domaine des actions physiologiques. Je vous en citerai un exemple. C'est ainsi, par exemple, que le dédoublement des matières grasses en glycérine et acides gras, dédoublement qui se produit sous l'influence du suc pancréatique, peut être effectué par des substances toutes différentes et très-nombreuses, par l'acide sulfurique concentré, par la potasse caustique, par la vapeur d'eau surchauffée, etc. Ainsi, nous devons finalement reconnaître, suivant moi, dans une intoxication, comme dans tous les phénomènes de la vie, une action chimique qui en est la condition indispensable, et qui peut être réalisée par des corps divers par leur nature apparente. Le but que doit poursuivre le physiologiste est de ramener sans cesse les phénomènes de la matière vivante aux grandes lois physiques et chimiques, ce qui est, non pas expliquer l'essence même de la vie, qui nous sera toujours inconnue, mais déterminer les conditions qui président à ses diverses manifestations. Alors seulement, ainsi que je vous l'ai répété bien souvent, notre but sera atteint; car agir sur les phénomènes de la nature, tel est le but que doit se proposer et que peut atteindre le savant, quoiqu'il soit destiné à ignorer perpétuellement l'essence de ces phénomènes.

Les idées que je viens d'émettre devant vous ne sont point de simples vues irréalisables de l'esprit; je vous ai démontré, dans une autre série de cours (1), qu'on pouvait ramener l'action asphyxiante de la vapeur de charbon à une simple combinaison chimique de l'hémoglobine avec l'oxyde de carbone. Quand la science physiologique

(1) Voy. *Leçons sur les anesthésiques et sur l'asphyxie*. Paris, 1874.

expérimentale aura éclairé complétement les effets de toutes les substances toxiques, alors nous renoncerons à ces désignations métaphysiques par lesquelles nous les caractérisons. Il n'existe pas, en réalité, d'action strychnique, morphéique ni curarique; il n'y a que des phénomènes physiologiques troublés par les effets physico-chimiques de ces substances, et ce sont ces actions physiologiques seules qu'il faut saisir. Quand, par exemple, on inscrit sur le papier, à l'aide du kymographion, les convulsions strychniques, il ne faut pas croire que c'est la strychnine qui vient, en quelque sorte, écrire elle-même sa présence et son action. Ce sont là simplement des tracés graphiques de convulsions musculaires qu'on pourrait reproduire physiologiquement ou par des agents tout autres que la strychnine, pourvu qu'on produise dans l'organisme la modification physico-chimique déterminée par le poison.

Cette digression était nécessaire pour vous faire comprendre l'esprit dans lequel nous allons aborder la dernière partie du sujet de ces leçons.

Vous vous souvenez, en effet, que nous avions projeté de terminer nos études physiologiques par des considérations pathologiques qui sont ici indispensables, puisqu'au fond nous faisons un cours de médecine expérimentale. Nous devons tirer des notions acquises toutes les conséquences qu'elles comportent relativement à l'étude des maladies. Des travaux nombreux publiés en France et surtout en Allemagne ont étendu ce chapitre des modifications thermiques que présente l'organisme malade. Des applications nombreuses tendent aujourd'hui à passer dans la pratique : le thermomètre est devenu un instrument indispensable pour le clinicien.

C'est précisément l'extension considérable qu'a prise cette branche de la science qui nous interdit de l'aborder aujourd'hui même à la fin d'une leçon déjà très-chargée. L'importance de ces notions nouvelles exige que nous leur fassions bonne mesure et que nous leur donnions plus de développement convenable. Aujourd'hui, nous nous bornerons à revendiquer ces recherches comme faisant partie de notre domaine et vous me permettrez à ce sujet de vous exposer quelques généralités qui vous montreront le point de vue auquel nous nous plaçons et comment nous comprenons l'union intime et nécessaire de la physiologie et de la pathologie.

La santé et la maladie ne sont pas deux modes différant essentiellement comme ont pu le croire les anciens médecins, et comme le croient encore quelques praticiens. Il ne faut pas en faire des principes distincts, des entités qui se disputent l'organisme vivant et qui en font le théâtre de leur lutte. Ce sont là des vieilleries médicales. Dans la réalité, il n'y a entre ces deux manières d'être que des différences de degré : l'exagération, la disproportion, la désharmonie des phénomènes normaux, constituent l'état maladif. Il n'y a pas un cas où la maladie aurait fait apparaître des conditions nouvelles, un changement complet de scène, des produits nouveaux et spéciaux. On l'avait dit autrefois du diabète. Le sucre n'était pas, à l'opinion des médecins, un produit normal : c'était essentiellement un produit morbide, extra-physiologique. Mes expériences et les recherches que j'ai publiées ont fait revenir sur cette opinion erronée, et l'on a vu dans le diabète l'exagération ou le dérangement d'une fonction naturelle, l'excès d'une excrétion normale. Sans doute la physiologie est encore impuissante à expliquer bien des faits ; mais il ne serait pas philosophique, pour juger des questions de principe, de se réfugier dans le domaine des faits mal connus. Pour avoir le droit, par exemple, d'exiger des physiologistes une explication des exanthèmes fébriles, de la variole, de la rougeole, etc., il faut attendre que l'on connaisse mieux les fonctions de la peau qui sont encore une énigme.

La médecine expérimentale a pour elle l'avenir. Les physiologistes et les pathologistes, qui, en somme, opèrent sur le même terrain, devront, grâce à elle, se rencontrer quelque jour. Telle est la voie du progrès, telle est la direction de la science que suivent aujourd'hui tous les esprits de notre temps et dans laquelle nous nous efforçons de marcher. Aussi dois-je vous citer seulement, comme une exception et comme un écho attardé des anciennes doctrines, le travail de deux physiologistes italiens, MM. Lussana et Ambrossoli, qui ont traité de leur côté le sujet qui nous a occupé toute cette année.

MM. Lussana et Ambrossoli ont répété mes expériences sur la section du sympathique. Ils ont trouvé les mêmes résultats, mais proposé une interprétation bien différente. J'ai dit : « En coupant le grand sympathique, on ne fait qu'exagérer un phénomène physiologique. » « Non, disent-ils, on produit un phénomène pathologique. La chaleur qui apparaît n'est pas une chaleur normale, c'est de la chaleur morbide. » Ainsi, lorsqu'on aura coupé le cordon cervical du sympathique chez un lapin, on aura dans l'oreille saine de la chaleur physiologique, dans l'autre oreille de la chaleur pathologique. Que dire d'une pareille conclusion! Les auteurs ne s'arrêtent pas là. Après avoir distingué deux espèces de chaleur, il les étudient parallèlement et leur trouvent deux origines distinctes, des conditions de manifestations distinctes, il les regardent comme différentes sous tous les aspects. Pour eux, la chaleur normale serait produite par la combustion des aliments; la chaleur pathologique, par la combustion des tissus. C'est là une vue ingénieuse, mais qui ne supporte pas l'épreuve de l'expérience. En effet, la nutrition n'est pas directe: ce ne sont pas les aliments qui brûlent et se métamorphosent, ce sont toujours les tissus. L'aliment ne se combure pas dans le sang, mais dans les tissus, à un moment où il est impossible de l'en discerner et où il en doit être considéré comme partie intégrante. Et la preuve c'est que, même lorsqu'il ne mange pas, l'animal ne s'en nourrit pas moins: il se nourrit de ses tissus, comme toujours; seulement le déficit n'est pas réparé.

Du reste, pour soutenir leur thèse, les auteurs dont nous parlons sont obligés d'invoquer des faits contradictoires avec la vérité. Ils avancent que la chaleur pathologique ne saurait préserver l'animal du froid; ce qui est notoirement inexact. Ils disent que la section du grand sympathique donne au sang l'aspect du sang noir, qu'il devient plus foncé; ce qui est précisément le contraire de ce que l'expérience établit. Ils prétendent que la coagulation plus ou moins facile du sang caractérise un état morbide plus ou moins avancé ; que lorsqu'on saigne un animal, le sang se prend plus facilement dans ses dernières parties ; toutes assertions que nous ne saurions admettre.

En réalité, les manifestations physico-chimiques ne changent pas de nature suivant qu'elles ont lieu au dedans ou au dehors de l'organisme, et encore suivant l'état de santé ou de maladie. Il n'y a qu'une espèce d'agent calorifique ; qu'il soit engendré dans un foyer ou dans un organisme, il n'en est pas moins identique avec lui-même. Il ne saurait y avoir une chaleur physique et une chaleur animale, et encore moins une chaleur morbide et une chaleur physiologique. La chaleur animale morbide et la chaleur physiologique ne diffèrent que par leur degré et non par leur nature. Il ne saurait non plus y avoir qu'une nature d'agent électrique pour les corps bruts et pour les corps vivants. M. Moreau a étudié l'électricité de la torpille : il l'a recueillie dans des condensateurs, tout comme on le ferait avec l'électricité de nos machines.

Ces idées de lutte entre deux agents opposés, d'antagonisme entre la vie et la mort, la santé et la maladie, la nature brute et la nature animée, ont fait leur temps. Il faut reconnaître partout la continuité des phénomènes, leur gradation insensible et leur harmonie.

C'est avec ces idées que nous aborderons la partie pathologique de notre sujet.

Mais avant de passer à cette étude, indiquons rapidement quelques points de vue, sur lesquels nous ne saurions du reste insister : Nous avons vu comment se produisait la chaleur, et quel mécanisme nerveux présidait à cette production; nous avons étudié les effets nuisibles et même mortels de l'excès de calorique; l'étude de la fièvre ne sera que l'examen des mêmes effets sous l'influence d'une exagération de calorification dans l'organisme. Mais si nous insistons à tant de points de vue divers sur l'influence nuisible de la chaleur, il ne sera pas moins légitime de vous indiquer en quelques mots quelques-unes des principales formes sous lesquelles l'organisme utilise la chaleur qu'il produit. Occupons-nous d'abord du système musculaire.

Nous avons vu que la chaleur développée dans le système musculaire est un produit ou une résultante des actions moléculaires qui s'accomplissent dans le tissu organique des muscles (1). Mais cette chaleur devient à son tour le principe de l'activité physiologique du tissu qui l'engendre, en ce sens que les propriétés musculaires ont besoin d'un certain degré de chaleur pour se manifester à leur état normal. Nous verrons plus tard comment ces considérations seront fécondes pour l'interprétation de certains faits pathologiques. Pour le moment rappelons seulement d'une manière générale que le froid engourdit tous les muscles et diminue leur propriété contractile, tandis que la chaleur exalte cette propriété, pourvu qu'elle ne dépasse pas une certaine température (45 degrés environ), à laquelle survient la rigidité. Les muscles de la vie animale ne présentent pas de mouvements péristaltiques sous l'influence de la chaleur;

(1) Voyez ci-dessus, p. 174.

c'est une propriété qui appartient seulement aux muscles organiques.

La chaleur est pour eux un excitant direct qui active et met en jeu leur contractilité. Ils sont extrêmement sensibles à cette action de la température, et ils dépassent en sensibilité, sous ce point vue, les instruments les plus délicats. Ainsi, en injectant dans une veine de l'eau chaude qui augmente très-peu la température du sang, nous voyons les battements du cœur s'accélérer. Plonge-t-on le train postérieur d'un animal, mammifère ou grenouille, dans de l'eau suffisamment chaude, la rapidité des contractions cardiaques ne tarde pas à augmenter. On ne peut pas invoquer ici quelque influence nerveuse, quelque action réflexe qui ferait succéder une incitation motrice à l'impression produite par l'eau chaude sur le membre immergé. En effet, lorsqu'on sectionne le nerf sciatique, le phénomène se manifeste de même. On est donc obligé d'admettre une influence directe du sang échauffé sur le muscle cardiaque.

Si, au contraire, on soumet les intestins ou le cœur à l'action graduée du froid, les contractions diminuent d'abord et finissent par s'arrêter. C'est là ce qui arrive pour les animaux que les froids de l'hiver engourdissent. L'abaissement de température détermine chez la grenouille le ralentissement des battements cardiaques, et la déchéance des fonctions qui exigent l'activité musculaire. Lorsque la saison devient plus clémente, la chaleur qui revient fait sentir son action sur la surface du corps de l'animal : le sang se réchauffe dans la région de la peau et vient ensuite ranimer peu à peu la contractilité du cœur.

Le réveil du batracien exige un certain laps de temps. C'est l'abaissement graduel de température qui est la cause initiale et directe de l'engourdissement; c'est l'élévation lente et successive de la température du sang qui est la cause du réveil de l'organisme.

Les choses semblent se passer différemment pour la marmotte, le loir, le hérisson, les hibernants en général. Leur sommeil ne reconnaît pas pour cause une influence directe du froid sur la contractilité du cœur. Le froid agit primitivement sur le système nerveux périphérique; secondairement les mouvements respiratoires sont ralentis et l'animal tombe dans l'engourdissement. C'est aussi par ce système que le réveil se produit. Quand on excite et que l'on pince une grenouille engourdie, on ne la réveille pas. Si l'on excite un loir ou un hibernant proprement dit, il lui suffit de quelques instants pour revenir entièrement à son état de la saison chaude. En moins d'un quart d'heure, sa température remonte au degré normal, malgré l'abaissement du milieu extérieur qui est resté le même.

Mais la chaleur qui se développe dans l'intimité du tissu des muscles ne fournit pas seulement le degré de température nécessaire à l'intégrité de ces organes et au maintien de leurs propriétés; elle fournit encore toute la puissance mécanique développée par le système musculaire lui-même. L'attention des physiologistes a été appelée sur ce point à la suite des récentes découvertes de la physique.

Le principe de la conservation de la matière: « *Rien ne se perd*, *rien ne se crée*, tout *se transforme* » que le génie de Lavoisier et de Laplace avait introduit à la fin du siècle dernier dans la philosophie chimique, a reçu de notre temps une extension nouvelle d'une très-grande fécondité.

Ce que Lavoisier a dit de la matière, on l'a reconnu vrai pour la force. Les forces physiques se changent les unes dans les autres d'après des règles invariables d'équivalence que les savants s'occupent à préciser. Mais dans le domaine des forces de la physique comme dans celui de la chimie, « rien ne se perd, rien ne se crée, tout se transforme ». Tel est le principe de la conservation des forces.

Toutes les manifestations physiques ne sont que des formes particulières de mouvement. Tant que la lumière ou la chaleur n'ont pas rencontré un sujet qui les perçoive, elles ne sont rigoureusement qu'un mouvement et rien de plus. Sans l'apparition d'un être doué de la vision ou de la sensibilité tactile, il n'y aurait ni lumière, ni chaleur. En dehors de nous, la lumière est un mouvement vibratoire bien déterminé et bien étudié par les physiciens; la chaleur est un mouvement vibratoire plus lent; il en est de même, sans doute, pour les autres agents physiques, électricité, pesanteur. Ces mouvements vibratoires peuvent se transformer en mouvement sensible ordinaire; et inversement, le mouvement sensible qui constitue le travail mécanique peut se transformer en mouvement vibratoire, calorifique ou lumineux, d'après des lois de mécanique et des formules d'équivalence qui commencent à être connues. C'est en ce sens que l'on dit que le travail se convertit en chaleur et la chaleur en travail. Le mouvement sensible, la force mécanique, ne peuvent apparaître et disparaître en un point que si, dans un autre point, il y a disparition ou apparition corrélatives de mouvements vibratoires, de chaleur.

On a voulu appliquer ces considérations à la physiologie, et l'on s'est demandé si l'on ne pourrait pas saisir sur le fait la disparition de chaleur qui doit correspondre à ce développement de tout effort mécanique chez l'animal.

M. J. Béclard s'est préoccupé le premier de cette question. Il a distingué deux cas dans la contraction musculaire, suivant qu'il y avait un travail utile produit ou une contraction simple, à vide, sans résultat mécanique. Il a désigné sous le nom de *contraction musculaire statique* la forme de contraction musculaire non suivie d'effets mécaniques extérieurs, et sous le nom de *contraction musculaire dynamique* celle qui est accompagnée d'effets mécaniques extérieurs. Il a comparé ensuite la quantité de chaleur développée par un muscle dans ces deux cas, et il tire de ses expériences cette conclusion, que la quantité de chaleur développée par la contraction est plus grande quand le muscle exerce une contraction statique, c'est-à-dire non accompagnée de travail mécanique, que lorsque cette contraction produit un travail mécanique utile.

Il est clair par ce qui précède, que la contraction dynamique, qui produit un travail, devra consommer une quantité équivalente de calorique. C'est cette quantité que l'expérience doit mettre en évidence.

Nous ne nous étendrons pas ici sur cette question si

difficile qui nous ferait sortir de notre sujet. Nous ajouterons seulement qu'il n'est pas nécessaire que cette consommation se fasse au détriment de la chaleur normale; que la chaleur qui doit disparaître peut n'être pas empruntée à celle qui maintient le niveau de la température du corps. Et, de fait, les expériences de Heidenhain ont établi que, loin de rien perdre, loin de diminuer au moment des efforts dynamiques, la température animale s'élève au contraire. Si l'on appelle chaleur ou *ration d'entretien* celle qui échauffe l'animal à un degré constant, et *ration d'activité* celle qui se transforme en travail, il faut reconnaître qu'il n'y a entre elles deux aucun antagonisme, aucune réciprocité nécessaire.

La vérification expérimentale a consisté en ceci :

Mesurer la quantité d'oxygène absorbée par les muscles actifs, et conclure de là à la quantité de chaleur produite. Constater qu'une portion seulement de cette chaleur, et non la totalité, est employée pour l'échauffement du corps. Le reste devra être physiquement équivalent au travail developpé. C'est ce que l'expérience vérifie.

Quelques physiologistes, entraînés par l'autorité de Liebig, avaient attribué des origines différentes à la *chaleur d'entretien* et à la *chaleur dynamique*. La première serait provenue de la combustion des matières grasses et sucrées du sang, la seconde des actions chimiques du tissu lui-même. Les expériences de Fick et Wislicenus en 1865, celles de Frankland et Parkes en 1867 ont renversé cette opinion, contraire du reste au principe que nous avons posé, à savoir que la chaleur s'engendrerait dans les tissus et non dans le sang.

La chaleur est également très-importante, ou pour mieux dire indispensable dans les phénomènes de développements. J'ai eu occasion, dans d'autres circonstances, d'exposer devant vous ce sujet (1) ; permettez-moi de vous en rappeler seulement ici les points principaux.

Pour chaque animal, il existe un certain degré de température qui favorise ou rend possible l'acte physiologique. Le thermomètre monte-t-il beaucoup au-dessus ou descend-il beaucoup au dessous de ce point, les phénomènes de la vie sont détruits ou suspendus. Ce point moyen qui correspond au développement de chaque plante ou de chaque animal, varie avec l'espèce. Le *Protococcus nivalis* prospère sur des terrains glacés. Au contraire, la levûre de bière, un champignon qui est formé de cellules analogues à celles de l'algue précédente, ne se développe pas aux basses températures; les chimistes savent que la fermentation alcoolique (phénomène vital de la reproduction de la levûre) n'a pas lieu sensiblement à la température de 0 degré et ne commence même qu'assez haut au-dessus de ce point.

Les œufs de poissons se développent dans l'eau entre 5 et 8 degrés; cependant une température plus élevée favorise leur évolution et abaisse quelquefois à huit jours au lieu d'un mois la durée de la vie embryonnaire. Ainsi, il y a des cas où le développement peut se faire entre des limites de température assez étendues : l'influence de la chaleur se bornant alors à modifier la durée de l'évolution. L'évolution embryonnaire des batraciens exige une

(1) Voy. *Leçons du Muséum*. 1874. (*Revue scientifique*, n^os d'octobre 1874.)

température d'environ 12 degrés : la rapidité du développement est en rapport avec la température. Au-dessous de 12 degrés le développement n'a pas lieu ; à 20 ou 25 degrés, il marche le plus rapidement ; au-dessus de ce chiffre, il se ralentit. La lumière est aussi une condition indispensable du développement des têtards (Martin Saint-Ange).

D'autres fois, au contraire, le degré thermique est étroitement fixé, et les oscillations autour de ce degré sont comprises entre des limites très-restreintes. C'est ce qui arrive pour les œufs des oiseaux ou des mammifères : l'œuf de la poule exige une température comprise entre 38 et 42 degrés. Des excursions thermiques plus étendues sont incompatibles avec le développement.

En résumé, on voit se reproduire ici dans la vie de l'œuf et de l'embryon les conditions qui règlent la vie de l'adulte. Les animaux à sang chaud ont une température fixe qui ne peut jamais s'élever ou s'abaisser impunément ; leurs œufs et leurs embryons ont également besoin d'une température fixe. Les animaux à sang froid présentent dès la vie embryonnaire la même faculté d'accommodation, beaucoup plus large aux températures ambiantes, et la même dépendance de la chaleur du milieu.

Pour les mammifères, la fixité de la température est réalisée par les conditions mêmes du développement, puisque l'embryon se développe dans les organes de la mère, dont le degré thermique est constant. Pour les oiseaux qui se développent en dehors de l'organisme maternel, le même résultat est obtenu par l'incubation : la mère couve les œufs, c'est-à-dire qu'elle les échauffe de sa propre chaleur et qu'elle les maintient à un degré thermométrique convenable. D'autres fois, cependant, l'oiseau ne couve pas les œufs qu'il a pondus, et il réalise alors par des artifices très-curieux le maintien de la température nécessaire à l'évolution de ses petits. Un exemple remarquable à ce point de vue est fourni par le talégalle d'Australie. L'œuf de cet oiseau, comme celui de la poule, ne peut guère supporter des excursions thermiques de plus de 3 à 4 degrés. La femelle pourtant ne couve pas sa ponte : elle l'abandonne dans le fumier aux soins du mâle ; celui-ci est constamment occupé, suivant que la température s'élève ou s'abaisse, à couvrir l'œuf d'une couche protectrice plus ou moins épaisse, en ajoutant ou ôtant des brins de paille ou de foin humides, capables de produire de la chaleur (en fermentant). Il faut, de toute nécessité, que le talégalle soit en état d'apprécier avec une grande précision les variations extérieures pour les compenser ainsi continuellement.

Enfin, il existe des cas plus complexes dans lesquels le maintien d'une même température ne conviendrait point à l'évolution embryonnaire. C'est ce qui arrive chez les vers à soie. L'œuf de ver à soie pondu pendant l'été ne se développe pas immédiatement; il passe l'hiver inerte et inactif et n'entre en évolution qu'au printemps suivant. Les dernières chaleurs de l'été, la température artificielle des magnaneries ne suffisent point à exciter son activité. Mais si, comme l'a fait M. Duclaux, avant de soumettre les œufs à l'action de la chaleur, on les expose pendant vingt-quatre heures à l'influence du froid, remplaçant ainsi par des conditions artificielles les conditions naturelles de l'hiver, le développement devient possible; il commence et continue ensuite avec ses caractères ordinaires. Cette observation nous fournit un exemple remarquable de l'influence que nous pouvons exercer pour abréger la durée d'une évolution naturelle.

VINGTIÈME LEÇON

SOMMAIRE : De la fièvre. — La chaleur fébrile domine tous les autres symptômes. — Étude de la chaleur pendant les périodes successives de l'accès de fièvre. — Théories anciennes de la fièvre. — Dans la fièvre, la *distribution* de la chaleur n'est pas seule modifiée. — Il y a surtout *modification en plus dans la production.* — Preuves expérimentales — Calorimétrie du fébricitant. — Étude de la quantité de CO^2 exhalée ; de l'urée excrétée ; de la perte de poids.

MESSIEURS,

Vous savez tous ce que l'on entend par le mot de *fièvre ;* nous n'avons donc pas ici à en donner une définition. Il nous suffira de rappeler les principales manifestations de cet ensemble de symptômes, qui portent principalement sur des modifications des battements cardiaques, de la tension vasculaire, de la respiration et enfin de la calorification.

Nous n'examinerons pas chacun de ces symptômes en particulier ; nous devons nous demander tout d'abord si parmi ces modifications des phénomènes normaux il n'en n'est pas un qui, par sa présence constante, sa durée, son intensité toujours dominante, prime toutes les autres et constitue le phénomène principal de la fièvre. Cette modification essentielle existe en effet, c'est elle qui doit être l'objet de nos dernières leçons, et, vous le devinez, d'après l'ordre et la nature des sujets que nous avons étudiés jusqu'ici, cette modification est celle qui porte sur la température.

Le nom même de *fièvre* (de *febris*, *fervere*), le nom de Πυρεξις (πυρ, feu), que lui donnaient les Grecs, montre que déjà les plus anciens médecins regardaient le fait de calorification comme prédominant dans le tableau de cet ensemble de symptômes. Et cependant depuis Galien, qui parlait de *calor præter naturam*, tous les pathologistes semblent avoir, sinon oublié la chaleur fébrile comme symptôme, du moins n'en avoir tenu que peu de compte, soit dans leurs recherches, soit dans les théories qu'ils ont tenté détablir sur les causes et le mécanisme de la fièvre. Ce n'est qu'à notre époque que la modification de calorification a été replacée au rang qui doit lui appartenir.

C'est qu'ici, comme pour tant d'autres questions de physiologie, et ainsi que j'ai eu tant d'occasions de vous le signaler déjà, les idées dominantes, les découvertes spéciales faites à chaque époque, devaient tourner l'attention des esprits dans une toute autre direction.

En effet, dès le début de la période expérimentale moderne, la découverte de la circulation du sang par Harvey dirigea tous les médecins vers l'étude des phénomènes vasculaires, des conditions mécaniques du sang. On ne vit plus dans la fièvre que les modifications du pouls, et Boerhaave consacra cette doctrine par l'aphorisme demeuré longtemps classique : « *Signum pathognomicum omnis febris est pulsus aucta velocitas.* »

Lorsque plus tard l'anatomie pathologique fixa à son tour, et d'une manière sans doute trop exclusive, du moins pour l'étude en question, l'attention des médecins, on ne s'occupa plus que de la *lésion*, qui était l'origine de la fièvre, et, négligeant le symptôme lui-même, on chercha surtout à deviner l'organe dont l'inflammation était le point de départ de cet ensemble de réaction. De là les noms de fièvre *angioténique*, *méningo-gastrique*, *adéno-méningée*, etc., désignations consacrées par la nomenclature de Pinel.

Cette négligence dans la constatation de la chaleur fébrile et dans l'appréciation de son importance théorique s'explique encore facilement par l'insuffisance des moyens d'exploration. Quoique déjà anciennement Sanctorius, et surtout de Haen, se fussent servis de mensurations thermométriques, les médecins se sont longtemps encore contentés, pour apprécier la chaleur, de l'application de la main, procédé le plus défectueux de tous, car les impressions que donne dans ce cas le toucher dépendent et de la température de la main de l'observateur et de l'état d'humidité du corps du sujet observé, etc.

Ce n'est que depuis une vingtaine d'années que les études thermométriques de la fièvre ont été reprises dans des conditions rigoureuses en France et, il faut le dire, surtout en Allemagne et en Angleterre (1). La pratique et la théorie y ont également gagné : c'est à ce dernier point de vue seulement que nous devons examiner la question et vous rendre compte des progrès accomplis dans ces dernières années dans l'étude de la physiologie

(1) Andral et Gavarret, dès 1839, avaient nettement montré tout le parti à tirer, en clinique, des mensurations thermométriques. (*Recherches sur la température du corps humain dans les fièvres intermittentes*. Paris, 1839.)

pathologique de la fièvre, grâce aux recherches plus exactes faites sur la chaleur fébrile chez les malades et aux expériences pratiquées sur les animaux.

Mais avant d'aborder directement les résultats fournis par la mensuration, rappelons quelles sont les impressions thermiques éprouvées par le malade : nous aurons alors à examiner si ces impressions subjectives correspondent à ce que donne l'étude objective.

Toute fièvre, vous le savez, Messieurs, est caractérisée dans ses manifestations subjectives par trois périodes constantes, mais variables comme durée, selon les formes et les cas :

Une période de *frisson :* cette sensation de froid, qui peut aller depuis la plus simple horripilation jusqu'au tremblement et au claquement de dents, est d'une durée très-variable, et parfois si courte, si peu accentuée, qu'elle semble faire défaut ; mais une observation exacte en démontre la constance comme premier phénomène subjectif de la fièvre. On observe en même temps que la peau est pâle, ridée, exsangue et froide, le pouls petit et fréquent. La peau, disons-nous est froide : en effet le thermomètre permet de constater que la température de la surface du corps s'est abaissée de quelques degrés. La sensation de froid n'est donc pas purement subjective ; ce froid est réel, mais il est seulement périphérique. En effet, le thermomètre introduit dans les cavités splanchniques (bouche, anus, vagin) constate une élévation de la température intérieure.

Ainsi nous nous trouvons déjà, dans la première période de la fièvre, en face d'un phénomène important de calorification, soit dans la production, soit dans la distribution de la chaleur : les capillaires périphériques sont contractés, anémiés; tout le sang reflue vers l'intérieur et y concentre la chaleur. Mais n'y a-t-il là qu'un phénomène de concentration? Il y a plus, je dois vous le dire dès maintenant, et nous le démontrerons plus tard avec plus de détails : il y a déjà *production* exagérée de chaleur. Bien plus, cette production de chaleur se révèle à la mensuration thermométrique même avant la période de frisson, dans ce qu'on appelle l'incubation de la fièvre, alors que le malade n'accuse encore que les symptômes légers d'inappétence, de courbature, de soif.

Au frisson succède la période dite, d'après les sensations du sujet, période de *chaleur*. Le malade se trouve comme réchauffé par des bouffées de chaleur, d'abord agréable, puis insupportable par son caractère de sécheresse. La peau est en effet sèche et brûlante : le thermomètre placé dans l'aisselle marque de 38 à 40 degrés, le pouls est large et fréquent. Après ce que nous venons de dire relativement au frisson, et si nous ajoutons qu'ici encore nous aurons à démontrer une production exagérée de chaleur, nous ne pouvons attribuer le changement qui s'est fait dans la scène morbide qu'à ce que les vaisseaux périphériques se sont dilatés et que la chaleur n'est plus concentrée dans les parties profondes du corps.

Enfin une troisième période est caractérisée par une abondante sueur, pendant laquelle on constate l'abaissement de la température dans les parties superficielles comme dans les parties profondes : c'est la période de retour à l'état normal, à la température normale.

Il résulte de ce rapide tableau que le phénomène de calorification domine toutes les manifestations de la fièvre; nous verrons que c'est le fait de la chaleur qui commande et domine tous les autres. Mais nous devons tout d'abord chercher à établir s'il y a bien en effet production de chaleur ou seulement modification dans sa distribution et dans sa déperdition. Nous entrerons ainsi déjà dans la théorie de la fièvre, en examinant quelques explications qui en ont été données, et qui, si elles ont le défaut d'être trop exclusives pour rendre compte de l'ensemble du trouble morbide, conservent encore cependant leur valeur pour nous montrer le lien qui rattache entre eux quelques-uns des phénomènes morbides accessoires.

Je ne vous rappellerai que pour mémoire la théorie de Boerhaave : cet iatro-mécanicien ne voyait dans la fièvre que les phénomènes circulatoires, et, au lieu des mouvements chimiques que nous montre la science actuelle, c'est du mouvement mécanique qu'il faisait dériver la chaleur. Pour lui, le frottement exagéré du sang dans les artères était la cause de l'élévation de température. Nous savons aujourd'hui que le frottement du sang dans les artères développe en effet de la chaleur; mais ce calorique n'est pas produit, il est simplement restitué, car c'est du mouvement, c'est du travail (vitesse du sang) qui retourne à sa forme première, celle de chaleur. Dès nos premières recherches sur l'influence des nerfs sur la chaleur animale (1), nous avons rattaché le phénomène de la fièvre à une production de chaleur sous

(1) *De l'influence du grand sympathique sur la chaleur animale* (*Comp. rend. de l'Acad. des sc.*, t. XXXIV, p. 472, 1852, et Société de biologie 1852).

l'influence du système nerveux, ainsi que nous l'exposerons plus loin.

M. Marey, sans nier absolument la production de calorifique, admet que « l'élévation de la température sous l'influence de la fièvre consisterait bien plus en un nivellement de la température dans les différents points de l'économie qu'en un échauffement absolu (1). » Il y a d'abord suivant lui, lors du stade de frisson, concentration de la chaleur avec le sang dans les parties centrales, puis afflux, dans la seconde période de cette chaleur, vers les parties périphériques. Si malgré cet afflux périphérique la température se maintient élevée, c'est que des conditions extérieures s'opposent au refroidissement; le fébricitant, vu sa grande sensibilité au froid, est porté à se couvrir de vêtements : « On lui impose un supplément de couvertures, sans compter les boissons chaudes et l'atmosphère chaude de la pièce où on le tient renfermé. »

La théorie de Traube (2) diffère peu de la précédente : l'auteur ne voit point dans la fièvre de production exagérée de chaleur, mais simplement la rétention, l'accumulation de la chaleur normale. Voici comment nous pouvons résumer cette théorie dont les éléments sont du reste fort logiquement combinés entre eux et peuvent conserver leur valeur pour quelques formes spéciales, sans pouvoir cependant nous expliquer la fièvre en général. Prenant pour point de départ le stade initial

(1) Marey, *Physiologie de la circulation du sang*. 1863, p. 361.

(2) Traube, *Zur Fieberlehre* (*Med. Centralzeitung*, 1863 et 1864). — Traube et Jochmann, *Zur Theorie des Fiebers* (*Deutsche Klinik*; 1855).

de la fièvre, le frisson, Traube s'arrête sur l'étude du premier phénomène, du plus évident de tous, les contractions des artères de la périphérie. Cette anémie locale refoule le sang dans la profondeur et avec lui la chaleur dont il n'est que le véhicule, d'où suppression ou, en tout cas, diminution du rayonnement externe, et, comme conséquence immédiate, élévation de la température centrale. De plus, dit Traube, les parties ainsi anémiées ne recevant plus la quantité habituelle de fluides nourriciers, les sécrétions se tarissent, la peau et les membranes muqueuses deviennent sèches, l'évaporation est enrayée, nouvelle condition qui agira dans le sens précédemment indiqué avec d'autant plus d'énergie que c'est précisément par l'évaporation que le corps dépense le plus de chaleur (1).

Tout dans cette hypothèse s'appuie sur des faits incontestables ; mais elle est trop exclusive. Nous savons en effet qu'en enlevant au sang d'une façon quelconque une source de réfrigération, on élève sa température ; en restreignant la circulation périphérique, en liant l'aorte ventrale chez des chiens, on obtient une légère élévation de température.

Cette théorie s'appliquerait à la rigueur au stade du frisson de la fièvre intermittente, car ici la température atteint son maximum à la fin du frisson et ne monte plus pendant la période de la chaleur sèche ; mais rien n'au-

(1) Voyez pour l'historique des travaux sur la fièvre : H. Hirtz, *Essai sur la fièvre en général*. Thèse de Strasbourg. 1870, n° 289. — Ed. Weber, *Des conditions de l'élévation de température dans la fièvre*. Thèse de Paris, 1872.

torise à l'appliquer à la fièvre en général, et spécialement à ces formes où le stade de chaleur semble s'établir d'emblée, où l'anémie cutanée est de si peu de durée qu'elle passe presque inaperçue, pour faire place à une rougeur caractéristique, à une chaleur si sensible au toucher que les cliniciens lui ont donné le nom de *mordicante*, à une congestion périphérique grâce à laquelle le corps, loin d'emprisonner de la chaleur, en cède à l'extérieur pendant des jours et des semaines (fièvre continue, pneumonie, etc.) et cela d'une manière évidente, car le lit où couche un fiévreux est plus chaud, toutes choses égales d'ailleurs, que celui où couche un homme sain; un thermomètre approché à égale distance de la peau d'un fiévreux et de la peau d'un homme sain monte plus vite chez le premier que chez le second.

Enfin, même pour le stade de frisson de la fièvre intermittente, cette théorie serait insuffisante. En effet, et je vous l'ai signalé déjà dès le début de cette étude, la contraction vasculaire, l'anémie périphérique, le frisson, en un mot, n'est pas le phénomène primordial. Dans tous les cas où les mensurations thermométriques ont pu être faites, on a trouvé un certain temps, quelquefois même une ou deux heures, avant l'apparition du frisson, c'est-à-dire avant tout spasme vasculaire ou cutané, une augmentation sensible de la température. Avant que le pouls change, le thermomètre a déjà monté. Ainsi l'augmentation de température est un phénomène qui précède tous les autres, qui peut être accru par eux en apparence, mais qui ne peut dériver d'aucun autre.

C'est donc cette production de chaleur qu'il nous faut

étudier, au point de vue d'une mensuration plus exacte que celles que nous avons indiquées jusqu'ici, au point de vue de son intensité, de ses sources et de son mécanisme.

Nous pouvons démontrer de deux manières la production de chaleur : d'une manière directe par la *calorimétrie;* d'une manière indirecte par l'étude de la combustion organique et des produits de cette combustion.

Depuis longtemps déjà on avait pensé à aller chercher un foyer organique où se produiraient localement les combustions qui, dans l'état pathologique, exagèrent la chaleur normale : à l'époque que nous vous indiquions au commencement de cette leçon comme ayant été le règne trop exclusif de l'anatomie pathologique, quelques auteurs ont cherché à rattacher directement la chaleur fébrile au processus inflammatoire local. Cela était difficile, du moins expérimentalement, pour la fièvre en général, qui était pour les uns une inflammation du sang, une *hémite*, pour les autres une inflammation des vaisseaux, ou une *angiocardite*.

Mais l'expérience avait pu être tentée pour des inflammations à localisation plus précise ou du moins plus accessible. Hunter mesura la température de parties traumatiquement enflammées et, tout en la trouvant plus élevée que celle des parties saines, ne constata qu'une différence trop faible pour qu'elle lui rendît compte de l'échauffement de la masse totale du sang chez le fébricitant. Breschet et Becquerel, avec une instrumentation plus précise, arrivèrent aux mêmes résultats.

Ces expériences ont été reprises et elles ont montré que si le sang s'échauffe en effet en traversant une partie enflammée, comme cela doit du reste résulter de ce que les phénomènes de combustions, de transformations organiques sont plus actifs dans ces parties, ce léger échauffement ne suffit pas à rendre compte de l'augmentation générale de calorification. Tel serait le résultat des expériences de Zimmermann, de Weber, de John Simon (1), de Billroth (2). Ce dernier a provoqué sur des chiennes une vaginite aiguë par injection de teinture d'iode, et il constata que la température du vagin était égale ou inférieure à celle du rectum, en tout cas à celle des parties internes. Sur l'homme blessé, ou sur des chiens en expérience, il a toujours trouvé la température de la plaie plus basse que celle du rectum et même parfois que celle du creux axillaire.

Nous vous avons montré dans une des leçons précédentes que, quand on coupe le sympathique du cou sur un cheval d'un seul côté, la température du sang, avec la fièvre d'abord locale, finit cependant par se généraliser.

Ce n'est donc pas par une altération purement locale d'un tissu ou d'une surface que se produirait la fièvre, mais par l'intervention d'une modification du système nerveux. S'il y a production de chaleur dans la fièvre, cette chaleur tient à un processus général, comme la chaleur normale : la lésion d'un organe n'a été que le point de départ des actions nerveuses qui président à la calorification normale et à son exagération pathologique.

(1) *Deutsche Klinik.* 1862-1863.

(2) *Archives de Langenbeck*, t. VI. — Voy. aussi : *Archiv. génér. de méd.* 1865 ; et Hirtz, *op. cit.*, p. 26.

C'est dans ce sens qu'on devait entreprendre les recherches de calorimétrie. Ce sont ces recherches que nous devons résumer avant tout; car, ne l'oublions pas, il nous reste toujours à prouver notre opinion que dans la fièvre il y a non seulement modification dans la distribution et par suite dans la déperdition de chaleur, mais encore modification en plus dans la production.

Les travaux de Leyden (1) et de Liebermeister (2), parlent en ce sens.

Ces expérimentateurs se sont servis de calorimètres analogues à ceux que l'on emploie dans les expériences de physique : je ne vous décrirai pas les manchons pleins d'eau dans lesquels Leyden plongeait soit un membre, soit une partie plus considérable du corps d'un sujet en expérience (3). Qu'il me suffise de vous indiquer les résultats obtenus, en ajoutant cependant que l'appareil calorimétrique était construit dans des conditions suffisantes pour donner des résultats d'une valeur sinon absolue, au moins capable de réaliser des appréciations comparatives. Il s'agissait de savoir si, comme on l'avait dit, le fébricitant perd moins de chaleur que l'individu normal.

Or ces expériences ont montré que la perte de chaleur est toujours augmentée dans la fièvre; cette perte peut aller jusqu'à un et demi à deux fois la normale.

Liebermeister mettait les fiévreux dans un bain d'une

(1) Leyden, *Unters. über das Fieber*. (*Deutsch. Archiv.*, V, 1869.)

(2) Liebermeister, *Ueber die quantit. Bestimmung der Wœrmeproduction in kalten Bade*. (*Deutsch. Arch.*, 1868, vol. V, p. 217.)

(3) Voyez un résumé complet des recherches de Leyden et de Liebermeister, ainsi que la description de leurs appareils, *in* Ed. Weber, *Des conditions de l'élévation de température dans la fièvre*. Thèse de Paris, 1872.

température donnée et constatait la chaleur qu'ils abandonnaient à l'eau, en un temps donné. De cette manière il négligeait évidemment la perte faite par la tête restée hors de l'eau et par l'exhalation pulmonaire. Malgré cette cause d'erreur, et quelques autres agissant dans le même sens, c'est-à-dire tendant à amoindrir le résultat qu'il cherchait, il a toujours trouvé que, dans la fièvre, la perte était plus grande qu'à l'état normal.

Voici comment il disposait l'expérience : « Il ne suffit pas de mettre le sujet dans un bain et de mesurer la température de ce bain à son entrée et à sa sortie : on n'aurait qu'une appréciation inexacte, car l'eau ne reste pas naturellement à une température constante ; il faut encore mesurer, pendant un certain temps avant le bain et pendant un certain temps après, la température de l'eau, de manière à voir de combien elle s'abaisse normalement par rayonnement en un temps donné. De là on déduit de combien elle se serait abaissée et quel aurait été le degré du thermomètre à la fin du bain si l'on n'y eût pas introduit le sujet.

» On note la température de l'eau au moment où le sujet en sort ; on sait donc l'élévation que sa présence dans le bain y a produite, et connaissant le poids de l'eau, on calcule facilement le nombre de calories que l'homme a cédées à l'eau (1). »

Telles sont les preuves directes d'une exagération de calorification dans la fièvre. Mais nous avons encore toute une série de preuves indirectes : elles nous seront four-

(1) Ed. Weber, *op. cit.*, p. 22.

nies par la constatation d'une augmentation dans les déchets qui résultent des combustions organiques. Nous trouvons ces produits de transformation organique dans l'air expiré et dans l'urine.

Nous n'avons encore que peu parlé des modifications de la respiration dans la fièvre. Rappelons d'abord des faits assez vulgairement connus; c'est que le rhythme respiratoire devient plus fréquent chez le fébricitant qu'à l'état normal. On a d'abord cherché un lien qui unirait cette fréquence de la respiration à celle du pouls : l'observation attentive a montré que ce rapport n'existe pas d'une manière absolue, mais elle a permis en même temps de constater un rapport bien plus intéressant, à notre point de vue, c'est celui qui lie la fréquence de la respiration à l'élévation de la chaleur : la respiration est d'autant plus rapide que la chaleur est plus élevée.

C'est là un premier phénomène qui devait mettre sur la voie du fait chimique, de l'augmentation de combustion. Il était donc dès lors indiqué de rechercher, par l'analyse de l'air expiré, si le fébricitant produirait plus d'acide carbonique que l'homme normal. Les premières expériences faites dans ce sens ne parurent pas favorables, et donnèrent à Senator et Traube des résultats négatifs (1). Hâtons-nous d'ajouter, qu'il ne s'agissait que d'une fausse interprétation des phénomènes observés, et que, si l'on trouva dans l'air qui avait passé par le poumon du fébricitant moins d'acide carbonique qu'à l'état normal, on n'avait pas tenu compte de cette circonstance que la fré-

(1) H. Senator, *Beiträge zur Lehre von der Eigenwärme und dem Fieber.* (*Virchow's Archiv für patholog. anat.*, 1869, vol. XLV, p. 351.)

quence de la respiration fait passer une plus grande quantité d'air par la surface pulmonaire, de sorte qu'il faut tenir compte, non de l'acide carbonique contenu dans tel volume d'air expiré, mais bien de l'acide carbonique produit dans tel espace de temps.

C'est ce qu'ont montré en effet les expériences plus récentes et plus précises de Leyden (de Kœnigsberg) et de Liebermeister (de Bâle). Ce dernier a institué ces recherches au moyen d'un appareil parfaitement conditionné, dont voici les principales dispositions d'après la description qu'en a donnée M. Weber (1).

« C'est une grande boîte de zinc, d'environ 2 mètres de long, sur $1^{m},50$ de haut et $0^{m},80$ de large. Elle est assez spacieuse pour permettre à un homme de s'y tenir, soit assis, soit couché, soit même dans un bain, et alternativement dans un bain et sur une chaise placée derrière. Par un orifice situé à l'une de ses extrémités, elle reçoit l'air extérieur, dont on a soin d'examiner la composition au moment de l'expérience. Par l'autre extrémité elle est mise en communication au moyen d'un tube de caoutchouc avec les récipients où se dose l'acide carbonique, puis avec un gazomètre qui mesure la quantité d'air qui passe. L'écoulement rapide de l'air est obtenu d'une manière ingénieuse au moyen d'un courant d'eau qui l'entraîne dans sa chute. »

Voici comment procède Liebermeister : un peu avant le début d'un accès de fièvre, il place le malade dans son appareil, après avoir mesuré sa température; quand le

(1) Ed. Weber, *Op. cit.*, p 31.

stade de frisson commence, il remplace par un autre le récipient qui doit servir à doser l'acide carbonique. — De demi-heure en demi-heure la température est mesurée, et le récipient à acide carbonique changé; de manière à pouvoir doser pour chaque demi-heure la quantité d'acide carbonique exhalé.

Il résulte de ces expériences de Leyden et de Liebermeister, que le contenu proportionnel d'acide carbonique dans l'air expiré est diminué : il est à la quantité que l'on trouve à l'état normal comme 3 est à 3 1/3 ; mais la quantité absolue d'acide carbonique éliminé dans un temps donné est considérablement augmentée, puisqu'elle est à la quantité exhalée par un sujet normal comme 1 et 1/2 est à 1.

Liebermeister, expérimentant sur les différentes périodes de la fièvre, est arrivé à des résultats intéressants, relativement à l'élimination de l'acide carbonique pendant le stade de frisson. Nous avons vu que c'est pendant ce stade que la température interne monte le plus rapidement et au plus haut degré. Nous avons vu également que ce sont surtout les phénomènes de ce stade que l'on a voulu expliquer par une simple concentration de la chaleur normale dans les parties profondes. C'était donc dans le stade de frisson que la physiologie pathologique avait le plus d'intérêt à rechercher la quantité d'acide carbonique produit, pour vérifier s'il y avait en effet augmentation dans les combustions, dans la production de calorique. Or, voici ce que Liebermeister a constaté à ce sujet.

« Dans la seconde demi-heure de l'expérience, tandis que la température monte lentement, la production d'acide carbonique augmente de 45 pour 100. Dans la troisième demi-heure, la température monte rapidement, et l'acide carbonique augmente de 47 pour 100. Il en est éliminé en une demi-heure la quantité énorme de 34^{gr},2. Dans la quatrième période, la température monte encore, mais plus lentement; la production d'acide carbonique redescend et ne dépasse pour la normale que de 39 pour 100. Enfin, dans les deux dernières demi-heures, où la température est à peu près constante à 40 degrés, l'élimination de l'acide carbonique n'est plus que de 28 pour 100 au-dessus de la normale. »

Ainsi le fait physico-chimique et la loi qui en relie les différents éléments, température, production de chaleur, combustion, produits de cette combustion, reçoivent par ces expériences la plus complète démonstration. La quantité d'acide carbonique exhalé s'accroît en raison directe de l'excès de chaleur manifestée : sa plus grande élimination correspond au moment où l'accroissement de température est le plus rapide et le plus considérable.

Après cette démonstration, nous pourrions passer légèrement sur l'étude des autres résidus provenant des combustions organiques, sur la recherche de l'urée contenue dans les urines. Cependant cet élément de la question ne saurait être négligé. Si l'acide carbonique nous indique par son excès l'intensité de la combustion des hydrocarbures, l'urée nous montre, dit-on, les métamorphoses que subissent les matières albuminoïdes, et cette recherche est importante à plusieurs points de vue, ainsi que je vous l'indiquerai par la suite.

Les résultats obtenus par la recherche de l'urée éliminée

par les urines, ont été tout d'abord des plus contradictoires. Cela tient à ce qu'on ne se plaçait pas dans des conditions exactement comparables. On admet que l'urée provient de la combustion des matières albuminoïdes, que sa présence dans l'urine est en raison directe de l'alimentation azotée; la quantité en peut varier du simple au double, selon que le sujet absorbe plus ou moins de matières albuminoïdes, de viande. Il était donc peu légitime d'établir une comparaison quelconque entre un fébricitant à la diète et un sujet se nourrissant normalement. Il a donc fallu déterminer la quantité d'urée excrétée par un sujet normal, observant une diète rigoureuse. Dans ces circonstances, on a obtenu comme moyenne le chiffre de 17 à 18 grammes. Mais remarquons encore, qu'il faut tenir compte de la taille de l'individu, car, vous le savez, le sujet en inanition brûle sa propre substance, il vit aux dépens de ses tissus, de ses substances albuminoïdes et autres. Il fallait donc comparer, non pas un individu sain à la diète à un individu fébricitant également à la diète, mais l'unité de poids de l'un à l'unité du poids de l'autre. Quoique cette méthode ne soit pas à l'abri de toute espèce d'erreur, c'est elle qui pouvait donner des résultats comparables : c'est ainsi qu'ont été déterminés les nombres que je crois devoir indiquer : ils montrent que le kilogramme d'individu sain, à la diète, produit par vingt-quatre heures $0^{gr},58$ d'urée.

Or, les mêmes déterminations, faites sur des fiévreux, ont montré que ceux-ci éliminent par vingt-quatre heures et par kilogramme, non pas de $0^{gr},59$ à $0^{gr},53$, mais de $1^{gr},50$ à $1^{gr},89$. Le rapport de l'urée rendue par le sujet sain et par le sujet fébricitant est donc comme 100 est à 225 ou 300; en d'autres termes, le fébricitant élimine en moyenne une fois et demie plus d'urée que le sujet normal (1).

Enfin, nous indiquerons un dernier moyen de démontrer l'augmentation des combustions organiques dans la fièvre. C'est l'étude de la perte de poids éprouvée par le malade : cette perte de poids nous représentera en quelque sorte la somme des combustions des composés ternaires et quaternaires. Ici aussi les résultats sont décisifs. Dans une série d'expériences, entreprises sur les animaux, O. Weber a constaté, chez des chiens, auxquels il injectait du pus, une diminution de poids plus forte que chez les animaux soumis à l'inanition; de même, en étudiant comparativement les pertes d'individus sains et d'individus fébricitants soumis à la diète. Voici quelques nombres qui représentent ces résultats : ils se rapportent toujours à l'unité de poids de l'individu : la perte éprouvée par un individu sain, pendant la diète, a été de 23 à 30 grammes par jour et par kilogramme; celle du fébricitant a été de 30 à 44 grammes. Nous voyons que les pertes du premier ont été à celles du second, comme 100 est à 120 ou 150.

Remarquons que la perte de poids n'est pas aussi considérable que l'élimination d'urée, puisque les rapports dans la perte de poids ne dépassent pas le rapport de 150 à 100, tandis que ceux de la perte d'urée atteignent jusqu'à la proportion de 300 à 100. C'est là une remarque sur

(1) Voyez les tableaux d'analyse, in : H. Hirtz, *Op. cit.*, p. 45.

laquelle nous aurons sans doute occasion de revenir ultérieurement.

Pour le moment, il nous suffit d'avoir établi que chez le fébricitant il y a à la fois modification et dans la distribution et dans la production de la chaleur; mais tandis que les conditions de distribution sont variables, ou même inverses dans telle ou telle période de la fièvre, les conditions de production ont toujours lieu dans le même sens, aussi bien dans le stade de frisson que dans celui de chaleur sèche. C'est même dans le stade de frisson, là où l'on serait tenté de ne voir que des modifications de distribution, c'est dans ce stade que la production de chaleur est le plus manifestement altérée, et toujours dans le même sens, c'est-à-dire qu'il y a augmentation. Cet excès dans la calorification nous a été démontré par l'étude de toutes les phases de la combustion, par ses résultats physiques et chimiques, c'est-à-dire par la calorification, par le dosage de l'acide carbonique et de l'urée, et enfin par la perte de poids éprouvée par le sujet.

Maintenant nous avons à démontrer que pour l'état pathologique comme pour l'état physiologique, cette augmentation de chaleur avec toutes ses conséquences est le fait d'une modification dans les fonctions du système grand sympathique, ou des nerfs vaso-moteurs, ainsi que nous l'avons signalé dès 1852 à l'Académie des sciences et à la Société de biologie. Ajoutons, enfin, que les phénomènes pathologiques et physiologiques sont toujours dans un développement corrélatif; car si chez les animaux à sang froid, la production de chaleur est en quelque sorte latente et invisible, de même chez eux, les phé-

nomènes de pyrexie ne se montrent pas, ainsi que cela a été depuis longtemps constaté (1).

(1) Dans un travail récent sur la fièvre chez les animaux à sang froid (*Ueber das Ficher der Kaltblüter;* Arch. de W. Plüger; juin 1875), O. Lassar a observé que sur les grenouilles auxquelles on injectait des matières putrides, on n'observait aucune augmentation, ni dans la chaleur du corps de l'animal, ni dans celle qu'il peut émettre par rayonnement : il n'y a pas, quoique l'animal succombe à l'expérience, de chaleur produite ; il n'y a pas de fièvre, au point de vue thermique. Et en effet ces animaux n'ayant pas de chaleur propre, ni d'appareil de régulation thermique, rien d'étonnant à ce qu'on ne constate pas chez eux des manifestations morbides qui consisteraient essentiellement en un trouble du pouvoir calorifique et de son appareil nerveux régulateur. Ce n'est pas à dire cependant, comme on l'avait avancé autrefois, que les animaux à sang froid ne présentent pas les phénomènes locaux de l'inflammation. (Voy. Robert Latour, *Expériences servant à démontrer que la pathologie des animaux à sang froid est exempte de l'acte morbide qui, dans les animaux à sang chaud, a reçu le nom d'inflammation.* Paris, 1843.)

VINGT ET UNIÈME LEÇON

SOMMAIRE : Importance de l'élément *chaleur* dans la fièvre. — Des dangers qui résultent directement de cet excès de chaleur. — Morts rapides. — Dégénérescences des tissus à la suite des longues pyrexies. — Expériences. Histoire et critique des travaux modernes. — Discussion sur la nature des combustions qui sont la source de la chaleur fébrile. — Rôle du système nerveux dans la fièvre. — Il faut distinguer la paralysie des vaso-moteurs et celle des nerfs calorifiques considérés comme réfrénateurs des combustions. — Diverses espèces de *tonus*.

MESSIEURS,

Nous avons vu, dans la leçon précédente, l'importance de la chaleur dans la fièvre : aujourd'hui tous les cliniciens n'hésitent pas à le déclarer, c'est la chaleur qui constitue la fièvre : augmentation de la calorification et fièvre sont synonymes. Bien plus, c'est surtout d'après l'élévation de la calorification que le médecin fixe ses idées relativement à la gravité de certaines fièvres, au diagnostic de la période où elle est arrivée ; c'est elle qui lui indique une amélioration plus ou moins prochaine (1). Nous ne saurions insister ici sur ce sujet : tous les traités récents de médecine renferment aujourd'hui des représentations graphiques de la marche de température dans les fièvres,

(1) La Société de biologie a décerné un prix au travail de M. Bourneville, sur la température comme moyen de diagnostic. (Voy. Bourneville, *Études cliniques et thermométriques sur les maladies du système nerveux.* Paris, 1873.)

et pour la plupart d'entre elles ces tracés graphiques sont tout à fait caractéristiques (1).

Nous nous proposons aujourd'hui d'étudier plus spécialement les effets de l'excès de chaleur produite dans la fièvre et de les comparer aux effets que nous avons produits par l'application de la chaleur sur les animaux. Nous suivrons aussi pour la chaleur pathologique le même ordre que pour la chaleur physiologique : après en avoir recherché les sources, nous en considérerons les effets.

La question est celle-ci : y a-t-il des lésions, y a-t-il des troubles fonctionnels qui soient le résultat de l'augmentation de température du fébricitant ? On comprend quelle est l'importance de cette question, car si la réponse est affirmative, elle deviendra par cela même la source de toute une série d'indications thérapeutiques : il faudra agir contre la chaleur produite, non-seulement modérer les combustions, mais encore soustraire de la chaleur afin de l'empêcher d'agir comme chaleur, comme agent physique pur et simple.

Nous avons vu, dans nos recherches de physiologie expérimentale (2), que la chaleur, portée à un certain degré, peut amener la mort de l'animal. Il n'est pas douteux aujourd'hui que la chaleur fébrile puisse produire le même résultat fatal : il suffit pour s'en convaincre *a priori* de considérer jusqu'à quel degré peut s'élever la température dans certaines maladies. Dans le rhumatisme, par

(1) Sée, *Du diagnostic des fièvres par la température* (*Bulletin de thérapeutique*, 1869, p. 145). — Botkin (de Saint-Pétersbourg), *De la fièvre*. Trad. fr. par A. Georget. Paris, 1872.

(2) Voyez ci-dessus, p. 349.

exemple, on a observé des températures de 42°,7 et de 44°,1 (1). L'expérience clinique nous apprend que dans les maladies aiguës, la progression continue de la température indique une issue fatale. De l'aveu de tous les médecins, on a vu rarement la température dépasser 41°,9, pendant plusieurs jours, sans qu'une terminaison fatale soit venue montrer l'importance et l'extrême gravité de cet excès de chaleur (2).

Ces effets rapidement mortels de la chaleur fébrile pouvaient donc être comparés avec juste raison à ceux que l'on a observés sur les animaux, à ceux que je vous ai présentés dans les leçons précédentes : nous avons produit la rigidité cadavérique du cœur, du diaphragme, des muscles intercostaux; nous avons fait périr l'animal en agissant mortellement sur l'un de ses éléments essentiels, sur la fibre musculaire, et notamment sur la fibre musculaire du cœur.

Or, parmi les lésions que l'on constate dans les pyrexies longues et à température très-élevée, ce sont précisément les lésions musculaires qui prédominent. Nous avons vu que chez nos animaux tués par la chaleur, le microscope

(1) R. Macnab, *Very high temperature in rheumatism.* (*The Boston med. and surg. journ.*, 5 mars 1874.)

(2) Liebermeister (*Klinische Untersuchungen über das Fieber*, *Prager Vierteljahrschrift*, 1865) pense que dans les fièvres malignes et pernicieuses c'est la chaleur elle-même qui provoque seule les accidents dits de malignité. Les statistiques de Wunderlich peuvent venir à l'appui de cette opinion. Sur 45 cas de typhus exanthémateux, il observa cinq fois des températures de 42 degrés et plus, les 5 cas se terminèrent par la mort. Sur 20 malades chez lesquels la température se maintint entre 40 et 41 degrés, il y eut 9 morts, et ce furent les malades les plus rapprochés de 41 degrés. (Voy. Hirtz, art. *Fièvre*, in *Diction. de méd. et de chirurgie pratiques*. Paris, 1871, t. XIV, p. 702.)

permettait de constater un état particulier de coagulation du contenu de la fibre musculaire. Or une altération semblable a été précisément signalée dans les muscles des sujets qui ont succombé aux fièvres graves ; c'est ce qu'on a appelé la dégénérescence de Zenker (coagulation vitreuse).

Enfin on a comparé, avec non moins de raison, ces effets de la chaleur fébrile, dans les cas où elle est énormément exagérée, à ceux que l'on connaît sous le nom d'insolation, de coup de chaleur (1). Dans ces circonstances, on observe un état de rigidité des fibres musculaires, et notamment de celles du cœur et du diaphragme, rigidité qui ne diffère en rien de celle que nous avons produite expérimentalement chez les animaux.

Il n'est pas douteux que cette élévation de température agisse également sur le système nerveux : nous vous avons parlé de l'anesthésie par la chaleur : on a observé sous l'influence de la température élevée une diminution de l'irritabilité des nerfs. Mais l'altération des muscles nous paraît jouer le principal rôle, et en tout cas le rôle le mieux établi.

Tels sont les effets d'une température fébrile très-élevée; effets rapides, précis, faciles à interpréter. Mais il en est d'autres sur lesquels, tout en les rattachant à une même cause, nous n'oserions encore nous prononcer d'une manière aussi catégorique : nous voulons parler des dégénérescences générales que l'on observe dans la

(1) Voy. Hestrés, *Études sur le coup de chaleur, maladie des pays chauds.* Thèse. Paris, 1872. — Vallin, *Du mécanisme de la mort par la chaleur.* (*Arch. génér. de méd.*, janvier 1872.)

presque totalité des tissus des individus morts après une longue fièvre, dans le typhus, dans la scarlatine. Non-seulement les muscles et le cœur sont alors modifiés, mais on trouve aussi une dégénérescence graisseuse plus ou moins avancée du foie, des reins, de l'encéphale. Ces lésions peuvent aussi être attribuées à la température, longtemps soutenue à un degré élevé : cette élévation n'est pas allée jusqu'à produire la mort subite, ou du moins très-rapide, par le processus que l'expérimentation nous a permis d'éclaircir; mais par sa longue durée elle a lentement et profondément altéré la nutrition et par suite la constitution des éléments anatomiques des tissus.

Cette interprétation n'est pas admise par tous les auteurs qui ont étudié cette difficile question, et pour vous donner un exemple des diverses théories que l'on a émises à ce sujet, il nous faut faire quelques pas en arrière et revenir sur les faits que je vous faisais remarquer dans la leçon précédente.

Vous n'avez pas oublié que pour démontrer la production d'un excès de chaleur dans la fièvre, nous avons eu recours à l'étude des produits de combustion exhalés ou excrétés par le malade, et à l'observation de la perte de poids subie par lui pendant ce temps. Nous avons remarqué, en vous citant les chiffres obtenus par divers observateurs, que la perte de poids, comparée à l'élimination d'urée, n'est pas aussi considérable chez le fébricitant à la diète que chez l'individu normal également à la diète.

Cette différence, cette non-concordance de la courbe de production d'urée et de la courbe de perte de poids, a suggéré à Senator (1) des vues toutes particulières sur la nature des combustions fébriles. Nous avons vu précédemment que MM. Lussana et Ambrosolli (2) voyaient dans la chaleur pathologique une chaleur différente de la chaleur normale. Pour Senator, la chaleur fébrile n'a de spécial que ses sources. De ce que la perte de poids n'augmente pas dans la même proportion que l'élimination d'urée, il en est porté à conclure que la combustion fébrile n'est que partielle. Dans son hypothèse, les matières azotées subiraient seules un mouvement de dédoublement qui ne porterait que peu ou pas sur les hydrocarbures.

Mais si les hydrocarbures ne sont que peu ou pas comburés, ou si du moins leur dédoublement n'est pas exagéré dans la fièvre, il ne devrait pas y avoir d'augmentation dans l'exhalation d'acide carbonique. Et cependant, toutes les expériences ont montré cette suractivité d'échange gazeux au niveau du poumon. Senator a repris alors l'analyse des gaz ayant servi à la respiration, et il a annoncé avoir trouvé que l'acide carbonique restait dans les proportions normales. Bien plus, il dit avoir constaté que le sang d'un animal fébricitant est plus pauvre en acide carbonique que celui de l'animal sain.

Les recherches faites par Liebermeister et par Leyden, que je vous ai résumées précédemment, montrent au contraire une augmentation dans la production d'acide carbonique chez l'homme fébricitant.

Si Senator n'a pas toujours trouvé dans l'air expiré tout

(1) Senator, *Untersuchungen über den fieberhaften Process und seine Behandlung*. Berlin, 1873.

(2) Voyez ci-dessus, p. 392.

l'acide carbonique qu'y ont constaté d'autres observateurs, on pourrait tenir compte des autres voies par lesquelles ce gaz peut s'éliminer, et notamment de la voie rénale. Un travail récent a été entrepris sur ce sujet (1). Ewald, de Berlin, a pu s'assurer que pendant la fièvre les urines renferment plus d'acide carbonique que pendant l'apyrexie. Les urines fébriles contiennent en moyenne 16 à 17 pour 100 d'acide carbonique, tandis que l'urine normale en contient à peine 12 pour 100. Quelquefois, quand elle est très-abondante et fortement diluée, l'urine fébrile contient, à volume égal, moins d'acide carbonique que l'urine normale. Mais si, dans ces cas, on tient compte de la totalité des urines rendues dans les vingt-quatre heures, on voit que la quantité d'acide carbonique ainsi éliminée dépasse la normale.

Quant à la diminution d'acide carbonique dans le sang veineux, Senator en cherche lui-même l'explication et se réfute jusqu'à un certain point. En effet, il a constaté que, dans un certain nombre de ses expériences, la quantité totale d'acide carbonique éliminé par la respiration était, chez le fébricitant, supérieure à celle éliminée par l'individu normal, dans un temps donné; il explique ce résultat, non par un excès de *production*, mais par un excès d'*excrétion*. Cette excrétion, dit-il, est favorisée « 1° par l'augmentation de la différence de température entre le corps et le milieu ambiant (on sait que la capacité d'absorption du sang comme de tout liquide pour l'acide carbonique est en raison inverse de la tempé-

(1) C. A. Ewald, *Ueber den Kohlensaüre-Gehalt des Harns in Fieber* (*Arch. de Reichert et Du Bois-Reymond*. 1873, Heft I, p. 1.)

rature); 2° l'accélération fébrile de la circulation et l'augmentation de tension vasculaire au niveau du poumon serait une autre condition qui favoriserait le dégagemen de l'acide carbonique; 3° enfin, et c'est ici la cause dont il faut certainement tenir le plus de compte, l'augmentation dans la fréquence des respirations agirait dans le même sens (1). »

Si donc toutes ces causes agissent en même temps pour accélérer l'élimination de l'acide carbonique du torrent circulatoire, il n'y a rien d'étonnant à ce que les analyses du sang ne montrent que peu ou pas d'augmentation dans la teneur de ce liquide en acide carbonique. Parmi ces causes, la plus importante, la moins incontestable, est certainement celle de la fréquence de la respiration, et on s'en rendra facilement compte si l'on a égard aux expériences de Viérordt sur la *ventilation pulmonaire*. En effet, ce physiologiste a observé qu'en doublant le nombre de ses inspirations, il augmentait l'issue d'acide carbonique dans la proportion de 60 pour 100.

Du reste, cette augmentation d'élimination ne se fait pas seulement par le poumon et par l'urine, elle se fait encore par la peau, et elle est plus abondante chez le sujet fébricitant que sur l'individu sain. L'excès de température est évidemment la cause de cette différence. D'après les recherches de Neumann, l'élévation de la température et des pertes insensibles semblent marcher parallèlement (2).

(1) Voy. Senator, *op. cit.* (Analyse, in *Revue des sciences médicales*, t. III, p. 542.)

(2) Fr. Neumann, *Experimentale Untersuchungen über das Verhalten der insensiblen Ausgabe in Fieber*. (Dissert. inaug. Dorpat, 1873.)

Je vous ai cité ces recherches de Senator, et j'ai cherché à les rapprocher des résultats contradictoires obtenus par d'autres observateurs, afin de vous montrer combien il s'en faut que tout soit déjà dit dès maintenant sur le processus qui constitue la fièvre, et sur tous les phénomènes calorifiques de la fièvre. Vous voyez que la voie qui doit nous conduire dans l'explication de ces troubles morbides est déjà nettement indiquée; mais il y a encore beaucoup à faire pour déblayer complétement le terrain en attaquant successivement chacune des difficultés qui se présentent au fur et à mesure que l'on avance dans cette étude. D'ailleurs n'avons-nous pas vu à l'état physiologique la chaleur augmenter dans les tissus avec la conservation de l'oxygène, qui passait presque en totalité dans le sang veineux qui conservait son aspect rutilant? Il n'est donc pas nécessaire que la chaleur coïncide toujours à l'état pathologique avec une augmentation d'acide carbonique dans le sang veineux, puisque nous voyons le phénomène se produire à l'état physiologique. Nous aurons d'ailleurs l'occasion de revenir plus loin sur ces faits.

Nous avons déjà parlé de l'étude des altérations profondes que l'on constate dans presque tous les éléments des tissus chez les sujets qui ont succombé à des pyrexies graves : nous sommes tenté, disions-nous, de considérer ces dégénérescences graisseuses comme le résultat de l'action longtemps soutenue d'une température élevée. Quelques expériences viennent à l'appui de cette manière de voir; nous les citerons par la suite. Mais rappelons dès maintenant quelle est l'explication émise par Senator, explication en rapport avec la théorie des combustions qu'il a proposée.

Pour Senator, ce sont surtout les albuminoïdes qui brûlent, qui se dédoublent en excès pendant la fièvre; les hydrocarbures, les graisses ne subissent que peu ou pas d'augmentation dans leur mouvement de décomposition : il en résulte que bientôt ces graisses se trouvent relativement en excès. Tel est pour lui le mécanisme de la rapide et facile métamorphose graisseuse des éléments anatomiques pendant le processus fébrile.

Nous n'avons pas en ce moment à juger cette hypothèse, nous nous bornons à la signaler.

On sait que tous les aliments, que tous les principes constituants du corps ne produisent pas par leur combustion une égale quantité de chaleur; que cette combustion soit une oxydation directe, qu'elle résulte, comme nous sommes plutôt porté à le croire, d'une série de dédoublements difficiles à préciser dans l'état actuel de la chimie biologique, peu importe : le résultat final est à peu près le même, et les recherches de calorimétrie ont permis de connaître d'une manière exacte le résultat final de la combustion des substances quaternaires et des substances ternaires. A poids égal, l'albumine donne environ huit fois moins de chaleur que la graisse. Donc, une combustion qui porte essentiellement et uniquement sur des albuminoïdes, avec épargne des hydrocarbures, ne donnerait que peu ou pas d'augmentation de température. Donc, dans la fièvre, la chaleur constatée proviendrait non d'un excès de production, mais d'une modification dans la distribution, dans la déperdition.

D'après ces théories, il n'y aurait dans la fièvre que des modifications dans la distribution du sang, et par suite, dans celle de la chaleur : sous l'influence de ces variations dans la vascularisation, il se produit sans doute des exagérations momentanées et plus ou moins locales de la calorification, de la combustion ; au contraire, nous admettons en outre que la chaleur développée et dégagée pendant toute la durée de la fièvre, est supérieure à celle que fournirait pendant le même temps le même animal soumis aux mêmes conditions, la fièvre exceptée.

Nous n'insisterons pas davantage sur ces théories : nous ne nous y sommes arrêté que pour vous montrer la diversité des points de vue sous lesquels peut être considérée cette question très-complexe. Nous répétons qu'aujourd'hui, sans s'arrêter à des détails particuliers que de nouvelles expériences viendront éclaircir, on peut considérer la fièvre comme une exagération de la calorification normale; que c'est dans cet excès même de chaleur, que réside le principal danger de la fièvre; que c'est enfin contre ce trouble calorifique que la thérapeutique doit s'armer. Et en effet, la clinique s'attache aujourd'hui essentiellement à combattre l'élévation de température (1). C'est pourquoi nous devrons accorder une place importante à l'étude des moyens qu'elle met en pratique à cet effet.

Mais avant d'abandonner la question de physiologie pathologique, nous devons nous demander quel est le rôle

(1) Voy. Peter, *Des températures élevées excessives dans les maladies* (*Gaz. hebd.*, 1872, p. 54). — Du Castel, *Des températures élevées dans les maladies*. (Thèse de concours. Paris, 1875.)

du système nerveux dans ces phénomènes de calorification anormale. Après ce que nous avons vu précédemment sur l'influence du système nerveux dans la calorification à l'état normal, il est impossible de douter que nous n'ayons à constater dans la fièvre un trouble d'innervation. Les nerfs thermiques sont ici intéressés, et sous le nom général de nerfs thermiques nous entendons parler à la fois des nerfs constricteurs, des nerfs dilatateurs des vaisseaux, et des nerfs que nous avons appelés calorifiques et frigorifiques.

Mais, ayons soin de déclarer dès maintenant qu'en cherchant à déterminer le rôle du système nerveux dans la fièvre, nous ne remontons pas à la *cause* de la fièvre; nous aurons les conditions de son mécanisme; mais la cause occasionnelle nous resterait encore à chercher, c'est-à-dire le point de départ, la modification initiale que le système nerveux ne fait que transmettre et généraliser dans l'ensemble de l'organisme.

Quoique ce point de départ ne puisse encore être précisé d'une manière absolue dans l'état actuel de nos connaissances, il est quelques faits qui nous donnent une idée de son mode d'action. Je vous ai montré l'influence que les nerfs de sensibilité exercent par action réflexe sur les nerfs de calorification, sur les vaso-moteurs. Dans une autre série de leçons, j'ai montré qu'un traumatisme local produit surtout la fièvre dans le cas de conservation des nerfs sensitifs qui mettent le point lésé en communication avec les centres nerveux.

Nous avons été amené à considérer le nerf sympathique vaso-constricteur dans ses rapports avec la calorification, comme une sorte de *frein* opposé à l'exagération des actes de combustion ou de dédoublement. Le frein nerveux agit par une sorte de tonicité réflexe, comme le fait le tonus vasculaire, comme la tonicité musculaire elle-même. Pour le muscle, la tonicité disparaît dès que l'on coupe les nerfs moteurs ou que l'on détruit l'axe gris de la moelle, siége de l'action réflexe. Or nos expériences et d'autres entreprises dans ces dernières années par un certain nombre de physiologistes ont montré qu'il en est exactement de même pour le tonus qui sert de frein aux combustions organiques, à la calorification.

En effet, dès que l'on sectionne la moelle épinière, on voit chez les animaux, chez le chien, la température s'élever sensiblement, surtout si l'on se place dans certaines conditions favorables que j'ai autrefois indiquées. J'ai montré que les chiens de petite taille, après cette opération, se refroidissent le plus souvent; les animaux plus petits, tels que les lapins, se refroidissent toujours (1).

Mais nous savons que cette section, dans une certaine région de la moelle épinière, paralysant ou excitant les nerfs vaso-moteurs, dilate considérablement tous les réseaux vasculaires périphériques : cette dilatation fait affluer en abondance le sang vers des parties superficielles, où il est soumis à une grande perte de chaleur par rayonnement, perte d'autant plus considérable que l'animal est plus petit.

Une première question à résoudre est donc celle-ci : le refroidissement qu'on observe chez les animaux auxquels on a sectionné la moelle à la partie inférieure de la

(1) Voy. mes *Leçons sur le système nerveux*, t. II, p. 13.

région cervicale, n'est-il pas dû à une perte énorme de chaleur par rayonnement? Cette perte ne peut-elle pas aller jusqu'à faire disparaître les effets d'une augmentation réelle dans la production de calorique?

De nombreuses expériences ont été faites pour établir cette proposition : nous citerons ici les expériences de Naunyn et Quincke, contrôlées par des expériences comparatives sur des animaux n'ayant subi aucune opération (1).

Dans les expériences de Naunyn et Quincke, la section de la moelle était faite par écrasement pour éviter l'épanchement de sang : l'animal était chloroformé afin d'éviter les mouvements convulsifs qui auraient amené un dégagement de chaleur. L'écrasement portait le plus souvent à la hauteur de la sixième vertèbre cervicale.

Dans les premières expériences (2), les auteurs voient succéder à la section de la moelle un abaissement notable de température. Comme nous l'avons dit, il y a un instant, ils attribuèrent cet abaissement à une perte exagérée. Il s'agissait donc de préserver les animaux de ce rayonnement de calorique en les mettant dans un appareil qui leur permît de conserver leur chaleur. Aussitôt que l'animal est ainsi enveloppé, dans un milieu maintenu à 26 ou 30 degrés, où par conséquent la perte est minime, la température cesse de baisser, et au bout d'une heure elle commence à s'élever. Enfin, elle monte successive-

(1) Naunyn, *Beiträge zur Fieberlehre* (*Archiv von Reichert et du Bois-Reymond*. 1870).

(2) Ces détails sont résumés d'après le travail de M. Ed. Weber : *Des conditions de l'élévation de température dans la fièvre*. Thèse de Paris, 1872.

ment jusqu'à 42, 43 et même 44 degrés : l'animal meurt alors par suite même de cet excès de chaleur.

Ainsi, après la section de la moelle, si l'on empêche la déperdition de chaleur résultant de la soi-disant paralysie vaso-motrice, au lieu d'un refroidissement produit par cette opération, on découvrirait en réalité un phénomène tout à fait inverse, c'est-à-dire une calorification exagérée. Donc la section de la moelle, en même temps qu'elle détruirait le tonus vasculaire, aurait détruit aussi ce tonus particulier que nous avons comparé à un frein, et qui s'oppose à l'exagération des combustions organiques.

Mais on pourrait objecter que les expériences en question ne prouvent rien relativement au rôle de la moelle, comme conducteur de ces nerfs calorifiques modérateurs. On pourrait penser que les phénomènes observés chez ces animaux, tiennent non pas à la section nerveuse qu'ils ont subie, mais à l'ensemble du traumatisme qu'il a fallu produire pour arriver jusqu'à la moelle épinière. L'élévation de température serait due alors à la fièvre traumatique développée par la plaie, et ne serait propre à donner aucun éclaircissement sur le sujet des nerfs calorifiques le long de la moelle.

Une expérience comparative répond facilement à cette objection, qu'il était naturel, indispensable de se faire. On fait à un chien exactement la même plaie que celle nécessitée par la section de la moelle ; on incise les téguments, les os, les méninges, et on enveloppe l'animal comme précédemment. Au bout de plusieurs heures, sa température s'est à peine élevée de quelques dixièmes de degré. On coupe alors la moelle et on voit au bout d'une heure la température s'élever de 2°,2 (1).

La clinique offre des observations en tout semblables à celles que nous pouvons faire expérimentalement chez les animaux. Je vous ai déjà parlé du cas cité par Brodie ; il a même été le point de départ des premières recherches qui ont eu pour but de déterminer le rôle du système nerveux dans la calorification. Le malade de Brodie (2) avait eu la moelle écrasée à la partie inférieure de la région cervicale : paralysie de tous les muscles des membres supérieurs et inférieurs et du tronc, excepté du diaphragme. La température, pendant les quarante-deux heures qu'il vécut après l'accident, s'éleva à 43°,9.

Plus récemment, des observations analogues ont été publiées. Dans un cas de luxation de la sixième vertèbre cervicale avec complication de fracture, Billroth a observé, quatre heures avant la mort, une température de 42°,2 (3). Même exagération de la calorification dans des observations recueillies par Fischer, Naunyn, Quincke et Erb (4).

Ainsi on serait amené par tous ces faits à la conclusion suivante : les nerfs modérateurs de la chaleur parcourent le cordon médullaire ; ces nerfs sont coupés lors de la section de la moelle ; le frein opposé normalement à la calorification est dès lors supprimé, et la température

(1) Naunyn et Quincke, in Weber, *op. cit.*, p. 60.
(2) *Medico-chirurgical transactions*, 1837.
(3) *Langenbeck's Arch.*, 1862.
(4) Quincke, *Berlin. klin. Wochenschrift.* 1869, n° 29. — Erb, *Deutsches Archiv für klinische Medicin*, 1865. — Voyez aussi Charcot, *Gaz. hebdom.*, 19 nov. 1869.

s'élève considérablement, par production exagérée de chaleur, quoique, sur l'animal exposé à l'air libre, elle s'abaisse en définitive, parce que la production exagérée est neutralisée et au delà par une déperdition exagérée, résultant de ce que les vaso-moteurs ont été coupés en même temps que les calorifiques.

Cette conclusion, qui est celle de MM. Naunyn et Quincke, a porté ces auteurs à faire une nouvelle série d'expériences dont je dois encore vous dire quelques mots. Si les nerfs calorifiques suivent, comme trajet, les cordons de la moelle, il est probable qu'ils quittent successivement cette moelle, en accompagnant les autres nerfs rachidiens, de telle sorte que plus les sections expérimentales dont nous venons de parler porteront sur un niveau inférieur, moins elles atteindront de nerfs calorifiques, moins elles augmenteront la calorification.

Opérant avec les précautions indiquées plus haut, on écrase donc la moelle chez un chien à des hauteurs différentes en allant de bas en haut, afin de faire ces expériences successives et comparatives sur un seul et même animal. La moelle étant écrasée à la hauteur de la dixième vertèbre dorsale, la température monte de 39°,1 à 41°,1. — L'écrasement étant alors porté à la hauteur de la sixième vertèbre cervicale, la température monte jusqu'à 43°,7 (1).

Ainsi les nerfs modérateurs, comme les vaso-moteurs, comme les nerfs moteurs ordinaires, sortiraient les uns après les autres de la moelle épinière; plus on porterait

(1) Naunyn et Quincke, voy. Weber, *op. cit.*, p. 66.

la section ou l'écrasement dans une région supérieure, plus on couperait de ces nerfs et, par conséquent, plus l'action calorifique se ferait sentir. On ne peut porter cette section plus haut que la sixième vertèbre cervicale, car alors on supprime l'innervation des muscles du thorax, du diaphragme, et la respiration artificielle que l'on est obligé de pratiquer alors complique les conditions expérimentales, dans des recherches où l'on a déjà besoin de simplifier tellement les circonstances naturelles et de distinguer nettement les phénomènes accessoires et surajoutés de ceux qui sont essentiels et primitifs.

Mais il y a une grave objection à faire aux explications qui précèdent. J'ai démontré autrefois (1), que loin de se réchauffer, les animaux auxquels on coupe la moelle épinière se refroidissent toujours. Si maintenant ils se réchauffent quand on empêche la déperdition calorifique, cela ne saurait s'appliquer à la fièvre, qui amène dans tous les cas un réchauffement, lorsque la surface du corps est exposée à l'air ambiant. D'ailleurs je vous ai déjà dit, et je développerai ailleurs ce sujet avec détail, qu'il existe deux ordres de phénomènes nutritifs, les uns de destruction, de dédoublement, de désorganisation matérielle ou de combustion, les autres d'organisation ou de synthèses organiques. Ces derniers phénomènes sont sous l'influence des nerfs frigorifiques, appartenant plus spécialement au système du grand sympathique; les phénomènes de combustion sont plus spécialement régis par les nerfs vaso-

(1) Voyez mes *Leçons sur le système nerveux.*

dilatateurs ou calorifiques qui appartiennent plus spécialement au système cérébro-spinal. Or la fièvre n'est qu'une exagération de l'action de ces nerfs calorifiques, qui partent de la moelle épinière, et non une paralysie des nerfs vaso-dilatateurs.

Quoi qu'il en soit, ces expériences physiologiques nous fournissent quelques précieuses notions sur l'existence et le trajet des nerfs calorifiques : elles nous permettent de ne voir dans la fièvre qu'une exagération de phénomènes normaux, puisque nous avons précédemment démontré qu'il y a des actions réflexes qui à l'état normal amènent des exagérations locales de la calorification. Mais ces données jointes aux réflexions dont nous les avons fait suivre, me font entrevoir toute une série de questions nouvelles et plus compliquées, que je ne ferai que vous indiquer (1). Quels sont les centres généraux de ces actes calorifiques ? Faut-il les chercher au niveau du bulbe, de la protubérance, ou jusque dans les centres encéphaliques, comme sembleraient l'indiquer quelques observations cliniques, ou bien seulement dans la moelle épinière ? Quels sont les rapports de ces centres nerveux vaso-dilatateurs avec les centres vaso-moteurs constricteurs ? Si nous ne pouvons encore combler tous ces *desiderata*, nous voyons du moins que, pour l'étude de la fièvre en général, la voie est dès maintenant indiquée et largement tracée ; c'est en étudiant les conditions normales du

(1) Voyez nos premières recherches sur la distinction des nerfs vaso-moteurs et des nerfs calorifiques (*Compt. rend. Acad. des sciences*, août 1862, t. LV. — *Recherches expérimentales sur les nerfs vasculaires et calorifiques du grand sympathique*).

mécanisme nerveux intime de la calorification, que l'on parviendra à saisir les lois qui président à la production du phénomène pathologique, dans lequel on ne peut voir qu'une exagération des phénomènes physiologiques. La fièvre, en un mot, n'est que l'exagération des phénomènes physiologiques de combustion, par l'excitation des nerfs qui régissent cet ordre de phénomènes.

VINGT-DEUXIÈME LEÇON

SOMMAIRE : Effets de la chaleur fébrile. — Applications thérapeutiques des notions précédemment acquises. — De la digitale. — Du traitement par réfrigération. — La fièvre typhoïde et les bains froids. — Historique. — Résultats obtenus.

MESSIEURS,

L'étude de la chaleur fébrile ne sera complète que si, après avoir étudié son importance et les éléments les plus essentiels de son mécanisme, nous recherchons enfin les moyens de la combattre. Dans cette question, comme dans toutes celles que nous avons eu à aborder ici, la physiologie doit être le point de départ et la thérapeutique le but des études de pathologie.

Nos notions sur la cause même de la fièvre sont trop complexes pour que nous cherchions à déterminer scientifiquement le point de départ de ce processus général. Mais parmi les résultats complexes de la fièvre, nous en connaissons un, le plus important de tous, celui qui domine tous les autres, celui qui constitue le véritable danger : c'est la chaleur ; c'est contre la chaleur que nous devons nous armer, et si nous parvenons à en supprimer les causes ou à en diminuer les effets, nous pourrons à juste titre nous vanter d'avoir vaincu la fièvre.

En supprimer les causes ou en diminuer les conséquences : telles sont en effet les deux indications qui se présentent *à priori*, la double voie dans laquelle peut être engagée la recherche. Ces deux modes de concevoir l'action thérapeutique qu'on appelle antipyrétique ne sont pas également certains, ni scientifiquement déterminés : vous allez le comprendre facilement.

Le dernier terme où nous ait conduits l'étude du mécanisme de la chaleur normale ou morbide, est la notion de l'influence du système nerveux sur ce mécanisme. Mais que de lacunes encore dans cette notion péniblement acquise ; que de recherches nécessaires pour rattacher par un lien commun les quelques faits bien positivement établis ! Dans ces circonstances, l'action thérapeutique la plus rationnelle, celle qui s'adresserait directement au système nerveux, nous est encore impossible. Ce n'est pas à dire que la pratique médicale, l'empirisme n'ait déjà agi dans cette voie, et ne soit parvenu à produire dans ce sens des effets précieux et qu'il est important d'enregistrer en attendant que la physiologie puisse nous en donner l'explication.

C'est ainsi que la digitale a été, à juste titre, préconisée comme le médicament antipyrétique par excellence ; mais la digitale agit sur le pouls, c'est-à-dire qu'elle modifie l'organe central de la circulation ; cette diminution des pulsations cardiaques est suivie bientôt d'un abaissement de la température ; mais comment faire la part qui revient dans cette double action et à la circulation et à la calorification proprement dite ? Agit-elle sur le cœur, sur les nerfs vaso-moteurs et, en même temps qu'elle les excite, produit-elle un effet analogue sur les nerfs calorifiques, de manière à opposer à la production de chaleur cette action réfrénatrice qui paraît être la fonction normale de cette partie du système nerveux ? Ce sont là autant de questions qui seront certainement résolues, mais sur lesquelles nous n'avons encore que des données incomplètes et peu précises (1).

Nous nous bornerons à cet exemple relatif à la méthode qui va attaquer la fièvre dans le mécanisme nerveux de la production de chaleur.

L'autre méthode, celle qui s'adresse à la chaleur elle-même, à la chaleur produite, pour la soustraire et ramener ainsi le milieu intérieur à des conditions physiologiques ; cette méthode est plus positive, plus accessible à la théorie, et aujourd'hui, par des tentatives relativement récentes, tout aussi justifiée par la pratique.

Nous savons que la chaleur par elle-même constitue le principal danger des fièvres graves (2) ; qu'élevée à un degré extrême elle peut tuer rapidement, par un mécanisme identique avec celui qui a fait périr devant vos yeux des animaux placés dans une étuve ; nous savons qu'à des degrés

(1) Voyez les nombreuses recherches entreprises à ce sujet par Hirtz, Gallard, Leriche, Legroux, etc., in E. Weill (*Essai sur la fièvre à propos de la pneumonie traitée par la digitale*. Thèse de Paris, 1872).

(2) En Angleterre, actuellement, les médecins appliquent le traitement par l'eau froide au rhumatisme cérébral ; mais ils n'envisagent à ce point de vue que les phénomènes qu'ils désignent sous le nom d'*hyperpyrexie*, c'est-à-dire les phénomènes qui sont dus uniquement à l'élévation de température. C'est sur cette dernière indication qu'ils se guident pour l'administration des bains : aussitôt que la température atteint 41 degrés, ils ont recours à l'enveloppement dans des linges mouillés dont ils abaissent la température par la glace, et cela jusqu'au retour de la température normale de 37°,5. Quelle que soit

moins élevés, mais longtemps soutenus, elle peut amener dans les éléments des tissus des dégénérescences dont l'effet n'est pas moins funeste sur l'économie. Il s'agit donc de ramener la température à l'état normal, de soustraire autant que possible la chaleur au fur et à mesure de sa formation, de telle sorte que le processus fébrile, quels qu'en soient et la cause et le mécanisme, ayant suivi son évolution, l'organisme se trouve cependant garanti contre les effets rapidement ou lentement mortels de l'excès de calorification. Hâtons-nous de le dire par avance, cette méthode de traitement par réfrigération a donné les plus éclatants succès, et par cela même a fourni la contre-épreuve des théories précédemment présentées sur l'excès de production de chaleur pendant la fièvre et sur l'influence fatale de cette chaleur même, en tant qu'agent physique modifiant les conditions normales du milieu intérieur.

Avant d'aborder l'énumération des divers procédés qui ont été mis en usage pour réaliser les indications de la méthode de réfrigération, voyons, pour suivre l'ordre que nous nous sommes toujours imposé, comment l'organisme procède, à l'état physiologique, pour éliminer la chaleur qui peut se produire en excès dans certaines circonstances.

l'intensité du délire, ils n'ont recours à l'eau froide que lorsque la température s'élève dans ces proportions, parce qu'il a été facile de remarquer que tous les rhumatismes dans lesquels la température s'élevait au-dessus de 40 degrés étaient d'une gravité exceptionnelle. Ce n'est donc pas au rhumatisme cérébral que s'adresse la médication réfrigérante, mais uniquement à l'élévation de la température. (Voyez la discussion à la *Société médicale des hôpitaux*, 12 mars 1875. *Gaz. des hôpit.*, mars 1875, n° 31, p. 244.)

Lorsque nous contractons énergiquement nos muscles, lorsque nous nous livrons à un exercice violent, nous développons une quantité considérable de chaleur : une partie de cette chaleur se transforme en travail mécanique, en travail musculaire, mais ce n'est qu'une faible partie. En effet, les recherches exactes des physiciens ont démontré que sous ce rapport la machine animale, représentée par le muscle, n'est pas plus parfaite que les meilleures machines à feu (machines à vapeur) de l'industrie moderne : les unes comme les autres n'utilisent guère que les douze centièmes de la chaleur produite. Ainsi, sur 100 unités de chaleur qui se développent dans un muscle en activité, 12 seulement se transformeraient en travail mécanique et les 88 autres se dégageraient à l'état de chaleur et doivent échauffer le corps. Cependant la température générale de l'organisme ne monte que peu pendant cet exercice, et en tout cas revient bientôt à son niveau normal. C'est que, pour éliminer la chaleur en excès, un mécanisme puissant est entré en jeu : les vaisseaux de la périphérie se sont dilatés ; le calorique a pu rayonner largement à l'extérieur ; en même temps une sueur abondante a baigné toute la surface du corps, et ce liquide, employant pour sa vaporisation une grande quantité de calorique, a bientôt emprunté à l'organisme toute la chaleur qu'il contenait en excès et que les vaisseaux superficiels venaient précisément porter à la périphérie, à la surface cutanée.

En un mot, le moyen employé physiologiquement par l'organisme pour éliminer l'excès de chaleur, représente tout simplement une sorte de bain formé par la sueur, bain qui agit comme réfrigérant avec d'autant plus d'énergie qu'étant en couche très-mince, il subit une rapide évaporation, qui ne peut se produire sans absorber beaucoup de chaleur (1).

C'est d'une manière analogue qu'ont procédé les cliniciens dans la pratique récente des bains réfrigérants; mais comme il faut éviter d'aller d'un extrême à l'autre, c'est-à-dire de trop refroidir le corps en voulant le ramener à la température normale; comme à cet effet il serait difficile de régler exactement, de calculer d'avance et d'arrêter à temps les effets de la vaporisation de minces couches d'eau étalées sur la peau, on a préféré placer le malade dans une masse de liquide plus considérable : ce liquide emprunte alors la chaleur du corps, non pour se vaporiser, mais pour élever sa propre température au niveau de celle de l'organisme avec lequel il est en contact; le bain s'échauffe, le malade se refroidit, et comme il est facile de graduer la température initiale du bain et de régler exactement la durée de l'immersion, il devient possible de borner à de justes limites la soustraction de calorique que l'on veut faire au sujet fébricitant.

Tel est, sous sa forme la plus simple, le principe de la méthode des bains, dont vous avez certainement entendu vanter les excellents résultats dans ces derniers temps. Du reste, les procédés à mettre en usage sont très-divers : que l'eau soit mise en contact avec la surface extérieure du corps ou avec la surface d'une des grandes cavités viscérales, peu importe *à priori*. Du reste, l'instinct des malades aurait dû depuis longtemps montrer aux praticiens la

(1) Voy. *Du refroidissement*, d'après Rosenthal (*Revue scientifique*, décembre 1873, n° 26).

voie à suivre : nous voulons parler de leur horreur pour les boissons chaudes et de leur ardent désir de boissons fraîches. Quoique le préjugé populaire, souvent soutenu par les anciens praticiens, ait longtemps combattu ces tendances instinctives, les médecins les plus éclairés, aujourd'hui, disent que le dégoût des malades pour les boissons chaudes est rationnel, « et qu'il n'y a aucun cas, même les rhumes, les pneumonies et les fièvres éruptives, où il soit défendu à un fébricitant de boire frais » (1).

C'est surtout au traitement de la fièvre typhoïde que la méthode réfrigérante a été appliquée d'une manière suivie, de façon à permettre de comparer de nombreux résultats, de dresser des tableaux statistiques. De nombreuses tentatives dans ce sens avaient été faites de divers côtés; celles du docteur Brand, de Stettin, ont eu le plus de retentissement dans ces dernières années, et on les a répétées en France en donnant à ce mode de traitement le nom de *méthode de Brand*. Je voudrais vous montrer cependant que depuis longtemps, en France, l'eau froide avait été rationnellement employée contre cette maladie (2).

Il résulte d'une note insérée dans le *Bulletin de la*

(1) Hirtz, art. FIÈVRE (*Dict. de méd. et de chir. pratiques*, Paris, 1871, t. XIV, p. 757).

(2) M. le docteur H. Huchard, dans une série d'articles publiés par l'*Union médicale* (3e série, avril 1874), s'est très-heureusement attaché à rechercher en France les précurseurs de Brand. Il a démontré que si le praticien de Stettin avait le mérite d'avoir vulgarisé une méthode, on ne saurait lui accorder celui de l'avoir inventée, et que, bien avant lui, des médecins français, modestes et confiant dans leur expérience, ont pris à tâche d'abaisser la température fébrile dans les fièvres, et surtout dans les fièvres typhoïdes, par des procédés qui se rapprochent très-sensiblement de celui qui a été mis en usage par Brand depuis 1861.

Société de médecine de Besançon (en 1846), que dès l'année 1839, le docteur Jacquez, de Lure, présentait déjà une statistique dans laquelle il avait pour but de démontrer l'efficacité du froid dans le traitement de la fièvre typhoïde. La méthode consistait à faire appliquer sur la peau du malade, et plus particulièrement dans la région abdominale, des compresses d'eau froide qu'on renouvelait toutes les dix minutes ou toutes les demi-heures, selon que la peau était plus au moins brûlante. Il faisait, de plus, administrer des lavements froids, et ne permettait que des boissons froides ou glacées. Les résultats fournis par cette méthode furent des plus satisfaisants, car sur 313 malades traités par l'eau froide il n'y eut que 12 morts, tandis que sur 349 qui furent traités par différentes méthodes, on eut à déplorer 91 décès (1).

Quoique les résultats fournis par la statistique soient par eux-mêmes assez éloquents, ce n'est pas tant sur les chiffres que nous voulons insister ici, mais sur les modifications évidentes que le traitement produisait presque immédiatement chez les fébricitants, modifications que le médecin de Lure a parfaitement signalées, dont il a compris l'importance, conçu le mécanisme, et cela à peu près dans les mêmes termes par lesquels on caractérise aujourd'hui la méthode de Brand.

De 1839 à nos jours, nous trouvons encore toute une série de tentatives de ce genre faites en France : en 1849 et en 1851, Wanner, dans deux mémoires successifs (2),

(1) Voyez, pour les détails, H. Huchard, *Op. cit.*, p. 28.

(2) Wanner, *De l'emploi de la glace comme agent thérapeutique, et des lois à observer dans son mode d'administration.* (*Compt. rend. Acad. des*

insistait sur la nécessité de ramener la température du fébricitant au chiffre normal de 37°,5 à 38 degrés, et sur l'emploi de l'eau froide *intus et extrà,* pour obtenir cet effet. Il recommandait les lotions rapides d'eau froide, et prescrivait la glace à l'intérieur ; il arrivait ainsi, sans accidents, à ramener la température à 38 degrés. Au point de vue scientifique, ses tentatives thérapeutiques étaient confirmées par des expériences sur les animaux : « Après avoir fixé un tube dans la bouche d'un lapin, il introduisit à chaque instant de la glace dans l'œsophage ; au bout d'une heure, le thermomètre qui avait été introduit dans le rectum marquait 36 degrés, et après une autre heure et demie, il ne marquait plus que 30 degrés. »

Nous citerons encore les travaux du docteur Leroy (de Béthune), sur la *réfrigération continue* dans la fièvre typhoïde (1852), et de Valleix sur le même sujet (1).

Nous disions précédemment que nous désirions insister bien moins sur l'éloquence brutale des chiffres que sur l'étude des manifestations symptomatiques permettant de constater, dans chaque cas particulier, l'efficacité toute-puissante du traitement réfrigérant pour combattre la chaleur fébrile. C'est qu'en effet, en s'en tenant aux

sciences, 1849, t. XXIX, p. 591.) — *Essai sur la vie et la mort, les maladies, leur cause et leur traitement déduits d'une moyenne thermométrique normale de l'organisme.* Paris 1851.

(1) Leroy (de Béthune), *Sur le traitement de la fièvre typhoïde par les évacuations sanguines au début et par l'eau froide* intus et extrà *pendant toute la durée de la maladie.* (*Union médicale*, 1872, p. 517.) — Valleix, *Relation de l'épidémie de fièvre typhoïde actuelle, et résultats comparatifs du traitement par la saignée initiale et l'eau froide.* (*Union médicale*. 1853.)

chiffres, on peut être facilement induit en erreur. Toutes les épidémies de fièvres typhoïdes ne sont pas également graves, et la mortalité peut être très-différente, quel que soit le mode de traitement. Ainsi, d'après les auteurs, elle est tantôt de 15, tantôt de 50 pour 100. Les études de Valleix que nous venons de citer en dernier lieu avaient sans doute porté sur une épidémie à mortalité considérable; aussi cet auteur, ne considérant que les chiffres, ne fut pas satisfait du traitement par la méthode réfrigérente. Il la considéra comme capable d'exagérer les symptômes nerveux, d'augmenter la diarrhée, la fréquence du pouls, toutes exacerbations, qui, aux yeux de la critique actuelle, doivent être rapportées non au traitement, mais à des conditions indéterminées que les praticiens appellent les *constitutions médicales*, c'est-à-dire le caractère particulier inconnu de telle ou telle épidémie.

Toujours est-il que Valleix blâma hautement le traitement par réfrigération, et que sans doute son autorité ne contribua pas peu à faire oublier des médecins français la voie nouvelle dans laquelle ils étaient déjà si largement et si heureusement entrés.

Il était réservé aux médecins allemands de reprendre ces pratiques, d'en fixer exactement la valeur et d'en vulgariser les procédés. Je ne vous citerai que les travaux de Liebermeister et de Brand; ce sont ceux qui ont eu le plus de retentissement dans ces dernières années, et qui ont été récemment importés en France.

Liebermeister (de Bâle) agit contre l'élévation de température en plongeant le malade dans un bain complet: ce bain est à 22 degrés; mais pendant que le malade y séjourne, on abaisse successivement la température jusqu'à 16 degrés par de nouvelles additions d'eau froide. La durée du bain est de dix à vingt minutes. Il fait prendre jusqu'à douze à quinze bains dans l'espace d'une journée (1).

Brand (de Stettin) plonge le typhique dans un bain à 20 degrés; de plus, la tête du malade est arrosée avec de l'eau à 6 ou 8 degrés; on le laisse ensuite tranquille dans le bain. Si au bout de huit ou dix minutes, il est pris de frissons, claque des dents, manifeste la plus grande anxiété, il n'en est tenu aucun compte. Le bain doit, d'après Brand, qui, jusqu'à un certain point, a érigé sa méthode en doctrine absolue, durer quinze minutes au moins. En effet, si le frisson tarde à se produire, si le malade ne manifeste pas l'anxiété dont nous venons de parler, on renouvelle l'affusion froide sur la tête et l'on prolonge le bain jusqu'à l'apparition de ces symptômes divers.

Cette pratique, mise en usage à Stettin depuis un certain nombre d'années, y a été étudiée par un médecin français, amené dans cette ville par les hasards de la guerre de 1870. De retour de sa longue captivité, M. Fr. Glénard, frappé des heureux résultats qu'il avait pu constater en Allemagne, a fait à Lyon l'application de cette méthode (2).

(1) Liebermeister, *Beobachtungen und Versüche über die Anwendung des kalten Wassers.* (*Aus des mediz. Klinik zu Bazel.*) — Voyez Hirtz, art. FIÈVRE, in *Dict. de méd. et de chir. pratiques*, t. XIV.) — A. Behrens, *Kaltwasserbehandlung des Abdominaltyphus in der Kielerpoliklinik.* (*Deutsche Klinik*, 1873.)

(2) Voyez à ce sujet : Fr. Glénard, *Du traitement de la fièvre typhoïde par les bains froids à Lyon.* (*Lyon médical*, 1874, p. 142.) — Boudet, *La*

Voyons quels sont les effets les plus importants ainsi obtenus soit en France, soit en Allemagne.

La température du malade baisse considérablement, car on a pu constater que celle du bain s'élève de 2 degrés et plus ; mais l'important est de savoir si cette réfrigération du malade se maintient. Or les mensurations de M. Glénard (de Lyon) montrent qu'il faut près de trois heures pour que la température rectale remonte à son degré primitif. Voici du reste un tableau pris dans l'une de ses observations, et où les chiffres parleront avec assez de clarté :

Température rectale avant le bain	39,6
De suite après le bain	38,4
Après une heure	38,7
Après deux heures	39,1
Après deux heures et demie	39,4
Après trois heures	39,6

Tels sont les résultats du bain quant à la température : nous n'insisterons pas sur les amendements qu'on observe dans les symptômes morbides. Nous avons vu que l'excès de calorification était la source principale des dangers de la fièvre, et que ce symptôme primait et commandait tous les autres ; il n'est donc pas étonnant de voir ces derniers s'atténuer en même temps que celui-ci tend à s'affaiblir, et de constater par suite une évidente

fièvre typhoïde et les bains froids à Lyon pendant l'épidémie d'avril 1874. (*France médicale*, juillet 1874.) — A Ferrand, *Des réfrigérants dans la fièvre typhoïde.* (*Bull. génér. de thérap.*, 30 sept. 1872.) — Élie Faivre, *Du traitement de la fièvre typhoïde par les bains froids.* (*Lyon médical*, 4 janvier 1874.) — H. Huchard, *De la fièvre et des bains froids.* (*Union médicale*, avril 1874.)

diminution dans la mortalité. On peut dire, d'une manière générale, que, d'après les statistiques de Wunderlich, Jürgensen, Liebermeister, Riegel et Stöhr, la mortalité est en moyenne de 23 pour 100 dans les fièvres typhoïdes avec traitement sans bains, et de 9 pour 100 dans le traitement par les bains (1).

Quant à question de savoir si ce traitement doit être appliqué avec toute la rigueur de la méthode instituée par Brand; s'il est également applicable à toutes les pyrexies; si les applications froides ne devront pas être préférées au bain complet (2); si l'ingurgitation stomacale ou l'injection rectale d'eau froide ne devront pas elles-mêmes recevoir la préférence d'une manière plus ou moins absolue, ce sont là autant de questions qu'une longue pratique et des recherches scientifiques pourront seules résoudre, or l'application méthodique du froid au traitement de la fièvre date à peine de ces quelques dernières années.

Il nous suffit donc de vous avoir montré le lien logique qui rattache ces tentatives thérapeutiques aux notions les plus précises acquises sur la nature, le mode de production et l'influence de la chaleur physiologique et de ses exagérations morbides. Nous avons pu du moins dans cette question, comme nous avons du reste cherché à le faire pour toutes celles dont nous avons entrepris l'étude, vous présenter les trois termes nécessaires et

(1) Voyez Béhier, *Leçons sur le traitement de la fièvre typhoïde par les bains froids*. (*Bull. thérap.*, 15 janvier 1874.)

(2) Franz Riegel, *Ueber Hydrotherapie und locale Wærmeentziehungem.* (*Deutches Archiv für klinische Medicin*, vol. X, 6e cahier, 1er nov. 1874.)

obligés de toute investigation de ce genre : physiologie, pathologie et thérapeutique.

Ces trois termes présentent encore dans leur étude bien des lacunes, que nous avons seulement indiquées au fur et à mesure que nous parcourions les quelques questions suffisamment étudiées, pour fixer désormais la marche des recherches à entreprendre sur ces questions. De même que la physiologie a, sur ce terrain, ouvert la voie vraiment scientifique, de même sera-ce à elle, nous en sommes persuadé, à combler ces lacunes, et à fournir les éléments d'une théorie complète de la fièvre. Il est facile de le comprendre par tout ce qui précède, la nature de la fièvre ne saura être bien comprise que du jour où nous connaîtrons à fond la physiologie de la nutrition. Or, si les phénomènes intimes d'échange, de réduction et d'oxydation qui se passent dans les tissus, ne sauraient être encore rigoureusement définis par des formules précises, nous commençons du moins à entrevoir nettement la nature des influences que peut exercer sur eux l'appareil général de régulation calorifique, le système nerveux.

En cherchant les rapports qui rattachent les phénomènes de nutrition aux fonctions du système nerveux, nous arrivons à la conception générale de deux espèces de nerfs vaso-moteurs dont j'ai découvert et étudié l'action depuis de longues années déjà :

Les uns, nerfs médullaires vaso-dilatateurs ou calorifiques, produisent, par leur entrée en activité, la dénutrition, c'est-à-dire les oxydations des principes constituant des tissus, c'est-à-dire, d'une manière plus générale, ils activent les métamorphoses par lesquelles les éléments anatomiques transforment les matériaux que la nutrition a accumulés en eux, et donnent naissance ici à de la force mécanique, là à de l'électricité, ailleurs à des produits spéciaux de sécrétion, toutes transformations qui se réduisent, en dernière analyse, à des manifestations vitales qui s'accompagnent toujours d'un dégagement de chaleur.

Les autres, nerfs vaso-constricteurs, ou ganglionnaires sympathiques, président à la nutrition, à l'organisation. Ce sont en effet, ainsi que nous l'avons vu, des nerfs frigorifiques, sous l'influence desquels la température s'abaisse, en même temps que les phénomènes de fermentation, d'oxydation, etc., se trouvent arrêtés ou ralentis.

Quelques exemples suffiront pour vous faire comprendre le rôle alternatif que j'attribue à ces deux ordres de nerfs, et l'influence particulière des vaso-constricteurs.

Une glande, un muscle, et tous les tissus en général, présentent deux périodes ou deux états successifs que, d'après les manifestations extérieures, nous appelons périodes de repos et d'activité. Dans la première, la cellule de la glande ou la fibre musculaire s'assimilent les matériaux qu'elles dépenseront plus tard : elles se nourrissent, elles organisent, par des phénomènes de réduction ou autre, ce qu'elles transforment en un autre moment par des phénomènes de dédoublement ou d'oxydation. Dans cette première période, les phénomènes de circulation et de calorification dans ces tissus nous montrent que ce moment est celui où l'influence des nerfs vaso-constricteurs ou frigorifiques se manifeste avec le plus d'évidence.

— Dans une seconde période, les éléments organiques entrent en fonction; la dénutrition succède à la nutrition, l'organe brûle ses matériaux et produit de la chaleur, c'est-à-dire de la force; les oxydations, ou les processus qui s'y rattachent d'une manière directe, forment alors la base du mouvement moléculaire qui s'accomplit. Or en ce moment les phénomènes vasculaires et calorifiques qu'on peut observer dans les tissus nous montrent que les nerfs vaso-dilatateurs ou calorifiques sont en pleine action, et le rapport qui existe entre leur activité et la dénutrition des tissus est si évident, que nous avons pu provoquer cette dernière en excitant les nerfs vaso-dilatateurs eux-mêmes, faire sécréter par exemple la glande salivaire en agissant sur la corde du tympan, etc.

De même toutes les fois que nous assistons à des phénomènes d'organisation, nous trouvons-nous en présence de conditions identiques avec celles que produit l'entrée en action des nerfs frigorifiques. Les expériences que je vous ai citées, relativement aux œufs des vers à soie (1), pourraient entrer ici en ligne de compte, mais il me suffira de vous rappeler les conditions particulièrement favorables que la réfrigération apporte à la cicatrisation des plaies, conditions que les chirurgiens ont cherché à réaliser par l'irrigation à l'eau froide ou par des applications de glace. C'est là une loi générale que nous pouvons vérifier chez les animaux hibernants; chez une marmotte en hibernation, j'ai vu que la cicatrisation d'une blessure se produit beaucoup plus vite que chez le même animal à l'état de réveil,

(1) Voy. p. 403.

c'est-à-dire avec un milieu intérieur d'une température plus élevée. Si les phénomènes de cicatrisation et de reproduction d'une partie enlevée sont si faciles chez les animaux à sang froid, il n'en faut pas chercher d'autre cause que ce fait, que ce sont des animaux à sang froid. Et en effet, nous observons le même phénomène chez un mammifère, lorsqu'il réalise les conditions d'un animal à sang froid. Chez le loir, dans la période active du réveil, on n'a jamais observé la reproduction de la queue amputée; mais chez le même animal, pendant le refroidissement de l'engourdissement hibernal, on a pu obtenir une régénération analogue à celle qu'offre cet organe chez le lézard ou la salamandre (1).

Or la fièvre, malgré les lacunes que nous avons constatées dans la théorie de sa nature et de son mécanisme, la fièvre nous apparaît essentiellement comme une exagération de l'activité des nerfs médullaires vaso-dilatateurs ou calorifiques, ou, en un mot, des nerfs de dénutrition. Il n'y a plus alors, pour les tissus en général, de périodes successives de nutrition et de dénutrition; celle-ci règne seule, et la production de chaleur est continue.

En outre je considère la fièvre comme un *état actif;* elle est l'expression d'une activité exagérée et continue des vaso-dilatateurs : cette activité est en tout identique avec celle que nous observons lorsque ces nerfs agissent en vertu d'une excitation physiologique fonctionnelle. Rien ne nous permet de considérer la fièvre comme un état passif, d'y voir une paralysie des vaso-dilatateurs ni même des

(1) Expériences de Ch. Legros. — Voy. Onimus, *Notice sur Ch. Legros* (*Journ. de l'anat. et de la physiolog.* 1874, p. 120).

vaso-constricteurs. Pour vous montrer qu'il n'y a aucun rapport entre la fièvre et une paralysie des vaso-dilatateurs, il me suffira de vous rappeler ce que l'on observe après la section de la cinquième paire : dans ce cas les vaso-dilatateurs sont paralysés, et cependant les troubles de nutrition que l'on observe du côté de la face, et notamment du côté de l'œil, troubles que je me réserve d'analyser ultérieurement devant vous d'après nos nouvelles expériences, ces troubles n'ont rien de commun avec la fièvre, ils semblent, au contraire, traduire un état que l'on pourrait considérer comme l'opposé de la fièvre (1).

Pour nous résumer, relativement à l'étude de la chaleur, de la fièvre, des nerfs vaso-dilatateurs, et pour indiquer exactement les rapports qui lient étroitement ces questions de physiologie et de pathologie, nous dirons, en les considérant aux trois points de vue que je vous indiquais comme termes obligés de toute analyse médicale vraiment scientifique, que :

1° La physiologie nous montre dans la fièvre des troubles de nutrition, caractérisés par une dénutrition constante, par suite d'une cessation d'action des nerfs vaso-constricteurs ou frigorifiques et d'une suractivité constante des nerfs vaso-dilatateurs ou calorifiques.

2° La pathologie nous montre dans cet excès même de chaleur produite un empêchement à l'assimilation ou

(1) Ce qui prouverait que les altérations de nutrition qui suivent la section de la 5e paire sont dus à un stase due à la paralysie des nerfs vaso-dilatateurs et à l'exagération d'activité des vaso-constricteurs, c'est qu'en faisant en même temps la section de ces derniers, les lésions de nutrition sont beaucoup moins marquées ou presque nulles.

à la synthèse nutritive et une source de danger, dont la mort peut être le résultat plus ou moins rapide.

3° C'est contre cette persistance de l'état de dénutrition ou de calorification due à la suractivité des vaso-dilatateurs, que la thérapeutique doit chercher à réagir, soit en trouvant un moyen de mettre en jeu le système nerveux vaso-constricteur, de manière à ramener le froid dans le milieu intérieur, soit en substituant à l'action nerveuse physiologique des équivalents physiques, tels que les réfrigérations artificielles extérieures ou intérieures du milieu sanguin (1).

(1) A ce propos, j'ajouterai quelques résultats de nos expériences toute récentes, d'après lesquelles il semblerait que chez les animaux fébricitants, les troubles de l'appareil nerveux régulateur de la calorification sont assez intenses pour empêcher la production des phénomènes que l'on observe dans les conditions normales : si sur un chien fébricitant on excite le nerf sciatique par l'électricité, on n'observe plus la réaction que nous avons signalé précédemment dans l'état de la température générale (voyez page 294. Bien plus, en établissant dans des expériences de thermographie le rapport exact de température du sang artériel et du sang veineux, nous avons observé que si chez l'animal sain la veine cave présente toujours une température supérieure à celle de l'aorte, ce rapport ne paraît pas conservé chez l'animal fébricitant. Chez les chiens fébricitants morphinés nous avons observé des phénomènes intéressants.

FIN.

TABLE DES MATIÈRES

CINQUIÈME LEÇON.

SIXIÈME LEÇON.

SEPTIÈME LEÇON.

HUITIÈME LEÇON.

NEUVIÈME LEÇON

DIXIÈME LEÇON,

ONZIÈME LEÇON.

DOUZIÈME LEÇON.

TREIZIÈME LEÇON.

QUATORZIÈME LEÇON.

QUINZIÈME LEÇON.

SEIZIÈME LEÇON.

DIX-SEPTIÈME LEÇON.

DIX-HUITIÈME LEÇON.

DIX-NEUVIÈME LEÇON.

VINGTIÈME LEÇON.

VINGT ET UNIÈME LEÇON.

VINGT-DEUXIÈME LEÇON.

FIN DE LA TABLE DES MATIÈRES.

PARIS. — IMPRIMERIE DE E. MARTINET, RUE MIGNON, 2

2e SÉRIE, No 59 BULLETIN MENSUEL 1er MARS 1875

LIBRAIRIE

J.-B. BAILLIÈRE & FILS

MÉDECINE, CHIRURGIE, ANATOMIE, PHYSIOLOGIE
HISTOIRE NATURELLE, PHYSIQUE ET CHIMIE MÉDICALES
PHARMACIE, ART VÉTÉRINAIRE

PARIS

RUE HAUTEFEUILLE, 19, PRÈS DU BOULEVARD SAINT-GERMAIN

Londres
BAILLIÈRE, TINDALL AND COX,
KING WILLIAMS STREET, 20.

Madrid
CARLOS BAILLY-BAILLIÈRE,
PLAZA TOPETE, 10.

DERNIÈRES NOUVEAUTÉS.

Leçons sur les anesthésiques et sur l'asphyxie, par M. CLAUDE BERNARD, professeur de médecine au Collége de France. 1 vol. in-8 de 520 pages, avec fig. 7 fr.

Histoire de la chirurgie française au XIXe siècle, étude historique et critique sur les progrès faits en chirurgie et dans les sciences qui s'y rapportent, depuis la suppression de l'Académie royale de chirurgie jusqu'à l'époque actuelle, par le docteur Jules ROCHARD, directeur du service de santé de la marine. 1 vol. in-8 de XVI-800 pages. 14 fr.

Traité de thérapeutique médicale ou guide pour l'application des principaux modes de médication, à l'indication thérapeutique et au traitement des maladies, par le docteur A. FERRAND, médecin des hôpitaux. 1 vol. in-18 jésus de 800 p. Cart. 8 fr.

Principes de thérapeutique générale, ou le médicament étudié aux points de vue physiologique, posologique et clinique, par J. B. FONSSAGRIVES, professeur à la Faculté de médecine de Montpellier. 1 vol. in-8 de 450 pages. 7 fr.

Nouveau dictionnaire des falsifications et des altérations des aliments, des médicaments et de quelques produits employés dans les arts, l'industrie et l'économie domestique, par J. Léon SOUBEIRAN, professeur à l'École supérieure de pharmacie de Montpellier. 1 beau vol. grand in-6 de 640 pages avec 218 fig. Cart. 14 fr.

Hygiène de la première enfance, guide des mères pour l'allaitement, le sevrage et le choix de la nourrice chez les nouveau-nés, par E. BOUCHUT, 6e édition, 1 vol. in-1. de VIII-430 pages avec figures. 4 fr.

Étude médico-légale et clinique sur l'empoisonnement, par A. TARDIEU, professeur de médecine légale à la Faculté de médecine de Paris. 2e édition. 1 vol. in-8 de XXII-1072 pages avec 53 fig. et 2 planches. 14 fr.

Nouveaux éléments de pathologie générale, de sémiologie et de diagnostic, par E. BOUCHUT, professeur agrégé à la Faculté de médecine. 3e édition. 1 vol. grand in-8 de 1312 pages avec 300 fig. Cartonné en toile. 20 fr.

Traité des maladies des yeux, par X. GALEZOWSKI, professeur d'ophthalmologie à l'École pratique de la Faculté de Paris. 2e édition. 1 vol. in-8 de XVI-896 pages avec 416 figures. 20 fr.

Guide du médecin homœopathe au lit du malade, pour le traitement de plus de mille maladies, et répertoire de thérapeutique homœopathique, par le docteur B. HIRSCHEL, nouvelle traduction faite sur la huitième édition allemande, par le docteur V. Léon SIMON. 1 vol. in-18 jésus de XXIV-540 pages. 5 fr.

Sous presse pour paraître prochainement:

Histoire de la génération chez l'homme et chez la femme, par le docteur RICHARD. 1 vol. in-8 de 300 pages avec 8 planches coloriées.

Nouveaux éléments de physiologie, par H. BEAUNIS, professeur à la Faculté de médecine de Nancy. 1 vol. in-8 carré de 800 pages avec 200 figures.

Nouveau Dictionnaire des plantes médicinales, par A. F. HÉRAUD, professeur à l'École de médecine de Toulon. 1 vol. in-18 jésus de 500 pages avec 200 fig.

Éléments de botanique médicale, contenant la description des végétaux utiles à la médecine, et des espèces nuisibles à l'homme, vénéneuses ou parasites, précédés de considérations générales sur l'organisation et la classification des végétaux, par A. MOQUIN-TANDON, professeur à la Faculté de médecine. 3e édition. 1 vol. in-18 jésus aecc 128 figures. 6 fr.

Leçons sur la chaleur animale, cours de médecine faits au Collége de France, par M. Claude BERNARD, membre de l'Institut (Académie des sciences), professeur au Collége de France et au Muséum d'histoire naturelle. 1 vol. in-8 de 600 p. avec fig.

Clinique chirurgicale de l'Hôtel-Dieu de Lyon, par le docteur VALETTE, chirurgien en chef de l'Hôtel-Dieu, professeur à l'École de médecine de Lyon. 1 vol. in-8 de 500 pages avec figures. 12 fr.

Traité des injections sous-cutanées à effet local, méthode de traitement applicable aux névralgies, aux points douloureux, aux goîtres, aux tumeurs, etc., par le docteur A. LUTON, professeur à l'École de médecine de Reims. 1 vol. in-8 de 500 pages avec figures. 6 fr.

De l'onanisme, causes, dangers et inconvénients pour les individus, la famille et la société, remèdes, par le docteur H. FOURNIER. 1 vol. in-18 jésus de 200 pages. 2 fr.

Dictionnaire de médecine, de chirurgie et d'hygiène vétérinaires, par L. H. J. HURTREL D'ARBOVAL. Édition entièrement refondue et augmentée de l'exposé des faits nouveaux observés par les plus célèbres praticiens français et étrangers, par A. ZUNDEL, vétérinaire supérieur d'Alsace-Lorraine, tome III et dernier. Prix pour les souscripteurs. 10 fr.

L'ouvrage formera 3 vol. grand in-8 à deux colonnes avec 1500 fig., publiés en six parties. 50 fr.

En vente : Tome Ier et tome II complets. 40 fr.

Le prix sera porté à 60 francs aussitôt l'ouvrage complet.

Ophthalmoscopie médicale indiquant les lésions du nerf optique, de la rétine, de la choroïde, propres à éclairer le diagnostic des maladies du cerveau et de la moelle épinière, de la tuberculose, des maladies du cœur, de la mort, etc., par E. BOUCHUT. 1 vol. in-4, 12 planches comprenant 90 figures avec texte explicatif.

Nouveau dictionnaire de médecine et de chirurgie pratiques, illustré de figures intercalées dans le texte, rédigé par B. ANGER, E. BAILLY, A. M. BARRALLIER, BERNUTZ, P. BERT, BŒCKEL, BUIGNET, CHAUVEL, CUSCO, DEMARQUAY, DENUCÉ, DESNOS, DESORMEAUX, DEVILLIERS, FERNET, Alf. FOURNIER, A. FOVILLE fils, GALLARD, GAUCHET, H. GINTRAC, GOMBAULT, GOSSELIN, Alphonse GUÉRIN, A. HARDY, HEURTAUX, HIRTZ, JACCOUD, JACQUEMET, JEANNEL, KŒBERLÉ, O. LANNELONGUE, S. LAUGIER, LEDENTU, LIEBREICH, P. LORAIN, LUNIER, LUTON, MARTINEAU, A. NÉLATON, Aug. OLLIVIER, ORÉ, PANAS, PONCET, M. RAYNAUD, RICHET, Ph. RICORD, RIGAL, Jules ROCHARD (de Lorient), Z. ROUSSIN, SAINT-GERMAIN, Ch. SARAZIN, Germain SÉE, Jules SIMON, SIREDEY, STOLTZ, Ambroise TARDIEU, S. TARNIER, TROUSSEAU, VALETTE, VERJON, Auguste VOISIN. — Directeur de la rédaction, le docteur JACCOUD.

Le *Nouveau dictionnaire de médecine et de chirurgie pratiques*, illustré de figures intercalées dans le texte, se composera d'environ 30 volumes grand in-8 cavalier de 800 pages. Prix de chaque volume de 800 pages, avec figures dans le texte. 10 fr.

En vente les tomes I à XX.

Le tome XXI comprendra 800 pages avec 150 figures. Les principaux articles sont :

Lymphatiques, par LEDENTU; **Mâchoires**, par A. DESPRÉS; **Main**, par LEDENTU; **Maladie**, par M. RAYNAUD; **Mamelles**, par BŒCKEL; **Marais**, par REY; **Médiastin**, par DIEULAFOY; **Méninges**, par JACCOUD et LABADIE-LAGRAVE; **Menstruation**, par TARNIER.

Les volumes sont envoyés *franco* par la poste, aussitôt leur publication, aux souscripteurs des départements, sans augmentation sur le prix fixé.

LIVRES DE FONDS.

ABEILLE. **Chirurgie conservatrice.** Exposé d'une méthode nouvelle pour obtenir l'organisation immédiate des plaies traumatiques ou chirurgicales, par le docteur ABEILLE. Paris, 1874, in-8 de 226 pages. 3 fr. 50

ACADÉMIE DE MÉDECINE (ANNUAIRE DE L'). Paris, 1862, 1 vol. in-12 de 204 pages. 1 fr. 50

† **ACADÉMIE DE MÉDECINE (BULLETIN DE L')**, rédigé sous la direction de MM. F. DUBOIS, secrétaire perpétuel, et J. BÉCLARD, secrétaire annuel. — *Collection complète*, formant 36 forts volumes in-8 de chacun 1100 pages.
La collection des 36 volumes pris ensemble, au lieu de 525 fr. 100 fr.
Chaque année séparée in-8 de 1100 pages. 5 fr.
On ne vend pas séparément les tomes XXXII (1866-1867), XXXIII (1868) et XXXIV (1869).

† **ACADÉMIE DE MÉDECINE (MÉMOIRES DE L')**. Tome I, Paris, 1828. — Tome II, 1832. — Tome III, 1833. — Tome IV, 1835. — Tome V, 1836. — Tome VI, 1837. — Tome VII, 1838. — Tome VIII, 1840. — Tome IX, 1841. — Tome X, 1843. — Tome XI, 1845. — Tome XII, 1846. — Tome XIII, 1848. — Tome XIV, 1849. — Tome XV, 1850. — Tome XVI, 1852. — Tome XVII, 1853. — Tome XVIII, 1854. — Tome XIX, 1855. — Tome XX, 1856. — Tome XXI, 1857. — Tome XXII, 1858. — Tome XXIII, 1859. — Tome XXIV, 1860. — Tome XXV, 1861. — Tome XXVI, 1863. — Tome XXVII, 1865-1866. — Tome XXVIII, 1867-68. — Tome XXIX, 1869-70. — *Collection complète* formant 29 forts vol. in-4 avec planches.
La collection des 29 vol. *pris ensemble*, au lieu de 580 fr. : 200 fr.
Chaque volume séparément : 10 fr.
On ne vend pas séparément les tomes XV (1850), XXI (1857), XXII (1858), XXIII (1859) et XXV (1861).

ALLIOT (L.). **Éléments d'hygiène religieuse** et scientifique. Paris, 1874. 1 vol. in-12 de 184 pages avec figures. 3 fr.

AMAGAT (A. L.). **Étude sur les différentes voies d'absorption des médicaments.** Paris, 1873, in-8 de 130 pages. 2 fr.

AMETTE. **Code médical**, ou Recueil des lois, décrets et règlements sur l'étude, l'enseignement et l'exercice de la médecine civile et militaire en France, par Amédée AMETTE, secrétaire de la Faculté de médecine de Paris. *Troisième édition*, augmentée. Paris, 1859. 1 vol. in-12 de 560 pages. 4 fr.

ANDOUARD. **Nouveaux éléments de pharmacie**, par ANDOUARD, professeur à l'École de médecine de Nantes. Paris, 1874, 1 vol. in-8 de 880 p. avec 120 fig. 14 fr.

ANDRAL et GAVARRET. **Recherches sur la composition du sang** de quelques animaux domestiques dans l'état de santé et de maladie. Paris, 1842, in-8, 36 pages. 1 fr.

ANDRAL et GAVARRET. **Recherches sur la quantité d'acide carbonique** exhalé par les poumons dans l'espèce humaine. Paris, 1843, in-8, 30 pages avec 1 pl. 1 fr.

ANGER. **Nouveaux éléments d'anatomie chirurgicale**, par Benjamin ANGER, chirurgien de la Maternité, professeur agrégé à la Faculté de médecine de Paris, lauréat de l'Institut (Académie des sciences). Paris, 1869, ouvrage complet, 1 vol. in-8 de 1055 pages, avec 1079 figures et Atlas in-4 de 12 planches dessinées d'après nature, gravées sur acier et imprimées en couleur, et représentant les régions de la tête, du cou, de la poitrine, de l'abdomen, de la fosse iliaque interne, du périnée et du bassin, avec texte explicatif, cartonné. 40 fr.
— *Séparément*, le texte, 1 vol. in-8. 20 fr.
— *Séparément*, l'atlas, 1 vol. in-4. 25 fr.

ANGLADA (Ch.). **Études sur les maladies éteintes et les maladies nouvelles,** pour servir à l'histoire des évolutions séculaires de la pathologie, par Charles ANGLADA, professeur à la Faculté de Montpellier. Paris, 1869, 1 vol. de 700 pages. 8 fr.

† **ANNALES D'HYGIÈNE PUBLIQUE ET DE MÉDECINE LÉGALE,** par MM. BEAUGRAND, J. BERGERON, BRIERRE DE BOISMONT, CHEVALLIER, DELPECH, DEVERGIE, FONSSAGRIVES, GALLARD, GAULTIER DE CLAUBRY, GUÉRARD, DE PIETRA SANTA, Z. ROUSSIN, Ambr. TARDIEU, VERNOIS, avec une revue des travaux français et étrangers, par M. O. DUMESNIL.

Première série, collection complète (1829 à 1853), dont il ne reste que peu d'exemplaires. 50 vol. in-8 avec figures et planches. 500 fr.

Tables alphabétiques par ordre des matières et des noms d'auteurs des tomes I à L (1829 à 1853). Paris, 1855, in-8 de 136 pages à 2 colonnes. 3 fr. 50

Seconde série, commencée avec le cahier de janvier 1854. Elle paraît tous les trois mois par cahiers de 15 feuilles in-8 (240 pages) avec planches.

Prix de l'abonnement annuel pour Paris : 20 fr.

Pour les départements : 22 fr. — Pour l'étranger, d'après les tarifs de la convention postale.

Chacune des dernières années jusques et y compris 1871 séparément : 18 fr.

Chacune des dernières années, à partir de 1872. 20 fr.

On ne vend pas séparément : 1re *série*, tomes I et II (1829), tomes XI et XII (1834), XV et XVI (1836).— 2e *série*, tomes XIII et XIV, XV et XVI, XVII et XVIII, XIX et XX (1860, 1861, 1862 et 1863).

ANNUAIRE DE L'ASSOCIATION GÉNÉRALE DE PRÉVOYANCE et de secours mutuels des médecins de France, publié par le conseil général de l'association. Première année, 1858-1861. Paris, 1862. — 2e année, 1862. Paris, 1863. — 3e année, 1863. Paris, 1864. — 4e année, 1864. Paris, 1865. — 5e année, 1865. Paris, 1866.— 6e année, 1866. Paris, 1867.— 7e année, 1867. Paris, 1868.— 8e année, 1868. Paris, 1869. — 9e année, 1869. Paris, 1870. — 10e et 11e année, 1870-71. Paris, 1872. —12e et 13e année, 1872. Paris, 1873. — 14e année 1873. Paris, 1874. — Prix de chaque année formant 1 vol. in-18 jésus de 700 p. 1 fr.

— Chaque année, franco par la poste. 1 fr. 50

ANNUAIRE DE CHIMIE, comprenant les applications de cette science à la médecine et à la pharmacie, par MM. E. MILLON et J. REISET. Paris, 1845-1851, 7 vol. in-8 de chacun 700 à 800 pages. 7 fr.

Séparément, années 1845, 1846, 1847, chaque volume. 1 fr. 50

ANNUAIRE PHARMACEUTIQUE, fondé par O. REVEIL et L. PARISEL, ou Exposé analytique des travaux de pharmacie, physique, histoire naturelle médicale, thérapeutique, hygiène, toxicologie, pharmacie et chimie légales, eaux minérales, intérêts professionnels, par le docteur C. MÉHU, pharmacien de l'hôpital Necker. Paris, 1863-1874, 11 vol. in-18 de chacun 400 pages avec figures. Chaque volume : 1 fr. 50

† **ARCHIVES DE MÉDECINE NAVALE,** rédigées sous la surveillance de l'inspection générale du service de santé de la marine. Directeur de la rédaction, M. le docteur LE ROY DE MÉRICOURT.

Les *Archives de médecine navale* paraissent depuis le 1er janvier 1864, mensuellement, par numéro de 80 pages, avec planches et figures, et forment chaque année 2 vol. in-8 de chacun 500 pages. Prix de l'abonnement annuel pour Paris. 12 fr.

— Pour les départements. 14 fr.

— Pour l'étranger, d'après les tarifs de la convention postale.

Les tomes I à XXII (1864-74) sont en vente.

ARCHIVES ET JOURNAL DE LA MÉDECINE HOMOEOPATHIQUE, publiés par une société de médecins de Paris. *Collection complète*. Paris, 1834-1837. 6 vol. in-8. 30 fr.

BACH (J. A.). **De l'anatomie pathologique des différentes espèces de goîtres,** du traitement préservatif et curatif, par J. A. BACH, professeur à la Faculté de médecine de Nancy. Paris, 1855, in-4 avec 1 planche. 2 fr. 50

BACHELIER (Jules). **Exposé critique et méthodique de l'hydrothérapie,** ou Traitement des maladies par l'eau froide. Pont-à-Mousson, 1843, in-8, VIII-254 pages. 3 fr. 50

BAER. **Histoire du développement des animaux,** traduit par G. BRESCHET. Paris, 1826, in-4. 1 fr.

BAILLARGER (J.). **Recherches sur la structure de la couche corticale des circonvolutions du cerveau**, par M. J. BAILLARGER, médecin de la Salpêtrière, membre de l'Académie de médecine. Paris, 1840, in-4, 33 pages, avec 2 planches. 1 fr. 50

BAILLARGER (J.). **Des hallucinations**, des causes qui les produisent et des maladies qu'elles caractérisent. Paris, 1846, 1 vol. in-4 de 400 pages. 5 fr.

BAILLY. **Traitement des ovariotomisées.** Considérations physiologiques sur la castration de la femme, par le docteur Ch. BAILLY. Paris, 1872, in-8 de 116 p. 3 fr.

BALDOU. **Instruction pratique sur l'hydrothérapie**, étudiée au point de vue : 1° de l'analyse clinique ; 2° de la thérapeutique générale ; 3° de la thérapeutique comparée ; 4° de ses indications et contre-indications. *Nouvelle édition*, Paris, 1857, in-8 de 691 pages. 5 fr.

BARRAULT (E.). **Parallèle des eaux minérales de France et d'Allemagne.** Guide pratique du médecin et du malade, avec une introduction par le docteur DURAND-FARDEL. Paris, 1872, in-18 de XXII-372 pages............... 3 fr. 50

BARRESWILL. **Documents académiques et scientifiques, pratiques et administratifs sur le tannate de quinine.** Paris, 1852, in-8. 75 c.

BAUCHET (J. L.). **Histoire anatomo-pathologique des kystes**, par J. L. BAUCHET, professeur agrégé de la Faculté de médecine. Paris, 1857, 1 vol. in-4. 3 fr.

BAUCHET (J. L.). **Anatomie pathologique des kystes de l'ovaire**, et de ses conséquences pour le diagnostic et le traitement de ces affections. Paris, 1859, 1 vol. in-4. 5 fr.

BAYARD. **De la nécessité des études pratiques en médecine légale.** Paris, 1840, in-8. 50 c.

BAYARD. **Mémoire sur la topographie médicale des Xe, XIe et XIIe arrondissements de Paris.** Recherches historiques et statistiques sur les conditions hygiéniques, etc. Paris, 1844, in-8, avec 5 cartes. 1 fr. 50

BAZIN (A.). **Du système nerveux, de la vie animale et de la vie végétative**, de leurs connexions anatomiques et des rapports physiologiques, psychologiques et zoologiques qui existent entre eux. Paris, 1841, in-4, avec 5 planches. 3 fr.

BEALE. **De l'urine, des dépôts urinaires et des calculs**, de leur composition chimique, de leurs caractères physiologiques et pathologiques et des indications thérapeutiques qu'ils fournissent dans le traitement des maladies, par Lionel BEALE, médecin et professeur au King's College Hospital. Traduit de l'anglais sur la seconde édition et annoté par MM. Auguste Ollivier, médecin des hôpitaux, et Georges Bergeron, agrégé de la Faculté de médecine. Paris, 1865, 1 vol. in-18 jésus, de XXX-540 pages avec 163 figures. 7 fr.

BEAU. **Traité expérimental et clinique d'auscultation** appliquée à l'étude des maladies du poumon et du cœur, par le docteur J. H. S. BEAU, médecin de l'hôpital de la Charité. Paris, 1856, 1 vol. in-8 de XII-626 pages. 7 fr. 50

BEAUNIS (H.). **Programme du cours complémentaire de physiologie** fait à la Faculté de médecine de Strasbourg. Paris, 1872, 1 vol. in-18 de 112 pages. 2 fr. 50

BEAUNIS et **BOUCHARD.** **Nouveaux éléments d'anatomie descriptive** et d'embryologie, par H. BEAUNIS, professeur à la Faculté de médecine de Nancy, et H. BOUCHARD, professeur agrégé à la Faculté de médecine de Nancy. *Deuxième édition*. Paris, 1873, 1 vol. grand in-8 de XVI-1104 pages avec 421 figures dessinées d'après nature, cartonné. 18 fr.

BEAUVAIS. **Effets toxiques et pathogénétiques de plusieurs médicaments** sur l'économie animale dans l'état de santé, par le docteur BEAUVAIS (de Saint-Gratien). Paris, 1845, in-8 de 420 pages avec huit tableaux in-folio. 7 fr.

BEAUVAIS. **Clinique homœopathique.** Paris, 1836-1840, 9 forts vol. in-8. 45 fr.

BECLU. **Nouveau manuel de l'herboriste**, ou Traité des propriétés médicinales des plantes exotiques et indigènes du commerce, suivi d'un Dictionnaire pathologique, thérapeutique et pharmaceutique, par H. BECLU, herboriste praticien. Paris, 1872. 1 vol. in-12 de XIV-256 pages, avec 55 fig. 2 fr. 50

BECQUEREL. **Recherches cliniques sur la méningite des enfants**, par Alfred BECQUEREL, médecin des hôpitaux. Paris, 1838, in-8, 128 pages. 1 fr.

BÉGIN. **Études sur le service de santé militaire en France**, son passé, son présent et son avenir, par le docteur L. J. BÉGIN, chirurgien-inspecteur, membre du Conseil de santé des armées. Paris, 1849, in-8 de 370 pages. 4 fr. 50

BÉGIN. Nouveaux éléments de chirurgie et de médecine opératoire. 2e édition. Paris, 1838, 3 vol. in-8. 20 fr.

BELMAS. Traité de la cystotomie sus-pubienne. Paris, 1827, in-8, fig. 2 fr.

BENECH. Pathologie naturelle générale. Paris, 1851, tome I, in-8. 7 fr.

BERGER et REY. Répertoire bibliographique des travaux des médecins et des pharmaciens de la marine française, 1698-1873, suivi d'une table méthodique des matières par les docteurs Ch. BERGER (de Brest), médecin de la marine, et H. REY, médecin de 1re classe. Paris, 1874, in-8 de IV-282 pages. 6 fr.

BERGERET (L. F. L.). Des fraudes dans l'accomplissement des fonctions génératrices, causes, dangers et inconvénients pour les individus, la famille et la société, remèdes, par L. F. BERGERET, médecin en chef de l'hôpital d'Arbois (Jura). *Quatrième édition*. Paris, 1873, 1 vol. in-18 jésus de 228 pages. 2 fr. 50

BERGERET (L. F. E.). De l'abus des boissons alcooliques, dangers et inconvénients pour les individus, la famille et la société. Moyens de modérer les ravages de l'ivrognerie. Paris, 1870, in-18 jésus de VIII-380 pages. 3 fr.

BERNARD (Cl.). Leçons de physiologie expérimentale appliquée à la médecine, faites au Collége de France par Cl. BERNARD, membre de l'Institut de France (Académie des sciences et Académie française), professeur au Collége de France, professeur de physiologie générale au Muséum d'histoire naturelle. Paris, 1855-1856, 2 vol. in-8, avec fig. 14 fr.

BERNARD (Cl.). Leçons sur les effets des substances toxiques et médicamenteuses. Paris, 1857, 1 vol. in-8 avec figures. 7 fr.

BERNARD (Cl.). Leçons sur la physiologie et la pathologie du système nerveux. Paris, 1858, 2 vol. in-8 avec figures. 14 fr.

BERNARD (Cl.). Leçons sur les propriétés physiologiques et les altérations pathologiques des liquides de l'organisme. Paris, 1859, 2 vol. in-8 avec 32 fig. 14 fr.

BERNARD (Cl.). Introduction à l'étude de la médecine expérimentale. Paris, 1865, in-8, 400 pages. 7 fr.

BERNARD (Cl.). Leçons de pathologie expérimentale. Paris, 1871, 1 vol. in-8 de 600 pages. 7 fr.

BERNARD (Cl.). Leçon sur les anesthésiques et sur l'asphyxie. Paris, 1875, 1 vol. in-8 de 520 pages avec figures. 7 fr

BERNARD (Cl.) et HUETTE. Précis iconographique de médecine opératoire et d'anatomie chirurgicale. *Nouveau tirage*. Paris, 1873, 1 vol. in-18 jésus, 495 pag., avec 113 pl., figures noires. Cartonné. 24 fr.

Le même, figures coloriées, cart. 48 fr.

— Le même, en 8 livraisons composées chacune de 64 pages de texte avec 14 planches. Prix de la livraison : figures noires, 3 fr.; figures coloriées. 6 fr.

BERNARD (H.). Premiers secours aux blessés sur le champ de bataille et dans les ambulances, par le docteur H. BERNARD, ancien chirurgien des armées, précédé d'une introduction par J. N. DEMARQUAY. Paris, 1870, in-18 de 164 p. avec 79 fig. 2 fr.

BERT (Paul). Leçons sur la physiologie comparée de la respiration, par Paul BERT, professeur de physiologie à la Faculté des sciences. Paris, 1870, 1 vol. in-8 de 500 pages avec 150 fig. 10 fr.

BERTHERAND. Hygiène musulmane, par le docteur E. L. BERTHERAND, ancien médecin des affaires arabes. 2e édit. 1873, in-8 de 70 pages. 2 fr. 50

BERTHOLDI. Conseils d'un médecin homœopathe, ou Moyen de se traiter soi-même homœopathiquement. Traduit de l'allemand par SARRAZIN. Paris, 1837, in-18 de 180 pages. 2 fr. 25

BILLET (Léon). De la fièvre puerpérale et de la réforme des maternités. Paris, 1872, in-8 de 89 pages. 2 fr.

BILLET (L.). Contributions à l'étude des névroses extraordinaires. Paris, 1874, grand in-8 de 76 pages. 2 fr.

BISCHOFF (T. L. G.). Traité du développement de l'homme et des mammifères, Paris, 1843, in-8. 5 fr.

BLANDIN. Anatomie du système dentaire, considérée dans l'homme et les animaux. Paris, 1836, in-8 avec une planche. 2 fr. 50

BOECKEL. De la galvanocaustie thermique, par Eugène BOECKEL, chirurgien de l'hôpital de Strasbourg. Paris, 1873, in-8 de 116 pages avec 3 pl. 3 fr. 50

BOENNINGHAUSEN (C. de). **Manuel de thérapeutique médicale homœopathique,** pour servir de guide au lit des malades et à l'étude de la matière médicale pure. Traduit de l'allemand par le docteur D. ROTH. Paris, 1846, in-12 de 600 p. 7 fr.

BOENNINGHAUSEN (C. de). **Tableau de la principale sphère d'action et des propriétés caractéristiques des remèdes antipsoriques,** traduit de l'allemand par T. de BACHMETEFF et le docteur RAPOU, précédé d'un mémoire sur la Répétition des doses du docteur HERING (de Philadelphie). Paris, 1834, in-8, 352 p. 5 fr.

BOENNINGHAUSEN (C. de). **Les côtés du corps, ainsi que les affinités des médicaments.** Études homœopathiques, traduit de l'allemand par Ph. DE MOLINARI. Bruxelles, 1857, in-8, 24 pages. 1 fr. 50

BOISSEAU. Des maladies simulées et des moyens de les reconnaître, par le docteur Edm. BOISSEAU, professeur agrégé à l'École du Val-de-Grâce. Paris, 1870, 1 vol. in-8 de 510 pages avec figures. 7 fr.

BOIVIN (Mme) et **DUGES. Anatomie pathologique de l'utérus et de ses annexes,** fondée sur un grand nombre d'observations cliniques ; par madame BOIVIN, docteur en médecine, sage-femme en chef de la Maison de santé, et A. DUGÈS, professeur à la Faculté de médecine de Montpellier. Paris, 1866, atlas in-folio de 41 planches, gravées et coloriées, *représentant les principales altérations morbides des organes génitaux de la femme*, avec explication. 45 fr.

BONNAFONT. Traité pratique des maladies de l'oreille et des organes de l'audition. *Deuxième édition.* Paris, 1873, in-8 de XVI-700 pages avec 43 figures. 10 fr.

BONNET (A.). **Traité de thérapeutique des maladies articulaires,** par A. BONNET, professeur à l'École de médecine de Lyon. Paris, 1853, 1 vol. in-8 avec 97 fig. 9 fr.

BONNET (A.). **Nouvelles méthodes de traitement des maladies articulaires.** *Seconde édition*, accompagnée d'observations sur la rupture de l'ankylose, par MM. BARRIER, BERNE, PHILIPEAUX et BONNET. Paris, 1860, in-8 avec 17 fig. 4 fr. 50

BOUCHARDAT. Du diabète sucré, ou glucosurie, son traitement hygiénique, par M. BOUCHARDAT, membre de l'Académie de médecine, professeur à la Faculté de médecine de Paris. Paris, 1852, 1 vol. in-4. 4 fr. 50

BOUCHUT. Traité pratique des maladies des nouveau-nés, des enfants à la mamelle et de la seconde enfance, par le docteur E. BOUCHUT, médecin de l'hôpital des Enfants malades, professeur agrégé à la Faculté de médecine. *Sixième édition*, corrigée et augmentée. Paris, 1873, 1 vol. in-8, VIII-1092 p., avec 179 fig. 16 fr.
Ouvrage couronné par l'Institut de France.

Après une longue pratique et plusieurs années d'enseignement clinique à l'hôpital des Enfants de Sainte-Eugénie, M. Bouchut, pour répondre à la faveur publique, a étendu son cadre et complété son œuvre, en y faisant entrer indistinctement toutes les maladies de l'enfance jusqu'à la puberté. On trouvera dans son livre la médecine et la chirurgie du premier âge.

BOUCHUT (E.). **Hygiène de la première enfance.** Guide des mères pour l'allaitement, le sevrage et le choix de la nourrice chez les nouveau-nés. *Sixième édition.* Paris, 1874, in-18 de 400 pages, avec 49 figures. 4 fr.

BOUCHUT (E.). **Nouveaux éléments de pathologie générale, de séméiologie et de diagnostic,** comprenant : la nature de l'homme ; l'histoire générale de la maladie, les différentes classes de maladie, l'anatomie pathologique générale et l'histologie pathologique, le pronostic ; la thérapeutique générale ; les éléments du diagnostic par l'étude des symptômes et l'emploi des moyens physiques : auscultation, percussion, cérébroscopie, laryngoscopie, microscopie, chimie pathologique, spirométrie, etc. *Troisième édition*, revue et augmentée. Paris, 1875, 1 vol. gr. in-8 de 1312 pages avec 282 fig., cartonné en toile. 20 fr.

BOUCHUT (E.). **Traité des signes de la mort** et des moyens de ne pas être enterré vivant. *Deuxième édition* augmentée d'une étude sur de nouveaux signes de la mort. Paris, 1874, in-12 de VIII-468 pages. 4 fr.
Ouvrage couronné par l'Institut de France et par l'Académie de médecine.

BOUCHUT (E.). **De l'état nerveux aigu et chronique, ou nervosisme.** Paris, 1860. 1 vol. in-8 de 348 p. 5 fr.

BOUCHUT (E.). **Des effets physiologiques et thérapeutiques de l'hydrate de chloral.** Paris, 1869, grand in-8 de 20 pages. 1 fr.

BOUDIN. Traité de géographie et de statistique médicales, et des maladies endémiques, comprenant la météorologie et la géologie médicales, les lois statistiques de la population et de la mortalité, la distribution géographique des maladies, et la pathologie comparée des races humaines, par le docteur J. CH. M. BOUDIN. Paris, 1857, 2 vol. gr. in-8, avec 9 cartes et tableaux. 20 fr.

BOUDIN. Souvenirs de la campagne d'Italie, observations topographiques et médicales. Études nouvelles sur la pellagre. Paris, 1861, in-8, avec une carte. 2 fr. 50

BOUDIN. Études d'hygiène publique sur **l'état sanitaire, les maladies et la mortalité des armées anglaises** de terre et de mer en Angleterre et dans les colonies, traduit de l'anglais d'après les documents officiels. Paris, 1846, in-8 de 190 pages. 3 fr.

BOUILLAUD. Traité de nosographie médicale, par J. BOUILLAUD, membre de l'Institut, professeur de clinique médicale à la Faculté de médecine de Paris, médecin de l'hôpital de la Charité. Paris, 1846, 5 vol. in-8 de chacun 700 p. 8 fr.

BOUILLAUD. Traité clinique des maladies du cœur. *Deuxième édition.* Paris, 1841, 2 vol. in-8 avec 8 planches. 16 fr.
Ouvrage auquel l'Institut de France a accordé le grand prix de médecine.

BOUILLAUD. Traité clinique du rhumatisme articulaire, et de la loi de coïncidence des inflammations du cœur avec cette maladie. Paris, 1840, in-8. 7 fr. 50
Ouvrage servant de complément au *Traité des maladies du cœur.*

BOUILLAUD. De l'introduction de l'air dans les veines. Paris, 1838, in-8. 2 fr.

BOUISSON. Traité de la méthode anesthésique appliquée à la chirurgie et aux différentes branches de l'art de guérir, par le docteur E. F. BOUISSON, professeur à la Faculté de médecine de Montpellier. Paris, 1850, in-8 de 560 pages. 4 fr.

BOURGEOIS (L. X.). **Les passions dans leurs rapports avec la santé et les maladies,** par le docteur X. BOURGEOIS. — **L'amour et le libertinage.** *Troisième édition.* Paris, 1871, 1 vol. in-12 de 208 pages. 2 fr.

BOURGEOIS (L. X.). **De l'influence des maladies de la femme** pendant la grossesse sur la constitution et la santé de l'enfant. Paris, 1861, 1 vol. in-4. 3 fr. 50

BOUSQUET (J. B.). **Nouveau traité de la vaccine** et des éruptions varioleuses ou varioliformes. Paris, 1848, in-8 de 600 pages. 7 fr.

BOUVIER (H.). **Leçons cliniques sur les maladies chroniques de l'appareil locomoteur,** par H. BOUVIER, médecin de l'hôpital des Enfants, membre de l'Académie de médecine. Paris, 1858, 1 vol. in-8 de VIII-532 pages. 7 fr.

BOUVIER (H.). **Atlas des leçons sur les maladies chroniques de l'appareil locomoteur,** comprenant les **Déviations de la colonne vertébrale.** Paris, 1858. Atlas de 20 planches in-folio. 18 fr.

BOUVIER (H.). **Mémoire sur la section du tendon d'Achille dans le traitement des pieds bots.** Paris, 1838, in-4 de 72 pages avec une planche lithogr. 2 fr.

BOYMOND (Marc). **De l'urée.** Physiologie, chimie, dosage. Paris, 1872, in-8 de 167 pages. 3 fr.

BRAIDWOOD. De la pyohémie ou fièvre suppurative, par P. M. BRAIDWOOD; traduction par le docteur E. ALLING, revue par l'auteur. Paris, 1869, 1 vol. in-8 de VIII-300 p. avec 12 planches chromolithographiées. 8 fr.

BRAINARD. Mémoire sur le traitement des fractures non réunies et des difformités des os, par Daniel BRAINARD, professeur de chirurgie au collége médical de l'Illinois. Paris, 1854, grand in-8, 72 pages avec 2 planches comprenant 19 fig. 3 fr.

BRAUN, BROUWERS et DOCX. Gymnastique scolaire en Hollande, en Allemagne et dans les pays du Nord, suivie de l'état de l'enseignement de la gymnastique en France. Paris, 1874, 1 vol. in-8 de 168 pages. 3 fr. 50

BREMSER. Traité zoologique et physiologique des vers intestinaux de l'homme, traduit de l'allemand par M. Grundler. Revu par M. de Blainville. Paris, 1837, in-8 avec atlas in-4 de 15 planches. 7 fr.

BRESCHET (G.). **Mémoires chirurgicaux** sur différentes espèces d'**anévrysmes**. Paris, 1834, in-4 avec six planches in-fol. 6 fr.

BRESCHET (G.). Recherches anatomiques et physiologiques sur l'**organe de l'ouïe et sur l'audition dans l'homme et les animaux vertébrés.** Paris, 1836, in-4 avec 13 planches. 5 fr.

BRESCHET (G.). **Études anatomiques, physiologiques et pathologiques de l'œuf** dans l'espèce humaine et dans quelques-unes des principales familles des animaux vertébrés. Paris, 1835, 1 vol. in-4 de 144 pages avec 6 planches. 5 fr.

BRESCHET (G.). Recherches anatomiques et physiologiques sur l'**organe de l'ouïe des poissons.** Paris, 1838, in-4 avec 17 planches. 5 fr.

BRIAND et **CHAUDÉ**. **Manuel complet de médecine légale,** ou Résumé des meilleurs ouvrages publiés jusqu'à ce jour sur cette matière, et des jugements et arrêts les plus récents, par J. BRIAND, docteur en médecine de la Faculté de Paris, et Ernest CHAUDÉ, docteur en droit; et contenant un *Traité élémentaire de chimie légale*, par J. BOUIS, professeur à l'École de pharmacie de Paris. *Neuvième édition.* Paris, 1874, 1 vol. gr. in-8 de VIII-1102 pages avec 3 pl. gravées et 37 fig. 18 fr.

BRIERRE DE BOISMONT. Du délire aigu observé dans les établissements d'aliénés, par M. BRIERRE DE BOISMONT. Paris, 1845, 1 vol. in-4 de 120 pages. 3 fr. 50

BRIERRE DE BOISMONT. De l'emploi des bains prolongés et des irrigations continues dans le traitement des formes aiguës de la folie, et en particulier de la manie. Paris, 1847, 1 vol. in-4 de 62 pages. 1 fr. 50

BRIQUET (P.). **Rapport sur les épidémies du choléra-morbus** qui ont régné de 1817 à 1850. Paris, 1868, 1 vol. in-4 de 235 pages. 6 fr.

BRIQUET (P.). **De la variole.** Paris, 1871, in-8 de 56 pages. 1 fr. 50

BROCA. Anatomie pathologique du cancer, par Paul BROCA, professeur à la Faculté de médecine. Paris, 1852, 1 vol. in-4 avec une planche. 3 fr. 50

BROUSSAIS. Cours de phrénologie. Paris, 1836, 1 vol. in-8 de 850 pages avec planches. 4 fr. 50

BROWN-SÉQUARD. Propriétés et fonctions de la moelle épinière. Rapport sur quelques expériences de M. BROWN-SÉQUARD, par M. PAUL BROCA. Paris, 1856, in-8. 1 fr.

BRUCKE. Des couleurs au point de vue physique, physiologique, artistique et industriel, par Ernest BRUCKE, professeur à l'Université de Vienne, traduit par Paul Schützenberger. Paris, 1866, 1 vol. in-18 jésus de 344 pag. avec 46 fig. 4 fr.

BRUNNER. La médecine basée sur l'examen des urines, suivie des moyens hygiéniques les plus favorables à la guérison, à la santé et à la prolongation de la vie, par le docteur F. A. BRUNNER. Paris, 1858, 1 vol. in-8, 320 pages. 5 fr.

BURLUREAUX. Considérations sur le siége, la nature, les causes de la folie paralytique, par le docteur Charles BURLUREAUX. 1874, grand in-8 de 91 p. 2 fr.

BYASSON (Henri). **Des matières amylacées et sucrées,** leur rôle dans l'économie. Paris, 1873, gr. in-8 de 112 pages. 2 fr. 50

CABANIS. Rapport du physique et du moral de l'homme, et Lettre sur les causes premières, par P. J. G. CABANIS, précédé d'une Table analytique, par DESTUTT DE TRACY, *huitième édition*, augmentée de Notes, et précédée d'une Notice historique et philosophique sur la vie, les travaux et les doctrines de Cabanis, par L. PEISSE. Paris, 1844, in-8 de 780 pages. 6 fr.

La notice biographique, composée sur des renseignements authentiques fournis en partie par la famille même de Cabanis, est à la fois la plus complète et la plus exacte qui ait été publiée. Cette édition est la seule qui contienne la *Lettre sur les causes premières.*

CAILLAULT. Traité pratique des maladies de la peau chez les enfants, par le docteur CH. CAILLAULT. Paris, 1859, 1 vol. in-18 de 400 pages. 3 fr. 50

CALMEIL. Traité des maladies inflammatoires du cerveau, ou Histoire anatomo-pathologique des congestions encéphaliques, du délire aigu, de la paralysie générale ou périencéphalite chronique diffuse à l'état simple ou compliqué, du ramollissement cérébral ou local aigu et chronique, de l'hémorrhagie cérébrale localisée récente ou non récente, par le docteur L. F. CALMEIL, médecin en chef de la Maison de Charenton. Paris, 1859, 2 forts volumes in-8. 17 fr.

CALMEIL. **De la folie considérée sous le point de vue pathologique, philosophique, historique et judiciaire**, depuis la renaissance des sciences en Europe jusqu'au XIXe siècle; description des grandes épidémies de délire simple ou compliqué qui ont atteint les populations d'autrefois et régné dans les monastères; exposé des condamnations auxquelles la folie méconnue a donné lieu. Paris, 1845, 2 vol. in-8. 14 fr.

CALMEIL. **De la paralysie considérée chez les aliénés**. Paris, 1823, in-8. 6 fr. 50

CARRIÈRE (Ed.). **Le climat de l'Italie**, sous le rapport hygiénique et médical. Paris, 1849. 1 vol. in-8 de 600 pages. *Ouvrage couronné par l'Institut de France*. 7 fr. 50

CARRIÈRE (Ed.). **Le climat de Pau** sous le rapport hygiénique et médical. Paris, 1870, 1 vol. in-12 de XII-180 pages. 2 fr.

CARUS (C. C.). **Traité élémentaire d'anatomie comparée**, suivi de **Recherches d'anatomie philosophique** ou **transcendante** sur les parties primaires du système nerveux et du squelette intérieur et extérieur; traduit de l'allemand et précédé d'une *Esquisse historique et bibliographique de l'anatomie comparée*, par A. J. L. JOURDAN. Paris, 1835, 3 volumes in-8 avec *Atlas de 31 planches gr. in-4 gravées*. 10 fr.

CASTELNAU et **DUCREST**. **Recherches sur les abcès multiples**, comparés sous leurs différents rapports. Paris, 1846, in-4. 1 fr.

CAUVET. **Nouveaux éléments d'histoire naturelle médicale**, comprenant des notions générales sur la zoologie, la botanique et la minéralogie, l'histoire et les propriétés des animaux et des végétaux utiles ou nuisibles à l'homme, soit par eux-mêmes, soit par leurs produits, par D. CAUVET, professeur à l'École supérieure de pharmacie de Nancy. Paris, 1869, 2 vol. in-18 jésus avec 790 fig. 12 fr.

L'histoire des animaux, des végétaux et des minéraux utiles ou nuisibles à l'homme a été faite selon l'ordre des séries naturelles, en suivant les classifications le plus généralement adoptées. Les produits de ces différents êtres ont été étudiés soigneusement, au double point de vue de leurs caractères et de leurs propriétés médicinales. Pour les médecins, l'auteur fait connaître les propriétés physiologiques des médicaments simples les plus usités; pour les pharmaciens, il donne les caractères distinctifs des drogues et les propriétés chimiques de leurs principes actifs.

Ce livre comprend les matières exigées pour le troisième examen de doctorat en médecine et le deuxième examen de maîtrise en pharmacie.

CAZAUVIEILH (J.B.). **Du suicide, de l'aliénation mentale** et des crimes contre les personnes, comparés dans leurs rapports réciproques. Recherches sur ce premier penchant chez les habitants des campagnes. Paris, 1840, in-8. 2 fr. 50

CAZENAVE. **Traité des maladies du cuir chevelu**, suivi de conseils hygiéniques sur les soins à donner à la chevelure, par le docteur A. CAZENAVE, médecin de l'hôpital Saint-Louis, etc. Paris, 1850, 1 vol. in-8 avec 8 planches coloriées. 8 fr.

Table des matières. — Introduction. Coup d'œil historique sur la chevelure. — Première partie. Considérations anatomiques et physiologiques sur les cheveux. — Deuxième partie. Pathologie du cuir chevelu. — Troisième partie. Hygiène.

CELSE (A. C.). **De la médecine**, traduit par Fouquier et F. S. Ratier. Paris, 1824, 1 vol. in-18. 2 fr.

CELSI (A. C.). **De re medica libri octo**, editio nova, curantibus P. FOUQUIER, in Facultate Parisiensi professore, et F. S. RATIER. Parisiis, 1823, in-18. 1 fr. 50

CERISE. **Déterminer l'influence de l'éducation physique et morale** sur la production de la surexcitation du système nerveux et des maladies qui sont un effet consécutif de cette surexcitation. Paris, 1841, 1 vol. in-4 de 370 pages. 3 fr.

CHABENAT. **De la mort subite par embolie pulmonaire** dans les varices enflammées, par le docteur Marc CHABENAT. 1874, in-8 de 70 pages. 1 fr. 50

CHAILLY-HONORÉ. **Traité pratique de l'art des accouchements**. *Cinquième édition*. Paris, 1867, 1 vol. in-8 de XXIV-1036 pages avec 282 figures. 10 fr.

CHAMBERT. **Des effets physiologiques et thérapeutiques des éthers**, par le docteur H. CHAMBERT. Paris, 1848, in-8 de 260 pages. 75 c.

CHAMPIONNIÈRE. **De la fièvre traumatique**, par J. LUCAS-CHAMPIONNIÈRE. Paris, 1872, in-8 de 178 pages avec figures. 3 fr. 50

CHAPPLAIN. **Études et observations sur quelques maladies chirurgicales des articulations**, par le docteur CHAPPLAIN, professeur à l'École de médecine de Marseille. 1874, in-8, 38 pages. 1 fr. 25

CHARGÉ. **Traitement homœopathique des maladies des organes de la respiration**, par le docteur A. CHARGÉ. Paris, 1874, 1 vol. gr. in-8 de 454 p. 10 fr.

CHARPENTIER. **Des accidents fébriles** qui surviennent chez les nouvelles accouchées, par L. A. Alph. CHARPENTIER, professeur agrégé de la Faculté de médecine. Paris, 1863, gr. in-8. 1 fr. 50

CHASTANG. **Conférences sur l'hygiène du soldat** appliquée spécialement aux troupes de la marine, par le docteur CHASTANG, médecin-major du 3e régiment d'infanterie de la marine. Paris, 1873, in-8 de 40 pages. 1 fr. 25

CHAUFFARD (P. Em.). **De la fièvre traumatique** et de l'infection purulente, par le docteur P. E. CHAUFFARD, professeur à la Faculté de médecine de Paris. Paris, 1873, 1 vol. in-8 de 229 pages. 3 fr. 50

CHAUFFARD (P. Em.). **Essai sur les doctrines médicales**, suivi de quelques considérations sur les fièvres. Paris, 1846, in-8 de 130 pages. 1 fr.

CHAUSIT. **Traité élémentaire des maladies de la peau**, par M. le docteur CHAUSIT, d'après l'enseignement théorique et les leçons cliniques de M. le docteur A. Cazenave, médecin de l'hôpital Saint-Louis. Paris, 1853, 1 vol. in-8, XII-448 pag. 3 fr.

CHAUVEAU. **Traité d'anatomie comparée des animaux domestiques**, par A. CHAUVEAU, professeur à l'École vétérinaire de Lyon. *Deuxième édition*, revue et augmentée avec la collaboration de M. ARLOING, professeur à l'École vétérinaire de Toulouse. Paris, 1871, 1 vol. in-8, VI-992 pages avec 368 figures. 20 fr.

CHOSSAT. **Étude sur les conditions pathogéniques des œdèmes**, par le docteur Théodore CHOSSAT (de Genève), aide de clinique de la Faculté de Paris. Paris, 1874, gr. in-8 de 134 pages. 3 fr.

CHURCHILL (Fleetwood). **Traité pratique des maladies des femmes**, hors l'état de grossesse, pendant la grossesse et après l'accouchement, par Fleetwood CHURCHILL, professeur d'accouchements, de maladies des femmes et des enfants à l'Université de Dublin. Traduit de l'anglais par les docteurs Alexandre WIELAND et Jules DUBRISAY. *Deuxième édition*, contenant l'Exposé des travaux français et étrangers les plus récents, par M. le docteur A. LEBLOND. Paris, 1874, 1 vol. gr. in-8, XVI-1254 pages avec 337 figures. 18 fr.

En présentant le livre de M. Churchill aux médecins français, les traducteurs ont pensé que, sans porter atteinte à l'originalité de l'œuvre, et tout en conservant à l'auteur la responsabilité et le mérite de ses opinions personnelles, ils devaient compléter les quelques points de détail qui avaient pu échapper à ses investigations, ou qui avaient reçu un jour nouveau de travaux postérieurs à la publication de la dernière édition anglaise, et ils se sont particulièrement attachés à mettre en lumière les études modernes des auteurs français et étrangers qui méritaient d'être portées à la connaissance du médecin et du chirurgien, et qui pouvaient l'être utilement pour les besoins de la pratique.

CIVIALE. **Traité pratique sur les maladies des organes génito-urinaires**, par le docteur CIVIALE, membre de l'Institut et de l'Académie de médecine. *Troisième édition* augmentée. Paris, 1858-1860, 3 vol. in-8 avec figures. 24 fr.

CIVIALE. **Traité pratique et historique de la lithotritie.** Paris, 1847, 1 vol. in-8 de 600 pages avec 8 planches. 8 fr.

CIVIALE. **De l'uréthrotomie** ou de quelques procédés peu usités de traiter les rétrécissements de l'urèthre. Paris, 1849, in-8 de 124 pages avec une planche. 2 fr. 50

CIVIALE. **Parallèles des divers moyens de traiter les calculeux.** 1836, in-8, 3 pl. 8 fr.

CODEX MEDICAMENTARIUS. Pharmacopée française, rédigée par ordre du gouvernement, la commission de rédaction étant composée de professeurs de la Faculté de médecine et de l'Ecole supérieure de pharmacie de Paris, de membres de l'Académie de médecine et de la Société de pharmacie de Paris. Paris, 1866, 1 vol. grand in-8, XLVIII-784 pages, cartonné à l'anglaise. 9 fr. 50

Franco par la poste. 13 fr. 50

Le même, interfolié de papier réglé et solidement relié en demi-maroquin. 16 fr. 50

Le nouveau Codex medicamentarius, Pharmacopée française, édition de 1866, sera et demeurera obligatoire pour les Pharmaciens à partir du 1er janvier 1867.

(*Décret du 5 décembre* 1866.)

CODEX. **Commentaires thérapeutiques du Codex medicamentarius**, ou Histoire de l'action physiologique et des effets thérapeutiques des médicaments inscrits dans la pharmacopée française, par Ad. GUBLER, professeur de thérapeutique à la Faculté de médecine, membre de l'Académie de médecine. *Deuxième édition*. Paris, 1874, 1 vol. grand in-8, XVIII-980 pages, format du Codex, cart. 15 fr.

Cet ouvrage forme le complément indispensable du Codex.

COLIN (G.). **Traité de physiologie comparée des animaux**, considérée dans ses rapports avec les sciences naturelles, la médecine, la zootechnie et l'économie rurale, par G. COLIN, professeur à l'École vétérinaire d'Alfort, membre de l'Académie de médecine. *Deuxième édition*. Paris, 1871-73, 2 vol. in-8 avec figures. 26 fr.

COLIN (Léon). **Traité des fièvres intermittentes**, par Léon COLIN, professeur à l'École du Val-de-Grâce. Paris, 1870, 1 vol. in-8 de 500 pages avec un plan médical de Rome. 8 fr.

COLIN (Léon). **De la variole**, au point de vue épidémiologique et prophylactique. Paris, 1873, 1 vol. in-8 de 200 pages avec 3 figures. 3 fr. 50

COLIN (Léon). **Épidémies et milieux épidémiques**. Paris, 1875, 1 vol. in-8 de 114 pages. 2 fr. 50

COLLADON. **Histoire naturelle et médicale des casses**, et particulièrement de la casse et des sénés employés en médecine. Montpellier, 1816, in-4 avec 19 pl. 6 fr.

COLLINEAU. **Analyse physiologique de l'entendement humain**. Paris, 1843, 1 vol. in-8. 1 fr. 50

COMITÉ consultatif d'hygiène publique de France (Recueil des travaux), publié par ordre de M. le ministre de l'agriculture et du commerce. Paris, 1872. Tome I. 1 vol. in-8 de XXIV-451 pages. 8 fr.

— Tome II. Paris, 1873, 1 vol. in-8 de 432 pages avec 2 cartes coloriées. 8 fr.

— Tome II, 2e partie. Paris, 1873, 1 vol in-8 de 376 pag. avec 3 cartes. (Pas séparément de la collection.) 7 fr.

— Tome III. Paris, 1874, 1 vol. in-8 de 404 pages. 8 fr.

COMTE (A.). **Cours de philosophie positive**, par Auguste COMTE, répétiteur à l'École polytechnique. *Troisième édition*, augmentée d'une préface par E. LITTRÉ, et d'une table alphabétique des matières. Paris, 1869, 6 vol. in-8. 46 fr.

Tome I. Préliminaires généraux et philosophie mathématique. — Tome II. Philosophie astronomique et philosophie physique. — Tome III. Philosophie chimique et philosophie biologique. — Tome IV. Philosophie sociale (partie dogmatique). — Tome V. Philosophie sociale (partie historique : état théologique et état métaphysique). — Tome VI. Philosophie sociale (complément de la partie historique) et conclusions générales.

COMTE (A.). **Principes de philosophie positive**, précédés de la préface d'un disciple, par E. LITTRÉ. Paris, 1868, 1 vol. in-18 jésus, 208 pages. 2 fr. 50

Les *Principes de philosophie positive* sont destinés à servir d'introduction à l'étude du *Cours de philosophie* ; ils contiennent : 1° l'exposition du but du cours, ou considérations générales sur la nature et l'importance de la philosophie positive ; 2° l'exposition du plan du cours, ou considérations générales sur la hiérarchie des sciences.

Congrès médico-chirurgical de France. Première session, tenue à ROUEN du 30 septembre au 3 octobre 1863. Paris, 1863, in-8 de 412 pag. avec planches. 5 fr.

Congrès médical de France. Deuxième session, tenue à LYON du 26 septembre au 1er octobre 1864. Paris, 1865, in-8 de 688 pages avec planches. 9 fr.

Table des matières. — 1. Des concrétions sanguines dans le cœur et les vaisseaux, par MM. Th. Perrin, Perroud, Courty, Leudet, etc. — 2. Paralysie atrophique progressive, ataxie locomotrice, par MM. Duménil, Tessier, Bouchard, Leudet. — 3. Curabilité de la phthisie, par MM. Leudet, Chatin, Gourdin, Verneuil. — 4. Traitement des ankyloses, par MM. Palasciano, Delore, Philipeaux, Pravaz. — 5. Chirurgie du système osseux, par MM. Marmy, Desgranges, Ollier, Verneuil. — 6. Des moyens de diérèse, par MM. Philipeaux, Verneuil, Barrier, Ollier. — 7. De la consanguinité, par MM. Rodet, Faivre, Sanson, Morel, Diday. — 8. Genèse des parasites, par MM. Rodet, Diday, Gailleton. — 9. Contagion de la syphilis, par MM. Rollet, Diday, Viennois. — 10. Du forceps, par MM. Chassagny, Bouchacourt, Berne. — 11. Asiles d'aliénés, par MM. Mundy, Motet, Turck, Morel, Billod, etc.

Congrès médical de France. Troisième session, tenue à BORDEAUX du 2 au 7 octobre 1865. Paris, 1866, in-8, XII-916 pages. 9 fr.

COOPER (Astley). **Œuvres chirurgicales complètes**, traduites de l'anglais, avec des notes par E. CHASSAIGNAC et G. RICHELOT. Paris, 1837, gr. in-8. 4 fr. 50

CORLIEU (A.). **Aide-mémoire de médecine, de chirurgie et d'accouchements**, vade-mecum du praticien. *Deuxième édition*, revue, corrigée et augmentée. Paris, 1872, 1 vol. in-18 jésus de VIII-664 pages avec 418 figures, cart. 6 fr.

CORNARO. De la sobriété, *voyez* **École de Salerne**, p. 18.

CORRE. La pratique de la chirurgie d'urgence, par le docteur A. CORRE. Paris, 1872, in-18 de VIII-216 pages avec 51 figures. 2 fr.

COUSOT. Étude sur la nature, l'étiologie et le traitement de la fièvre typhoïde, par le docteur COUSOT. Paris, 1874, 1 vol. in-4, 369 pages. 9 fr.

CROS (A.). **Les fonctions supérieures du système nerveux**, recherches et conditions organiques et dynamiques de la pensée, par le docteur A. CROS. Paris, 1875, 1 vol. in-8 de 543 pages. 8 fr.

CRUVEILHIER. Anatomie pathologique du corps humain, ou Descriptions, avec figures lithographiées et coloriées, des diverses altérations morbides dont le corps humain est susceptible ; par J. CRUVEILHIER, professeur à la Faculté de médecine. Paris, 1830-1842, 2 vol. in-folio, avec 230 planches coloriées. 456 fr.

Demi-reliure des 2 vol. grand in-folio, dos de maroquin, non rognés. 24 fr.

Ce bel *ouvrage est complet* ; il a été publié en 41 livraisons, chacune contenant 6 feuilles de texte in-folio grand-raisin vélin, caractère neuf de F. Didot, avec 5 planches coloriées avec le plus grand soin, et 6 planches lorsqu'il n'y a que quatre planches de coloriées. Chaque livraison est de 11 fr.

CRUVEILHIER (J.). **Traité d'anatomie pathologique générale.** *Ouvrage complet.* Paris, 1849-1864, 5 vol. in-8. 35 fr.

Tome V et dernier, Dégénérations aréolaires et gélatiniformes, dégénérations cancéreuses proprement dites par J. CRUVEILHIER ; pseudo-cancers et tables alphabétiques par CH. HOUEL. Paris, 1864, 1 vol. in-8 de 420 pages. 7 fr.

Cet ouvrage est l'exposition du Cours d'anatomie pathologique que M. Cruveilhier fait à la Faculté de médecine de Paris. Comme son enseignement, il est divisé en XVIII classes, savoir : tome I, 1° solutions de continuité; 2° adhésions; 3° luxations; 4° invaginations; 5° hernies; 6° déviations; — tome II, 7° corps étrangers; 8° rétrécissements et oblitérations; 9° lésions de canalisation par communication accidentelle; 10° dilatations; — tome III, 11° hypertrophies; 12° atrophies; 13° métamorphoses et productions organiques analogues; — tome IV, 14° hydropisies et flux; 15° hémorrhagies; 16° gangrènes; 17° inflammations ou phlegmasies; 18° lésions strumeuses et lésions carcinomateuses; — tome V, 19° dégénérations organiques.

CURTIS. Du traitement des rétrécissements de l'urèthre par la dilatation progressive, par le docteur T. B. CURTIS. Paris, 1873, in-8 de 113 pages. 2 fr. 50

CYON. Principes d'électrothérapie, par le docteur CYON, professeur à l'Académie médico-chirurgicale de Saint-Pétersbourg. Paris, 1873, 1 vol. in-8 de VIII-275 pages avec figures. 4 fr.

CYR. Traité de l'alimentation dans ses rapports avec la physiologie, la pathologie et la thérapeutique, par le docteur JULES CYR. Paris, 1869, in-8 de 574 pages. 8 fr.

CZERMAK (J.N.). **Du laryngoscope** et de son emploi en physiologie et en médecine. Paris, 1860, in-8 avec deux planches gravées et 31 figures. 3 fr. 50

DAGONET (H.). **Traité élémentaire et pratique des maladies mentales.** Paris, 1862, in-8 de 816 p. avec une carte. 10 fr.

DALTON. Physiologie et hygiène des écoles, des collèges et des familles, par J. C. DALTON, professeur au collège des médecins et des chirurgiens de New-York, traduit par le docteur E. ACOSTA. Paris, 1870, 1 vol. in-18 jésus de 536 pages avec 68 fig. 4 fr.

DARDE. Du délire des actes dans la paralysie générale avec observations recueillies au bureau central d'admission de Sainte-Anne par le docteur Ferdinand DARDE. Paris, 1874, in-8 de 40 pages. 1 fr.

DAREMBERG. Histoire des sciences médicales, comprenant l'anatomie, la physiologie, la médecine, la chirurgie et les doctrines de pathologie générales, par Ch. DAREMBERG, professeur à la Faculté de médecine. Paris, 1870, 2 vol. in-8 d'ensemble 1200 pages avec figures. 20 fr.

DAREMBERG. Glossulæ quatuor magistrorum super chirurgiam Rogerii et Rolandi et de secretis mulierum, de chirurgia, de modo medendi libri septem, poema medicum ; nunc primum ad fidem codicis Mazarinei edidit doctor CH. DAREMBERG. Napoli, 1854, in-8 de 64-228-178 pages. 8 fr.

DAREMBERG. Notices et extraits des manuscrits médicaux grecs, latins et français des principales bibliothèques de l'Europe. Première partie : Manuscrits grecs d'Angleterre, suivis d'un fragment inédit de Gilles de Corbeil et de scolies inédites sur Hippocrate. Paris, 1853, in-8, 243 pages. 7 fr.

DAREMBERG. Voy. GALIEN, ORIBASE.

DAVASSE. La syphilis, ses formes et son unité, par J. DAVASSE, ancien interne des hôpitaux de Paris. Paris, 1865, 1 vol. in-8 de 570 pages. 8 fr.

DAVID (Th.). **De la grossesse** au point de vue de son influence sur la constitution de la femme. Paris, 1868, 1 vol. in-8, 122 pages. 2 fr. 50

DECHAUX. Parallèle de l'hystérie et des maladies du col de l'utérus, par le docteur DECHAUX (de Montluçon). Paris, 1873, 1 vol. in-8 de VIII-444 pages. 5 fr.

DE LA RIVE. Traité d'électricité théorique et appliquée; par A. DE LA RIVE, profess. de l'Académie de Genève. Paris, 1854-58, 3 vol. in-8 avec 447 fig. 27 fr.

Séparément, tomes II et III. Prix de chaque volume. 9 fr.

DELPECH (A.). **Nouvelles recherches sur l'intoxication** spéciale que détermine le **sulfure de carbone.** L'industrie du caoutchouc soufflé, par A. DELPECH, médecin de l'hôpital Necker, membre de l'Académie de médecine. Paris, 1863, in-8 de 128 pages. 2 fr. 50

DELPECH (A.). **Les trichines et la trichinose** chez l'homme et chez les animaux. Paris, 1866, in-8 de 104 pages. 2 fr. 50

DELPECH (A.). **De la ladrerie du porc** au point de vue de l'hygiène privée et publique. Paris, 1864, in-8 de 107 pages. 2 fr. 50

DELPECH (A.). **De l'hygiène des crèches.** Paris, 1869, in-8 de 32 pages. 1 fr.

DELPECH (A.). **Le scorbut pendant le siége de Paris.** Étude sur l'étiologie de cette affection. Paris, 1871, in-8 de 68 pages. 2 fr.

DEMANGE. Étude sur la lymphadénie, ses diverses formes et ses rapports avec les autres diathèses, par le docteur Émile DEMANGE. Paris, 1874, in-8 de 85 pages avec une planche lithographiée. 2 fr.

DEMARQUAY. Essai de pneumatologie médicale. Recherches physiologiques, cliniques et thérapeutiques sur les gaz, par J. N. DEMARQUAY, chirurgien de la Maison municipale de santé. Paris, 1866, in-8, XVI-861 pages avec figures. 9 fr.

DEMARQUAY. De la régénération des organes et des tissus, en physiologie et en chirurgie. Paris, 1873, 1 vol. grand in-8 de VIII-328 pages avec 4 planch. comprenant 16 fig. lithographiées et chromolithographiées. 16 fr.

DEMARQUAY. Voyez BERNARD (H.).

DÉMÉTRIESCO. Étude sur les ovules mâles, par le docteur C. N. DÉMÉTRIESCO. Paris, 1870, in-8 de 50 pages avec 3 pl. 2 fr.

DENONVILLIERS. Note sur les corpuscules gangliformes connus sous le nom de corpuscules de Pacini. Paris, 1846, in-8 de 23 pages. 1 fr.

DENONVILLIERS. Éloge du professeur Auguste Bérard. 1852, in-4 de 29 p. 1 fr.

DENONVILLIERS (C.). **Comparaison des deux systèmes musculaires.** Paris, 1846, in-4 de 101 pages. 2 fr.

DENONVILLIERS (C.). **Déterminer les cas qui indiquent l'application du trépan** sur les os du crâne. Paris, 1839, in-4 de 82 pages. 1 fr. 50

DEPAUL. Sur la vaccination animale, par J. A. H. DEPAUL, professeur à la Faculté de médecine de Paris. Paris, 1867, in-8, 78 p. 1 fr. 50

DEPAUL. De l'origine réelle du virus vaccin. Paris, 1864, in-8 de 43 pag. 1 fr. 50

DEROUBAIX. Traité des fistules uro-génitales de la femme, comprenant les fistules vésico-vaginales, vésicales cervico-vaginales, urétéro-vaginales et urétérales cervico-utérines, par L. DEROUBAIX, chirurgien des hôpitaux civils de Bruxelles, professeur à l'Université de Bruxelles. 1870, 1 vol. in-8 de XIX-823 p. avec fig. 12 fr.

DESAYVRE. Études sur les maladies des ouvriers de la manufacture d'armes de Châtellerault. Paris, 1856, in-8 de 116 pages. 2 fr. 50

DESPEYROUX (Henri). **Étude sur les ulcérations du col de la matrice** et sur leur traitement. Paris, 1867, in-8, de 128 pages avec 1 pl. chromolithographiée. 3 fr.

DESPINEY (F.). **Physiologie de la voix et du chant.** Paris, 1841, in-8. 2 fr.

DESPRÉS (Arm.). **Est-il un moyen d'arrêter la propagation des maladies vénériennes?** Du délit impuni, par Armand DESPRÉS, chirurgien de l'hôpital Cochin, professeur agrégé à la Faculté de médecine, etc. 1870, in-18 de 36 p. 1 fr.

DESPRÉS (Arm.). **De la peine de mort** au point de vue physiologique. Paris, 1870, in-8, 36 pages. 1 fr. 50

DESPRÉS (Arm.). **Rapport sur les travaux de la septième ambulance** à l'armée du Rhin et à l'armée de la Loire. Paris, 1871, in-8 de 90 p. 2 fr.

DEZEIMERIS. Dictionnaire historique de la médecine. Paris, 1828-1836, 4 vol. en 7 parties, in-8. 10 fr.

DICTIONNAIRE (NOUVEAU) DE MÉDECINE ET DE CHIRURGIE PRATIQUES, illustré de figures intercalées dans le texte, rédigé par Benjamin ANGER, E. BAILLY, BARRALLIER, BERNUTZ, P. BERT, BŒCKEL, BUIGNET, CHAUVEL, CUSCO, DEMARQUAY, DENUCÉ, DESNOS, DESORMEAUX, DEVILLIERS, Ch. FERNET, Alfred FOURNIER, A. FOVILLE fils, GALLARD, GAUCHET, GOMBAULT, GOSSELIN, A. GUÉRIN, H. GINTRAC, A. HARDY, HEURTAUX, HIRTZ, JACCOUD, JACQUEMET, JEANNEL, KOEBERLÉ, LANNELONGUE, S. LAUGIER, LEDENTU, P. LORAIN, LUTON, MARTINEAU, A. NÉLATON, A. OLLIVIER, ORÉ, PANAS, PONCET, Maurice RAYNAUD, RICHET, Ph. RICORD, J. ROCHARD (de Lorient), Z. ROUSSIN, SAINT-GERMAIN, Ch. SARAZIN, Germain SÉE, Jules SIMON, SIREDEY, STOLTZ, A. TARDIEU, S. TARNIER, TROUSSEAU, VALETTE, VERJON, Aug. VOISIN. Directeur de la rédaction, le docteur JACCOUD.

Le *Nouveau dictionnaire de médecine et de chirurgie pratiques*, illustré de figures intercalées dans le texte, se composera d'environ 30 volumes grand in-8 cavalier de 800 pages. Il sera publié trois volumes par an. *Les tomes I à XX sont en vente.*

Prix de chaque volume de 800 pages avec figures intercalées dans le texte. 10 fr.

Les volumes seront envoyés *franco* par la poste, aussitôt leur publication, aux souscripteurs des départements, sans augmentation sur le prix fixé.

Le tome I (812 pages avec 36 figures) comprend : **Introduction**, par JACCOUD; **Absorption**, par BERT; **Acclimatement**, par Jules ROCHARD; **Accommodation**, par LIEBREICH; **Accouchement**, par STOLTZ et LORAIN; **Albuminurie**, par JACCOUD; etc.

Le tome II (800 pages avec 60 figures) comprend : **Amputations**, par A. GUÉRIN; **Amyloïde** (dégénérescence), par JACCOUD; **Anévrysmes**, par RICHET; **Angine de poitrine**, par JACCOUD; **Anus**, par GOSSELIN, GIRALDÈS et LAUGIER; etc.

Le tome III (828 pages avec 92 figures) comprend : **Artères**, par NÉLATON et Maurice RAYNAUD; **Asthme**, par GERMAIN SÉE; **Ataxie locomotrice**, par TROUSSEAU; etc.

Le tome IV (786 pages avec 127 figures) comprend : **Auscultation**, par LUTON; **Avant-bras**, par DEMARQUAY; **Balanite, Balano-posthite**, par A. FOURNIER; etc.

Le tome V (800 pages avec 90 figures) comprend : **Bile**, par JACCOUD; **Biliaires** (voies), par LUTON; **Blennorrhagie**, par Alfred FOURNIER; **Blessures**, par A. TARDIEU; **Bronzée** (maladie), par JACCOUD; **Bubon**, par Alfred FOURNIER, etc.

Le tome VI (832 pages avec 175 figures) comprend : **Cancer** et **Cancroïde**, par HEURTAUX; **Carotide**, par RICHET; **Cataracte**, par R. LIEBREICH; **Césarienne** (opération), par STOLTZ; **Chaleur**, par BUIGNET, BERT, HIRTZ et DEMARQUAY, etc.

Le tome VII (775 pages avec 93 figures) comprend : **Champignons**, par Léon MARCHAND et Z. ROUSSIN; **Chancre**, par A. FOURNIER; **Chlorose**, par P. LORAIN; **Choléra**, par DESNOS, GOMBAULT et P. LORAIN; **Circulation**, par LUTON, etc.

Le tome VIII (800 pages avec 100 figures) comprend : **Clavicule**, par RICHET; **Climat**, par J. ROCHARD; **Cœur**, par LUTON et Maurice RAYNAUD, etc.

Le tome IX (800 pages avec 150 figures) comprend : **Côtes**, par DEMARQUAY; **Cou**, par SARAZIN; **Couches**, par STOLTZ; **Coude**, par DENUCÉ, etc.

Le tome X (800 pages avec 150 figures) comprend : **Coxalgie,** par VALETTE; **Croup,** par Jules SIMON; **Crurales (région et hernie),** par GOSSELIN; **Cuisse,** par LAUGIER; **Dartre et affections dartreuses,** par HARDY; **Défécation,** par BERT.

Le tome XI (796 pages avec 49 figures) comprend : **Délire,** par A. FOVILLE fils; **Dent,** par SARAZIN; **Diabète,** par JACCOUD; **Digestion,** par BERT.

Le tome XII (800 pages avec 110 fig.) comprend : **Dystocie,** par STOLTZ; **Eau, Eaux minérales,** par BUIGNET, VERJON et TARDIEU; **Électricité,** par BUIGNET et JACCOUD; **Embolie,** par HIRTZ; **Empoisonnement,** par TARDIEU, etc.

Le tome XIII (804 pages avec 139 fig.) comprend : **Encéphale,** par LAUGIER, JACCOUD et HALLOPEAU; **Endocarde, Endocardite,** par JACCOUD; **Entozoaires,** par VAILLANT et LUTON; **Épaule,** par PANAS; **Épilepsie,** par Aug. VOISIN.

Le tome XIV (780 pages avec 68 fig.) comprend : **Érysipèle,** par GOSSELIN et Maurice RAYNAUD; **Estomac,** par LUTON; **Fer,** par BUIGNET et HIRTZ; **Fièvre,** par HIRTZ.

Le tome XV (786 pages avec 113 fig.) comprend : **Fœtus,** par E. BAILLY; **Foie,** par Jules SIMON; **Folie,** par FOVILLE, A. TARDIEU et LUNIER; **Forceps,** par TARNIER; **Fracture,** par VALETTE; **Gale,** par A. HARDY; **Génération**, par Mathias DUVAL.

Le tome XVI (800 pages avec 80 fig.) comprend : **Genou,** par PANAS; **Géographie médicale,** par H. REY; **Glaucome,** par CUSCO et ABADIE; **Goût,** par M. DUVAL; **Goutte,** par JACCOUD et LABADIE-LAGRAVE.

Le tome XVII (800 pages avec 99 figures) comprend : **Grossesse,** par STOLTZ; **Hanche,** par VALETTE; **Hernie,** par LEDENTU; **Hôpital,** par SARAZIN, etc.

Le tome XVIII (800 pag. avec 100 fig.) comprend : **Hydrothérapie,** par BENI-BARDE; **Hypochondrie,** par FOVILLE; **Hystérie,** par BERNUTZ; **Inanition,** par LEPINE; **Infanticide,** par TARDIEU; **Inflammation,** par HEURTAUX.

Le tome XIX (800 pages avec 100 fig.) comprend : **Inguinale** (région), par SARAZIN; **Inhumation,** par TARDIEU; **Inoculation,** par A. FOURNIER; **Intermittence, Intermittente** (fièvre), par HIRTZ; **Intestin,** par LUTON et A. DESPRÉS; **Iode,** par BUIGNET et BARRALLIER; **Iris,** par ABADIE; **Jambe,** par PONCET et CHAUVEL; **Kystes,** par HEURTAUX.

Le tome XX (800 pages avec 100 fig.) comprend : **Langue,** par DEMARQUAY et RIGAL; **Larynx,** par BOECKEL; **Lèpre,** par HARDY; **Leucocythémie,** par JACCOUD et LABADIE-LAGRAVE; **Leucorrhée,** par STOLTZ; **Lèvres,** par M. LAUGIER; **Lit,** par PONCET; **Lithotritie,** par DEMARQUAY; **Lymphatiques,** par LEDENTU.

DICTIONNAIRE GÉNÉRAL DES EAUX MINÉRALES ET D'HYDROLOGIE MÉDICALE comprenant la géographie et les stations thermales, la pathologie thérapeutique, la chimie analytique, l'histoire naturelle, l'aménagement des sources, l'administration thermale, etc., par MM. DURAND-FARDEL, inspecteur des sources d'Hauterive à Vichy, E. LE BRET, inspecteur des eaux minérales de Baréges, J. LEFORT, pharmacien, avec la collaboration de M. JULES FRANÇOIS, ingénieur en chef des mines, pour les applications de la science de l'Ingénieur à l'hydrologie médicale. Paris, 1860, 2 forts volumes in-8 de chacun 750 pages. 20 fr.
Ouvrage couronné par l'Académie de médecine.

DICTIONNAIRE UNIVERSEL DE MATIÈRE MÉDICALE ET DE THÉRAPEUTIQUE GÉNÉRALE, contenant l'indication, la description et l'emploi de tous les médicaments connus dans les diverses parties du globe; par F. V. MÉRAT et A. J. DELENS, membres de l'Académie de médecine. *Ouvrage complet.* Paris, 1829-1846. 7 vol. in-8, y compris le **Supplément.** 36 fr.

Le *Tome VII* ou *Supplément*, Paris, 1846, 1 vol. in-8 de 800 pages, ne se vend pas séparément. — Les tomes I à VI, séparément. 12 fr.

DICTIONNAIRE DE MÉDECINE, DE CHIRURGIE, DE PHARMACIE, DE L'ART VÉTÉRINAIRE ET DES SCIENCES QUI S'Y RAPPORTENT. Publié par J.-B Baillière et fils. *Treizième édition*, entièrement refondue, par E. LITTRÉ, membre de l'Institut de France (Académie française et Académie des Inscriptions), et Ch. ROBIN, membre de l'Institut (Académie des Sciences), professeur à la Faculté de médecine de Paris; ouvrage contenant la synonymie *grecque, latine, anglaise,* *allemande*, *italienne* et *espagnole*, et le Glossaire de ces diverses langues. Paris, 1873, 1 beau vol. grand in-8 de XIV-1836 p. à deux colonnes, avec 550 fig. 20 fr.

Demi-reliure maroquin, plats en toile. 4 fr.

Demi-reliure maroquin à nerfs, plats en toile, tranches peigne, très-soignée. 5 fr.

Il y aura bientôt soixante-dix ans que parut pour la première fois cet ouvrage longtemps connu sous le nom de *Dictionnaire de médecine de Nysten* et devenu classique par un succès de douze éditions. Les progrès incessants de la science rendaient nécessaires, pour cette *treizième édition*, de nombreuses additions, une révision générale de l'ouvrage, et plus d'unité dans l'ensemble des mots consacrés aux théories nouvelles et aux faits nouveaux que l'emploi du microscope, les progrès de l'anatomie générale, normale et pathologique, de la physiologie, de la pathologie, de l'art vétérinaire, etc., ont créés. M. Littré, connu par sa vaste érudition et par son savoir étendu dans la littérature médicale nationale et étrangère, et M. le professeur Ch. Robin, que de récents travaux ont placé si haut dans la science, se sont chargés de cette tâche importante. Une addition importante, qui sera justement appréciée, c'est la Synonymie *grecque*, *latine*, *anglaise*, *allemande*, *italienne*, *espagnole*, qui est ajoutée à cette *treizième édition*, et qui, avec les vocabulaires, en fait un Dictionnaire polyglotte.

DIDAY. Exposition critique et pratique des nouvelles doctrines sur la syphilis, suivie d'un Essai sur de nouveaux moyens préservatifs des maladies vénériennes, par P. DIDAY, ex-chirurgien de l'Antiquaille. Paris, 1858, 1 vol. in-18 jésus de 560 pages. 4 fr.

DONNÉ (Al.). **Conseils aux mères** sur la manière d'élever les enfants nouveau-nés, par Al. DONNÉ, recteur de l'Académie de Montpellier. *Quatrième édition*, revue, corrigée et augmentée. Paris, 1869, in-12, 350 pages. 3 fr.

DONNÉ (Al.). **Hygiène des gens du monde.** Paris, 1870, 1 vol. in-18 jésus de 540 pages. 4 fr.

TABLE DES MATIÈRES. — A mon éditeur; utilité de l'hygiène; hygiène des saisons; exercice et voyages de santé; eaux minérales; bains de mer; hydrothérapie; la fièvre; hygiène des poumons; hygiène des dents; hygiène de l'estomac; hygiène des yeux; hygiène des femmes nerveuses; la toilette et la mode; ***.

DONNÉ (Al.). **Cours de microscopie complémentaire des études médicales** : Anatomie microscopique et physiologie des fluides de l'économie. Paris, 1844, in-8 de 500 pages. 7 fr. 50

DONNÉ (Al.). **Atlas du Cours de microscopie**, exécuté d'après nature au microscope-daguerréotype, par le docteur A. DONNÉ et L. FOUCAULT, membre de l'Institut (Académie des sciences). Paris, 1846, in-folio de 20 planches, contenant 80 figures avec un texte descriptif. 30 fr.

DOUBLET. De la méthode scientifique, conférences par Pierre DOUBLET, professeur de philosophie au collége d'Argentan. Paris, 1870-1074, deux parties, in-8 formant ensemble 403 pages. 8 fr.

DUBOIS (Fr.). **Histoire philosophique de l'hypochondrie et de l'hystérie.** Paris, 1837, in-8. 2 fr.

DUBOIS (Fr.). **Préleçons de pathologie expérimentale.** Observations et expériences sur l'hypérémie capillaire. Paris, 1841, in-8 avec 3 planches. 1 fr. 50

DUBOIS (Fr.) et **BURDIN. Histoire académique du magnétisme animal.** Paris, 1841, in-8 de 700 pages. 3 fr.

DUBOIS (P.). **Convient-il dans les présentations vicieuses du fœtus de revenir à la version sur la tête?** par Paul DUBOIS, professeur à la Faculté de médecine de Paris, chirurgien de l'hospice de la Maternité. Paris, 1833, in-4 de 50 p. 1 fr. 50

DUBOIS (P.). **Mémoire sur la cause des présentations de la tête** pendant l'accouchement et sur les déterminations instinctives ou volontaires du fœtus humain. Paris, 1833, in-4 de 27 pages. 1 fr.

DU BOURG. Étude sur les luxations sous astragaliennes anciennes, difformités ou infirmités qui les entraînent, indications qu'elles présentent, par Léon DU BOURG. Paris, 1874, gr. in-8 de 61 pages. 1 fr. 50

DUBREUIL. Des anomalies artérielles considérées dans leur rapport avec la pathologie et les opérations chirurgicales, par J. DUBREUIL, professeur à la Faculté de Montpellier, Paris, 1847. 1 vol. in-8 et atlas in-4 de 17 planches coloriées. 5 fr.

DUCHAUSSOY. Anatomie pathologique des étranglements internes et conséquences pratiques qui en découlent, par A. P. DUCHAUSSOY, professeur agrégé à la Faculté de médecine de Paris. Paris, 1860, 1 vol. in-4 de 294 pages avec une pl. 5 fr.

DUCHENNE (G. B.). **De l'électrisation localisée** et de son application à la pathologie et à la thérapeutique par courants induits et par courants galvaniques interrompus et continus; par le docteur G. B. DUCHENNE (de Boulogne). *Troisième édition*. Paris, 1872, 1 vol. in-8 de XII-1120 pages avec 255 figures et 3 planches noires et coloriées. 18 fr.

DUCHENNE (G. B.). **Album de photographies pathologiques**, complémentaire de l'ouvrage ci-dessus. Paris, 1862, in-4 de 17 pl. avec 20 pages de texte descriptif explicatif, cartonné. 25 fr.

DUCHENNE (G. B.). **Physiologie des mouvements**, démontrée à l'aide de l'expérimentation électrique et de l'observation clinique, et applicable à l'étude des paralysies et des déformations. Paris, 1867, 1 vol. in-8 de XVI-872 pages avec 101 figures. 14 fr.

DUCHESNE-DUPARC. **Du fucus vesiculosus**, de ses propriétés fondantes et de son emploi contre l'obésité. *Deuxième édition*. Paris, 1863, in-12 de 46 pages. 1 fr.

DUGAT (G.). **Études sur le traité de médecine d'Aboudjafar Ah'Mad** intitulé *Zad Al Mocafir*, « la provision du voyageur ». Paris, 1853, in-8 de 64 pages. 1 fr.

DUPUYTREN (G.). **Mémoire sur une nouvelle manière de pratiquer l'opération de la pierre**. Paris, 1836, 1 vol. grand in-folio avec 10 planches. 10 fr.

DUPUYTREN (G.). **Mémoire sur une méthode nouvelle pour traiter les anus accidentels**. Paris, 1828, 1 vol. in-4 de 57 pages avec 3 planches. 3 fr.

DURAND-FARDEL. Voyez BARRAULT.

DURAND-FARDEL, LE BRET, LEFORT. Voyez **Dictionnaire des eaux minérales**.

DUTROULAU. **Traité des maladies des Européens dans les pays chauds** (régions intertropicales), climatologie et maladies communes, maladies endémiques, par le docteur A.-F. DUTROULAU, médecin en chef de la marine. *Deuxième édition*. Paris, 1868, in-8, 650 pages. 8 fr.

DUVAL (Mathias). **Structure et usage de la rétine**, par le docteur Mathias DUVAL, professeur agrégé à la Faculté de médecine. Paris, 1872, 1 vol. in-8 de 142 pages avec figures. 3 fr.

DUVAL (Mathias). Voyez KUSS.

ÉCOLE DE SALERNE (L'). Traduction en vers français, par CH. MEAUX SAINT-MARC, avec le texte latin en regard (1870 vers), précédée d'une introduction par M. le docteur Ch. Daremberg.—**De la sobriété**, conseils pour vivre longtemps, par L. CORNARO, traduction nouvelle. Paris, 1861, 1 joli vol. in-18 jésus de LXXII-344 pages avec 5 vignettes. 3 fr. 50.

EHRMANN. **Étude sur l'uranoplastie** dans ses applications aux divisions congénitales de la voûte palatine, par le docteur J. EHRMANN (de Mulhouse). Paris, 1869, in-4 de 104 pages. 3 fr.

ENCYCLOPÉDIE ANATOMIQUE, comprenant l'Anatomie descriptive, l'Anatomie générale, l'Anatomie pathologique, l'histoire du Développement, par G. T. Bischoff, Henle, Huschke, Sœmmerring, F. G. Theile, G. Valentin, J. Vogel, G. et E. Weber; traduit de l'allemand, par A. J. L. JOURDAN, membre de l'Académie de médecine. Paris, 1843-1847. 8 forts vol. in-8, avec deux atlas in-4. Prix, en prenant tout l'ouvrage. 32 fr.

On peut se procurer chaque Traité séparément, savoir :

1° **Ostéologie et syndesmologie**, par S. T. SŒMMERRING. — Mécanique des organes de la locomotion chez l'homme, par G. et E. WEBER. In-8 avec Atlas in-4 de 17 planches. 6 fr.

2° **Traité de myologie et d'angéiologie**, par F. G. THEILE. 1 vol. in-8. 4 fr.

3° **Traité de névrologie**, par G. VALENTIN. 1 vol. in-8 avec figures. 4 fr.

4° **Traité de splanchnologie des organes des sens**, par E. HUSCHKE. Paris, 1845, in-8 de 850 pages avec 5 planches gravées. 5 fr.

5° **Traité d'anatomie générale**, ou Histoire des tissus de la composition chimique du corps humain, par HENLE. 2 vol. in-8, avec 5 planches gravées. 8 fr.

6° **Traité du développement de l'homme** et des mammifères, par le docteur T. L. G. BISCHOFF. 1 vol. in-8. 5 fr.

7° **Anatomie pathologique générale**, par J. VOGEL. Paris, 1846. 1 vol. in-8. 4 fr.

ESPANET (A.). **Traité méthodique et pratique de matière médicale et de thérapeutique**, basé sur la loi des semblables. Paris, 1861 in-8 de 808 pages. 9 fr

ESPANET (A.). **La pratique de l'homœopathie simplifiée.** Paris, 1874, 1 vol. in-18 jésus de XXI-346 pages. Cartonné 4 fr. 50

ESQUIROL. Des maladies mentales, considérées sous les rapports médical, hygiénique et médico-légal, par E. ESQUIROL, médecin en chef de la Maison des aliénés de Charenton. Paris, 1838, 2 vol. in-8 avec un atlas de 27 planches gravées. 20 fr.

FABRE. Des mélanodermies et en particulier d'une mélanodermie parasitaire. Paris, 1872, in-8 de 104 pages. 2 fr. 50

FAGET Monographie sur le type et la spécificité de la fièvre jaune, établie avec l'aide de la montre et du thermomètre, par le docteur J. C. FAGET. 1875, gr. in-8 de 84 pages avec 109 tracés graphiques (pouls et température). 4 fr.

FALRET. Des maladies mentales et des asiles d'aliénés, par J. P. FALRET, médecin de la Salpêtrière. Paris, 1864, in-8, LXX-800 pages avec 1 planche. 11 fr.

FAU. Anatomie artistique élémentaire du corps humain, par le docteur J. FAU. *Nouvelle édition.* Paris, 1873, in-8, 48 p., avec 17 pl. figures noires. 4 fr.
— Le même, figures coloriées. 10 fr.

FAUCONNEAU-DUFRESNE (V. A.). **La bile et ses maladies.** Paris, 1847, 1 vol. in-4 de 450 pages. 5 fr.

FELTZ. Traité clinique et expérimental des embolies capillaires, par V. FELTZ, professeur à la Faculté de médecine de Nancy. *Deuxième édition.* Paris, 1870, in-8, 450 pages avec 11 planches chromolithographiées 12 fr.

FERRAND (A.). **Traité de thérapeutique médicale,** ou guide pour l'application des principaux modes de médication, à l'indication thérapeutique et au traitement des maladies, par le docteur A. FERRAND, médecin des hôpitaux. Paris, 1875, 1 vol. in-18 jésus de 800 pages. Cartonné. 8 fr.

FERRAND (E.) **Aide-mémoire de pharmacie,** vade-mecum du pharmacien à l'officine et au laboratoire. Paris, 1873, 1 vol. in-18 jésus de XII-688 pages avec 184 fig. cart. 6 fr.

FEUCHTERSLEBEN. Hygiène de l'âme, par E. DE FEUCHTERSLEBEN, professeur à la Faculté de médecine de Vienne. *Troisième édition,* précédée d'études biographiques et littéraires. Paris, 1870, 1 vol. in-18 de 260 pages. 2 fr. 50

FIÉVÉE. Mémoires de médecine pratique, comprenant : 1° De la fièvre typhoïde et de son traitement ; 2° De la saignée chez les vieillards comme condition de santé ; 3° Considérations étiologiques et thérapeutiques sur les maladies de l'utérus ; 4° De la goutte et de son traitement spécifique par les préparations de colchique. Par le docteur FIÉVÉE (de Jeumont). Paris, 1845, in-8. 50 c.

FIÈVRE PUERPÉRALE (de la), de sa nature et de son traitement. Communications à l'Académie de médecine, par MM. GUÉRARD, DEPAUL, BEAU, PIORRY, HERVEZ DE CHÉGOIN, TROUSSEAU, P. DUBOIS, CRUVEILHIER, CAZEAUX, DANYAU, BOUILLAUD, VELPEAU, J. GUÉRIN, etc., précédées de l'indication bibliographique des principaux écrits publiés sur la fièvre puerpérale. Paris, 1858, in-8 de 464 p. 6 fr.

FLOURENS (P.). **Recherches sur les fonctions et les propriétés du système nerveux** dans les animaux vertébrés, par P. FLOURENS, professeur au Muséum d'histoire naturelle et au Collége de France. *Deuxième édition.* Paris, 1842, in-8. 3 fr.

FLOURENS (P.). **Cours de physiologie comparée.** De l'ontologie ou étude des êtres. Paris, 1856, in-8. 1 fr. 50

FLOURENS (P.). **Mémoires d'anatomie et de physiologie comparées,** contenant des recherches sur 1° les lois de la symétrie dans le règne animal ; 2° le mécanisme de la rumination ; 3° le mécanisme de la respiration des poissons ; 4° les rapports des extrémités antérieures et postérieures dans l'homme, les quadrupèdes et les oiseaux. Paris, 1844, grand in-4 avec 8 planches gravées et coloriées. 3 fr.

FLOURENS (P.). **Théorie expérimentale de la formation des os.** Paris, 1847, in-8 avec 7 planches gravées. 3 fr.

FOISSAC. La longévité humaine, ou l'Art de conserver la santé et de prolonger la vie, par le docteur P. FOISSAC. Paris, 1873, 1 vol. grand in-8 de 567 p. 7 fr. 50

FOISSAC. Hygiène philosophique de l'âme. *Deuxième édition,* revue et augmentée. Paris, 1863, in-8. 7 fr. 50

FOISSAC. De l'influence des climats sur l'homme et des agents physiques sur le moral. Paris, 1867, 2 vol. in-8. 15 fr.

FONSSAGRIVES (J.-B.). **Principes de thérapeutique générale**, ou le médicament étudié aux points de vue physiologique, posologique et clinique, par J.-B. FONSSAGRIVES, professeur à la Faculté de médecine de Montpellier. Paris, 1875, 1 vol. in-8 de 450 pages. 7 fr.

FONSSAGRIVES. Hygiène et assainissement des villes; campagnes et villes; conditions originelles des villes; rues; quartiers; plantations; promenades; éclairage; cimetières; égouts; eaux publiques; atmosphère; population; salubrité; mortalité; institutions actuelles d'hygiène municipale; indications pour l'étude de l'hygiène des villes. Paris, 1874, 1 vol. in-8 de 568 pages. 8 fr.

FONSSAGRIVES. Hygiène alimentaire des malades, des convalescents et des valétudinaires, ou Du régime envisagé comme moyen thérapeutique. 2e *édition* revue et corrigée. Paris, 1867, 1 vol. in-8 de XXXII-698 pages. 9 fr.

FONSSAGRIVES. Thérapeutique de la phthisie pulmonaire, basée sur les indications, ou l'Art de prolonger la vie des phthisiques par les ressources combinées de l'hygiène et de la matière médicale. Paris, 1866, in-8, XXXVI-428 pages. 7 fr.

FONTAINE. De l'iridotomie, par le docteur Jean FONTAINE. Paris, 1873, in-8 de 48 pages avec figures dans le texte. 1 fr. 50

FORGET. Traité de l'entérite folliculeuse (fièvre typhoïde), par C. P. FORGET, professeur à la Faculté de médecine de Strasbourg. Paris, 1841, in-8 de 856 p. 3 fr.

† **FORMULAIRE A L'USAGE DES HOPITAUX ET HOSPICES CIVILS DE PARIS**, publié par l'administration de l'Assistance publique. 1 vol. in-8 de 154 pages. 4 fr.

FOURNET (J.). **Recherches cliniques sur l'auscultation des organes respiratoires** et sur la première période de la phthisie pulmonaire. Paris, 1839, 2 vol. in-8. 3 fr.

FOVILLE (Ach.). **Les aliénés**. Étude pratique sur la législation et l'assistance qui leur sont applicables, par Ach. FOVILLE fils, médecin de l'asile de Quatremares, près Rouen. 1870, 1 vol. in-8 de XIV-208 pages. 3 fr.

FOVILLE (Ach.). **Étude clinique de la folie avec prédominance du délire des grandeurs**. Paris, 1871, in-4 de 120 pages. 4 fr.

FOVILLE (Ach.). **Moyens pratiques de combattre l'ivrognerie** proposés ou appliqués en France, en Angleterre, en Amérique, en Suède et en Norvége. Paris, 1872, 1 vol. in-8 de 156 pages. 3 fr.

FOVILLE (Ach.). **Les aliénés aux États-Unis**, législation et assistance. Paris, 1873, in-8 de 118 pages. 2 fr. 50

FOX. Histoire naturelle et maladies des dents de l'espèce humaine, traduite de l'anglais par LEMAIRE. Paris, 1821, in-4 avec 32 pl. 20 fr.

FRANK (J. P.). **Traité de médecine pratique**, traduit du latin par J. M. C. GOUDAREAU; *deuxième édition augmentée* des Observations et Réflexions pratiques contenues dans l'INTERPRETATIONES CLINICÆ. Paris, 1842, 2 forts volumes grand in-8 à deux colonnes. 24 fr.

FREDAULT (F.). **Des rapports de la doctrine médicale homœopathique** avec le passé de la thérapeutique. Paris, 1852, in-8 de 84 pages. 1 fr. 50

FREDAULT (F.). **Physiologie générale. Traité d'anthropologie** physiologique et philosophique. Paris, 1863, 1 volume in-8 de XVI-854 pages. 11 fr.

FREDAULT (F.). **Histoire de la médecine**. Étude sur nos traditions. Paris, 1870-1873, 2 vol. in-8 de chacun 300 pages. 10 fr.

FREGIER. Des classes dangereuses de la population dans les grandes villes et des moyens de les rendre meilleures; ouvrage récompensé par l'Institut de France (Académie des sciences morales et politiques); par A. FRÉGIER, chef de bureau à la préfecture de la Seine. Paris, 1840, 2 beaux vol. in-8. 14 fr.

FRERICHS. Traité pratique des maladies du foie et des voies biliaires, par Fr. Th. FRERICHS, professeur à l'Université de Berlin, traduit par Louis DUMENIL et PELLAGOT. *Deuxième édition*. Paris, 1866, 1 v. in-8 de 900 pag. avec 158 fig. 12 fr.
Ouvrage couronné par l'Institut de France.
Atlas in-4, 1866, 2 cahiers contenant 26 planches coloriées. 44 fr.

FURNARI. Traité pratique des maladies des yeux. Paris, 1841, in-8 avec planches (6 fr.). 1 fr. 50

GAFFARD. Du tabac, son histoire et ses propriétés, nocuité de son usage à la santé, à la morale et aux grands intérêts sociaux. Paris, 1872, 1 vol. in-18 de 185 pages avec figures. 1 fr.

GALEZOWSKI (X.). Traité des maladies des yeux, par X. GALEZOWSKI, professeur d'ophthalmologie à l'École pratique de la Faculté de Paris. *Deuxième édition*, Paris, 1875, 1 vol. in-8 de XVI-896 pages avec 416 figures. 20 fr.

Le même, cartonné. 21 fr.

GALEZOWSKI (X.). Du diagnostic des maladies des yeux par la chromatoscopie rétinienne, précédé d'une étude sur les lois physiques et physiologiques des couleurs. Paris, 1868, 1 vol. in-8 de 267 pages avec 31 figures, une échelle chromatique comprenant 44 teintes et cinq échelles typographiques tirées en noir et en couleurs. 7 fr.

GALEZOWSKI (X.). Échelles typographiques et chromatiques pour l'examen de l'acuité visuelle. 1874, 1 vol. in-8 avec 20 pl. noires et coloriées. Cart. 6 fr.

GALIEN. Œuvres anatomiques, physiologiques et médicales, traduites sur les textes imprimés et manuscrits; accompagnées de sommaires, de notes, de planches, par le docteur CH. DAREMBERG, bibliothécaire à la bibliothèque Mazarine. Paris, 1854-1857, 2 vol. grand in-8 de 800 pages. 20 fr.

— Séparément, le tome II. 10 fr.

GALISSET et MIGNON. Nouveau traité des vices rédhibitoires, ou Jurisprudence vétérinaire, contenant la législation et la garantie dans les ventes et échanges d'animaux domestiques, la procédure à suivre, la description des vices rédhibitoires, le formulaire des expertises, procès-verbaux et rapports judiciaires, et un précis des législations étrangères, par Ch. M. GALISSET, ancien avocat au Conseil d'État et à la Cour de cassation, et J. MIGNON, ex-chef du service à l'École vétérinaire d'Alfort. *Troisième édition*. Paris, 1864, in-18 jésus de 542 pages. 6 fr.

GALL (F.) et SPURZHEIM. Anatomie et physiologie du système nerveux en général et du cerveau en particulier. Paris, 1810-1819, 4 vol. in-folio de texte et atlas in-folio de 100 planches gravées, cartonnés. 150 fr.

Le même, 4 vol. in-4 et atlas in-folio de 100 planches gravées. 120 fr.

GALLARD. Leçons cliniques sur les maladies des femmes, par le docteur T. GALLARD, médecin de l'hôpital de la Pitié. Paris, 1873, 1 vol. in-8 de XX-792 pages avec 94 figures. 12 fr.

GALLEZ (Louis). Histoire des kystes de l'ovaire envisagée surtout au point de vue du diagnostic et du traitement. Bruxelles, 1873, 1 vol. gr. in-4 de 706 pages avec 24 planches renfermant 112 figures. 12 fr.

GALLOIS. Formulaire de l'Union médicale. Douze cents formules favorites des médecins français et étrangers, par le docteur N. GALLOIS, lauréat de l'Institut. Paris, 1874, 1 vol. in-32 de XXVIII-452 pages. 2 fr. 50

GALTIER (C. P.). Traité de pharmacologie et de l'art de formuler. Paris, 1841, in-8. 4 fr. 50

GALTIER (C. P.). Traité de matière médicale et des indications thérapeutiques des médicaments. Paris, 1841, 2 vol. in-8. 10 fr.

GALTIER (C. P.). Traité de toxicologie générale et spéciale, médicale, chimique et légale. Paris, 1855, 3 vol. in-8. Au lieu de 19 fr. 50. 10 fr.

— Séparément, *Traité de toxicologie générale*, in-8. Au lieu de 5 fr. 3 fr.

GAUJOT (G.) et SPILLMANN (E.). Arsenal de la chirurgie contemporaine, description, mode d'emploi et appréciation des appareils et instruments en usage pour le diagnostic et le traitement des maladies chirurgicales, l'orthopédie, la prothèse, les opérations simples, générales, spéciales et obstétricales, par G. GAUJOT, professeur à l'École du Val-de-Grâce, et E. SPILLMANN, médecin-major. Paris, 1867-72, 2 vol. in-8 de chacun 800 pages avec 1855 figures. 32 fr.

— *Séparément :* Tome II, par E. SPILLMANN, pour les souscripteurs. 18 fr.

GAULTIER DE CLAUBRY. De l'identité du typhus et de la fièvre typhoïde. Paris, 1844, in-8 de 500 pages. 1 fr. 25

GEOFFROY SAINT-HILAIRE. Histoire générale et particulière des **Anomalies de l'organisation chez l'homme et les animaux**, ouvrage comprenant des recherches sur les caractères, la classification, l'influence physiologique et pathologique, les rapports généraux, les lois et causes des **Monstruosités,** des variétés et vices de conformation ou *Traité de tératologie;* par Isid. GEOFFROY SAINT-HILAIRE, membre de l'Institut, professeur au Muséum d'histoire naturelle. Paris, 1832-1836, 3 vol. in-8 et atlas de 20 planches lithog. 27 fr.

— Séparément les tomes II et III. 16 fr.

GEORGET. **Discussion médico-légale sur la folie** ou Aliénation mentale. Paris, 1826, in-8. 1 fr.

GERDY (P. N.). **Traité des bandages, des pansements et de leurs appareils.** Paris, 1837-1839, 2 vol. in-8 et atlas de 20 planches in-4. 6 fr.

GERVAIS et VAN BENEDEN. **Zoologie médicale.** Exposé méthodique du règne animal basé sur l'anatomie, l'embryogénie et la paléontologie, comprenant la description des espèces employées en médecine, de celles qui sont venimeuses et de celles qui sont parasites de l'homme et des animaux, par Paul GERVAIS, professeur au Muséum d'histoire naturelle, et J. VAN BENEDEN, professeur de l'Université de Louvain. Paris, 1859, 2 vol. in-8 avec 198 figures. 15 fr.

GIACOMINI. **Traité philosophique et expérimental de matière médicale et thérapeutique,** par G. A. GIACOMINI, professeur à l'Université de Padoue; traduit de l'italien par MM. Mojon et Rognetta. Paris, 1842, 1 vol. in-8. 5 fr.

GIGOT-SUARD. **L'herpétisme,** pathogénie, manifestations, traitement, pathologie expérimentale et comparée, par le docteur L. GIGOT-SUARD, médecin consultant aux eaux de Cauterets. 1870, 1 vol. gr. in-8 de VIII-468 pages. 8 fr.

GIGOT-SUARD. **De l'asthme,** précédé d'une introduction sur les maladies chroniques et les eaux minérales. Paris, 1874, 1 vol. in-8 de VIII-208 pages. 2 fr. 50

GILLEBERT D'HERCOURT. **Observations sur l'hydrothérapie** faites à l'établissement de Nancy. 1845, in-8. 1 fr. 50

GINTRAC. **Mémoire sur l'influence de l'hérédité,** sur la production de la surexcitation nerveuse, sur les maladies qui en résultent, et des moyens de les guérir, par E. GINTRAC, professeur à l'École de médecine de Bordeaux. Paris, 1845, in-4 de 189 pages. 3 fr. 50

GIRARD (H.). **Études pratiques sur les maladies nerveuses et mentales,** par H. GIRARD DE CAILLEUX, inspecteur général du service des aliénés de la Seine. Paris, 1863, 1 volume grand in-8. 12 fr.

GIRARD (H.). Considérations physiologiques et pathologiques sur les **affections nerveuses** dites *hystériques.* Paris, 1841, in-8. 50 c.

GLONER. **Nouveau dictionnaire de thérapeutique** comprenant l'exposé des diverses méthodes de traitement employées par les plus célèbres praticiens pour chaque maladie, par le docteur J. C. GLONER, Paris, 1874, 1 vol. in-18 de VIII-805 p. 7 fr.

GODDE. **Manuel pratique des maladies vénériennes** des hommes, des femmes et des enfants, suivi d'une pharmacopée syphilitique. Paris, 1834, in-18. 1 fr.

GOFFRES. **Précis iconographique de bandages, pansements et appareils,** par GOFFRES, médecin principal des armées. Paris, 1866, in-18 jésus, 596 p. avec 81 pl., fig. noires; cartonné. 18 fr.

— Le même, figures coloriées, cartonné. 36 fr.

— Le même, en 6 livraisons composées chacune de pages de texte et de planches. Prix de la livraison, fig. noires, 3 fr., fig. coloriés. 6 fr.

GORI. **La chirurgie militaire** et les sociétés de secours à l'exposition universelle de Vienne, 1873, par le docteur M. W. C. GORI. 2e édition. Paris, 1874, 1 vol. in-8 de 184 pages avec 10 planches et figures. 9 fr.

GOSSELIN (L.). **Clinique chirurgicale de l'hôpital de la Charité,** par L. GOSSELIN, membre de l'Institut (Académie des sciences), professeur de clinique chirurgicale à la Faculté de médecine, chirurgien de la Charité. Paris, 1873, 2 vol. in-8 avec figures. 24 fr.

GOSSELIN (L.). **Recherches sur les kystes synoviaux** de la main et du poignet. Paris, 1852, in-4. 2 fr.

GOURAUD (X.). **Des crises.** Paris, 1872, in-8, 96 pages avec figures. 2 fr. 50

GOURRIER. **Les lois de la génération,** sexualité et conception, par le docteur GOURRIER. Paris, 1875, 1 vol. in-18 jésus de 200 pages. 2 fr.

GRAEFE. **Clinique ophthalmologique**, par A. de GRAEFE, professeur à la faculté de médecine de l'Université de Berlin. Edition française, publiée avec le concours de l'auteur, par M. le docteur E. Meyer. Paris, 1867, in-8, 372 pages avec fig. 8 fr.

Séparément : DEUXIÈME PARTIE. Leçons sur l'amblyopie et l'amaurose. — De l'inflammation du nerf optique dans ses rapports avec les affections cérébrales. — De la névro-rétinite et de certains cas de cécité soudaine. 1 vol. in-8 avec fig. 4 fr. 50

GRANIER (Michel). **Des homœopathes et de leurs droits.** Paris, 1860, in-8, 172 pages. 2 fr. 50

GRANIER (Michel). **Conférences sur l'homœopathie.** Paris, 1858, 524 pages. 5 fr.

GRATIOLET. **Anatomie du système nerveux.** Voyez LEURET et GRATIOLET, page 31.

GRELLOIS (E.). **Histoire médicale du blocus de Metz**, par E. GRELLOIS, ex-médecin en chef des hôpitaux et ambulances de cette place. Paris, 1872, in-8 de 466 p. 6 fr.

GRIESINGER. **Traité des maladies infectieuses.** Maladies des marais, fièvre jaune, maladies typhoïdes (fièvre pétéchiale ou typhus des armées, fièvre typhoïde, fièvre récurrente ou à rechutes, typhoïde bilieuse, peste), choléra, par W. GRIESINGER, professeur à la Faculté de médecine de l'Université de Berlin, traduit et annoté par le docteur G. Lemattre. Paris, 1868, in-8, VIII-556 pages. 8 fr.

GRIESSELICH. **Manuel pour servir à l'étude critique de l'homœopathie**, traduit de l'allemand, par le docteur SCHLESINGER. Paris, 1849, 1 vol. in-12. 3 fr.

GRISOLLE. **Traité de la pneumonie**, par A. GRISOLLE, professeur à la Faculté de médecine de Paris, médecin de l'Hôtel-Dieu, etc. *Deuxième édition.* Paris, 1864, in-8, XIV-744 pages. 9 fr.

Ouvrage couronné par l'Académie des sciences et l'Académie de médecine (prix Itard).

GROS-FILLAY (P.). **Des indications et contre-indications dans le traitement des kystes de l'ovaire**, par le docteur P. GROS-FILLAY. Paris, 1874, in-8 de 92 pages. 2 fr.

GUARDIA (J. M.). **La médecine à travers les siècles.** Histoire et philosophie, par J. M. GUARDIA, docteur en médecine et docteur ès lettres. Paris, 1865. 1 vol. in-8 de 800 pages. 10 fr.

Table des matières. — HISTOIRE. La tradition médicale ; la médecine grecque avant Hippocrate ; la légende hippocratique ; classification des écrits hippocratiques ; documents pour servir à l'histoire de l'art. — PHILOSOPHIE. Questions de philosophie médicale ; évolution de la science ; des systèmes philosophiques ; nos philosophes naturalistes ; sciences anthropologiques ; Buffon ; la philosophie positive et ses représentants ; la métaphysique médicale ; Asclépiade fondateur du méthodisme ; esquisse des progrès de la physiologie cérébrale ; de l'enseignement de l'anatomie générale ; méthode expérimentale de la physiologie ; les vivisections à l'Académie de médecine ; les misères des animaux ; abcès de la méthode expérimentale ; philosophie sociale.

GUBLER. **Commentaires thérapeutiques du Codex medicamentarius**, ou Histoire de l'action physiologique et des effets thérapeutiques des médicaments inscrits dans la pharmacopée française, par Adolphe GUBLER, professeur de thérapeutique à la Faculté de médecine, médecin de l'hôpital Beaujon, membre de l'Académie de médecine. *Deuxième édition.* Paris, 1874, 1 vol. gr. in-8, format du Codex, de XVIII-980 p., cart. 15 fr.

GUÉRARD. **Hygiène alimentaire.** Mémoire sur la gélatine et les tissus organiques d'origine animale qui peuvent servir à la préparer, par A. GUÉRARD, membre de l'Académie de médecine. Paris, 1871, in-8 de 116 pages. 2 fr. 50

GUIBOURT. **Histoire naturelle des drogues simples**, ou Cours d'histoire naturelle professé à l'École de pharmacie de Paris, par J. B. GUIBOURT, professeur à l'École de pharmacie. *Sixième édition*, par G. PLANCHON, professeur à l'École supérieure de pharmacie de Paris. Paris, 1869-70, 4 volumes in-8 avec 1024 figures. 36 fr.

Seul, le *Traité des drogues simples* de MM. Guibourt et Planchon comprend l'étude complète des drogues d'*origine minérale*, d'*origine végétale* et d'*origine animale ;* seul il répond exactement à son titre de *Cours d'histoire naturelle* professé autrefois par M. Guibourt et aujourd'hui par M. Planchon.

Outre les détails pratique de *détermination*, il comprend l'histoire complète de toutes les drogues : *origine, extraction, caractères physiques et chimiques, préparation, mode d'emploi, usages pharmaceutiques et thérapeutiques, falsifications*, etc. ; il embrasse l'ensemble de toutes les questions qui se rattachent à l'étude de la matière médicale et satisfait à tous les besoins de l'élève et du praticien.

GUIBOURT. **Pharmacopée raisonnée**, ou Traité de pharmacie pratique et théorique, par N. E. HENRY et J. B. GUIBOURT ; *troisième édition*, revue et augmentée par J. B GUIBOURT. Paris, 1847, in-8 de 800 pages à deux colonnes, avec 22 pl. 8 fr.

GUIBOURT. **Manuel légal des pharmaciens et des élèves en pharmacie**, ou Recueil des lois, arrêtés, règlements et instructions concernant l'enseignement, les études et l'exercice de la pharmacie, et comprenant le Programme des cours de l'Ecole de pharmacie de Paris. Paris, 1852, 1 vol. in-12 de 230 pages. 2 fr.

GUILLAUME (A.). **Du bégayement** et de son traitement. Paris, 1872, in-8, 16 p. 1 fr.

GUILLAUME (L.) **Hygiène des écoles**, conditions architecturales et économiques, par le docteur L. GUILLAUME, membre de la commission d'éducation de Neufchâtel. 1874, in-8 de 70 pages avec 23 figures. 2 fr.

GUNTHER. **Nouveau manuel de médecine vétérinaire homœopathique**, ou traitement homœopathique des maladies du cheval, des bêtes bovines, des bêtes ovines, des chèvres, des porcs et des chiens, à l'usage des vétérinaires, des propriétaires ruraux, des fermiers, des officiers de cavalerie et de toutes les personnes chargées du soin des animaux domestiques, par F. A. GUNTHER, traduit de l'allemand par P. J. MARTIN, médecin vétérinaire, ancien élève des écoles vétérinaires. *Deuxième édition*. Paris, 1871, 1 vol. in-18 de XII-504 p. avec 34 figures. 5 fr.

GUYON. **Éléments de chirurgie clinique**, comprenant le diagnostic chirurgical, les opérations en général, l'hygiène, le traitement des blessés et des opérés, par J. C. Félix GUYON, chirurgien de l'hôpital Necker, professeur agrégé de la Faculté de Paris. Paris, 1873, 1 vol. in-8 de XXXVIII-672 pages avec 63 figures. 12 fr.

GYOUX. **Éducation de l'enfant** au point de vue physique et moral, depuis la naissance jusqu'à l'achèvement de la première dentition, par Ph. GYOUX. Paris, 1870, 1 vol. in-18 jésus de 350 pages. 3 fr.

HAAS. **Mémorial du médecin homœopathe**, ou Répertoire alphabétique de traitements et d'expériences homœopathiques. *Deuxième édition*. Paris, 1850, in-18. 3 fr.

HACQUART (Paul). **Traité pratique et rationnel de botanique médicale**, suivi d'un mémorial thérapeutique. Rouen, 1872, in-12 de XVI-413 pages. 6 fr.

HANNE (Armand). **Essai sur les tumeurs intra-rachidiennes**. Paris, 1872, 1 vol. in-8 de 85 pages. 2 fr.

HAHNEMANN. **Exposition de la doctrine médicale homœopathique**, ou Organon de l'art de guérir, par S. HAHNEMANN; traduit par A. J. L. JOURDAN. *Cinquième édition*, augmentée de **Commentaires**, et précédée d'une notice sur la vie, les travaux et la doctrine de l'auteur, par le docteur Léon SIMON. Paris, 1873, 1 vol. in-8 de 568 pages, avec le portrait de S. Hahnemann. 8 fr.

HAHNEMANN (S). **Doctrine et traitement homœopathique des maladies chroniques**, traduit par A. J. L. JOURDAN. *Deuxième édition*. Paris, 1846, 3 vol. in-8. 23 fr.

HAHNEMANN (S). **Études de médecine homœopathique**. Opuscules servant de complément à ses œuvres. Paris, 1855, 2 séries publiées chacune en 1 vol. in-8 de 600 pages. Prix de chaque. 7 fr.

HARRIS. **Traité théorique et pratique de l'art du dentiste** comprenant l'anatomie, la physiologie, la pathologie, la thérapeutique, la chirurgie et la prothèse dentaires, Par Chapin A. HARRIS, président du collége des dentistes de Baltimore et Ph. H. AUSTEN, professeur au collége des dentistes de Baltimore. Traduit de l'anglais sur la 10e édition et annoté par le docteur E. ANDRIEU, chirurgien-dentiste des hôpitaux de Paris. Paris, 1874, 1 vol. gr. in-8 de XVI-960 pages avec 465 fig. cart. 17 fr.

HARTMANN. **Thérapeutique homœopathique des maladies des enfants**, par le docteur F. HARTMANN, traduit de l'allemand par le docteur Léon SIMON fils. Paris, 1853, 1 vol. in-8 de 600 pages. 8 fr.

HATIN. **Petit traité de médecine opératoire** et Recueil de formules à l'usage des sages-femmes. *Deuxième édition*. Paris, 1837, in-18, fig. 2 fr. 50

HAUFF. **Mémoire sur l'usage des pompes** dans la pratique médicale et chirurgicale, par le docteur HAUFF, professeur à l'Université de Gand. Paris, 1836, in-8. 1 fr.

HAUSSMANN. **Des subsistances de la France**, du blutage et du rendement des farines et de la composition du pain de munition; par N. V. HAUSSMANN, intendant militaire. Paris, 1848, in-8 de 76 pages. 75 c.

HEIDENHAIN et EHRENBERG. **Exposition des méthodes hydriatiques** de Priestnitz dans les diverses espèces de maladies. Paris, 1842, 1 vol. in-18. 1 fr. 50

HENLE (J.). **Traité d'anatomie générale**, ou Histoire des tissus et de la composition chimique du corps humain. Paris, 1843, 2 vol. in-8 avec 5 pl. gravées. 8 fr.

HENOT. Mémoire sur la désarticulation coxo-fémorale. Paris, 1851, in-4 avec 2 pl. 75 c.

HÉRING. Médecine homœopathique domestique, par le docteur C. HÉRING. Traduction nouvelle, augmentée d'indications nombreuses et précédée de conseils d'hygiène et de thérapeutique générale, par le docteur Léon SIMON. *Sixième édition*. Paris, 1873, in-12 de XII-738 pages avec 169 figures. Cartonné. 7 fr.

HERPIN (J. Ch.). **De l'acide carbonique**, de ses propriétés physiques, chimiques et physiologiques, de ses applications thérapeutiques, par le docteur J. Ch. HERPIN (de Metz). Paris, 1864, in-18 de 564 p. 6 fr.

HERPIN (J. Ch.). **Du raisin et de ses applications thérapeutiques.** Études sur la médication des raisins connue sous le nom de cure aux raisins ou ampélothérapie. Paris, 1865, in-18 jésus de 364 pages. 3 fr. 50

HERPIN (J. Ch.). **Études sur la réforme et les systèmes pénitentiaires**, considérés au point de vue moral, social et médical. Paris, 1868, in-18 jésus, 262 p. 3 fr.

HERPIN (Th.). **Du pronostic et du traitement curatif de l'épilepsie**, par le docteur TH. HERPIN (de Genève). Paris, 1852, 1 vol. in-8 de 650 pages. 7 fr. 50

HERPIN (Th.). **Des accès incomplets d'épilepsie.** Paris, 1867, in-8, XIV-208 pages. 3 fr. 50

HIPPOCRATE. Œuvres complètes, traduction nouvelle, *avec le texte grec en regard*, collationné sur les manuscrits et toutes les éditions; accompagnée d'une introduction, de commentaires médicaux, de variantes et de notes philologiques; suivie d'une table des matières, par E. LITTRÉ, membre de l'Institut de France. *Ouvrage complet*, Paris, 1839-1861, 10 forts vol. in-8 de 700 pages chacun. 100 fr.
Séparément les derniers volumes. Prix de chaque. 10 fr.
Il a été tiré quelques exemplaires sur jésus vélin. Prix de l'ouvrage complet. 150 fr.

HIPPOCRATE. Aphorismes, traduction nouvelle *avec le texte grec en regard*, par E. LITTRÉ, membre de l'Institut de France. Paris, 1844, gr. in-18. 3 fr.

HIRSCHEL. Guide du médecin homœopathe au lit du malade, pour le traitement de plus de mille maladies, et Répertoire de thérapeutique homœopathique, par le docteur B. HIRSCHEL, nouvelle traduction faite sur la 8e édit. allemande, par le docteur V. Léon SIMON, 2e *édit*. Paris, 1874, 1 vol. in-18 jésus de XXIV-540 p. 5 fr.

HOFFBAUER. Médecine légale relative aux aliénés, aux sourds-muets, ou les lois appliquées aux désordres de l'intelligence; traduit de l'allemand, par CHAMBEYRON, avec des notes par ESQUIROL et ITARD. Paris, 1827, in-8. 2 fr. 50

HOFFMANN (Ach.). **L'homœopathie exposée aux gens du monde**, par le docteur Achille HOFFMANN (de Paris). Paris, 1870, in-18 jésus de 142 pages. 1 fr. 25

HOFFMANN (Ach.). **La syphilis débarrassée de ses dangers**, par la médecine homœopathique. 1874, in-18 jésus, 54 pages, avec un portrait photographié de l'auteur. 1 fr.

HOLMES (T.). **Thérapeutique des maladies chirurgicales des enfants**, par T. HOLMES, chirurgien de Saint-Georges hospital à Londres. Ouvrage traduit et annoté par O. Larcher. Paris, 1870, 1 vol. gr. in-8 de XXXVI-918 pag. avec 330 fig. 15 fr.

HOUDART (M. S.). **Histoire de la medecine grecque**, depuis Esculape jusqu'à Hippocrate exclusivement. Paris, 1856, in-8 de 230 pages. 3 fr.

HOUZÉ DE L'AULNOIT. Chirurgie expérimentale, étude historique et clinique sur les amputations sous-périostées et de leur traitement, par ALF. HOUZÉ DE L'AULNOIT, chirurgien de l'hôpital Saint-Sauveur de Lille. Paris, 1873, 1 vol in-8 de 150 pages avec 8 fig. en photoglyptie et 4 planches. 6 fr.

— Le même, fig. coloriées. 8 fr.

HUBERT-VALLEROUX. Mémoire sur le catarrhe de l'oreille moyenne et sur la surdité qui en est la suite. *Deuxième édition* augmentée. Paris, 1845, in-8. 1 fr.

HUFELAND. L'art de prolonger la vie, ou la macrobiotique, par C. W. HUFELAND. Nouvelle édition française, augmentée de notes par le docteur J. PELLAGOT. Paris, 1871, 1 vol. in-12 de XIV-640 pages. 4 fr.

HUGHES. Action des médicaments ou Eléments de pharmaco-dynamique, par Richard HUGHES, trad. par J. GUÉRIN-MENEVILLE, Paris, 1874, 1 vol. in-18 jésus de 650 pages. 6 fr.

HUGUIER. De l'hystérométrie et du cathétérisme utérin, de leurs applications au diagnostic et au traitement des maladies de l'utérus et de ses annexes et de leur emploi en obstétrique; par P. C. HUGUIER, chirurgien des hôpitaux, membre de l'Académie de médecine. Paris, 1865, in-8 de 400 pages avec 4 planches. 6 fr

HUGUIER. Mémoires sur les allongements hypertrophiques du col de l'utérus dans les affections désignées sous les noms de *descente*, de *précipitation* de cet organe, et sur leur traitement par la résection ou l'amputation de la totalité du col suivant la variété de cette maladie. Paris, 1860, in-4, 231 p. avec 13 pl. lithogr. 15 fr.

HUGUIER. Mémoire sur l'esthiomène de la vulve ou dartre rongeante de la région vulvo-anale. Paris, 1849, in-4 avec 4 pl. 5 fr.

HUGUIER. Mémoire sur les maladies des appareils sécréteurs des organes génitaux de la femme. Paris, 1850, in-4 avec 5 pl. 8 fr.

HUMBERT. Étude sur la septicémie intestinale, accidents consécutifs à l'absorption des matières septiques par la muqueuse de l'intestin, par le docteur G. HUMBERT, aide d'anatomie à la Faculté. Paris, 1873, in-8, 106 p. 2 fr. 50

HUMBERT. Traité des difformités du système osseux, ou De l'emploi des moyens mécaniques et gymnastiques dans le traitement de ces affections. Paris, 1838, 4 vol. in-8, et atlas de 174 pl. in-4. 20 fr.

HUMBERT et JACQUIER. Essai et observations sur la manière de réduire les luxations spontanées ou symptomatiques de l'articulation ilio-fémorale. Bar-le-Duc, 1835, in-8, atlas de 20 planches in-4. 6 fr.

HUNTER (J.). Œuvres complètes, traduites de l'anglais par le docteur G. RICHELOT. Paris, 1843, 4 vol. in-8 avec atlas in-4 de 64 planches. 40 fr.

HUNTER (J.). Traité de la maladie vénérienne, traduit de l'anglais par G. RICHELOT, avec des notes et des additions par PH. RICORD, chirurgien de l'hospice des Vénériens. *Troisième édition*. Paris, 1859, in-8 de 800 pages, sans planches. 6 fr.

HURTREL D'ARBOVAL. Dictionnaire de médecine, de chirurgie et d'hygiène vétérinaires, par L. H. J. HURTREL D'ARBOVAL, édition entièrement refondue et augmentée de l'exposé des faits nouveaux observés par les plus célèbres praticiens français et étrangers, par ZUNDEL, vétérinaire supérieur d'Alsace-Lorraine. Paris, 1874, 3 vol. gr. in-8 à deux colonnes avec 1500 fig., publiés en six parties. 50 fr.

— En vente, le tome I, A-F. 1 vol. in-8, 1024 pages, avec 410 fig. et tome II, G à Pau, 1 vol. in-8, 971 pages avec 704 fig. 40 fr.

Il ne reste à paraître que la cinquième partie. Prix : 10 fr. pour les souscripteurs, et la sixième partie qui sera remise gratuitement.

Les éditeurs se réservent d'augmenter le prix de l'ouvrage aussitôt qu'il sera complet.

HUSCHKE (E.). Traité de splanchnologie et des organes des sens. Paris, 1845, in-8 de 870 pages avec 5 planches. 5 fr.

HUXLEY. La place de l'homme dans la nature, par M. Th. HUXLEY, membre de la Société royale de Londres, traduit par le docteur E. Dally, avec une préface de l'auteur. Paris, 1868, in-8, de 368 pages avec 68 figures. 7 fr.

HUXLEY. Éléments d'anatomie comparée des animaux vertébrés, traduits de l'anglais par Mme Brunet, revus par l'auteur et précédés d'une préface par Ch. Robin, professeur à la Faculté de médecine de Paris, Paris, 1875, 1 vol. in-18 jésus de VIII-530 pages avec 122 figures. 6 fr.

IMBERT-GOURBEYRE. De l'albuminurie puerpérale et de ses rapports avec l'éclampsie, par M. le docteur IMBERT-GOURBEYRE, professeur à l'École de médecine de Clermont-Ferrand. Paris, 1856, 1 vol. in-4 de 73 pages. 2 fr. 50

IMBERT-GOURBEYRE. Des paralysies puerpérales. Paris, 1861, 1 vol. in-4 de 80 pages. 2 fr. 50

IMBERT-GOURBEYRE. De l'action de l'arsenic sur la peau. Paris, 1872, in-8 de 136 pages. 3 fr.

ITARD. Traité des maladies de l'oreille et de l'audition, par J. M. ITARD, médecin de l'institution des Sourds-Muets de Paris. *Deuxième édition*. Paris, 1842, 2 vol. in-8 avec 3 planches. 14 fr.

IZARD (A. A.). Nouveau traitement de la maladie vénérienne et des syphilis ulcéreuses par l'idoforme. Paris, 1871, in-8 de 48 p. 1 fr. 50

JAHR. Nouveau manuel de médecine homœopathique, divisé en deux parties : 1° Manuel de matière médicale, ou Résumé des principaux effets des médicaments homœopathiques, avec indication des observations cliniques ; 2° Répertoire thérapeutique et symptomatologique, ou Table alphabétique des principaux symptômes des médicaments homœopathiques, avec des avis cliniques, par le docteur G. H. G. JAHR. *Huitième édition* revue et augmentée. Paris, 1872, 4 vol. grand in-12. 18 fr.

JAHR. Principes et règles qui doivent guider dans la pratique de l'homœopathie. Exposition raisonnée des points essentiels de la doctrine médicale de Hahnemann. Paris, 1857, in-8 de 528 pages. 7 fr.

JAHR. Du traitement homœopathique des maladies des organes de la digestion, comprenant un précis d'hygiène générale et suivi d'un répertoire diététique à l'usage de tous ceux qui veulent suivre le régime rationnel de la méthode. Hahnemann. Paris, 1859, 1 vol. in-18 jésus de 520 pages. 6 fr.

JAHR. Du traitement homœopathique des maladies des femmes, par le docteur G. H. G. JAHR. Paris, 1856, 1 vol. in-12, VII-496 pages. 6 fr.

JAHR. Du traitement homœopathique des affections nerveuses et des maladies mentales. Paris, 1854, 1 vol. in-12 de 600 pages. 6 fr.

JAHR. Du traitement homœopathique des maladies de la peau et des lésions extérieures en général, par G. H. G. JAHR. Paris, 1850, 1 vol. in-8 de 608 p. 8 fr.

JAHR. Du traitement homœopathique du choléra, avec l'indication des moyens de s'en préserver, pouvant servir de conseil aux familles en l'absence du médecin, par le docteur G. H. G. JAHR. *Nouveau tirage.* Paris, 1868, 1 vol. in-12. 1 fr. 50

JAHR. Notions élémentaires d'homœopathie. Manière de la pratiquer, avec les effets les plus importants des dix principaux remèdes homœopathiques à l'usage de tous les hommes de bonne foi qui veulent se convaincre par des essais de la vérité de cette doctrine. *Quatrième édition.* Paris, 1861, in-18 de 144 pages. 1 fr. 25

JAHR et CATELLAN. Nouvelle pharmacopée homœopathique, ou Histoire naturelle, préparation et posologie ou administration des doses des médicaments homœopathiques, par G. H. G. JAHR et MM. CATELLAN frères, pharmaciens homœopathes. *Troisième édition*, Paris, 1862, in-12 de 430 pages avec 144 fig. 7 fr.

JAQUEMET (Hipp.). De l'entraînement chez l'homme au point de vue physiologique, prophylactique et curatif. Paris, 1868, 1 vol. in-8 de 120 pag. 2 fr. 50

JAQUEMET (Hipp.). Des hôpitaux et des hospices, des conditions que doivent présenter ces établissements au point de vue de l'hygiène et des intérêts des populations. Paris, 1866, in-8 de 184 pages avec figures. 3 fr. 50

JEANNEL. Formulaire officinal et magistral international, comprenant environ quatre mille formules, tirées des pharmacopées légales de la France et de l'étranger ou empruntées à la pratique des thérapeutistes et des pharmacologistes, avec les indications thérapeutiques les doses de substances simples et composées, le mode d'administration, l'emploi des médicaments nouveaux, etc., suivi d'un mémorial thérapeutique, par le docteur J. JEANNEL, pharmacien inspecteur du service de santé de l'armée. Paris, 1870, in-18 de XLIX-976 pages, cart. 6 fr.

JEANNEL. De la prostitution dans les grandes villes au XIXe siècle, et de l'extinction des maladies vénériennes ; par J. JEANNEL, médecin du dispensaire de Bordeaux. *Deuxième édition.* Paris, 1874, 1 vol. in-18 jésus X-648 p., avec fig. 5 fr.

JEANNEL. Mémoire sur la coction économique des aliments. Paris, 1874, in-8 de 31 pages avec 4 figures. 1 fr. 25

JOBERT. De la réunion en chirurgie, par A. J. JOBERT (de Lamballe), chirurgien de l'Hôtel-Dieu, professeur à la Faculté de médecine de Paris, membre de l'Institut de France. Paris, 1864, 1 vol. in-8 avec 7 planches col. 12 fr.

JOBERT. Traité de chirurgie plastique. Paris, 1849, 2 vol. in-8 et atlas in-fol. de 18 planches color. 50 fr.

JOBERT. Traité des fistules vésico-utérines, vésico-utéro-vaginales, entéro-vaginales et recto-vaginales. Paris, 1852, in-8 avec 10 figures. 7 fr. 50
Ouvrage *faisant suite et servant de Complément* au TRAITÉ DE CHIRURGIE PLASTIQUE.

JOLLY. L'alcool. Études hygiéniques et médicales. Paris, 1866, in-8, 29 p. 1 fr.

JOLLY. L'absinthe et le tabac. Paris, 1871, in-8, 20 pages. 75 c.

JOLY (V. Ch.). Traité pratique du chauffage, de la ventilation et de la distribution des eaux dans les habitations particulières, par V. Ch. JOLY, 2e édit., Paris, 1874, 1 vol. gr. in-8 de XII-410 pages avec 375 figures. 10 fr.

JORET. **De la folie dans le régime pénitentiaire.** Paris, 1849, in-4, 88 p. 2 fr. 50

JOULIN. **Des causes de dystocie** appartenant au fœtus, par le docteur JOULIN, agrégé de la Faculté de médecine. Paris, 1863, in-8, 128 p. 3 fr.

JOULIN. **Mémoire sur l'emploi de la force en obstétrique.** Paris, 1867, in-8, 44 pages. 1 fr. 50

JOULIN. **Recherches anatomiques sur la membrane lamineuse,** l'état du chorion et la circulation dans le placenta à terme. Paris, 1865, in-8 20 p. 1 fr.

JOULIN. **Syphiliographes et syphilis.** MM. Langlebert, Cullerier et Rollet. Paris, 1862, in-8, 40 p. 1 fr. 50

JOULIN. **Au feu, les libres penseurs.** *Troisième édition*, par le docteur FLAVIUS. Paris, 1868, in-8, 32 p. 1 fr.

JOURDAN. **Pharmacopée universelle,** ou Conspectus des pharmacopées, ouvrage contenant les caractères essentiels et la synonymie de toutes les substances, avec l'indication, à chaque préparation, de ceux qui l'ont adoptée, des procédés divers recommandés pour l'exécution, des variantes qu'elle présente dans les différents formulaires, des noms officinaux sous lesquels on la désigne dans divers pays, et des doses auxquelles on l'administre; par A. J. L. JOURDAN. *Deuxième édition*. Paris, 1840, 2 forts volumes in-8 de chacun près de 800 pages à deux colonnes. 15 fr.

† **JOURNAL DES CONNAISSANCES MÉDICALES PRATIQUES ET DE PHARMACOLOGIE**, par MM. P. L. CAFFE et A. V. CORNIL. Paraît les 15 et 30 de chaque mois. Abonnement annuel pour Paris et les départements. 10 fr.
Pour l'étranger, le port postal en plus.
— La trente-huitième année est en cours de publication.

JOUSSET. **Éléments de pathologie** et de thérapeutique générales, par le docteur P. JOUSSET, médecin de l'hôpital Saint-Jacques, à Paris. Paris, 1873, 1 vol. in-8 de 243 pages. 4 fr.

JOUSSET (P.). **Éléments de médecine pratique,** contenant le traitement homœopathique de chaque maladie. Paris, 1868, 2 vol. in-8 de chacun 550 pages. 15 fr.

KELLER (Théodore). **Des grossesses extra-utérines,** et plus spécialement de leur traitement par la gastrotomie. Paris, 1872, in-8, 96 pages. 2 fr.

KOEBERLÉ. **Résultats statistiques de l'ovariotomie.** Paris, 1868, in-8, 16 pages avec 14 tableaux coloriés. 3 fr.

KUSS ET DUVAL. **Cours de physiologie,** d'après l'enseignement du professeur KUSS, par le docteur Mathias DUVAL, professeur agrégé à la Faculté de médecine. 2e *édit.* Paris, 1873, 1 vol. in-18 jésus de VIII-624 pages avec 152 fig., cart. 7 fr.

LACAUCHIE. **Études hydrotomiques** et micrographiques. Paris, 1844, in-8 avec 4 planches. 1 fr.

LACAUCHIE. **Traité d'hydrotomie,** ou Des injections d'eau continues dans les recherches anatomiques. Paris, 1853, in-8 avec 6 planches. 1 fr. 50

LAGRELETTE. **De la sciatique.** Etude historique, sémiologique et thérapeutique, par le docteur P. A. LAGRELETTE, médecin adjoint de l'établissement hydrothérapique d'Auteuil (Seine). Paris, 1869, 1 vol. in-8 de 350 pages. 4 fr.

LAISNÉ. **Gymnastique pratique,** par M. Napoléon LAISNÉ, professeur de gymnastique. Paris, 1850, 1 vol. in-8 de 690 pages avec fig. et 6 planches. 9 fr.

LAISNÉ. **Gymnastique des demoiselles.** Paris, 1869, 1 vol. in-18 de 145 pages avec figures. 4 fr.

LAISNÉ. **Du massage,** des frictions et manipulations appliqués à la guérison de quelques maladies. Paris, 1868, 1 vol. gr. in-8 de 176 pages avec fig. 4 fr. 50

LAISNÉ. **Traité élémentaire de gymnastique classique.** 2e édition. Paris, 1872, 1 vol. gr. in-8 de 80 pages avec fig. 3 fr. 50

LAISNE. **Exercice du xylofer** ou barre ferrée Laisné. Paris, 1873, 1 vol. in-8 de 150 pages avec fig. 3 fr.

LALLEMAND. **Des pertes séminales involontaires,** par F. LALLEMAND, professeur à la Faculté de médecine de Montpellier, membre de l'Institut. Paris, 1836-1842. 3 vol. in-8, publiés en 5 parties. 25 fr.
Séparément le tome II, en deux parties. 9 fr.
— Le tome III, 1842, in-8. 7 fr.

LANGLEBERT. **Guide pratique, scientifique et administratif de l'étudiant en médecine,** ou Conseils aux élèves sur la direction qu'ils doivent donner à leurs études. 2e *édition*. Paris, 1852, in-18 de 340 pages. 2 fr. 50

LA POMMERAIS. Cours d'homœopathie, par le docteur Edm. Couty de la Pommerais. Paris, 1863, in-8, 555 pages. (7 fr.) 4 fr.

LARREY. Mémoire sur l'adénite cervicale observée dans les hôpitaux militaires, et sur l'extirpation des tumeurs ganglionnaires du cou, par Hipp. Larrey, inspecteur du service de santé des armées. Paris, 1852, in-4 de 92 pages. 2 fr.

LAYET. Hygiène des professions et des industries, précédé d'une étude générale des moyens de prévenir et de combattre les effets nuisibles de tout travail professionnel, par le docteur Alexandre Layet, professeur agrégé à l'École de médecine navale de Rochefort. Paris, 1875, 1 vol. in-12 de xiv-560 pages. 5 fr.

LEBERT. Traité d'anatomie pathologique générale et spéciale, ou Description et iconographie pathologique des affections morbides, tant liquides que solides, observées dans le corps humain, par le docteur H. Lebert, professeur à l'Université de Breslau. *Ouvrage complet*. Paris, 1855-1861, 2 vol. in-fol. de texte, et 2 vol. in-fol. comprenant 200 planches dessinées d'après nature, gravées et coloriées. 615 fr.

Le tome Ier (livraisons I à XX) comprend, texte, 760 pages, et planches 1 à 94.

Le tome II (livraisons XXI à XLI) comprend, texte 734 pages, et planches 95 à 200.

On peut toujours souscrire en retirant régulièrement plusieurs livraisons.

Chaque livraison est composée de 30 à 40 pages de texte, sur beau papier vélin, et de 5 planches in-folio gravées et coloriées. Prix de la livraison : 15 fr.

Demi-reliure maroquin des 4 vol. grand in-folio, non rognés, dorés en tête. 60 fr.

Cet ouvrage est le fruit de plus de douze années d'observations dans les nombreux hôpitaux de Paris. Aidé du bienveillant concours des médecins et des chirurgiens de ces établissements, trouvant aussi des matériaux précieux et une source féconde dans les communications et les discussions des Sociétés anatomique, de biologie, de chirurgie et médicale d'observation, M. Lebert réunissait tous les éléments pour entreprendre un travail aussi considérable. Placé maintenant à la tête du service médical d'un grand hôpital à Breslau, dans les salles duquel il a constamment cent malades, l'auteur continue à recueillir des faits pour cet ouvrage, vérifie et contrôle les résultats de son observation dans les hôpitaux de Paris par celle des faits nouveaux à mesure qu'ils se produisent sous ses yeux.

Cet ouvrage se compose de deux parties.

Après avoir dans une INTRODUCTION rapide présenté l'histoire de l'anatomie pathologique depuis le XVIe siècle jusqu'à nos jours, M. Lebert embrasse dans la *première partie* l'ANATOMIE PATHOLOGIQUE GÉNÉRALE. Il passe successivement en revue l'Hypérémie et l'Inflammation, l'Ulcération et la Gangrène, l'Hémorrhagie, l'Atrophie, l'Hypertrophie en général et l'Hypertrophie glandulaire en particulier, les Tumeurs (qu'il divise en productions Hypertrophiques, Homœomorphes hétérotopiques, Hétéromorphes et Parasitiques), enfin les modifications congénitales de conformation. Cette première partie comprend les pages 1 à 426 du tome Ier, et les planches 1 à 61.

La *deuxième partie*, sous le nom d'ANATOMIE PATHOLOGIQUE SPÉCIALE, traite des lésions considérées dans chaque organe en particulier. M. Lebert étudie successivement dans le livre I (pages 427 à 581, et planches 62 à 78) les maladies du Cœur, des Vaisseaux sanguins et lymphatiques.

Dans le livre II, les maladies du Larynx et de la Trachée, des Bronches, de la Plèvre, de la Glande thyroïde et du Thymus (pages 582 à 753 et planches 79 à 94). Telles sont les matières décrites dans le Ier volume du texte et figurées dans le tome Ier de l'atlas.

Avec le tome II commence le livre III, qui comprend (pages 1 à 132 et planches 95 à 104) les maladies du Système nerveux, de l'Encéphale, de la Moelle épinière, des Nerfs, etc.

Le livre IV (pages 133 à 327 et planches 105 à 135) est consacré aux maladies du Tube digestif et de ses annexes (maladies du Foie et de la Rate, du Pancréas, du Péritoine, altérations qui frappent le Tissu cellulaire rétro-péritonéal, Hémorrhoïdes).

Le livre V (pages 328 à 381 et planches 136 à 142) traite des maladies des Voies urinaires (maladies des Reins, des Capsules surrénales, altérations de la Vessie, altérations de l'Urèthre).

Le livre VI (pages 382 à 484 et planches 143 à 164), sous le titre de Maladies des organes génitaux, comprend deux sections : 1° Altérations anatomiques des Organes génitaux de l'homme (altérations du Pénis et du Scrotum, maladies de la Prostate, des Glandes de Méry et des Vésicules séminales, altérations du Testicule); 2° Maladies des Organes génitaux de la femme (Vulve, Vagin, etc.).

Le livre VII (pages 485 à 604 et planches 165 à 182) traite des maladies des Os et des Articulations.

Livre VIII (pages 605 à 658, et planches 183 à 196). Anatomie pathologique de la peau.

Livre IX (pages 662 à 696 et planches 197 à 200). Changements moléculaires que les maladies produisent dans les tissus et les organes du corps humain. — TABLE GÉNÉRALE ALPHABÉTIQUE, 58 pages.

Après l'examen des planches de M. Lebert, un des professeurs les plus compétents et les plus illustres de la Faculté de Paris écrivait : « J'ai admiré l'exactitude, la beauté, la nouveauté des planches qui composent la majeure partie de cet ouvrage; j'ai été frappé de l'immensité des recherches originales et toutes propres à l'auteur qu'il a dû exiger. *Cet ouvrage n'a pas d'analogue en France ni dans aucun pays.* »

LEBERT (H.). Physiologie pathologique, ou Recherches cliniques, expérimentales et microscopiques sur l'inflammation, la tuberculisation, les tumeurs, la formation du cal, etc. Paris, 1845, 2 vol. in-8 avec atlas de 22 planches gravées (23 fr.). 15 fr.

LEBERT (H.). Traité pratique des maladies scrofuleuses et tuberculeuses. *Ouvrage couronné par l'Académie de médecine*. Paris, 1849, 1 vol. in-8, 820 p. 9 fr.

LEBERT (H.). Traité pratique des maladies cancéreuses et des affections curables confondues avec le cancer. Paris, 1851, 1 vol. in-8 de 892 pages. 9 fr.

LEBLANC et TROUSSEAU. **Anatomie chirurgicale des principaux animaux domestiques**, ou Recueil de 30 planches représentant : 1° l'anatomie des régions du cheval, du bœuf, du mouton, etc., sur lesquelles on pratique les observations les plus graves ; 2° les divers états des dents du cheval, du bœuf, du mouton, du chien, indiquant l'âge de ces animaux ; 3° les instruments de chirurgie vétérinaire ; 4° un texte explicatif ; par U. LEBLANC, médecin vétérinaire, ancien répétiteur de l'École vétérinaire d'Alfort, et A. TROUSSEAU, professeur à la Faculté de Paris. Paris, 1828, grand in-fol. composé de 30 planches coloriées. 42 fr.

LECLER. **Kachef er-Roumouz** (révélation des énigmes) d'Ab er-Razzaq ed-Djedzaïry ou **Traité de matière médicale arabe** d'Abd er-Razzaq, l'Algérien, traduit et annoté par le docteur Lucien LECLER. Paris, 1874, in-8 de 400 pages. 10 fr.

LECONTE. **Études chimiques et physiques sur les eaux thermales de Luxeuil.** Description de l'établissement et des sources, par M. le docteur LECONTE, professeur agrégé à la Faculté de Paris. Paris, 1860, in-8 de 180 pages. 3 fr. 50

LEDENTU. **Des anomalies du testicule**, par le docteur A. LEDENTU, professeur agrégé de la Faculté de médecine .Paris, 1869, in-8, 168 p. avec fig. 3 fr. 50

LEFEVRE (A.). **Histoire du service de santé de la marine militaire** et des écoles de médecine navale en France, depuis le règne de Louis XIV jusqu'à nos jours (1666-1867). Paris, 1867, 1 vol. in-8, 500 pages avec 13 plans, cartes et fac-simile. 8 fr.

LEFORT (Jules). **Traité de chimie hydrologique** comprenant des notions générales d'hydrologie et l'analyse chimique des eaux douces et des eaux minérales, par J. LEFORT, membre de l'Académie de médecine. *Deuxième édition*. Paris. 1873. 1 vol. in-8, 798 pages avec 50 fig. et 1 planche chromolithographiée. 12 fr.

LEFORT (Léon). **De la résection de la hanche** dans les cas de coxalgie et de plaies par armes à feu, par M. Léon LE FORT, professeur à la Faculté de médecine de Paris, etc. Paris, 1861, in-4, 140 pages. 4 fr.

LE GENDRE. **De la chute de l'utérus.** Paris, 1860, in-8 avec 8 planches dessinées d'après nature. 3 fr. 50

LE GENDRE. **Anatomie chirurgicale homalographique**, ou Description et figures des principales régions du corps humain représentées de grandeur naturelle et d'après des sections plans faites sur des cadavres congelés, par le docteur E. Q. LE GENDRE, prosecteur de l'amphithéâtre des hôpitaux. Paris, 1858, 1 vol. in-fol. de 25 planches avec un texte descriptif et raisonné. 20 fr.

LEGOUEST. **Traité de chirurgie d'armée**, par L. LEGOUEST, inspecteur du service de santé de l'armée, professeur à l'École du Val-de-Grâce. *Deuxième édition*. Paris, 1872. 1 vol. in-8 de XII-802 p. avec 149 figures. 14 fr.

LÉLUT. **Du démon de Socrate**, spécimen d'une application de la science psychologique à celle de l'histoire, par le docteur L. F. LÉLUT, membre de l'Institut et de l'Académie de médecine. *Nouvelle édition*. Paris, 1856, in-18 de 348 p. 3 fr. 50

LÉLUT. **L'amulette de Pascal**, pour servir à l'histoire des hallucinations. Paris, 1846, in-8. 6 fr.

LÉLUT. **Qu'est-ce que la phrénologie?** ou Essai sur la signification et la valeur des systèmes de psychologie en général, et de celui de Gall en particulier. Paris, 1836, in-8. 1 fr.

LÉLUT. **De l'organe phrénologique de la destruction chez les animaux**, ou Examen de cette question : Les animaux carnassiers ou féroces ont-ils, à l'endroit des tempes, le cerveau et par suite le crâne plus large proportionnellement à sa longueur que ne l'ont les animaux d'une nature opposée. Paris, 1838, in-8 avec une planche. 50 c.

LEMOINE (Alb.). **Du sommeil**, au point de vue physiologique et psychologique. *Ouvrage couronné par l'Institut de France (Académie des sciences morales et politiques)*. Paris, 1855, in-12 de 410 p. 3 fr. 50

LEPINE (R.). **De la pneumonie caséeuse.** 1872, in-8, 142 pages. 3 fr.

LEREBOULLET (A.). **Mémoire sur la structure intime du foie** et sur la nature de l'altération connue sous le nom de foie gras. Paris, 1853, in-4 avec 4 pl. coloriées. 7 fr.

LEROY (Alph.). **Médecine maternelle**, ou l'Art d'élever et de conserver les enfants. *Seconde édition*. Paris, 1830, in-8. 6 fr.

LEROY (D'ETIOLLES) (J.). **Exposé des divers procédés employés jusqu'à ce jour pour guérir de la pierre sans avoir recours à l'opération de la taille.** Paris, 1825, in-8 avec 5 planches. 4 fr.

LE ROY DE MÉRICOURT. **Mémoire sur la chromhidrose** ou chromocrinie cutanée, par le docteur LE ROY DE MÉRICOURT, médecin en chef de la marine, rédacteur en chef des *Archives de médecine navale*, suivi de l'étude microscopique et chimique de la substance colorante de la chromhidrose, par Ch. Robin, et d'une note sur le même sujet par le docteur Ordonez. Paris, 1864, in-8, 179 pages. 3 fr.

LETIÉVANT. **Traité des sections nerveuses**, physiologie, pathologie, indications, procédés opératoires, par E. LETIÉVANT, chirurgien en chef désigné de l'Hôtel-Dieu de Lyon. Paris, 1873, 1 vol. in-8 de XXVIII-548 pages avec 20 fig. 8 fr.

LEUDET. **Clinique médicale** de l'Hôtel-Dieu de Rouen, par le docteur E. LEUDET, médecin en chef de l'Hôtel-Dieu de Rouen. 1874, 1 vol. in-8 de 650 pages. 8 fr.

LEURET. **Du traitement moral de la folie,** par Fr. LEURET, médecin en chef de l'hospice de Bicêtre. Paris, 1840, in-8. 6 fr.

LEURET et GRATIOLET. **Anatomie comparée du système nerveux** considéré dans ses rapports avec l'intelligence, par FR. LEURET et P. GRATIOLET, professeur à la Faculté des sciences de Paris. Paris, 1839-1857. *Ouvrage complet*. 2 vol. in-8 et atlas de 32 planches in-fol., dessinées d'après nature et gravées. Fig. noires. 48 fr.
Le même, figures coloriées. 96 fr.

Tome I, par LEURET, comprend la description de l'encéphale et de la moelle rachidienne, le volume, le poids, la structure de ces organes chez les animaux vertébrés, l'histoire du système ganglionnaire des animaux articulés et des mollusques, et l'exposé de la relation qui existe entre la perfection progressive de ces centres nerveux et l'état des facultés instinctives, intellectuelles et morales.

Tome II, par GRATIOLET, comprend l'anatomie du cerveau de l'homme et des singes, des recherches nouvelles sur le développement du crâne et du cerveau, et une analyse comparée des fonctions de l'intelligence humaine.

Séparément le tome II. Paris, 1857, in-8 de 692 pages avec atlas de 16 planches dessinées d'après nature, gravées. Figures noires. 24 fr.
Figures coloriées. 48 fr.

LEVIEUX. **Études de médecine et d'hygiène publique**, par le docteur LEVIEUX, médecin honoraire des hôpitaux de Bordeaux. Paris, 1874, 1 vol. gr. in-8 de XIII-565 pages 7 fr.

LEVY. **Traité d'hygiène publique et privée**, par le docteur Michel LÉVY, directeur du Val-de-Grâce, membre de l'Académie de médecine. *Cinquième édition*. Paris, 1869, 2 vol. gr. in-8. Ensemble, 1900 pages avec figures. 20 fr.

LEVY. **Rapport sur le traitement de la gale,** adressé au ministre de la guerre par le Conseil de santé des armées; M. LÉVY, *rapporteur*. Paris, 1852, in-8. 1 fr. 25

LIND. **Essais sur les maladies des Européens dans les pays chauds.** Traduit de l'anglais par THION DE LA CHAUME. Paris, 1785, 2 vol. in-12. 6 fr.

LITTRÉ et ROBIN. Voyez **Dictionnaire de médecine**, *treizième édition*, page 17.

LOIR. **De l'état civil des nouveau-nés** au point de vue de l'histoire, de l'hygiène et de la loi, présentation de l'enfant sans déplacement, par le docteur J. N. LOIR. Paris, 1855, 1 vol. in-8, XVI-462 pages avec 1 planche. 5 fr.

LORAIN (P.). **Études de médecine clinique** et de physiologie pathologique. **Le choléra** observé à l'hôpital Saint-Antoine, par P. LORAIN, professeur à la Faculté de médecine de Paris, médecin de l'hôpital Saint-Antoine. Paris, 1868, 1 vol. gr. in-8 de 220 pages avec planches graphiques coloriées. 7 fr.
Ouvrage couronné par l'Institut (Académie des sciences).

LORAIN (P.). **Études de médecine clinique** faites avec l'aide de la méthode graphique et des appareils enregistreurs. **Le pouls**, ses variations et ses formes diverses dans les maladies. Paris, 1870, 1 vol. gr. in-8 de 372 pages avec 488 fig. 10 fr.

LORAIN (P.). **De l'albuminurie.** Paris, 1860, in-8. 2 fr. 50

LORAIN (P.). Voyez VALLEIX, *Guide du médecin praticien*, page 46.

LOUIS (Ant.). **Éloges lus dans les séances publiques de l'Académie royale de chirurgie de 1750 à 1792,** avec une introduction, par Fréd. DUBOIS (d'Amiens). Paris, 1859, 1 vol. in-8 de 548 pages. 7 fr. 50

LOUIS (P. Ch.). **Recherches anatomiques, pathologiques et thérapeutiques** sur les maladies connues sous les noms de **Fièvre Typhoïde**, Putride, Adynamique, Ataxique, Bilieuse, Muqueuse, Entérite folliculeuse, Gastro-Entérite, Dothiénentérite, etc., par P. Ch. LOUIS, membre de l'Académie de médecine. *Deuxième édition*. Paris, 1841, 2 vol. in-8. 13 fr.

LOUIS (P.Ch.). **Recherches anatomiques, physiologiques et thérapeutiques sur la phthisie.** *Deuxième édition.* Paris, 1843, in-8. 8 fr.

LOUIS (P. Ch.). **Examen de l'examen de M. Broussais,** relativement à la phthisie et aux affections typhoïdes. Paris, 1834, in-8. 1 fr.

LOUIS (P. Ch.). **Recherches sur les effets de la saignée** dans quelques maladies inflammatoires. Paris, 1835, in-8. 1 fr.

LUCAS. Traité physiologique et philosophique de l'hérédité naturelle dans les états de santé et de maladie du système nerveux, avec l'application méthodique des lois de la procréation au traitement général des affections dont elle est le principe. — Ouvrage où la question est considérée dans ses rapports avec les lois primordiales, les théories de la génération, les causes déterminantes de la sexualité, les modifications acquises de la nature originelle des êtres et les diverses formes de névropathie et d'aliénation mentale; par le docteur Pr. LUCAS, médecin de l'asile des aliénés de Sainte-Anne. Paris, 1847-1850, 2 forts volumes in-8. 16 fr.

Le tome II et dernier, Paris, 1850, in-8 de 936 pages. 8 fr. 50

LUYS (J.). **Recherches sur le système nerveux cérébro-spinal,** sa structure, ses fonctions et ses maladies, par J. B. LUYS, médecin de la Salpêtrière. Paris, 1865, 1 vol. gr. in-8 de 700 p. avec atlas gr. in-8 de 40 pl. et texte explicatif. Fig. noires. 35 fr.
— Figures coloriées. 70 fr.

LUYS (J.). **Iconographie photographique des centres nerveux.** *Ouvrage complet.* Paris, 1873, gr. in-4. 100 p. avec 70 photographies et 70 schémas lithographiés, cart. 150 fr.

LUYS (J.). **Études de physiologie et de pathologie cérébrales.** Des actions réflexes du cerveau dans les conditions normales et morbides de leurs manifestations. Paris, 1874, in-8, XII-200 pages avec 2 planches. 5 fr.

LUYS (J.). **Des maladies héréditaires.** Paris, 1863, in-8 de 140 pages. 2 fr. 50

MAC CORMAC (William). **Souvenirs d'un chirurgien d'ambulance** (Sedan, Balan, Bazeilles). Traduit de l'anglais par le docteur G. MORACHE, professeur agrégé à l'École du Val-de-Grâce. Paris, 1872, in-8, XXIV-172 p. avec 8 héliotypies et fig. 6 fr.

MAGENDIE. Phénomènes physiques de la vie. Paris, 1842, 4 vol. in-8. 5 fr.

MAGITOT (E.). **Mémoire sur les tumeurs du périoste dentaire** et sur l'ostéo-périostite alvéolo-dentaire. 2e *édit.* Paris, 1873. 1 vol. in-8 de 110 pag. avec 1 pl. 3 fr.

MAGITOT (E.). **Traité de la carie dentaire,** Recherches expérimentales et thérapeutiques. Paris, 1867, 1 vol. in-8, 228 pages avec 2 pl., 10 figures et 1 carte. 5 fr.

MAGNE. Hygiène de la vue, par le docteur A. MAGNE. *Quatrième édition* revue et augmentée. Paris, 1866, in-18 jésus de 350 pages avec 30 figures. 3 fr.

MAHÉ. Manuel pratique d'hygiène navale ou des moyens de conserver la santé des gens de mer à l'usage des officiers mariniers et marins des équipages de la flotte par le docteur J. MAHÉ, médecin-professeur de la marine, ouvrage publié sous les auspices du ministre de la marine et des colonies. Paris, 1874, 1 vol. in-18 de XV-451 pages, cart. 3 fr. 50

MAHER. Statistique médicale de Rochefort, par C. MAHER, directeur du service de santé de la marine en retraite. Paris, 1874, 1 vol. gr. in-8 de XIII-389 pages avec 200 tableaux et 3 planches gravées représentant le plan de Rochefort, les marais qui environnent la ville et les couches géologiques du forage du puits artésien de l'hôpital de la marine. 10 fr.

MAILLIOT. Traité pratique d'auscultation, appliquée au diagnostic des maladies des organes respiratoires, par le docteur L. MAILLIOT, professeur particulier de percussion et d'auscultation. Paris, 1874. 1 vol. gr. in-8 de XIV-545 pages. 12 fr.

MALGAIGNE (J. F.). **Traité d'anatomie chirurgicale et de chirurgie expérimentale,** par J. F. MALGAIGNE, professeur à la Faculté de médecine de Paris, membre de l'Académie de médecine. *Deuxième édition.* Paris, 1859, 2 forts vol. in-8. 18 fr.

MALGAIGNE (J. F.). **Histoire de la chirurgie** en Occident, depuis le VIe siècle jusqu'au XVIe siècle, et Histoire de la vie et des travaux d'Ambroise Paré. Paris. 1 vol. gr. in-8 de 351 pages. 7 fr.

MALGAIGNE (J. F.). **Essai sur l'histoire et la philosophie de la chirurgie.** Paris, 1847, 1 vol. in-4 de 35 pages. 1 fr. 50

MALLE. Clinique chirurgicale. Paris, 1838, 1 vol. in-8 de 700 pages. 3 fr.

MANDL (L.). **Anatomie microscopique**, par le docteur L. MANDL, professeur de microscopie. Paris, 1838-1857, *ouvrage complet*, 2 vol. in-folio avec 92 planches. 200 fr.
Le tome Ier, comprenant l'HISTOLOGIE, et divisé en deux séries : *Tissus et organes*, — *Liquides organiques*, est complet en 26 livraisons, avec 52 planches. Prix de chaque livraison, composée de 5 feuilles de texte et 2 planches. 6 fr.
Le tome IIe, comprenant l'HISTOGENÈSE, ou Recherches sur le développement, l'accroissement et la reproduction des éléments microscopiques, des tissus et des liquides organiques dans l'œuf, l'embryon et les animaux adultes, est complet en 20 livraisons, avec 40 planches. Prix de chaque livraison. 6 fr.

MANDL (L.). **Traité pratique des maladies du larynx et du pharynx.** Paris, 1872, in-8 de XX-816 pages avec 7 pl. gravées et color. et 164 fig., cart. 18 fr.

MANEC. Anatomie analytique, tableau représentant l'axe cérébro-spinal chez l'homme, avec l'origine et les premières divisions des nerfs qui en partent, par M. MANEC, chirurgien des hôpitaux de Paris. Une feuille très-grand in-folio. 1 fr. 50

MARC. De la folie considérée dans ses rapports avec les questions médico-judiciaires, par C. C. H. MARC, médecin près les tribunaux. Paris, 1840, 2 vol. in-8. 5 fr.

MARCÉ. Traité pratique des maladies mentales, par le docteur L. V. MARCÉ, professeur agrégé à la Faculté de médecine de Paris, médecin des aliénés de Bicêtre. Paris, 1862, in-8 de 670 pages. 8 fr.

MARCÉ. Des altérations de la sensibilité. Paris, 1860, in-8. 2 fr. 50

MARCÉ. Traité de la folie des femmes enceintes, des nouvelles accouchées et des nourrices, et considérations médico-légales qui se rattachent à ce sujet. Paris, 1858, 1 vol. in-8 de 400 pages. 6 fr.

MARCÉ. Recherches cliniques et anatomo-pathologiques sur la démence sénile et sur les différences qui la séparent de la paralysie générale. Paris, 1861, gr. in-8, 72 p. 1 fr. 50

MARCÉ. De l'état mental dans la chorée. Paris, 1860, in-4, 38 p. 1 fr. 50

MARCHAND (A. H.). **Étude sur l'extirpation de l'extrémité inférieure du rectum**, par le docteur A. H. MARCHAND, prosecteur à l'amphithéâtre des hôpitaux. Paris, 1873, in-8 de 124 pages. 2 fr. 50

MARCHAND (Ch.). **Du lait et de l'allaitement**, par Charles MARCHAND, pharmacien de 1re classe. Paris, 1874, in-8 de 110 pages. 2 fr. 50

MARCHAND (Eug.). **Des eaux potables** en général, considérées dans leur constitution physique et chimique. Paris, 1855, in-4, avec 1 carte. 6 fr.

MARCHANT (Léon). **Étude sur les maladies épidémiques.** *Seconde édition.* Paris, 1861, in-12, 92 pages. 1 fr.

MARTEL. De la mort apparente chez le nouveau-né, par le docteur JOANNIS MARTEL, aide de clinique à la Faculté de médecine de Paris. 1874, in-8, 77 p. 2 fr.

MARVAUD (A.). **Les aliments d'épargne**, alcool et boissons aromatiques (café, thé, maté, cacao, coca), effets physiologiques, applications à l'hygiène et à la thérapeutique, étude précédé de considérations sur l'alimentation et le régime par le docteur Angel MARVAUD, médecin-major, professeur agrégé à l'École du Val-de-Grâce. 2e édit., Paris, 1874, 1 vol. in-8 de XVI-504 p. avec pl. 6 fr.

MARVAUD (A.). **L'alcool**, son action physiologique, son utilité et ses applications en hygiène et en thérapeutique. Paris, 1872, in-8, 160 p. avec 25 pl. 4 fr.

MASSE. Traité pratique d'anatomie descriptive, mis en rapport avec l'Atlas d'anatomie, et lui servant de complément, par le docteur J. N. MASSE, professeur d'anatomie. Paris, 1858, 1 vol. in-12 de 700 pages, cartonné à l'anglaise. 7 fr.

MATTEUCCI (C.). **Traité des phénomènes électro-physiologiques des animaux.** Paris, 1844, in-8 avec 6 planches. 4 fr.

MAUREL. Des fractures des dents, par le docteur E. MAUREL, médecin de première classe de la marine. Paris, 1875, in-8 de 52 pages avec figures. 2 fr.

MAYER. Des rapports conjugaux, considérés sous le triple point de vue de la population, de la santé et de la morale publique, par le docteur Alex. MAYER, médecin de l'inspection générale de la salubrité. *Sixième édition*, revue et augmentée. Paris, 1874, in-18 jésus de XVI-424 pages. 3 fr.

MAYER. Conseils aux femmes sur l'âge de retour, médecine et hygiène. Paris, 1875, 1 vol. in-12 de 256 pages. 3 fr.

MÊLIER (F.). **Relation de la fièvre jaune** survenue à Saint-Nazaire en 1861, suivie de la loi anglaise sur les quarantaines, par F. Mêlier, inspecteur général des services sanitaires. Paris, 1863, in-4, 276 pages avec 3 cartes. 10 fr.

MÊLIER (F.). **Rapport sur les marais salants.** Paris, 1847, 1 vol. in-4 de 96 pages avec 4 planches. 5 fr.

MÊLIER (F.). **De la santé des ouvriers employés dans les manufactures de tabac.** Paris, 1846, 1 vol. in-4 de 45 pages. 2 fr.

MENVILLE. **Histoire philosophique et médicale de la femme** considérée dans toutes les époques principales de la vie, avec ses diverses fonctions, avec les changements qui surviennent dans son physique et son moral, avec l'hygiène applicable à son sexe et toutes les maladies qui peuvent l'atteindre aux différents âges. *Seconde édition.* Paris, 1858, 3 vol. in-8 de 600 pages. 10 fr.

MÉRAT. **Du tænia,** ou ver solitaire, et de sa cure radicale par l'écorce de racine de grenadier, par F. V. Mérat, membre de l'Académie de médecine. Paris, 1832, in-8. 1 fr.

MÉRAT et **DELENS.** *Voyez* **Dictionnaire de matière médicale,** p. 17.

MERCIER (A.). **Anatomie et physiologie de la vessie** au point de vue chirurgical. Paris, 1872, 1 vol. in-8 de 85 pag. 2 fr.

MIARD (Antony). **Des troubles fonctionnels et organiques, de l'amétropie et de la myopie** en particulier, de l'accommodation binoculaire et cutanée dans les vices de la réfraction, par le docteur Ant. Miard, ancien chef de clinique ophthalmique. Paris, 1873, 1 vol. in-8 de VIII-460 pages. 7 fr.

MICHÉA (F.). **Du siége, de la nature interne, des symptômes et du diagnostic de l'hypochondrie.** Paris, 1843, in-4, 80 p. 2 fr.

MICHEA (F.). **Des hallucinations, de leurs causes, et des maladies qu'elles caractérisent.** Paris, 1846, in-4 de 32 pages. 1 fr.

MICHEL. **Du microscope, de ses applications** à l'anatomie pathologique, au diagnostic et au traitement des maladies, par M. Michel, professeur à la Faculté de médecine de Nancy. Paris, 1857, 1 vol. in-4 avec 5 pl. 3 fr. 50

MILLET (Aug.). **Du seigle ergoté** considéré sous les rapports physiologique, obstétrical et de l'hygiène publique. Paris, 1854, 1 vol. in-4 de 158 pages. 4 fr. 50

MILLON (E.) et **REISET.** *Voyez* **Annuaire de chimie,** p. 5.

MOITESSIER. **La photographie appliquée aux recherches micrographiques,** par A. Moitessier, professeur à la Faculté de médecine de Montpellier. Paris, 1866, 1 vol. in-18 jésus, 340 pages avec 30 figures et 3 pl. photographiées. 7 fr.

MOLÉ. **Signes précis du début de la convalescence dans les maladies aiguës,** par le docteur Léon Molé. Paris, 1870, grand in-8 de 112 p. avec 23 fig. 3 fr.

MOLINARI (Ph. de). **Guide de l'homœopathiste,** indiquant les moyens de se traiter soi-même dans les maladies les plus communes en attendant la visite du médecin. *Seconde édition.* Bruxelles, 1861, in-18 de 256 pages. 5 fr.

MONOD. **Étude sur l'angiome** simple sous-cutané circonscrit (nævus vasculaire sous-cutané, angiome lipomateux, angiome lobulé), suivi de quelques remarques sur les angiomes circonscrits de l'orbite, par le docteur Ch. Monod, aide de clinique chirurgicale de la Faculté. Paris, 1873, in-8, 87 p., avec 2 pl. 2 fr. 50

MONTANÉ. **Étude anatomique du crâne** chez les microcéphales par Louis Montané (de la Havane), docteur en médecine de la Faculté de Paris. Paris, 1874, gr. in-8 de 80 pages, 6 planches. 3 fr. 50

MOQUIN-TANDON. **Éléments de botanique médicale,** contenant la description des végétaux utiles à la médecine et des espèces nuisibles à l'homme, vénéneuses ou parasites, précédés de considérations générales sur l'organisation et la classification des végétaux, par Moquin-Tandon, professeur d'histoire naturelle médicale à la Faculté de médecine de Paris, membre de l'Institut. *Deuxième édition.* Paris, 1866, 1 vol. in-18 jésus avec 128 figures. 6 fr.

MOQUIN-TANDON. **Éléments de zoologie médicale,** comprenant la description des animaux utiles à la médecine et des espèces nuisibles à l'homme, particulièrement des venimeuses et des parasites, précédés de considérations sur l'organisation et la classification des animaux et d'un résumé sur l'histoire naturelle de l'homme, etc. *Deuxième édition,* augmentée. Paris, 1862, 1 vol. in-18 avec 150 fig. 6 fr.

MOQUIN-TANDON. **Monographie de la famille des Hirudinées,** *Deuxième édition.* Paris, 1846, in-8 de 450 pages avec atlas de 14 planches coloriées. 15 fr.

MORACHE. **Traité d'hygiène militaire**, par G. MORACHE, médecin-major de première classe, professeur agrégé à l'École d'application de médecine et de pharmacie militaires (Val-de-Grâce). Paris, 1874, 1 vol. in-8 de 1050 p. avec 175 fig. 16 fr.

MORDRET (A. E.). **De la mort subite dans l'état puerpéral.** Paris, 1858, 1 vol. in-4 de 180 pages. 4 fr. 50

MOREAU. **De l'étiologie de l'épilepsie** et des indications que l'étude des causes peut fournir, par le docteur J. MOREAU (de Tours), médecin de l'hospice de la Salpêtrière. Paris, 1854, 1 vol. in-4 de 175 pages. (6 fr.) 4 fr.

MOREL. **Traité des dégénérescences physiques, intellectuelles et morales de l'espèce humaine** et des causes qui produisent ces variétés maladives, par le docteur B. A. MOREL, médecin de l'Asile des aliénés de Saint-Yon (Seine-Inférieure). Paris, 1857, 1 vol. in-8 de 700 pages avec un atlas de 12 planches in-4. 12 fr.

MOREL. **Traité élémentaire d'histologie humaine,** précédé d'un exposé des moyens d'observer au microscope, par C. MOREL, professeur à la Faculté de médecine de Nancy. Paris, 1864, 1 vol. in-8 de 200 pages, avec un atlas de 34 pl. dessinées d'après nature par le docteur A. VILLEMIN, professeur à l'École d'application de médecine militaire du Val-de-Grâce. 12 fr.

MORELL-MACKENSIE. **Du laryngoscope** et de son emploi dans les maladies de la gorge, avec un appendice sur la rhinoscopie, traduit de l'anglais, par le docteur E. NICOLAS-DURANTY. Paris, 1867. 1 vol. in-8, XII-156 p. avec 40 fig. 4 fr.

MOTARD (A.). **Traité d'hygiène générale,** par le docteur Adolphe MOTARD. Paris. 1868, 2 vol. in-8, ensemble 1900 pages avec figures. 16 fr.

MOTTET. **Nouvel essai d'une thérapeutique indigène,** ou Études analytiques et comparatives de phytologie médicale indigène et de phytologie médicale exotique, etc. Paris, 1851, 1 vol. in-8, 800 pages. 1 fr. 50

MULLER (J.). **Manuel de physiologie,** traduit par A. J. L. JOURDAN. *Deuxième édition* par E. LITTRÉ. Paris, 1851, 2 vol. grand in-8, avec 320 figures. 20 fr.

MUNDE. **Hydrothérapeutique,** ou l'Art de prévenir et de guérir les maladies du corps humain sans le secours des médicaments, par le régime, l'eau, la sueur, le bon air, l'exercice et un genre de vie rationnel; par Ch. MUNDE. Paris, 1842, 1 vol. in-18. 2 fr.

MURE. **Doctrine de l'école de Rio-de-Janeiro** et Pathogénésie brésilienne, contenant une exposition méthodique de l'homœopathie, la loi fondamentale du dynamisme vital, la théorie des doses et des maladies chroniques, les machines pharmaceutiques, l'algèbre symptomatologique, etc. Paris, 1849, in-12 de 400 pages avec fig. 6 fr.

NAEGELÉ (H. F.) et **GRENSER.** **Traité pratique de l'art des accouchements,** par H. F. NAEGELÉ, professeur à l'Université de Heidelberg, et L. GRENSER, directeur de la Maternité de Dresde. Traduit, annoté et mis au courant des progrès de la science par G. A. AUBENAS, professeur agrégé à la Faculté de médecine de Strasbourg, précédé d'une introduction par J. A. STOLTZ, doyen de la Faculté de médecine de Nancy. Paris, 1869, 1 vol. in-8 de 724 pages avec une pl. et 207 fig. 12 fr.

NEYRENEUF. **Du traitement des tumeurs sous-cutanées** par l'application de la pâte sulfo-sufranée et de l'action de l'acide sulfurique sur la peau. Paris, 1872, in-8 de 84 pages. 2 fr.

NICOLAS-DURANTY. **Études laryngoscopiques. Diagnostic des paralysies motrices** des muscles du larynx, par le docteur Emile NICOLAS-DURANTY, médecin adjoint des hôpitaux de Marseille. Paris, 1872, in-8, 48 pages avec 3 planches comprenant 17 figures. 2 fr.

NYSTEN. **Dictionnaire de médecine.** *Voyez* DICTIONNAIRE DE MÉDECINE, *treizième édition*, par E. LITTRÉ et Ch. ROBIN, page 17.

ORÉ. **Tribut à la chirurgie conservatrice, résections-évidements,** par le docteur ORÉ, chirurgien de l'hôpital Saint-André. Paris, 1872, gr. in-8 de 136 p. 3 fr.

ORIARD (T.). **L'homœopathie mise à la portée de tout le monde.** *Troisième édition*, Paris, 1863, in-18 jésus, 370 pages. 4 fr.

† **ORIBASE.** **Œuvres,** texte grec, en grande partie inédit, collationné sur les manuscrits, traduit pour la première fois en français, avec une introduction, des notes, des tables et des planches, par les docteurs BUSSEMAKER et DAREMBERG. Paris, 1851-1873, 5 vol. in-8 de 700 pages chacun. 60 fr.

Le tome VI paraîtra dans le courant de 1875.

OUDET. **Recherches anatomiques, physiologiques et microscopiques sur les dents** et sur leurs maladies, par J. E. OUDET, membre de l'Académie de médecine, etc. Paris, 1862, in-8 avec une pl. 4 fr.

OULMONT. **Des oblitérations de la veine cave supérieure,** par le docteur OULMONT, médecin des hôpitaux. Paris, 1855, in-8 avec une planche lithogr. 2 fr.

PARCHAPPE. **Recherches sur l'encéphale,** sa structure, ses fonctions et ses maladies. Paris, 1836-1842, 2 parties in-8. 3 fr. 50

PARÉ. **Œuvres complètes d'Ambroise Paré,** revues et collationnées sur toutes les éditions, avec les variantes; accompagnées de notes historiques et critiques, et précédées d'une introduction sur l'origine et les progrès de la chirurgie en Occident du VIe au XVIe siècle et sur la vie et les ouvrages d'Ambroise Paré, par J. F. MALGAIGNE. Paris, 1840, 3 vol. grand in-8 avec 217 figures. 36 fr.

PARENT-DUCHATELET. **De la prostitution dans la ville de Paris,** considérée sous le rapport de l'hygiène publique, de la morale et de l'administration; ouvrage appuyé de documents statistiques puisés dans les archives de la préfecture de police, par A. J. B. PARENT-DUCHATELET, membre du Conseil de salubrité de la ville de Paris. *Troisième édition, complétée par des documents nouveaux et des notes,* par MM. A. TREBUCHET et POIRAT-DUVAL, chefs de bureau à la préfecture de police, suivie d'un *Précis* HYGIÉNIQUE, STATISTIQUE ET ADMINISTRATIF SUR LA PROSTITUTION DANS LES PRINCIPALES VILLES DE L'EUROPE. Paris, 1857, 2 forts volumes in-8 de chacun 750 pages avec cartes et tableaux. 18 fr.

PARISEL. Voyez *Annuaire pharmaceutique*, page 5.

PARISET. **Histoire des membres de l'Académie de médecine,** ou Recueil des Éloges lus dans les séances publiques, par E. PARISET, secrétaire perpétuel de l'Académie de médecine, etc.; *édition complète*, précédée de l'éloge de Pariset. Paris, 1850, 2 vol. in-12. 7 fr.

Cet ouvrage comprend : — Discours d'ouverture de l'Académie de médecine. — Éloges de Corvisart, — Cadet de Gassicourt, — Berthollet, — Pinel, — Beauchêne, — Bourru, — Percy, — Vauquelin, — G. Cuvier, — Portal, — Chaussier, — Dupuytren, — Scarpa, — Desgenettes, — Laennec, — Tessier, — Huzard, — Marc, — Lodibert, — Bourdois de la Motte, — Esquirol, — Larrey, — Chevreul, — Lerminier, — A. Dubois, — Alibert, — Robiquet, — Double, — Geoffroy Saint-Hilaire, — Ollivier d'Angers), — Breschet, — Lisfranc, — A. Paré, — Broussais, — Bichat.

PARISET. **Mémoire sur les causes de la peste** et sur les moyens de la détruire, par E. PARISET. Paris, 1837, in-18. 3 fr.

PARSEVAL (Lud.). Observations pratiques de Samuel HAHNEMANN, et Classification de ses recherches sur **les propriétés caractéristiques des médicaments.** Paris, 1857-1860, in-8 de 400 pages. 6 fr.

PATIN (GUI). **Lettres.** Nouvelle édition, augmentée de lettres inédites, précédée d'une notice biographique, accompagnée de remarques scientifiques, historiques, philosophiques et littéraires, par REVEILLÉ-PARISE, membre de l'Académie de médecine. Paris, 1846, 3 vol. in-8 avec le *portrait* et le fac-simile de GUI PATIN (21 fr.). 12 fr.

PATISSIER (Ph.). **Traité des maladies des artisans** et de celles qui résultent des diverses professions, d'après Ramazzini. Paris, 1822, in-8, LX-433 p. 3 fr.

PATISSIER (Ph.). **Rapport sur le service médical des établissements thermaux en France.** Paris, 1852, in-4 de 205 pages. 4 fr. 50

PEIN. **Essai sur l'hygiène des champs de bataille,** par le docteur Théodore PEIN. Paris, 1873, in-8 de 80 pages. 2 fr.

PEISSE (Louis). **La médecine et les médecins,** philosophie, doctrines, institutions, critiques, mœurs et biographies médicales. Paris, 1857, 2 vol. in-18 jésus. 7 fr.

Cet ouvrage comprend : Esprit, marche et développement des sciences médicales. — Découvertes et découvreurs. — Sciences exactes et sciences non exactes. — Vulgarisation de la médecine. — La méthode numérique. — Le microscope et les microscopistes. — Méthodologie et doctrines. — Comme on pense et ce qu'on fait en médecine à Montpellier. — L'encyclopédisme et le spécialisme en médecine. — Mission sociale de la médecine et du médecin. — Philosophie des sciences naturelles. — La philosophie et les philosophes par-devant les médecins. — L'aliénation mentale et les aliénistes. — Phrénologie, bonnes et mauvaises têtes, grands hommes et grands scélérats. — De l'esprit des bêtes. — Le feuilleton. — L'Académie de médecine. — L'éloquence et l'art à l'Académie de médecine. — Charlatanisme et charlatans. — Influence du théâtre sur la santé. — Médecins poëtes. — Biographie.

PELLETAN. **Mémoire statistique sur la pleuropneumonie aiguë,** par J. PELLETAN, médecin des hôpitaux civils de Paris. Paris, 1840, in-4. 1 fr.

PENARD. **Guide pratique de l'accoucheur et de la sage-femme,** par Lucien PENARD, professeur d'accouchements à l'École de médecine de Rochefort. *Quatrième édition.* Paris, 1874, XX-551 pag. avec 142 fig. 4 fr.

PERRÈVE. Traité des rétrécissements organiques de l'urèthre, par le docteur Victor PERRÈVE. Paris, 1847, 1 vol. in-8 de 340 pag. avec 3 pl. et 32 figures. 2 fr.

PERRUSSEL (Henri). **Cours élémentaire d'hygiène**, à l'usage des élèves des lycées, rédigé conformément au programme officiel, par Henri PERRUSSEL, docteur en médecine de la Faculté de Paris. Paris, 1873, 1 vol. in-18 de VIII-152 pag., cart. 1 fr. 25

PHARMACOPÉE FRANÇAISE. — Voyez *Codex medicamentarius*, page 12.

PHARMACOPÉE UNIVERSELLE. — Voyez JOURDAN.

PHILIPEAUX (R.). **Traité pratique de la cautérisation**, d'après l'enseignement clinique de M. le professeur A. Bonnet. Paris, 1856, in-8 de 630 pages avec 67 fig. 8 fr.

PHILLIPS. De la ténotomie sous-cutanée, ou des opérations qui se pratiquent pour la guérison des pieds bots, du torticolis, de la contracture de la main et des doigts, des fausses ankyloses angulaires du genou, du strabisme, de la myopie, du bégayement, etc., par le docteur CH. PHILLIPS. Paris, 1841, in-8 avec 12 planches. 3 fr.

PIEDVACHE (J.). **Recherches sur la contagion de la fièvre typhoïde.** Paris, 1850, in-4 de 140 pages. 3 fr. 50

PIESSE. Des odeurs, des parfums et des cosmétiques, histoire naturelle, composition chimique, préparation, recettes, industrie, effets physiologiques et hygiène des poudres, vinaigres, dentifrices, pommades, fards, savons, eaux aromatiques, essences, infusions, teintures, alcoolats, sachets, etc., par S. PIESSE, chimiste parfumeur à Londres, édition française publiée par O. REVEIL, professeur agrégé à l'École de pharmacie. Paris, 1865, in-18 jésus de 527 pages avec 86 fig. 7 fr.

PIETRA-SANTA. La crémation des morts en France et à l'étranger, par le docteur Prosper DE PIETRA-SANTA. Paris, 1874, in-8 de 46 pages. 1 fr. 50

PINARD. Les vices de conformation du bassin, étudiés au point de vue de la forme et des diamètres antéro-postérieurs. Recherches nouvelles de pelvimétrie et de pelvigraphie, par le docteur Ad. PINARD, ancien interne de la Maternité. Paris, 1874, in-4, 64 p. avec 100 pl., représentant 100 bassins de grandeur naturelle. 7 fr.

PINEL. Du traitement de l'aliénation mentale aiguë en général et principalement par les bains tièdes prolongés et des arrosements continus d'eau fraîche sur la tête, par M. le docteur Casimir PINEL neveu. Paris, 1856, 1 vol. in-4 de 160 p. 4 fr. 50

POILROUX. Manuel de médecine légale criminelle. *Seconde édition.* Paris, 1837, in-8. 4 fr.

POINCARÉ. Leçons sur la physiologie normale et pathologique du système nerveux, par le docteur POINCARÉ, professeur adjoint à la Faculté de médecine de Nancy. Paris 1873-74, 2 vol. in-8 de 400 pag. chacun avec fig. 10 fr.

PORGES. Carlsbad, ses eaux thermales. Analyse physiologique de leurs propriétés curatives et de leur action spécifique sur le corps humain, par le docteur G. PORGES, médecin praticien à Carlsbad. Paris, 1858, in-8, XXXII-244 pages. 4 fr.

POTERIN DU MOTEL (L. P.). **Études sur la mélancolie** et sur le traitement moral de cette maladie. Paris, 1857, 1 vol. in-4. 3 fr.

POUCHET (F. A.). **Théorie positive de l'ovulation spontanée** et de la fécondation dans l'espèce humaine et les mammifères, basée sur l'observation de toute la série animale, par F. A. POUCHET, professeur au Musée d'histoire naturelle de Rouen. Paris, 1847, 1 vol. in-8 de 600 p. avec atlas in-4 de 20 pl. renfermant 250 fig. 36 fr.

Ouvrage qui a obtenu le grand prix de physiologie à l'Institut de France.

POUCHET (F. A.). **Recherches et expériences sur les animaux ressuscitants.** Paris, 1859, in-8 de 94 pages avec 3 figures. 2 fr.

PROST-LACUZON. Formulaire pathogénétique usuel, ou Guide homœopathique pour traiter soi-même les maladies. *Quatrième édition.* Paris, 1872, in-18 de 583 pages avec fig. 6 fr.

PROST-LACUZON et BERGER. Dictionnaire vétérinaire homœopathique, ou Guide homœopathique pour traiter soi-même les maladies des animaux domestiques, par J. PROST-LACUZON et H. BERGER, élève des Écoles vétérinaires, ancien vétérinaire de l'armée. Paris, 1865, in-18 jésus de 486 pages. 4 fr. 50

PRUS (R.). **Recherches nouvelles sur la nature et le traitement du cancer de l'estomac** Paris, 1828, in-8. 2 fr.

PRUS (R.). **Rapport à l'Académie de médecine SUR LA PESTE ET LES QUARANTAINES.** Paris, 1846, 1 vol. in-8 de 1050 pages. 2 fr. 50

PUEL (T.). **De la catalepsie.** Paris, 1856, 1 vol. in-4 de 118 pages. 3 fr. 50

QUETELET (Ad.). **Anthropométrie** ou mesure des différentes facultés de l'homme. Bruxelles, 1871, in-8, 480 pages avec 2 pl. 12 fr.

RACIBORSKI (A.). **Traité de la menstruation,** ses rapports avec l'ovulation, la fécondation, l'hygiène de la puberté et de l'âge critique, son rôle dans les différentes maladies, ses troubles et leur traitement. Paris, 1868, 1 vol. in-8 de 632 pages avec deux planches chromolithographiées. 12 fr.

RACIBORSKI (A.). **Histoire des découvertes relatives au système veineux,** envisagé sous le rapport anatomique, physiologique, pathologique et thérapeutique, depuis Morgagni jusqu'à nos jours. Paris, 1841, 1 vol. in-4 de 210 pages. (4 fr.) 3 fr.

RACLE. Traité de diagnostic médical. Guide clinique pour l'étude des signes caractéristiques des maladies, contenant un Précis des procédés physiques et chimiques d'exploration clinique, par V. A. RACLE, médecin des hôpitaux, professeur agrégé à la Faculté de médecine de Paris. *Cinquième édition*, présentant l'Exposé des travaux les plus récents, par Ch. FERNET, médecin des hôpitaux, professeur agrégé à la Faculté, et I. STRAUSS, chef de clinique de la Faculté de médecine de Paris. Paris, 1873, 1 vol. in-18 de XII-796 pages avec 77 fig. 7 fr.

RACLE. De l'alcoolisme, par le docteur RACLE. Paris, 1860, in-8. 2 fr. 50

RAPOU (A.). **De la fièvre typhoïde** et de son traitement homœopathique. Paris, 1851, in-8. 3 fr.

RATIER. Nouvelle médecine domestique, contenant : 1° Traité d'hygiène générale; 2° Traité des erreurs populaires ; 3° Manuel des premiers secours dans le cas d'accidents pressants ; 4° Traité de médecine pratique générale et spéciale ; 5° Formulaire pour la préparation et l'administration des médicaments ; 6° Vocabulaire des termes techniques de médecine. Paris, 1825, 2 vol. in-8. 7 fr. 50

RAU. Nouvel organe de la médication spécifique, ou Exposition de l'état actuel de la méthode homœopathique, par le docteur J. L. RAU; suivi de nouvelles expériences sur les doses dans la pratique de l'homœopathie, par le docteur G. GROSS. Traduit de l'allemand par D. R. Paris, 1845, in-8. 5 fr.

RAYER. Cours de médecine comparée, introduction, par P. RAYER, membre de l'Institut (Académie des sciences) et de l'Académie de médecine. Paris, 1863, in-8, 52 pages. 1 fr. 50

RAYER. De la morve et du farcin chez l'homme. Paris, 1837, in-4, fig. color. 6 fr.

RAYER. Traité théorique et pratique des maladies de la peau, *deuxième édition*. Paris, 1835, 3 forts vol. in-8 avec atlas de 26 pl. gr. in-4 coloriées, cart. 88 fr.

— Le même, texte seul, 3 vol. in-8. 23 fr.

— Le même, atlas seul, avec explication raisonnée, grand in-4 cartonné. 70 fr.

L'auteur a réuni, dans un *atlas pratique* entièrement neuf, la généralité des maladies de la peau ; il les a groupées dans un ordre systématique pour en faciliter le diagnostic; et leurs diverses formes y ont été représentées avec une fidélité, une exactitude et une perfection qu'on n'avait pas encore atteintes.

RAYER. Traité des maladies des reins, et des altérations de la sécrétion urinaire, étudiées en elles-mêmes et dans leurs rapports avec les maladies des uretères, de la vessie, de la prostate, de l'urèthre, etc. Paris, 1839-1841, 3 forts vol. in-8. 24 fr.

RAYER. Atlas du traité des maladies des reins, comprenant l'anatomie pathologique des reins, de la vessie, de la prostate, des uretères, de l'urèthre, etc., ouvrage complet, 60 planches grand in-folio, contenant 300 figures dessinées d'après nature, gravées, imprimées en couleur, avec un texte descriptif. 192 fr.

RAYNAUD. De la révulsion, par Maurice RAYNAUD, agrégé à la Faculté de médecine de Paris, médecin des hôpitaux. Paris, 1866, in-8, 168 pages. 3 fr.

REGNAULT (Elias). **Du degré de compétence des médecins** dans les questions judiciaires relatives à l'aliénation mentale, et des théories physiologiques sur la monomanie homicide. Paris, 1830, in-8. 2 fr.

REMAK. Galvanothérapie, ou De l'application du courant galvanique constant au traitement des maladies nerveuses et musculaires, Traduit de l'allemand par Alphonse MORPAIN. Paris, 1860, 1 vol. in-8 de 467 pages. 7 fr.

RENOUARD (P. V.). Lettres philosophiques et historiques sur la médecine au XIXe siècle. *Troisième édition.* Paris, 1861, in-8 de 240 pages. 3 fr. 50

RENOUARD (P. V.). De l'empirisme. Paris, 1862, in-8 de 26 pages. 1 fr.

REVEIL. Formulaire raisonné des médicaments nouveaux et des médications nouvelles, suivi de notions sur l'aérothérapie, l'hydrothérapie, l'électrothérapie, la kinésithérapie et l'hydrologie médicale, par O. REVEIL, pharmacien en chef de l'hôpital des Enfants, agrégé à la Faculté de médecine et à l'École de pharmacie. *Deuxième édition.* Paris, 1865, 1 vol. in-18 jésus, XII-696 p. avec 48 fig. 6 fr.

REVEIL. Annuaire pharmaceutique. Voyez *Annuaire*, page 5.

REVEILLÉ-PARISE. Traité de la vieillesse, hygiénique, médical et philosophique, ou Recherches sur l'état physiologique, les facultés morales, les maladies de l'âge avancé, et sur les moyens les plus sûrs, les mieux expérimentés, de soutenir et de prolonger l'activité vitale à cette époque de l'existence. Paris, 1853, 1 vol. in-8 de 500 p. 7 fr.

« Peu de gens savent être vieux. » (LA ROCHEFOUCAULD.)

REVEILLÉ-PARISE. Étude de l'homme dans l'état de santé et de maladie, par le docteur J. H. REVEILLÉ-PARISE. *Deuxième édition.* Paris, 1845, 2 vol. in-8. 15 fr.

REY. Les quarantaines, maladies transmissibles et sujettes à quarantaine, système sanitaire actuel, par le docteur H. REY, médecin de la marine. Paris, 1874, in-8 de 50 pages. 1 fr. 50

REYBARD. Mémoires sur le traitement des anus contre nature, des plaies des intestins et des plaies pénétrantes de poitrine. Paris, 1827, in-8 avec 3 pl. 1 fr.

REYBARD. Procédé nouveau pour guérir par l'incision les **rétrécissements du canal de l'urèthre.** Paris, 1833, in-8, fig. 50 c.

REYNAUD. Mémoire sur l'oblitération des bronches, par A. C. REYNAUD (du Puy). Paris, 1835, 1 vol. in-4 de 50 pages avec 5 planches lithogr. 2 fr. 50

RIBES. Traité d'hygiène thérapeutique, ou Application des moyens de l'hygiène au traitement des maladies, par FR. RIBES, professeur d'hygiène à la Faculté de médecine de Montpellier. Paris, 1860, 1 vol. in-8 de 828 pages. 10 fr.

RICHELOT. De la péritonite herniaire et de ses rapports avec l'étranglement, par L. Gustave-RICHELOT, ex-interne lauréat des hôpitaux de Paris, aide d'anatomie à la Faculté. 1874, 1 vol. in-8 de 88 pages. 2 fr.

RICHET. Mémoire sur les tumeurs blanches, par A. RICHET, professeur à la Faculté de médecine de Paris. Paris, 1853, 1 vol. in-4 de 297 pages avec 4 planches lithographiées. (7 fr.) 6 fr.

RICORD. Traité complet des maladies vénériennes. Clinique iconographique de l'hôpital des vénériens. Recueil d'observations suivies de considérations pratiques sur les maladies qui ont été traitées dans cet hôpital. Paris, 1851, 1 vol. gr. in-4 avec 66 pl. col. et portrait de l'auteur, rel. 133 fr.

RICORD. Lettres sur la syphilis, suivies des discours à l'Académie de médecine sur la syphilisation et la transmission des accidents secondaires, par Ph. RICORD, chirurgien consultant du Dispensaire de salubrité publique, ex-chirurgien de l'hôpital du Midi, avec une Introduction par Amédée Latour. *Troisième édition.* Paris, 1863, 1 joli vol. in-18 jésus de VI-558 pages. 4 fr.

Ces *Lettres*, par le retentissement qu'elles ont obtenu, par les discussions qu'elles ont soulevées, marquent une époque dans l'histoire des doctrines syphilographiques.

RIDER (C.). Étude médicale sur l'équitation. Paris, 1870, in-8 de 36 p. 1 fr. 50

RINDFLEISCH (Édouard). Traité d'histologie pathologique, traduit et annoté par le docteur F. GROSS, professeur agrégé à la Faculté de médecine de Nancy. Paris, 1873, 1 vol. gr. in-8 de 739 pages avec 260 figures. 14 fr.

RISUENO D'AMADOR. Influence de l'anatomie pathologique sur la médecine depuis Morgagni jusqu'à nos jours, par RISUENO D'AMADOR, professeur à la Faculté de médecine de Montpellier. Paris, 1837, 1 vol. in-4 de 291 pages. 3 fr.

RITTI. Théorie physiologique de l'hallucination, par le docteur Ant. RITTI, ex-interne de l'asile des aliénés de Fains (Meuse). Paris, 1874, in-8 de 75 p. 2 fr.

ROBERT. **Mémoire sur les fractures du col du fémur**, accompagnées de pénétration dans le tissu spongieux du trochanter, par Alph. ROBERT, chirurgien de l'hôpital Beaujon. Paris, 1847, 1 vol. in-4 de 27 pages avec 2 planches. 1 fr. 50

ROBERT. **Nouveau traité sur les maladies vénériennes**, d'après les documents puisés dans la clinique de M. Ricord et dans les services hospitaliers de Marseille, suivi d'un Appendice sur la syphilisation et la prophylaxie syphilitique, et d'un formulaire spécial, par le docteur Melchior ROBERT, chirurgien des hôpitaux de Marseille, professeur à l'École de médecine de Marseille. Paris, 1861, in-8 de 788 pages. 9 fr.

ROBIN. **Traité du microscope**, son mode d'emploi, ses applications à l'étude des injections, à l'anatomie humaine et comparée, à l'anatomie médico-chirurgicale, à l'histoire naturelle animale et végétale et à l'économie agricole, par Ch. ROBIN, professeur à la Faculté de médecine de Paris, membre de l'Institut et de l'Académie de médecine. 1871, 1 vol. in-8 de 1028 pages avec 317 figures et 3 planches, cartonné. 20 fr.

ROBIN. **Anatomie et physiologie cellulaires**, ou des cellules animales et végétales, du protoplasma et des éléments normaux et pathologiques qui en dérivent. Paris, 1873, 1 vol. in-8 de 640 pages avec 83 figures, cart. 16 fr.

ROBIN. **Programme du Cours d'histologie.** *Seconde édition*, revue et développée. Paris, 1870, 1 vol. in-8, XL-416 pages. 6 fr.

ROBIN (Ch.). **Leçons sur les humeurs** normales et morbides du corps de l'homme. *Deuxième édition*, revue et augmentée. Paris, 1874, 1 vol. in-8 de XII-1008 pages avec 35 fig. cart. 18 fr.

ROBIN (Ch.). **Histoire naturelle des végétaux parasites** qui croissent sur l'homme et sur les animaux vivants. Paris, 1853, 1 vol. in-8 de 700 pages avec un bel atlas de 15 planches, dessinées d'après nature, gravées, en partie coloriées. 16 fr.

OBIN (Ch.). **Mémoire sur l'évolution de la notocorde** des cavités des disques intervertébraux et de leur contenu gélatineux. Paris, 1868, 1 vol. in-4 de 212 p. avec 12 planches gravées. 12 fr.

ROBIN (Ch.). **Mémoire contenant la description anatomo-pathologique des diverses espèces de cataractes** capsulaires et lenticulaires. Paris, 1859, 1 vol. in-4 de 62 pages. 2 fr.

ROBIN (Ch.). **Mémoire sur les modifications de la muqueuse utérine** pendant et après la grossesse. Paris, 1861, 1 vol. in-4 avec 5 planches lithogr. 4 fr. 50

ROBIN (Ch.). **Mémoire sur la rétraction, la cicatrisation et l'inflammation des vaisseaux ombilicaux** et sur le système ligamenteux qui leur succède. Paris, 1860, 1 vol. in-4 avec 5 planches lithographiées. 3 fr. 50

ROBIN (Ch.). **Mémoire sur les objets qui peuvent être conservés en préparations microscopiques** transparentes et opaques. Paris, 1856, in-8, 64 p. avec fig. 2 fr.

ROBIN et LITTRÉ. Voyez DICTIONNAIRE DE MÉDECINE, *treizième édition*, page 17.

ROBIN et VERDEIL. **Traité de chimie anatomique et physiologique** normale et pathologique, ou Des principes immédiats normaux et morbides qui constituent le corps de l'homme et des mammifères, par CH. ROBIN et F. VERDEIL. Paris, 1853, 3 forts volumes in-8 avec atlas de 45 planches en partie coloriées. 36 fr.

ROCHARD. **Histoire de la chirurgie française au XIXe siècle**, étude historique et critique sur les progrès faits en chirurgie et dans les sciences qui s'y rapportent, depuis la suppression de l'Académie royale de chirurgie jusqu'à l'époque actuelle, par le docteur Jules ROCHARD, directeur du service de santé de la marine. Paris, 1875, 1 vol. in-8 de XVI-800 pages. 14 fr.

ROCHARD (J.). **De l'influence de la navigation et des pays chauds sur la marche de la phthisie pulmonaire.** Paris, 1856, in-4 de 94 pages. 4 fr.

ROCHARD (J.). **Étude synthétique sur les maladies endémiques.** Paris, 1871, in-8 de 90 pages. 2 fr.

ROCHARD (J.). Voyez SAUREL.

ROCHE (L. Ch.) **et SANSON** (J. L.) **Nouveaux éléments de pathologie médico-chirurgicale.** *Quatrième édition*. Paris, 1844, 5 vol. in-8. (36 fr.) 8 fr.

ROUBAUD. Traité de l'impuissance et de la stérilité chez l'homme et chez la femme, comprenant l'exposition des moyens recommandés pour y remédier, par le docteur Félix ROUBAUD. *Deuxième édition*. Paris, 1872, 1 vol. in-8 de 880 pages. 8 fr.

ROUSSEL. Traité de la pellagre et des pseudo-pellagres, par le docteur Théophile ROUSSEL, ancien interne et lauréat des hôpitaux de Paris. *Ouvrage couronné par l'Institut de France (Académie des sciences)*. Paris, 1866, in-8, XVI-665 pag. 10 fr.

ROUX. De l'ostéomyélite et des amputations secondaires, par M. le docteur Jules ROUX, inspecteur du service de santé de la marine. Paris, 1860, 1 vol. in-4 avec 6 planches. 5 fr.

ROYER-COLLARD (H.). **Des tempéraments**, considérés dans leurs rapports avec la santé, par Hippolyte ROYER-COLLARD, professeur de la Faculté de médecine de Paris. Paris, 1843, 1 vol. in-4 de 35 pages. 2 fr.

ROYER-COLLARD (H.). **Organoplastie hygiénique**, ou Essai d'hygiène comparée, sur les moyens de modifier artificiellement les formes vivantes par le régime. Paris, 1843, 1 vol. in-4 de 24 pages. 1 fr.

ROYET (E.). **De l'inversion du testicule.** Paris, 1859, in-8, 55 p. 1 fr.

SABATIER (R. C.). **De la médecine opératoire.** *Deuxième édition*, par L. BÉGIN et SANSON. Paris, 1832, 4 vol. in-8. 5 fr.

SAINT-VINCENT. Nouvelle médecine des familles à la ville et à la campagne, à l'usage des familles, des maisons d'éducation, des écoles communales, des curés, des sœurs hospitalières, des dames de charité et de toutes les personnes bienfaisantes qui se dévouent au soulagement des malades : remèdes sous la main, premiers soins avant l'arrivée du médecin et du chirurgien, art de soigner les malades et les convalescents, par le docteur A. C. DE SAINT-VINCENT. *Troisième édition*. Paris, 1874, 1 vol. in-18 jésus de 448 pages avec 142 figures, cart. 3 fr. 50

SAINTE-MARIE. Dissertation sur les médecins poëtes. Paris, 1835, in-8. 2 fr.

SAISON (F. A.). **Du bromure de potassium** et de son antagonisme avec la strychnine. Paris, 1868, in-8, 59 pages. 2 fr.

SALVERTE. Des sciences occultes, ou Essai sur la magie, les prodiges et les miracles, par Eusèbe SALVERTE. *Troisième édition*, précédée d'une Introduction par Émile LITTRÉ. Paris, 1856, 1 vol. gr. in-8 de 550 pag. avec un portrait. 7 fr. 50

SANSON. Des hémorrhagies traumatiques, par L. J. SANSON, professeur à la Faculté de médecine, chirurgien de la Pitié. Paris, 1836, in-8, figures coloriées. 1 fr. 50

SANSON. De la réunion immédiate des plaies, de ses avantages et de ses inconvénients, par L. J. SANSON. Paris, 1834, in-8. 75 c.

SARAZIN (Ch.). **Essai sur les hôpitaux de Londres.** Paris, 1866, in-8 de 32 p. avec figures. 1 fr. 25

SAUCEROTTE (Constant). **Quelle a été l'influence de l'anatomie pathologique sur la médecine** depuis Morgagni jusqu'à nos jours? Paris, 1837, in-4. 2 fr. 50

SAUREL (L.). **Traité de chirurgie navale,** par le docteur L. SAUREL, ex-chirurgien de deuxième classe de la marine, professeur agrégé à la Faculté de médecine de Montpellier, suivi d'un Résumé de leçons sur le **service chirurgical de la flotte**, par le docteur J. ROCHARD, directeur du service de santé de la marine. Paris, 1861, in-8 de 600 pages avec 106 figures. 8 fr.

SAUREL (L.). **Du microscope** au point de vue de ses applications à la connaissance et au traitement des maladies chirurgicales. Paris, 1857, in-8, 148 pages. 2 fr. 50

SCHATZ. Étude sur les hôpitaux sous tentes, par le docteur J. SCHATZ, Paris, 1870, in-8 de 70 pages avec figures. 2 fr. 50

SCHIFF. De l'inflammation et de la circulation, par le professeur M. SCHIFF. Traduction de l'italien, par le docteur R. GUICHARD DE CHOISITY, médecin des hôpitaux de Marseille. Paris. 1873, 1 vol. in-8 de 96 pages. 3 fr.

SÉDILLOT (Ch.) et **LEGOUEST. Traité de médecine opératoire**, bandages et appareils, par Ch. SÉDILLOT, médecin inspecteur des armées, professeur à la Faculté de médecine de Strasbourg, membre de l'Institut, et L. LEGOUEST, inspecteur du service de santé des armées. *Quatrième édition*. Paris, 1870, 2 vol. gr. in-8 de 600 pages chacun avec figures intercalées dans le texte et en partie coloriées. 20 fr.

SÉDILLOT (Ch.). **Contributions à la chirurgie.** Paris, 1869, 2 vol. in-8 avec fig. 24 fr.

SÉDILLOT (Ch.). **De l'évidement sous-périosté des os.** *Deuxième édition.* Paris, 1867, 1 vol. in-8 avec planches polychromiques. 14 fr.

SÉDILLOT (J.). **Mémoire sur les revaccinations.** Paris, 1840, 1 vol. in-4 de 108 pages avec 4 planches lithographiées. 2 fr. 50

SÉE (Germ.). **De la chorée**, rapports du rhumatisme et des maladies du cœur avec les affections nerveuses et convulsives, par G. SÉE, professeur de clinique médicale à la Faculté de médecine de Paris. Paris, 1850, in-4, 154 p. 3 fr. 50

SEGOND. **De l'action comparative du régime animal** et du régime végétal sur la constitution physique et sur le moral de l'homme. Paris, 1850, in-4, 72 p. 2 fr. 50

SEGOND. **Histoire et systématisation générale de la biologie**, principalement destinées à servir d'introduction aux études médicales, par L. A. SEGOND, professeur agrégé de la Faculté de médecine de Paris. Paris, 1851, in-12 de 200 pages. 2 fr. 50

SEGUIN. **Traitement moral, hygiène et éducation des idiots** et autres enfants arriérés ou retardés dans leur développement, agités de mouvements involontaires, débiles, muets non sourds, bègues, etc., par Ed. SÉGUIN, ex-instituteur des enfants idiots de l'hospice de Bicêtre, etc. Paris 1846, 1 vol. in-12 de 750 pages. 6 fr.

SÉNAC-LAGRANGE (C.). **De l'épuisement dans les états morbides** et principalement dans la fièvre catarrhale. Paris, 1872, in-8 de 72 p. 2 fr.

SERRES (E.). **Recherches d'anatomie** transcendante et pathologique ; théorie des formations et des déformations organiques, appliquée à l'anatomie de la duplicité monstreuse, par E. SERRES, membre de l'Institut de France. Paris, 1832, in-4, accompagné d'un atlas de 20 planches in-folio. 20 fr.

SERRES (E.). **Anatomie comparée transcendante, principes d'embryogénie,** de zoogénie et de tératogénie. Paris, 1859, 1 vol. in-4 de 942 pages avec 26 planches. 16 fr.

SICHEL. **Iconographie ophthalmologique**, ou Description avec figures coloriées des maladies de l'organe de la vue, comprenant l'anatomie pathologique, la pathologie et la thérapeutique médico-chirurgicale, par le docteur J. SICHEL. Paris, 1852-1859. *Ouvrage complet*, 2 vol. grand in-4 dont 1 volume de 840 pages de texte, et 1 vol. de 80 planches coloriées avec un texte descriptif. 172 fr. 50
Demi-reliure des deux volumes, dos de maroquin, tranche supérieure dorée. 15 fr.

Cet ouvrage est complet en 23 livraisons, dont 20 composées chacune de 28 pages de texte in-4 et de 4 planches dessinées d'après nature, gravées, imprimées en couleur, retouchées au pinceau, et 3 (17 bis, 18 bis et 20 bis) de texte complémentaire. Prix de chaque livraison. 7 fr. 50

On peut se procurer séparément les dernières livraisons.

SIEBOLD. **Lettres obstétricales**, par Ed. Caspar SIEBOLD, professeur à l'Université de Göttingue, traduites de l'allemand, avec une introduction et des notes, par M. Stoltz. Paris, 1867, 1 vol. in-18 jésus de 268 pages. 2 fr. 50

SILBERT (P.). **De la saignée dans la grossesse.** Paris, 1857, 1 vol. in-4. 2 fr.

SIMON (Jules). **Des maladies puerpérales**, par M. Jules SIMON, médecin des hôpitaux. Paris, 1866, in-8, 184 p. 3 fr.

SIMON (Léon). **Leçons de médecine homœopathique**, par le docteur Léon SIMON père. Paris, 1835, 1 fort vol. in-8. 3 fr.

SIMON (Léon). **Des maladies vénériennes et de leur traitement homœopathique**, par le docteur Léon SIMON fils. Paris, 1860, 1 vol. in-18 jésus, XII-744 pages. 6 fr.

SIMON (Léon). **Cours de médecine homœopathique** (1867-1868). De l'unité de la doctrine de Hahnemann. Paris, 1869, in-8 de 156 pages. 3 fr.

SIMON (Léon). **Conférences sur l'homœopathie.** Paris, 1869. 1 vol. in-8 de LXIV-320 pages. 5 fr.

SIMON (Max). **Du vertige nerveux** et de son traitement. Paris, 1858, 1 vol. in-4 de 150 pages. 3 fr.

SIMPSON. Clinique obstétricale et gynécologique, par sir James Y SIMPSON, professeur d'accouchements à l'Université d'Édimbourg, ouvrage édité par J. Watt Black, traduit et annoté par le docteur G. Chantreuil, chef de clinique d'accouchements à la Faculté de médecine de Paris. 1874, 1 vol. grand in-8 de 820 p. avec fig. 12 fr.

SOEMMERRING (S. T.). **Traité d'ostéologie et de syndesmologie**, suivi d'un Traité de mécanique des organes de la locomotion, par G. et E. WEBER. Paris, 1843, in-8 avec atlas in-4 de 17 planches. 6 fr.

SOUBEIRAN. Nouveau dictionnaire des falsifications et des altérations des aliments, des médicaments et de quelques produits employés dans les arts, l'industrie et l'économie domestique, exposé des moyens scientifiques et pratiques d'en reconnaître le degré de pureté, l'état de conservation, de constater les fraudes dont ils sont l'objet, par J. Léon SOUBEIRAN, professeur à l'École supérieure de pharmacie de Montpellier. Paris, 1874, 1 beau vol. gr. in-8 de 640 pages, avec 218 figures. Cart. 14 fr.

SPERINO. La syphilisation étudiée comme méthode curative et comme moyen prophylactique des maladies vénériennes, traduit de l'italien par A. TRESAL. Turin, 1853, in-8. 2 fr.

STOLTZ. Histoire d'une opération césarienne pratiquée avec succès pour la mère et l'enfant, par STOLTZ, doyen de la Faculté de Nancy. Paris, 1836, in-4. 1 fr. 50

SWAN. La névrologie, ou Description anatomique des nerfs du corps humain, traduit de l'anglais, avec des additions par E. CHASSAIGNAC. Paris, 1838, in-4 avec 25 planches. Cart. 24 fr.

SYPHILIS VACCINALE (de la). Communications à l'Académie de médecine, par MM. DEPAUL, RICORD, BLOT, Jules GUÉRIN, TROUSSEAU, DEVERGIE, BRIQUET, GIBERT, BOUVIER, BOUSQUET, suivies de mémoires sur la transmission de la syphilis par la vaccination et la vaccination animale, par MM. A. VIENNOIS (de Lyon), PELLIZARI (de Florence), PALASCIANO (de Naples), PHILLIPEAUX (de Lyon) et AUZIAS-TURENNE. Paris, 1865, in-8 de 392 pages. 6 fr.

TARADE. Des principaux champignons comestibles et vénéneux de la flore limousine, suivi d'un précis des moyens à employer dans les cas d'empoisonnement par les champignons, par Adrien TARADE, pharmacien. 2e édition. In-18 de 138 pages avec 6 planches chromolithographiées. 4 fr.

TARDIEU (A.). **Dictionnaire d'hygiène publique et de salubrité**, ou Répertoire de toutes les Questions relatives à la santé publique, considérées dans leurs rapports avec les Subsistances, les Épidémies, les Professions, les Établissements, institutions d'Hygiène et de Salubrité, complété par le texte des Lois, Décrets, Arrêtés, Ordonnances et Instructions qui s'y rattachent, par le docteur Ambroise TARDIEU, professeur de médecine légale à la Faculté de médecine de Paris, président du Comité consultatif d'hygiène publique. *Deuxième édition*. Paris, 1862, 4 forts vol. gr. in-8. 32 fr.

Ouvrage couronné par l'Institut de France.

TARDIEU (A.). **Étude médico-légale et clinique sur l'empoisonnement**, avec la collaboration de Z. Roussin, pharmacien-major de 1re classe, professeur agrégé à l'École du Val-de-Grâce, pour la *partie de l'expertise médico-légale relative à la recherche chimique des poisons*. 2e édit. Paris, 1875, in-8 de XXII-1072 p. avec 53 figures et 2 planches. 14 fr.

TARDIEU (A.). **Étude médico-légale sur la folie**. Paris, 1872, 1 vol. in-8 de XXII-610 pages avec quinze fac-simile d'écriture d'aliénés. 7 fr.

TARDIEU (A.). **Étude médico-légale sur la pendaison, la strangulation et la suffocation.** Paris, 1870, 1 vol. in-8 de XII-352 pages avec planches. 5 fr.

TARDIEU (A.). **Étude médico-légale sur les attentats aux mœurs.** *Sixième édition*. Paris, 1872, in-8 de VIII-304 pages avec 4 pl. gravées. 4 fr. 50

TARDIEU (A.). **Étude médico-légale sur l'avortement,** suivie d'une note sur l'obligation de déclarer à l'état civil les fœtus mort-nés, et d'observations et recherches pour servir à l'histoire médico-légale des grossesses fausses et simulées. *Troisième édition*. Paris, 1868, in-8, VIII-280 pages. 4 fr.

TARDIEU (A.). **Étude médico-légale sur l'infanticide.** Paris, 1868, 1 vol. in-8 avec 3 planches coloriées. 6 fr.

TARDIEU (A.). **Question médico-légale de l'identité** dans ses rapports avec les vices de conformation des organes sexuels, contenant les souvenirs et impressions d'un individu dont le sexe avait été méconnu. *Deuxième édition.* Paris, 1874, 1 vol. in-8 de 176 pages. 3 fr.

TARDIEU (A.). **Relation médico-légale de l'affaire Armand** (de Montpellier). Simulation de tentative homicide (commotion cérébrale et strangulation). Paris, 1864, in-8 de 80 pages. 2 fr.

TARDIEU (A.). **Étude hygiénique** sur la profession de **mouleur en cuivre**, pour servir à l'histoire des professions exposées aux poussières inorganiques. Paris, 1855, in-12. 1 fr. 25

TARDIEU (A.). **De la morve et du farcin** chronique chez l'homme. Paris, 1843, in-4. 5 fr.

TARDIEU (A.) et LAUGIER. **Contribution à l'histoire des monstruosités**, considérée au point de vue de la médecine légale, à l'occasion de l'exhibition publique du monstre pygopage Millie-Christine, par MM. A. TARDIEU et M. LAUGIER. 1874, in-8, 32 pages avec 4 figures. 1 fr. 50

TARNIER. **De la fièvre puerpérale** observée à l'hospice de la Maternité, par le docteur Stéphane TARNIER. Paris, 1858, in-8 de 216 pages. 3 fr. 50

TERME et MONFALCON (J. B.). **Histoire statistique et morale des enfants trouvés**, Paris, 1838, 1 vol. in-8. 3 fr.

TERRILLON. **De l'expectoration albumineuse après la thoracentèse.** Paris, 1873, in-8 de 86 pages. 2 fr.

TESTE (A.). **Comment on devient homœopathe.** *Troisième édition.* Paris, 1873, in-18 jésus, 322 pages. 3 fr. 50

TESTE (A.). **Le magnétisme animal expliqué**, ou Leçons analytiques sur la nature essentielle du magnétisme, sur ses effets, son histoire, ses applications, les diverses manières de le pratiquer, etc. Paris, 1845, in-8. 7 fr.

TESTE (A.). **Manuel pratique de magnétisme animal.** Exposition méthodique des procédés employés pour produire les phénomènes magnétiques et leur application à l'étude et au traitement des maladies. 4ᵉ *édit.* Paris, 1853, in-12. 4 fr.

TESTE (A.). **Traité homœopathique des maladies aiguës et chroniques des enfants.** 2ᵉ *édit.*, revue et augm. Paris, 1856, in-18 de 420 pages. 4 fr. 50

TESTE (A.). **Systématisation pratique de la matière médicale homœopathique.** Paris, 1853, 1 vol. in-8 de 600 pages. 8 fr.

THÉRAPEUTIQUE (Traité de) et de matière médicale, par G. A. GIACOMINI, traduit de l'italien par MOJON et ROGNETTA. Paris, 1842, 1 vol. in-8, 592 p. à 2 col. 5 fr.

THOMPSON. **Traité pratique des maladies des voies urinaires**, par sir Henry THOMPSON, professeur de clinique chirurgicale et chirurgien à University College Hospital, membre correspondant de la Société de chirurgie de Paris, traduit avec l'autorisation de l'auteur et annoté par Éd. Martin, Éd. Labarraque et V. Campenon, internes des hôpitaux de Paris, membres de la Société anatomique, suivi des **Leçons cliniques sur les maladies des voies urinaires**, professées à University College Hospital, traduites et annotées par les docteurs Jude Hue et F. Gignoux. Paris, 1874, 1 vol. gr. in-8 de 1020 pages avec 280 fig., cartonné. 20 fr.

THOMSON. **Traité médico-chirurgical de l'inflammation** ; traduit de l'anglais avec des notes, par F. G. BOISSEAU et JOURDAN. Paris, 1827, 1 fort vol. in-8. 3 fr.

TIEDEMANN. **Traité complet de physiologie** de l'homme, traduit de l'allemand par A. J. L. JOURDAN. Paris, 1831, 2 vol. in-8. 3 fr. 50

TIEDEMANN et GMELIN. Recherches expérimentales, physiologiques et chimiques sur **la digestion;** traduites de l'allemand. Paris, 1827, 2 vol. in-8. 3 fr.

TOMMASSINI. Précis de la nouvelle doctrine médicale italienne. Paris, 1822, 1 vol. in-8. 2 fr. 50

TOPINARD (Paul). **De l'ataxie locomotrice** et en particulier de la maladie appelée ataxie locomotrice progressive. Paris, 1864, in-8 de 576 pages. 8 fr.

TORTI (F.). **Therapeutice specialis ad febres periodicas perniciosas**; nova editio, curantibus TOMBEUR et O. BRIXHE. Leodii, 1821, 2 vol. in-8, fig. 8 fr.

TRÉLAT. Recherches historiques sur la folie, par U. TRÉLAT, médecin de l'hospice de la Salpêtrière. Paris, 1839, in-8. 3 fr.

TRIBES. De la complication diphthéroïde contagieuse des plaies, de sa nature et de son traitement. Paris, 1872, in-8, 64 p. 2 fr.

TRIDEAU. Traitement de l'angine couenneuse par les balsamiques, par M. H. TRIDEAU, médecin à Andenillé. 1874, in-8 de 150 pages. 2 fr.

TRIPIER. Manuel d'électrothérapie. Exposé pratique et critique des applications médicales et chirurgicales de l'électricité, par le docteur Aug. TRIPIER. Paris, 1861, 1 joli vol. in-18 jésus avec 100 figures. 6 fr.

TRIPIER. Lésions de forme et de situation de l'utérus, leurs rapports avec les affections nerveuses de la femme et leur traitement, par le docteur A. TRIPIER. 2e édit. 1874, 1 vol. gr. in-8 de 100 pages avec figures. 3 fr.

TROUSSEAU. Clinique médicale de l'Hôtel-Dieu de Paris, par A. TROUSSEAU, professeur à la Faculté de médecine de Paris, médecin de l'Hôtel-Dieu. *Quatrième édition.* Paris, 1872, 3 vol. in-8 de chacun 800 pages avec un portrait de l'auteur. 32 fr.

Parmi les additions les plus considérables apportées à la quatrième édition, on peut citer les recherches sur la température dans les maladies et en particulier dans les fièvres éruptives et la dothiénentérie, la dégénérescence granuleuse et cireuse des muscles, et la leucocythose, dans la fièvre typhoïde, la forme spinale et cérébro-spinale de cette affection, l'application du sphygmographe aux maladies du cœur et à l'épilepsie, du laryngoscope aux lésions du larynx, de l'ophthalmoscope aux affections du cerveau. Indépendamment de ces additions, un grand nombre de leçons ont été retouchées, quelques-unes même refondues; ainsi, celles sur l'*aphonie* et la *cautérisation du larynx*, la *rage*, l'*alcoolisme*, l'*aphaxie*, la *maladie d'Addison*, l'*adénie*, l'*hématocèle pelvienne*, l'*infection puerpérale* et la *phlegmatia alba dolens*. Des observations de malades ont été ajoutées toutes les fois qu'elles apportaient à façon une clarté plus grande ou de nouvelles notions. (Extrait de l'avertissement de la 4e édition.)

Le portrait de M. le professeur **Trousseau**, photographie Nadar, héliographie Baudran et de la Blanchère, format de la *Clinique médicale de l'Hôtel-Dieu*. 1 fr.
Grand portrait, format colombier sur papier de Chine, franco d'emballage. 5 fr.

TROUSSEAU et BELLOC (H.). **Traité pratique de la phthisie laryngée,** de la laryngite chronique et des maladies de la voix. *Ouvrage couronné par l'Académie de médecine*. Paris, 1837, 1 vol. in-8 avec 9 planches, figures noires. 7 fr.
— Le même, figures coloriées. 10 fr.

TURCK (L.). **Méthode pratique de laryngoscopie,** par le docteur Ludwig TURCK, médecin en chef de l'hôpital général de Vienne. Édition française. Paris, 1861, in-8 de 80 pages avec une planche lithographiée et 29 figures. 3 fr. 50

TURCK (L.). **Recherches cliniques sur diverses maladies du larynx, de la trachée et du pharynx,** étudiées à l'aide du laryngoscope. Paris, 1862, in-8 de VIII-100 pages. 2 fr. 50

VALENTIN (G.). **Traité de névrologie.** Paris, 1843, in-8 avec figures. 4 fr.

VALLEIX. Guide du médecin praticien, ou Résumé général de pathologie interne et de thérapeutique appliquées, par le docteur F. L. I. VALLEIX, médecin de l'hôpital de la Pitié. *Cinquième édition*, contenant le résumé des travaux les plus récents, par P. LORAIN, médecin des hôpitaux de Paris, professeur agrégé de la Faculté de médecine de Paris, avec le concours de médecins civils et de médecins appartenant à l'armée et à la marine. Paris, 1866, 5 volumes grand in-8 de chacun 800 pages avec figures. 50 fr.

Table des matières. — Tome I : fièvres, maladies générales, constitutionnelles, névroses ; tome II : maladies des centres nerveux et des nerfs, maladies des voies respiratoires; tome III : maladies des voies circulatoires; tome IV : maladies des voies digestives et de leurs annexes, maladies des voies génito-urinaires ; tome V : maladies des femmes, maladies du tissu cellulaire et de l'appareil locomoteur, affections et maladies de la peau, maladies des yeux, maladies des oreilles, intoxications.

VALLEIX (F. L. I.) **Clinique des maladies des enfants nouveau-nés.** Paris, 1838, 1 vol. in-8 avec 2 planches coloriées. 8 fr. 50

VALLEIX (F. L. I.). **Traité des névralgies**, ou affections douloureuses des nerfs. Paris, 1841, in-8. 8 fr.

VELPEAU. **Nouveaux éléments de médecine opératoire,** par A. A. VELPEAU, membre de l'Institut, chirurgien de l'hôpital de la Charité, professeur à la Faculté de médecine de Paris. *Deuxième édition.* Paris, 1839, 4 vol. in-8 de chacun 800 pages avec 191 fig. et atlas in-4 de 22 planches, fig. noires. (40 fr.) 15 fr.

— Figures coloriées. 40 fr.

VELPEAU. **Recherches anatomiques, physiologiques et pathologiques sur les cavités closes naturelles ou accidentelles de l'économie animale.** Paris, 1843, in-8 de 208 pages. 3 fr. 50

VELPEAU. **Traité complet d'anatomie chirurgicale,** générale et topographique du corps humain. *Troisième édition.* Paris, 1837, 2 vol. in-8 avec atlas de 17 planches in-4. (20 fr.) 9 fr.

VELPEAU. **Expériences sur le traitement du cancer.** Paris, 1859, in-8. 1 fr.

VELPEAU. **Exposition d'un cas remarquable de maladie cancéreuse** avec oblitération de l'aorte. Paris, 1825, in-8. 2 fr. 50

VELPEAU. **De l'opération du trépan** dans les plaies de la tête. Paris, 1834, in-8. 2 fr.

VELPEAU. **Embryologie** ou **Ovologie humaine**, contenant l'histoire descriptive et iconographique de l'œuf humain. Paris, 1833, in-fol. avec 15 planches. (25 fr.) 4 fr.

VERGNE (A.). **Du tartre dentaire** et de ses concrétions. Paris, 1869, grand in-8, 52 pages avec 1 planche. 2 fr.

VERNE. **Étude sur le Boldo,** par Claude VERNE, pharmacien de 1re classe, 1874. In-8 de 52 pages avec une planche coloriée. 2 fr.

VERNEUIL. **De la gravité des lésions traumatiques et des opérations chirurgicales chez les alcooliques,** communications à l'Académie de médecine, par MM. VERNEUIL, HARDY, GUBLER, GOSSELIN, BÉHIER, RICHET, CHAUFFARD et GIRALDÈS. Paris, 1871, in-8 de 160 pages. 3 fr.

VERNOIS (Max.). **Traité pratique d'hygiène industrielle et administrative,** comprenant l'étude des établissements insalubres, dangereux et incommodes, par Maxime VERNOIS, membre de l'Académie de médecine. Paris, 1860, 2 vol. in-8. 16 fr.

VERNOIS (Max.). **De la main des ouvriers et des artisans** au point de vue de l'hygiène et de la médecine légale. Paris, 1862, in-8 avec 4 planches chromolithographiées. 3 fr. 50

VERNOIS (Max.). **État hygiénique des lycées de l'Empire en** 1867. Paris, 1868, in-8. 2 fr. 50

VERNOIS (Max.) et BECQUEREL (A.). **Analyse du lait des principaux types de vaches, chèvres, brebis, bufflesses.** Paris, 1857, in-8 de 35 pages. 1 fr.

VERNOIS (Max.) et GRASSI. Mémoires sur les appareils de **ventilation et de chauffage** établis à l'hôpital Necker, d'après le système Van Hecke. Paris, 1859, in-8. 1 fr. 50

VIDAL (A.). **Traité de pathologie externe et de médecine opératoire,** avec des Résumés d'anatomie des tissus et des régions, par A. VIDAL (de Cassis), chirurgien de l'hôpital du Midi, professeur agrégé à la Faculté de médecine de Paris, etc. *Cinquième édition*, par S. FANO, professeur agrégé de la Faculté de médecine de Paris. Paris, 1861, 5 vol. in-8 de chacun 850 pages avec 761 figures. 40 fr.

Le Traité de pathologie externe de M. Vidal (de Cassis), dès son apparition, a pris rang parmi les livres classiques ; il est devenu entre les mains des élèves un guide pour l'étude, et les maîtres le considèrent comme le *Compendium du chirurgien praticien*, parce qu'à un grand talent d'exposition dans la description des maladies, l'auteur joint une puissante force de logique dans la discussion et dans l'appréciation des méthodes et procédés opératoires. La *cinquième édition* a reçu des augmentations tellement importantes, qu'elle doit être considérée comme un ouvrage neuf; et ce qui ajoute à l'*utilité pratique* du *Traité de pathologie externe*, c'est le grand nombre de figures intercalées dans le texte. Ce livre est le seul ouvrage complet où soit représenté l'état actuel de la chirurgie.

VIDAL (A.). **Essai sur un traitement méthodique de quelques maladies de l'utérus**, injections intra-vaginales et intra-utérines. Paris, 1840, in-8. 75 c.

VIDAL (A.). **De la cure radicale du varicocèle** par l'enroulement des veines du cordon spermatique. *Deuxième édition*. Paris, 1850, in-8. 75 c.

VIDAL (A.). **Des inoculations syphilitiques.** Paris, 1849, in-8. 1 fr. 25.

VIDAL (Paul). **Essai de prophylaxie des fièvres chirurgicales**, par le docteur Paul VIDAL. Paris, 1872, in-8 de 58 pages. 1 fr. 50

VILLEMIN. **Études sur la tuberculose**, preuves rationnelles et expérimentales de sa spécificité et de son inoculation, par J. A. VILLEMIN, professeur à l'École du Val-de-Grâce. Paris, 1868, 1 vol. in-8 de 640 pages. 8 fr.

Table des matières : INTRODUCTION. — 1re partie. Considérations d'anatomie et de physiologie pathologiques : 1° des éléments anatomiques dans leurs rapports avec les causes morbides; 2° des processus anatomiques en général ; 3° du tubercule ; 4° des produits anatomiques, analogues au tubercule ; 5° du scrofulisme ; — 2e partie. Considérations étiologiques ; 6° de la diathèse tuberculeuse ; 7° de l'hérédité dans la production de la phthisie : 8° de la constitution de l'habitude extérieure et des tempéraments dans leurs rapports avec la tuberculose ; 9° influence des professions dans la production de la tuberculose ; 10° rôle du froid, de la toux, etc., dans la tuberculose ; — 3e partie. Considérations pathologiques ; 12° des rapports de la tuberculose avec les fièvres éruptives et avec la fièvre typhoïde ; 13° la morve est la maladie la plus voisine de la tuberculose ; 14° unicité de la tuberculose ; 15° la tuberculose ne s'observe que dans un nombre limité d'espèces zoologiques. — 4e partie. Preuves expérimentales de la spécificité et de l'inoculabilité de la tuberculose ; 16° la tuberculose est inoculable ; 17° corollaires.

VILLERMÉ. **Mémoire sur la mortalité** en France dans la classe aisée et dans la classe indigente, par L. R. VILLERMÉ, membre de l'Institut. Paris, 1828, 1 vol. in-4 de 47 pages. 1 fr. 50

VIMONT (J.). **Traité de phrénologie** humaine et comparée. Paris, 1835, 2 vol. in-4 avec atlas in-folio de 134 planches contenant plus de 700 figures. (450 fr.) 150 fr.

VIRCHOW. **La pathologie cellulaire** basée sur l'étude physiologique et pathologique des tissus, par R. VIRCHOW, professeur à la Faculté de Berlin, médecin de la Charité. Traduction française, faite sous les yeux de l'auteur par le docteur P. PICARD. *Quatrième édition*, revue, corrigée et complétée en conformité de la quatrième édition allemande par Is. STRAUS, chef de clinique de la Faculté de médecine. Paris, 1874, 1 vol. in-8 de XXVIII-417 pages avec 157 figures. 9 fr.

VIRENQUE. **De la perte de la sensibilité générale** et spéciale d'un côté du corps (hémianesthésie), et de ses relations avec certaines lésions des centres opto-striés, par le docteur L. A. VIRENQUE. Paris, 1874, in-8 de 40 p. avec une pl. 1 fr.

VIREY. **De la physiologie** dans ses rapports avec la philosophie. Paris, 1844, in-8. 3 fr.

VITREY. **La vie, les passions et la mort**, avec des conseils pour prolonger ses jours, par le docteur S. VITREY. Paris, 1874, 2 vol. in-18 jésus. 3 fr. 50

VOGEL (J.). **Traité d'anatomie pathologique générale.** Paris, 1847, in-8. 4 fr.

VOISIN (Aug.). **De l'hématocèle rétro-utérine** et des épanchements sanguins non enkystés de la cavité péritonéale du petit bassin, considérés comme accidents de la menstruation, par Auguste VOISIN, médecin de l'hospice de la Salpêtrière, Paris, 1860, in-8 de 368 pages avec une planche. 4 fr. 50

VOISIN. (Aug.). **Le service des secours publics**, à Paris et à l'étranger. Paris, 1873, in-8 de 54 pages. 1 fr. 50

VOISIN (F.). **Des causes morales et physiques des maladies mentales**, et de quelques autres affections nerveuses, telles que l'hystérie, la nymphomanie et le satyriasis, par F. VOISIN, médecin de l'hospice de Bicêtre. Paris, 1826, in-8. 7 fr.

VOISIN (F.). **Études sur la nature de l'homme,** quelles sont ses facultés? quel en est le nom? quel en est le nombre? quel en doit être l'emploi? Paris, 1867, 3 vol. gr. in-8. Prix de chaque. 7 fr. 50

VOISIN (F.). **Du droit d'exercice et d'application de toutes les facultés de la tête humaine.** Paris, 1870, 1 vol. in-8, XII-177 pages. 3 fr. 50

WEBER. Codex des médicaments homœopathiques, ou Pharmacopée pratique et raisonnée à l'usage des médecins et des pharmaciens, par George P. F. WEBER, pharmacien homœopathe. Paris, 1854, un beau vol. in-12 de 440 pages. 6 fr.

WEDDELL (H. A.). **Histoire naturelle des quinquinas.** Paris, 1849, 1 vol. in-folio avec une carte et 32 planches, dont 3 coloriées. 60 fr.

WEHENKELL. Éléments d'anatomie et de physiologie pathologiques générales : nosologie, par le docteur WEHENKELL, professeur à l'École de Cureghem. 1874, 1 vol. in-8 de 320 pages. 7 fr. 50

WEISS. Des réductions de l'inversion utérine consécutive à la délivrance. Paris, 1873, 1 vol. in-8 de 76 pages. 1 fr. 50

WILLIAMS. Étude sur les effets des climats chauds dans le traitement de la consomption pulmonaire, par le docteur Chas.-Th. WILLIAMS, traduction de l'anglais et notes, par le docteur Émile NICOLAS-DURAATY. Paris, 1874, in-8 de 35 page. 1 fr. 25

WOILLEZ. Dictionnaire de diagnostic médical, comprenant le diagnostic raisonné de chaque maladie, leurs signes, les méthodes d'exploration et l'étude du diagnostic par organe et par région, par E. J. WOILLEZ, médecin de l'hôpital Lariboisière. *Deuxième édition.* Paris, 1870, in-8 de VI-1114 pages avec 310 figures. 16 fr.

WUNDT. Traité élémentaire de physique médicale, par le docteur WUNDT, professeur à l'Université de Heidelberg, traduit avec de nombreuses additions, par le docteur Ferd. Monoyer, professeur agrégé de physique médicale à la Faculté de médecine de Nancy. Paris, 1871, 1 vol. in-8 de 704 p. avec 396 fig. y compris 1 pl. en chromolith. 12 fr.

WURTZ. Sur l'insalubrité des résidus provenant des distilleries, et sur les moyens proposés pour y remédier, par Ad. WURTZ, membre de l'Institut (Académie des sciences), doyen de la Faculté de médecine. Paris, 1859, in-8. 1 fr. 25

NOTA. Une correspondance suivie avec l'Angleterre et l'Allemagne permet à MM. J.-B. BAILLIÈRE et FILS d'exécuter dans un bref délai toutes les commissions de librairie qui leur seront confiées. (*Écrire franco.*)

Tous les ouvrages portés dans ce Catalogue sont expédiés, par la poste, dans les départements et en Algérie, *franco* et sans augmentation sur les prix désignés. — Prière de joindre à la demande des *timbres-poste,* un *mandat postal* ou un *mandat* sur Paris.

PARIS. — IMPRIMERIE DE E. MARTINET, RUE MIGNON, 2

www.ingramcontent.com/pod-product-compliance
Ingram Content Group UK Ltd.
Pitfield, Milton Keynes, MK11 3LW, UK
UKHW020150250726
13967UKWH00002B/980